国家科技支撑计划项目（2012BAD29B01）
国家科技基础性工作专项（2015FY111200）

中国市售茶叶农药残留报告
2019

（华北卷）

庞国芳　梁淑轩　主编

科学出版社

北　京

内 容 简 介

《中国市售茶叶农药残留报告》共分8卷：华北卷(北京市、天津市、石家庄市、太原市、呼和浩特市)，东北卷-电商平台卷(沈阳市、长春市、哈尔滨市和电商平台)，华东卷一(上海市、南京市、杭州市、合肥市)，华东卷二(福州市、南昌市、济南市)，华中卷(郑州市、武汉市、长沙市)，华南卷(广州市、南宁市、海口市)，西南卷(重庆市、成都市、贵阳市、昆明市、拉萨市及林芝地区)和西北卷(西安市、兰州市、西宁市、银川市、乌鲁木齐市)。

每卷包括2019年市售7种茶叶农药残留侦测报告和膳食暴露风险与预警风险评估报告。分别介绍了市售茶叶样品采集情况，液相色谱-四极杆飞行时间质谱(LC-Q-TOF/MS)和气相色谱-四极杆飞行时间质谱(GC-Q-TOF/MS)农药残留检测结果，农药残留分布情况，农药残留检出水平与最大残留限量(MRL)标准对比分析，以及农药残留膳食暴露风险评估与预警风险评估结果。

本书对从事农产品安全生产、农药科学管理与施用、食品安全研究与管理的相关人员具有重要参考价值，同时可供高等院校食品安全与质量检测等相关专业的师生参考，广大消费者也可从中获取健康饮食的裨益。

图书在版编目（CIP）数据

中国市售茶叶农药残留报告. 2019. 华北卷 / 庞国芳，梁淑轩主编. —北京：科学出版社，2020.2

ISBN 978-7-03-063877-9

Ⅰ. ①中… Ⅱ. ①庞… ②梁… Ⅲ. ①茶叶—农药残留物—研究报告—华北地区—2019 Ⅳ. ①S481

中国版本图书馆 CIP 数据核字（2019）第 288723 号

责任编辑：杨 震 刘 舟 杨新改/责任校对：樊雅琼
责任印制：肖 兴/封面设计：北京图阅盛世

科学出版社出版

北京东黄城根北街16号
邮政编码：100717
http://www.sciencep.com

北京九天鸿程印刷有限责任公司印刷
科学出版社发行 各地新华书店经销

*

2020年2月第 一 版 开本：787×1092 1/16
2020年2月第一次印刷 印张：29
字数：690 000
定价：198.00元

（如有印装质量问题，我社负责调换）

中国市售茶叶农药残留报告
2019
（华北卷）
编 委 会

序

据世界卫生组织统计，全世界每年至少发生 50 万例农药中毒事件，死亡 11.5 万人，数十种疾病与农药残留有关。为此，世界各国均制定了严格的食品标准，对不同农产品设置了农药最大残留限量(MRL)标准。我国将于 2020 年 2 月实施《食品安全国家标准 食品中农药最大残留限量》(GB 2763—2019)，规定食品中 483 种农药的 7107 项最大残留限量标准；欧盟、美国和日本等发达国家和地区分别制定了 162248 项、39147 项和 51600 项农药最大残留限量标准。作为农业大国，我国是世界上农药生产和使用最多的国家。据中国统计年鉴数据统计，2000~2015 年我国化学农药原药产量从 60 万吨/年增加到 374 万吨/年，农药化学污染物已经是当前食品安全源头污染的主要来源之一。

因此，深受广大消费者及政府相关部门关注的各种问题也随之而来：我国市售茶叶农药残留污染状况和风险水平到底如何？我国农产品农药残留水平是否影响我国农产品走向国际市场？这些看似简单实则难度相当大的问题，涉及农药的科学管理与施用，食品农产品的安全监管，农药残留检测技术标准以及资源保障等多方面因素。

可喜的是，此次由庞国芳院士科研团队承担完成的国家科技支撑计划项目(2012BAD29B01)和国家科技基础性工作专项(2015FY111200)研究成果之一《中国市售茶叶农药残留报告》(以下简称《报告》)，对上述问题给出了全面、深入、直观的答案，为形成我国农药残留监控体系提供了海量的科学数据支撑。

该《报告》包括茶叶农药残留侦测报告和茶叶农药残留膳食暴露风险与预警风险评估报告两大重点内容。其中，"茶叶农药残留侦测报告"是庞国芳院士科研团队利用他们所取得的具有国际领先水平的多元融合技术，包括高通量非靶向农药残留侦测技术、农药残留侦测数据智能分析及残留侦测结果可视化等研究成果，对我国 32 个城市 363 个采样点的 4944 例 7 种市售茶叶进行非靶向农药残留侦测的结果汇总；同时，解决了数据维度多、数据关系复杂、数据分析要求高等技术难题，运用自主研发的海量数据智能分析软件，深入比较分析了农药残留侦测数据结果，初步普查了我国主要城市茶叶农药残留的"家底"。而"茶叶农药残留膳食暴露风险与预警风险评估报告"是在上述农药残留侦测数据的基础上，利用食品安全指数模型和风险系数模型，结合农药残留水平、特性、致害效应，进行系统的农药残留风险评价，最终给出了我国主要城市市售茶叶农药残留的膳食暴露风险和预警风险结论。

该《报告》包含了海量的农药残留侦测结果和相关信息，数据准确、真实可靠，具有以下几个特点：

一、样品采集具有代表性。侦测地域范围覆盖全国除港澳台以外省级行政区的 32 个城市(包括 4 个直辖市，27 个省会城市，1 个地级市)的 363 个采样点。随机从超市、茶叶专营店或电商平台采集样品 4944 批。样品采集地覆盖全国 25%人口的生活区域，具有代表性。

二、检测过程遵循统一性和科学性原则。所有侦测数据来源于 10 个网络联盟实验室，按"五统一"规范操作(统一采样标准、统一制样技术、统一检测方法、统一格式数据上传、统一模式统计分析报告)全封闭运行，保障数据的准确性、统一性、完整性、安全性和可靠性。

三、农残数据分析与评价的自动化。充分运用互联网的智能化技术，实现从农产品、农药残留、地域、农药残留最高限量标准等多维度的自动统计和综合评价与预警。

总之，该《报告》数据庞大，信息丰富，内容翔实，图文并茂，直观易懂。它的出版，将有助于广大读者全面了解我国主要城市市售茶叶农药残留的现状、动态变化及风险水平。这对于全面认识我国茶叶食用安全水平、掌握各种农药残留对人体健康的影响，具有十分重要的理论价值和实用意义。

该书适合政府监管部门、食品安全专家、茶叶生产和经营者以及广大消费者等各类人员阅读参考，其受众之广、影响之大是该领域内前所未有的，值得大家高度关注。

魏复盛

2019 年 12 月

前　言

食品是人类生存和发展的基本物质基础，食品安全是全球的重大民生问题，也是世界各国目前所面临的共同难题，而食品中农药残留问题是引发食品安全事件的重要因素，尤其受到关注。目前，世界上常用的农药种类超过 1000 种，而且不断地有新的农药被研发和应用，在关注农药残留对人类身体健康和生存环境造成新的潜在危害的同时，也对农药残留的检测技术、监控手段和风险评估能力提出了更高的要求和全新的挑战。

为解决上述难题，作者团队此前一直围绕世界常用的 1200 多种农药和化学污染物展开多学科合作研究，例如，采用高分辨质谱技术开展无需实物标准品作参比的高通量非靶向农药残留检测技术研究；运用互联网技术与数据科学理论对海量农药残留检测数据的自动采集和智能分析研究；引入网络地理信息系统(Web-GIS)技术用于农药残留检测结果的空间可视化研究等等。与此同时，对这些前沿及主流技术进行多元融合研究，在农药残留检测技术、农药残留数据智能分析及结果可视化等多个方面取得了原创性突破，实现了农药残留检测技术信息化、检测结果大数据处理智能化、风险溯源可视化。这些创新研究成果已整理成《食用农产品农药残留监测与风险评估溯源技术研究》一书另行出版。

《中国市售茶叶农药残留报告》(以下简称《报告》)是上述多项研究成果综合应用于我国农产品农药残留检测与风险评估的科学报告。为了真实反映我国市售茶叶中农药残留污染状况以及残留农药的相关风险，2019 年作者团队采用液相色谱-四极杆飞行时间质谱(LC-Q-TOF/MS)及气相色谱-四极杆飞行时间质谱(GC-Q-TOF/MS)两种高分辨质谱技术，从全国 32 个城市(包括 27 个省会、4 个直辖市、1 个地级市)363 个采样点(包括超市、茶叶专营店、电商平台等)随机采集了 7 种市售茶叶 4944 例样品进行了非靶向农药残留筛查，初步摸清了这些城市市售茶叶农药残留的"家底"，形成了 2019 年全国重点城市市售茶叶农药残留检测报告。在这基础上，运用食品安全指数模型和风险系数模型，开发了风险评价应用程序，对上述茶叶农药残留分别开展膳食暴露风险评估和预警风险评估，形成了 2019 年全国重点城市市售茶叶农药残留膳食暴露风险与预警风险评估报告。现将这两大报告整理成书，以飨读者。

为了便于查阅，本次出版的《报告》按我国自然地理区域共分为八卷：华北卷(北京市、天津市、石家庄市、太原市、呼和浩特市)，东北卷-电商平台卷(沈阳市、长春市、哈尔滨市和电商平台)，华东卷一(上海市、南京市、杭州市、合肥市)，华东卷二(福州市、南昌市、济南市)，华中卷(郑州市、武汉市、长沙市)，华南卷(广州市、南宁市、海口市)，西南卷(重庆市、成都市、贵阳市、昆明市、拉萨市及林芝地区)和西北卷(西安市、兰州市、西宁市、银川市、乌鲁木齐市)。

《报告》的每一卷内容均采用统一的结构和方式进行叙述，对每个城市的市售茶叶农药残留状况和风险评估结果均按照 LC-Q-TOF/MS 及 GC-Q-TOF/MS 两种技术分别阐述。主要包括以下几方面内容：①每个城市的样品采集情况与农药残留检测结果；②每个城市的农药残留检出水平与最大残留限量(MRL)标准对比分析；③每个城市的茶叶中农药残留分布情况；④每个城市茶叶农药残留报告的初步结论；⑤农药残留风险评估方法及风险评价应用程序的开发；⑥每个城市的茶叶农药残留膳食暴露风险评估；⑦每个城市的茶叶农药残留预警风险评估；⑧每个城市茶叶农药残留风险评估结论与建议。

本《报告》是我国"十二五"国家科技支撑计划项目(2012BAD29B01)和"十三五"国家科技基础性工作专项(2015FY111200)的研究成果之一。该项研究成果紧扣国家"十三五"规划纲要"增强农产品安全保障能力"和"推进健康中国建设"的主题，可在这些领域的发展中，发挥重要的技术支撑作用。本《报告》的出版得到河北大学高层次人才科研启动经费项目(521000981273)的支持。

由于作者水平有限，书中不妥之处在所难免，恳请广大读者批评指正。

2019 年 11 月

缩 略 语 表

ADI	allowable daily intake	每日允许最大摄入量
CAC	Codex Alimentarius Commission	国际食品法典委员会
CCPR	Codex Committee on Pesticide Residues	农药残留法典委员会
FAO	Food and Agriculture Organization	联合国粮食及农业组织
GAP	Good Agricultural Practices	农业良好管理规范
GC-Q-TOF/MS	gas chromatograph/quadrupole time-of-flight mass spectrometry	气相色谱-四极杆飞行时间质谱
GEMS	Global Environmental Monitoring System	全球环境监测系统
IFS	index of food safety	食品安全指数
JECFA	Joint FAO/WHO Expert Committee on Food and Additives	FAO、WHO 食品添加剂联合专家委员会
JMPR	Joint FAO/WHO Meeting on Pesticide Residues	FAO、WHO 农药残留联合会议
LC-Q-TOF/MS	liquid chromatograph/quadrupole time-of-flight mass spectrometry	液相色谱-四极杆飞行时间质谱
MRL	maximum residue limit	最大残留限量
R	risk index	风险系数
WHO	World Health Organization	世界卫生组织

凡　　例

- 采样城市包括 31 个直辖市及省会城市(未含台北市、香港特别行政区和澳门特别行政区)、1 个地级市及电商平台,分成华北卷(北京市、天津市、石家庄市、太原市、呼和浩特市)、东北卷-电商平台卷(沈阳市、长春市、哈尔滨市、电商平台)、华东卷一(上海市、南京市、杭州市、合肥市)、华东卷二(福州市、南昌市、济南市)、华中卷(郑州市、武汉市、长沙市)、华南卷(广州市、南宁市、海口市)、西南卷(重庆市、成都市、贵阳市、昆明市、拉萨市及林芝地区)、西北卷(西安市、兰州市、西宁市、银川市、乌鲁木齐市)共 8 卷。
- 表中标注*表示剧毒农药;标注◇表示高毒农药;标注▲表示禁用农药;标注 a 表示超标。
- 书中提及的附表(侦测原始数据),请扫描封底二维码,按对应城市获取。

目　录

北 京 市

天 津 市

石 家 庄 市

太　原　市

呼和浩特市

北 京 市

第1章 LC-Q-TOF/MS 侦测北京市 285 例市售茶叶样品农药残留报告

从北京市所属 13 个区，随机采集了 285 例茶叶样品，使用液相色谱-四极杆飞行时间质谱(LC-Q-TOF/MS)对 825 种农药化学污染物示范侦测(7 种负离子模式 ESI⁻未涉及)。

1.1 样品种类、数量与来源

1.1.1 样品采集与检测

为了真实反映百姓日常饮用的茶叶中农药残留污染状况，本次所有检测样品均由检验人员于 2018 年 5 月至 2019 年 2 月期间，从北京市所属 53 个采样点，包括 51 个茶叶专营店 2 个超市，以随机购买方式采集，总计 55 批 285 例样品，从中检出农药 62 种，832 频次。采样及监测概况见图 1-1 及表 1-1，样品及采样点明细见表 1-2 及表 1-3(侦测原始数据见附表 1)。

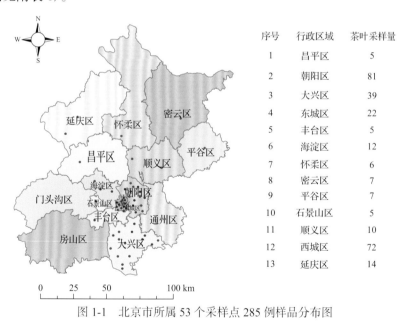

序号	行政区域	茶叶采样量
1	昌平区	5
2	朝阳区	81
3	大兴区	39
4	东城区	22
5	丰台区	5
6	海淀区	12
7	怀柔区	6
8	密云区	7
9	平谷区	7
10	石景山区	5
11	顺义区	10
12	西城区	72
13	延庆区	14

图 1-1 北京市所属 53 个采样点 285 例样品分布图

表 1-1 农药残留监测总体概况

采样地区	北京市所属 13 个区
采样点(茶叶专营店+超市)	53
样本总数	285
检出农药品种/频次	62/832
各采样点样本农药残留检出率范围	33.3%~100.0%

表 1-2　样品分类及数量

样品分类	样品名称(数量)	数量小计
1. 茶叶		285
1)发酵类茶叶	白茶(10),黑茶(43),红茶(56),乌龙茶(29)	138
2)未发酵类茶叶	花茶(21),绿茶(126)	147
合计	1.茶叶 6 种	285

表 1-3　北京市采样点信息

采样点序号	行政区域	采样点
茶叶专营店(51)		
1	昌平区	***茶庄(回龙观店)
2	朝阳区	***茶庄
3	朝阳区	***茶庄(朝外店)
4	朝阳区	***茶庄(大望路店)
5	朝阳区	***茶庄(东三环店)
6	朝阳区	***茶庄(小庄店)
7	朝阳区	***茶庄(秀水店)
8	朝阳区	***茶庄(北苑家园店)
9	朝阳区	***茶庄(甘露园店)
10	朝阳区	***茶庄(弘善家园店)
11	朝阳区	***茶庄(红庙店)
12	朝阳区	***茶庄(京伦饭店店)
13	大兴区	***茶庄(亦庄华联店)
14	大兴区	***茶庄
15	大兴区	***茶庄(亦庄店)
16	大兴区	***茶庄(林校北路店)
17	大兴区	***茶叶店
18	大兴区	***茶庄(北京城乡世纪广场店)
19	大兴区	***茶叶店
20	大兴区	***茶庄(永辉鸿坤店)
21	大兴区	***茶庄(经开店)
22	大兴区	***茶庄(亦庄店)
23	大兴区	***茶庄(荟聚购物中心店)
24	大兴区	***茶庄(绿地缤纷城店)
25	大兴区	***茶庄
26	大兴区	***茶庄(泰和园店)

续表

采样点序号	行政区域	采样点
27	东城区	***茶叶店
28	东城区	***茶庄(王府井百货店)
29	东城区	***茶庄(丹耀大厦店)
30	东城区	***茶庄(东方广场店)
31	东城区	***茶庄(王府井店)
32	东城区	***茶庄(王府井百货店)
33	东城区	***茶庄(王府井店)
34	丰台区	***茶庄(宋家庄店)
35	海淀区	***茶庄(世纪金源购物中心店)
36	海淀区	***茶庄(世纪金源购物中心店)
37	海淀区	***茶庄(世纪金源购物中心店)
38	怀柔区	***茶庄(怀柔店)
39	密云区	***茶庄(密云店)
40	平谷区	***茶庄(平谷店)
41	石景山区	***茶庄(玉泉路店)
42	顺义区	***茶庄(怡馨店)
43	顺义区	***茶庄(石园店)
44	西城区	***茶庄(前门大街店)
45	西城区	***茶庄(新街口北大街店)
46	西城区	***茶庄(大栅栏店)
47	西城区	***茶庄(前门店)
48	西城区	***茶庄(新街口店)
49	西城区	***茶庄(前门店)
50	延庆区	***茶庄(延庆妫恒店)
51	延庆区	***茶庄(延庆店)
超市(2)		
1	朝阳区	***超市(甘露园店)
2	大兴区	***超市(亦庄店)

1.1.2　检测结果

这次使用的检测方法是庞国芳院士团队最新研发的不需使用标准品对照,而以高分辨精确质量数(0.0001 m/z)为基准的 LC-Q-TOF/MS 检测技术,对于 285 例样品,每个样品均侦测了 825 种农药化学污染物的残留现状。通过本次侦测,在 285 例样品中共计检出农药化学污染物 62 种，检出 832 频次。

1.1.2.1　各采样点样品检出情况

统计分析发现 53 个采样点中，被测样品的农药检出率范围为 33.3%~100.0%。其中，有 26 个采样点样品的检出率最高，达到了 100.0%，分别是：***茶庄、***茶庄(东三环店)、***超市(甘露园店)、***茶庄(北苑家园店)、***茶庄(甘露园店)、***茶庄(京伦饭店店)、***茶庄(亦庄华联店)、***茶庄、***茶庄(亦庄店)、***茶庄(林校北路店)、***超市(亦庄店)、***茶叶店、***茶庄(北京城乡世纪广场店)、***茶叶店、***茶庄(永辉鸿坤店)、***茶庄(经开店)、***茶庄(亦庄店)、***茶庄(荟聚购物中心店)、***茶庄(绿地缤纷城店)、***茶庄(王府井百货店)、***茶庄(丹耀大厦店)、***茶庄(东方广场店)、***茶庄(王府井店)、***茶庄(王府井店)、***茶庄(玉泉路店)和***茶庄(延庆妫恒店)。***茶叶店的检出率最低，为 33.3%，见图 1-2。

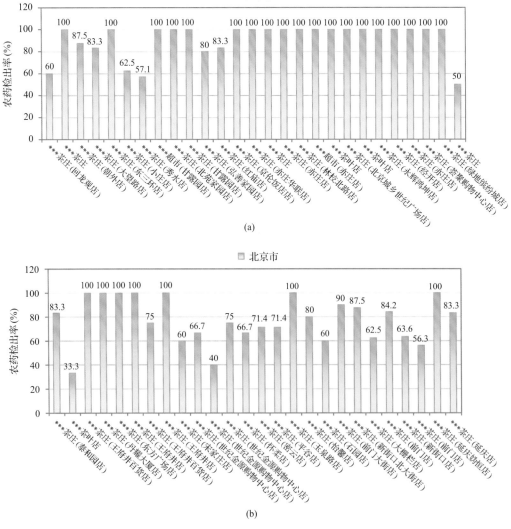

(a)

(b)

图 1-2　各采样点样品中的农药检出率

1.1.2.2 检出农药的品种总数与频次

统计分析发现，对于 285 例样品中 825 种农药化学污染物的侦测，共检出农药 832 频次，涉及农药 62 种，结果如图 1-3 所示。其中哒螨灵检出频次最高，共检出 91 次。检出频次排名前 10 的农药如下：①哒螨灵(91)，②噻嗪酮(75)，③唑虫酰胺(67)，④抑芽丹(63)，⑤啶虫脒(46)，⑥三唑磷(45)，⑦N-去甲基啶虫脒(39)，⑧埃卡瑞丁(32)，⑨苯醚甲环唑(31)，⑩吡唑醚菌酯(29)。

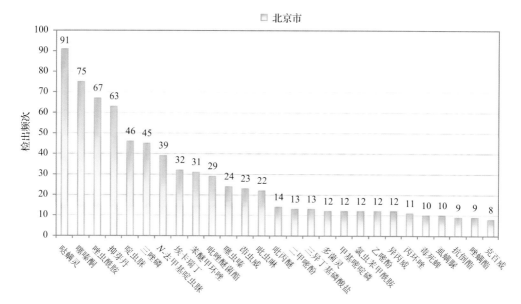

图 1-3　检出农药品种及频次(仅列出 8 频次及以上的数据)

由图 1-4 可见，红茶、绿茶、乌龙茶和花茶这 4 种茶叶样品中检出的农药品种数较高，均超过 25 种，其中，红茶检出农药品种最多，为 32 种。由图 1-5 可见，绿茶、红茶、乌龙茶和花茶这 4 种茶叶样品中的农药检出频次较高，均超过 100 次，其中，绿茶检出农药频次最高，为 244 次。

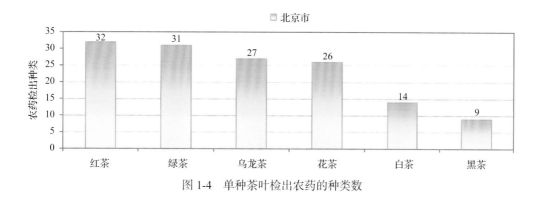

图 1-4　单种茶叶检出农药的种类数

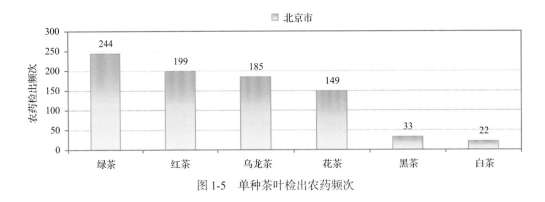

图 1-5　单种茶叶检出农药频次

1.1.2.3　单例样品农药检出种类与占比

对单例样品检出农药种类和频次进行统计发现，未检出农药的样品占总样品数的18.9%，检出 1 种农药的样品占总样品数的25.6%，检出 2~5 种农药的样品占总样品数的39.3%，检出 6~10 种农药的样品占总样品数的13.3%，检出大于 10 种农药的样品占总样品数的2.8%。每例样品中平均检出农药为 2.9 种，数据见表 1-4 及图 1-6。

表 1-4　单例样品检出农药品种占比

检出农药品种数	样品数量/占比(%)
未检出	54/18.9
1 种	73/25.6
2~5 种	112/39.3
6~10 种	38/13.3
大于 10 种	8/2.8
单例样品平均检出农药品种	2.9 种

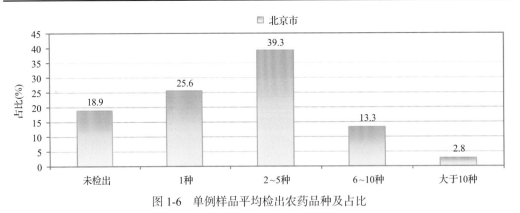

图 1-6　单例样品平均检出农药品种及占比

1.1.2.4　检出农药类别与占比

所有检出农药按功能分类，包括杀虫剂、杀菌剂、杀螨剂、除草剂、植物生长调节剂、驱避剂、增效剂共 7 类。其中杀虫剂与杀菌剂为主要检出的农药类别，分别占总数的 43.5% 和 29.0%，见表 1-5 及图 1-7。

表 1-5   检出农药所属类别/占比

农药类别	数量/占比(%)
杀虫剂	27/43.5
杀菌剂	18/29.0
杀螨剂	7/11.3
除草剂	4/6.5
植物生长调节剂	4/6.5
驱避剂	1/1.6
增效剂	1/1.6

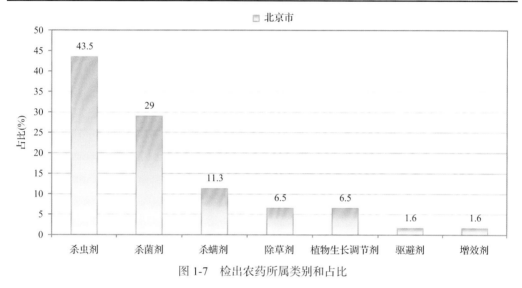

图 1-7   检出农药所属类别和占比

1.1.2.5   检出农药的残留水平

按检出农药残留水平进行统计，残留水平在 1~5 µg/kg(含) 的农药占总数的 42.9%，在 5~10 µg/kg(含) 的农药占总数的 13.3%，在 10~100 µg/kg(含) 的农药占总数的 29.3%，在 100~1000 µg/kg(含) 的农药占总数的 14.1%，在 >1000 µg/kg 的农药占总数的 0.4%。

由此可见，这次检测的 55 批 285 例茶叶样品中农药多数处于较低残留水平。结果见表 1-6 及图 1-8，数据见附表 2。

表 1-6   农药残留水平/占比

残留水平(µg/kg)	检出频次数/占比(%)
1~5(含)	357/42.9
5~10(含)	111/13.3
10~100(含)	244/29.3
100~1000(含)	117/14.1
>1000	3/0.4

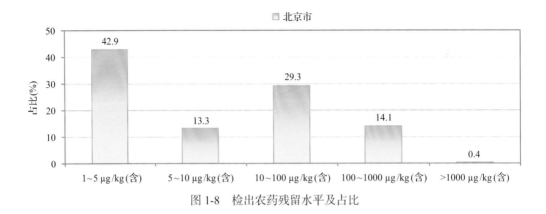

图 1-8　检出农药残留水平及占比

1.1.2.6　检出农药的毒性类别、检出频次和超标频次及占比

对这次检出的 62 种 832 频次的农药，按剧毒、高毒、中毒、低毒和微毒这五个毒性类别进行分类，从中可以看出，北京市目前普遍使用的农药为中低微毒农药，品种占 88.7%，频次占 90.6%。结果见表 1-7 及图 1-9。

表 1-7　检出农药毒性类别/占比

毒性分类	农药品种/占比(%)	检出频次/占比(%)	超标频次/超标率(%)
剧毒农药	0/0	0/0.0	0/0.0
高毒农药	7/11.3	78/9.4	0/0.0
中毒农药	23/37.1	429/51.6	0/0.0
低毒农药	20/32.3	198/23.8	0/0.0
微毒农药	12/19.4	127/15.3	0/0.0

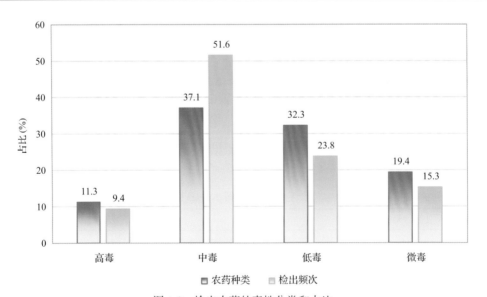

图 1-9　检出农药的毒性分类和占比

1.1.2.7　检出剧毒/高毒类农药的品种和频次

值得特别关注的是，在此次侦测的 285 例样品中有 5 种茶叶的 64 例样品检出了 7 种 78 频次的剧毒和高毒农药，占样品总量的 22.5%，详见图 1-10、表 1-8 及表 1-9。

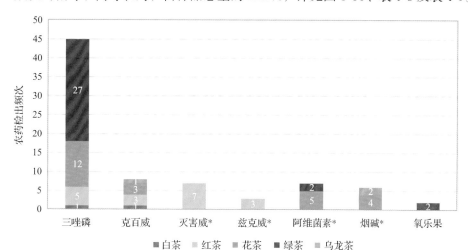

图 1-10　检出剧毒/高毒农药的样品情况

*表示允许在茶叶上使用的农药

表 1-8　剧毒农药检出情况

序号	农药名称	检出频次	超标频次	超标率
		茶叶中未检出剧毒农药		
	合计	0	0	超标率：0.0%

表 1-9　高毒农药检出情况

序号	农药名称	检出频次	超标频次	超标率
		从 5 种茶叶中检出 7 种高毒农药，共计检出 78 次		
1	三唑磷	45	0	0.0%
2	克百威	8	0	0.0%
3	阿维菌素	7	0	0.0%
4	灭害威	7	0	0.0%
5	烟碱	6	0	0.0%
6	兹克威	3	0	0.0%
7	氧乐果	2	0	0.0%
	合计	78	0	超标率：0.0%

在检出的剧毒和高毒农药中，有 3 种是我国早已禁止在茶叶上使用的，分别是：氧乐果、克百威和三唑磷。禁用农药的检出情况见表 1-10。

表 1-10　禁用农药检出情况

序号	农药名称	检出频次	超标频次	超标率
从 5 种茶叶中检出 4 种禁用农药, 共计检出 65 次				
1	三唑磷	45	0	0.0%
2	毒死蜱	10	0	0.0%
3	克百威	8	0	0.0%
4	氧乐果	2	0	0.0%
合计		65	0	超标率: 0.0%

注: 表中*为剧毒农药; 超标结果参考 MRL 中国国家标准计算

此次抽检的茶叶样品中, 没有检出剧毒农药。

样品中检出剧毒和高毒农药残留水平没有超过 MRL 中国国家标准, 但本次检出结果仍表明, 高毒、剧毒农药的使用现象依旧存在。详见表 1-11。

表 1-11　各样本中检出剧毒/高毒农药情况

样品名称	农药名称	检出频次	超标频次	检出浓度(μg/kg)
茶叶 5 种				
白茶	克百威▲	1	0	3.7
白茶	三唑磷▲	1	0	18.8
红茶	灭害威	7	0	2.4, 2.2, 2.2, 1.8, 1.6, 1.4, 2.6
红茶	三唑磷▲	5	0	1.5, 2.9, 1.5, 1.8, 5.9
红茶	克百威▲	3	0	23.3, 20.1, 42.2
红茶	兹克威	3	0	4.3, 5.8, 5.4
花茶	三唑磷▲	12	0	1.3, 1.3, 4.7, 1.3, 1.7, 6.2, 2.1, 1.8, 1.2, 1.1, 7.9, 1.1
花茶	阿维菌素	5	0	2.7, 2.0, 4.2, 5.5, 4.0
花茶	烟碱	4	0	5.5, 4.4, 6.0, 3.9
花茶	克百威▲	3	0	11.9, 7.5, 6.1
绿茶	三唑磷▲	27	0	2.6, 2.6, 309.1, 4.0, 6.5, 8.7, 3.7, 4.0, 7.1, 4.2, 12.3, 6.1, 7.3, 2.5, 1.5, 15.3, 3.9, 3.8, 17.1, 12.5, 15.8, 4.5, 220.3, 4.4, 135.9, 2.9, 4.2
绿茶	阿维菌素	2	0	15.2, 3.8
绿茶	氧乐果▲	2	0	18.5, 6.5
乌龙茶	烟碱	2	0	1.2, 2.7
乌龙茶	克百威▲	1	0	2.3
合计		78	0	超标率: 0.0%

注: 表中*为剧毒农药; ▲为禁用农药; a 为超标结果(参考 MRL 中国国家标准)

1.2　农药残留检出水平与最大残留限量标准对比分析

我国于 2016 年 12 月 18 日正式颁布并于 2017 年 6 月 18 日正式实施食品农药残留

限量国家标准《食品中农药最大残留限量》（GB 2763—2016）。该标准包括 417 个农药条目，涉及最大残留限量(MRL)标准 4140 项。将 832 频次检出农药的浓度水平与 4140 项国家 MRL 标准进行核对，其中只有 335 频次的结果找到了对应的 MRL，占 40.3%，还有 497 频次的结果则无相关 MRL 标准供参考，占 59.7%。

将此次侦测结果与国际上现行 MRL 对比发现，在 832 频次的检出结果中有 832 频次的结果找到了对应的 MRL 欧盟标准，占 100.0%；其中，622 频次的结果有明确对应的 MRL，占 74.8%，其余 210 频次按照欧盟一律标准判定，占 25.2%；有 832 频次的结果找到了对应的 MRL 日本标准，占 100.0%；其中，577 频次的结果有明确对应的 MRL，占 69.4%，其余 255 频次按照日本一律标准判定，占 30.6%；有 240 频次的结果找到了对应的 MRL 中国香港标准，占 28.8%；有 275 频次的结果找到了对应的 MRL 美国标准，占 33.1%；有 108 频次的结果找到了对应的 MRL CAC 标准，占 13.0%(见图 1-11 和图 1-12，数据见附表 3 至附表 8)。

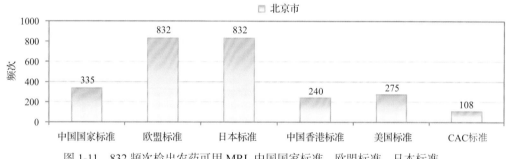

图 1-11　832 频次检出农药可用 MRL 中国国家标准、欧盟标准、日本标准、
中国香港标准、美国标准、CAC 标准判定衡量的数量

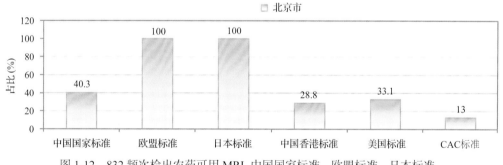

图 1-12　832 频次检出农药可用 MRL 中国国家标准、欧盟标准、日本标准、
中国香港标准、美国标准、CAC 标准衡量的占比

1.2.1　超标农药样品分析

本次侦测的 285 例样品中，54 例样品未检出任何残留农药，占样品总量的 18.9%，231 例样品检出不同水平、不同种类的残留农药，占样品总量的 81.1%。在此，我们将本次侦测的农残检出情况与 MRL 中国国家标准、欧盟标准、日本标准、中国香港标准、美国标准和 CAC 标准这 6 大国际主流 MRL 标准进行对比分析，样品农残检出与超标情况见表 1-12、图 1-13 和图 1-14，详细数据见附表 9 至附表 14。

表 1-12　各 MRL 标准下样本农残检出与超标数量及占比

	中国国家标准 数量/占比(%)	欧盟标准 数量/占比(%)	日本标准 数量/占比(%)	中国香港标准 数量/占比(%)	美国标准 数量/占比(%)	CAC 标准 数量/占比(%)
未检出	54/18.9	54/18.9	54/18.9	54/18.9	54/18.9	54/18.9
检出未超标	231/81.1	123/43.2	127/44.6	231/81.1	231/81.1	231/81.1
检出超标	0/0.0	108/37.9	104/36.5	0/0.0	0/0.0	0/0.0

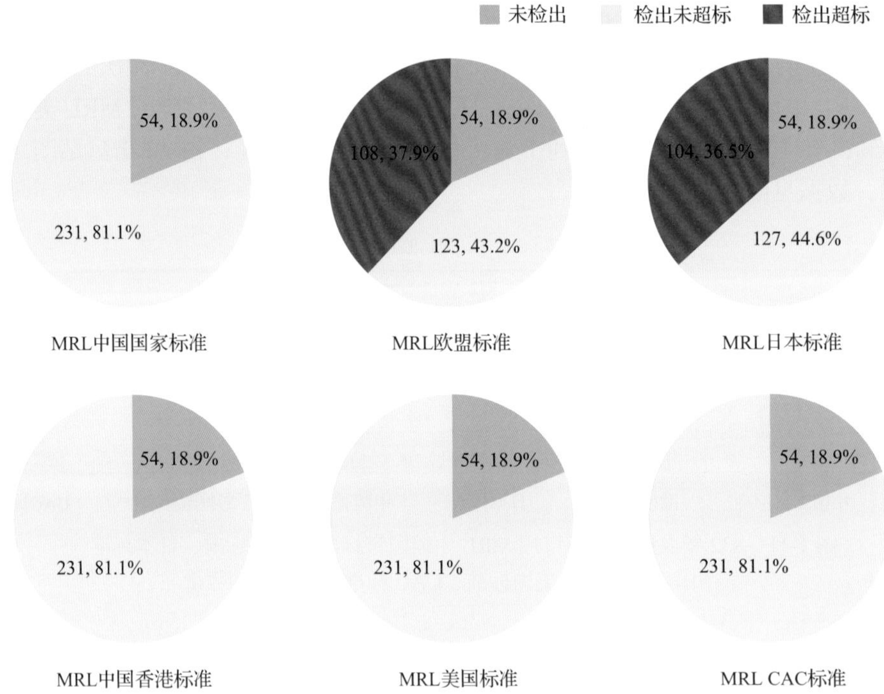

■ 未检出　　□ 检出未超标　　■ 检出超标

54, 18.9%　231, 81.1%
MRL中国国家标准

54, 18.9%　108, 37.9%　123, 43.2%
MRL欧盟标准

54, 18.9%　104, 36.5%　127, 44.6%
MRL日本标准

54, 18.9%　231, 81.1%
MRL中国香港标准

54, 18.9%　231, 81.1%
MRL美国标准

54, 18.9%　231, 81.1%
MRL CAC标准

图 1-13　检出和超标样品比例情况

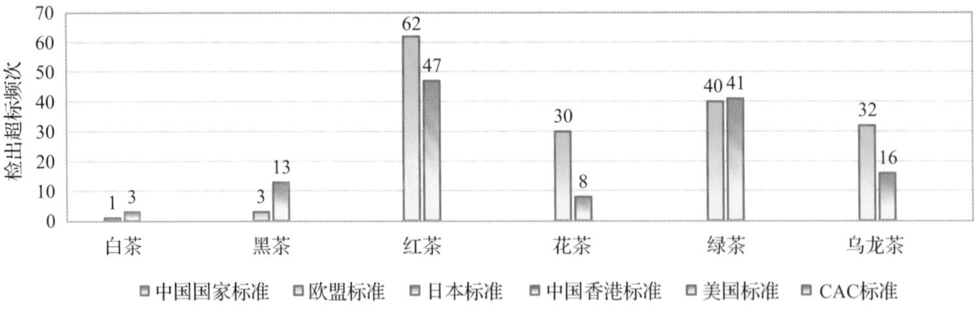

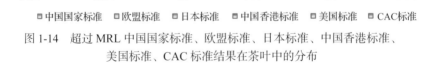

图 1-14　超过 MRL 中国国家标准、欧盟标准、日本标准、中国香港标准、
美国标准、CAC 标准结果在茶叶中的分布

1.2.2　超标农药种类分析

按照 MRL 中国国家标准、欧盟标准、日本标准、中国香港标准、美国标准和

CAC 标准这 6 大国际主流 MRL 标准衡量，本次侦测检出的农药超标品种及频次情况见表 1-13。

表 1-13　各 MRL 标准下超标农药品种及频次

	中国国家标准	欧盟标准	日本标准	中国香港标准	美国标准	CAC 标准
超标农药品种	0	17	14	0	0	0
超标农药频次	0	168	128	0	0	0

1.2.2.1　按 MRL 中国国家标准衡量

按 MRL 中国国家标准衡量，无样品检出超标农药残留。

1.2.2.2　按 MRL 欧盟标准衡量

按 MRL 欧盟标准衡量，共有 17 种农药超标，检出 168 频次，分别为高毒农药三唑磷，中毒农药苯醚甲环唑、吡虫啉、异丙威、N-去甲基啶虫脒、唑虫酰胺和哒螨灵，低毒农药灭幼脲、吡虫啉脲、三异丁基磷酸盐、噻嗪酮、埃卡瑞丁、抗倒酯、虱螨脲和二甲嘧酚，微毒农药抑芽丹和氯虫苯甲酰胺。

按超标程度比较，红茶中异丙威超标 98.4 倍，红茶中唑虫酰胺超标 60.2 倍，乌龙茶中唑虫酰胺超标 57.8 倍，红茶中埃卡瑞丁超标 28.6 倍，绿茶中哒螨灵超标 21.9 倍。检测结果见图 1-15 和附表 16。

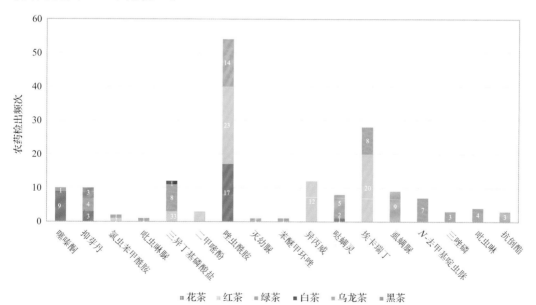

图 1-15　超过 MRL 欧盟标准农药品种及频次

1.2.2.3　按 MRL 日本标准衡量

按 MRL 日本标准衡量，共有 14 种农药超标，检出 128 频次，分别为高毒农药三唑磷，中毒农药异丙威、N-去甲基啶虫脒和茚虫威，低毒农药灭幼脲、吡虫啉脲、马拉硫磷、三异丁基磷酸盐、埃卡瑞丁、抗倒酯和二甲嘧酚，微毒农药敌草胺、抑芽丹和乙嘧酚。

按超标程度比较，红茶中异丙威超标 98.4 倍，乌龙茶中抗倒酯超标 49.1 倍，绿茶中三唑磷超标 29.9 倍，红茶中埃卡瑞丁超标 28.6 倍，绿茶中三异丁基磷酸盐超标 18.7 倍。检测结果见图 1-16 和附表 17。

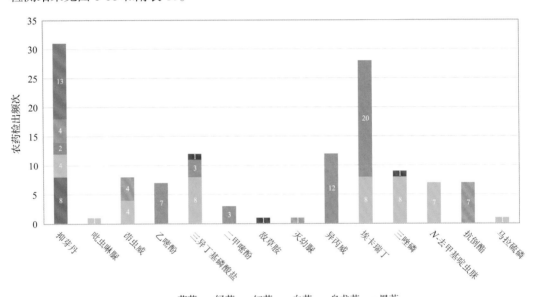

图 1-16　超过 MRL 日本标准农药品种及频次

1.2.2.4　按 MRL 中国香港标准衡量

按 MRL 中国香港标准衡量，无样品检出超标农药残留。

1.2.2.5　按 MRL 美国标准衡量

按 MRL 美国标准衡量，无样品检出超标农药残留。

1.2.2.6　按 MRL CAC 标准衡量

按 MRL CAC 标准衡量，无样品检出超标农药残留。

1.2.3　53 个采样点超标情况分析

1.2.3.1　按 MRL 中国国家标准衡量

按 MRL 中国国家标准衡量，所有采样点的样品均未检出超标农药残留。

1.2.3.2　按 MRL 欧盟标准衡量

按 MRL 欧盟标准衡量，有 51 个采样点的样品存在不同程度的超标农药检出，其中

茶庄(京伦饭店店)、茶庄(林校北路店)、***茶庄(亦庄华联店)、***茶庄(永辉鸿坤店)、***茶庄(绿地缤纷城店)、***茶叶店和***茶叶店的超标率最高，为 100.0%，如表 1-14 和图 1-17 所示。

表 1-14　超过 MRL 欧盟标准茶叶在不同采样点分布

序号	采样点	样品总数	超标数量	超标率(%)	行政区域
1	***茶庄(前门店)	19	4	21.1	西城区
2	***茶庄(前门店)	16	5	31.2	西城区
3	***茶庄(红庙店)	12	6	50.0	朝阳区
4	***茶庄(新街口店)	11	3	27.3	西城区
5	***茶庄(东三环店)	10	4	40.0	朝阳区
6	***茶庄(前门大街店)	10	4	40.0	西城区
7	***茶庄(朝外店)	8	3	37.5	朝阳区
8	***茶庄(小庄店)	8	4	50.0	朝阳区
9	***茶庄(延庆妫恒店)	8	2	25.0	延庆区
10	***茶庄(大栅栏店)	8	4	50.0	西城区
11	***茶庄(新街口北大街店)	8	3	37.5	西城区
12	***茶庄(秀水店)	7	2	28.6	朝阳区
13	***茶庄(密云店)	7	2	28.6	密云区
14	***茶庄(甘露园店)	6	2	33.3	朝阳区
15	***茶庄(大望路店)	6	1	16.7	朝阳区
16	***茶庄	6	1	16.7	朝阳区
17	***茶庄(延庆店)	6	2	33.3	延庆区
18	***茶庄(怀柔店)	6	1	16.7	怀柔区
19	***茶庄(泰和园店)	6	3	50.0	大兴区
20	***茶庄(回龙观店)	5	2	40.0	昌平区
21	***超市(甘露园店)	5	2	40.0	朝阳区
22	***茶庄(北苑家园店)	5	3	60.0	朝阳区
23	***茶庄(王府井百货店)	5	2	40.0	东城区
24	***茶庄(宋家庄店)	5	1	20.0	丰台区
25	***超市(亦庄店)	5	2	40.0	大兴区
26	***茶庄(世纪金源购物中心店)	5	1	20.0	海淀区
27	***茶庄(弘善家园店)	5	2	40.0	朝阳区
28	***茶庄(石园店)	5	3	60.0	顺义区
29	***茶庄(玉泉路店)	5	2	40.0	石景山区
30	***茶庄(东方广场店)	4	1	25.0	东城区
31	***茶庄(王府井百货店)	4	1	25.0	东城区
32	***茶庄(世纪金源购物中心店)	4	3	75.0	海淀区
33	***茶庄(世纪金源购物中心店)	3	1	33.3	海淀区

续表

序号	采样点	样品总数	超标数量	超标率(%)	行政区域
34	***茶庄(京伦饭店店)	3	3	100.0	朝阳区
35	***茶叶店	3	1	33.3	东城区
36	***茶庄(亦庄店)	3	1	33.3	大兴区
37	***茶庄(亦庄店)	3	1	33.3	大兴区
38	***茶庄(荟聚购物中心店)	2	1	50.0	大兴区
39	***茶庄	2	1	50.0	大兴区
40	***茶庄(林校北路店)	2	2	100.0	大兴区
41	***茶庄(北京城乡世纪广场店)	2	1	50.0	大兴区
42	***茶庄(经开店)	2	1	50.0	大兴区
43	***茶庄(王府井店)	2	1	50.0	东城区
44	***茶庄(王府井店)	2	1	50.0	东城区
45	***茶庄(丹耀大厦店)	2	1	50.0	东城区
46	***茶庄(亦庄华联店)	2	2	100.0	大兴区
47	***茶庄(永辉鸿坤店)	2	2	100.0	大兴区
48	***茶庄(绿地缤纷城店)	2	2	100.0	大兴区
49	***茶叶店	2	2	100.0	大兴区
50	***茶叶店	2	2	100.0	大兴区
51	***茶庄	2	1	50.0	大兴区

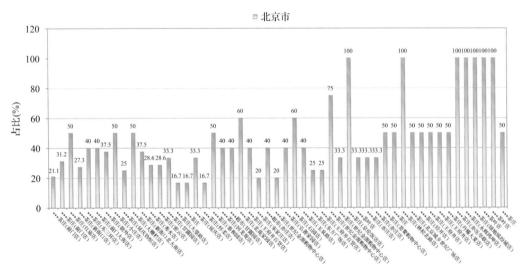

图 1-17　超过 MRL 欧盟标准茶叶在不同采样点分布

1.2.3.3　按 MRL 日本标准衡量

按 MRL 日本标准衡量，有 48 个采样点的样品存在不同程度的超标农药检出，其中 ***茶庄(王府井店)、***茶庄(永辉鸿坤店)和***茶叶店的超标率最高，为 100.0%，如

表 1-15 和图 1-18 所示。

表 1-15　超过 MRL 日本标准茶叶在不同采样点分布

序号	采样点	样品总数	超标数量	超标率(%)	行政区域
1	***茶庄(前门店)	19	2	10.5	西城区
2	***茶庄(前门店)	16	4	25.0	西城区
3	***茶庄(红庙店)	12	5	41.7	朝阳区
4	***茶庄(新街口店)	11	3	27.3	西城区
5	***茶庄(东三环店)	10	6	60.0	朝阳区
6	***茶庄(前门大街店)	10	5	50.0	西城区
7	***茶庄(朝外店)	8	3	37.5	朝阳区
8	***茶庄(小庄店)	8	2	25.0	朝阳区
9	***茶庄(延庆妫恒店)	8	3	37.5	延庆区
10	***茶庄(大栅栏店)	8	4	50.0	西城区
11	***茶庄(新街口北大街店)	8	4	50.0	西城区
12	***茶庄(密云店)	7	1	14.3	密云区
13	***茶庄(甘露园店)	6	3	50.0	朝阳区
14	***茶庄	6	3	50.0	朝阳区
15	***茶庄(延庆店)	6	2	33.3	延庆区
16	***茶庄(泰和园店)	6	2	33.3	大兴区
17	***茶庄(回龙观店)	5	2	40.0	昌平区
18	***超市(甘露园店)	5	2	40.0	朝阳区
19	***茶庄(北苑家园店)	5	3	60.0	朝阳区
20	***茶庄(王府井百货店)	5	3	60.0	东城区
21	***茶庄(宋家庄店)	5	1	20.0	丰台区
22	***超市(亦庄店)	5	3	60.0	大兴区
23	***茶庄(世纪金源购物中心店)	5	1	20.0	海淀区
24	***茶庄(弘善家园店)	5	2	40.0	朝阳区
25	***茶庄(石园店)	5	2	40.0	顺义区
26	***茶庄(玉泉路店)	5	2	40.0	石景山区
27	***茶庄(东方广场店)	4	2	50.0	东城区
28	***茶庄(王府井百货店)	4	2	50.0	东城区
29	***茶庄(世纪金源购物中心店)	4	3	75.0	海淀区
30	***茶庄(世纪金源购物中心店)	3	1	33.3	海淀区
31	***茶庄(京伦饭店店)	3	2	66.7	朝阳区
32	***茶叶店	3	1	33.3	东城区

序号	采样点	样品总数	超标数量	超标率(%)	行政区域
33	***茶庄(亦庄店)	3	2	66.7	大兴区
34	***茶庄(亦庄店)	3	1	33.3	大兴区
35	***茶庄(荟聚购物中心店)	2	1	50.0	大兴区
36	***茶庄	2	1	50.0	大兴区
37	***茶庄(林校北路店)	2	1	50.0	大兴区
38	***茶庄(北京城乡世纪广场店)	2	1	50.0	大兴区
39	***茶庄(经开店)	2	1	50.0	大兴区
40	***茶庄(王府井店)	2	1	50.0	东城区
41	***茶庄(王府井店)	2	2	100.0	东城区
42	***茶庄(丹耀大厦店)	2	1	50.0	东城区
43	***茶庄(亦庄华联店)	2	1	50.0	大兴区
44	***茶庄(永辉鸿坤店)	2	2	100.0	大兴区
45	***茶庄(绿地缤纷城店)	2	1	50.0	大兴区
46	***茶叶店	2	1	50.0	大兴区
47	***茶叶店	2	2	100.0	大兴区
48	***茶庄	2	1	50.0	大兴区

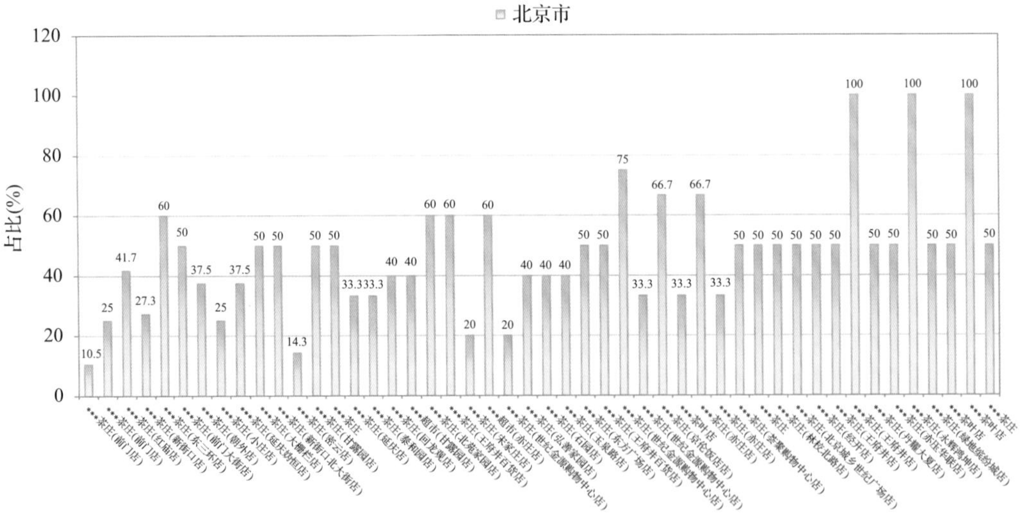

图 1-18 超过 MRL 日本标准茶叶在不同采样点分布

1.2.3.4 按 MRL 中国香港标准衡量

按 MRL 中国香港标准衡量, 所有采样点的样品均未检出超标农药残留。

1.2.3.5 按 MRL 美国标准衡量

按 MRL 美国标准衡量, 所有采样点的样品均未检出超标农药残留。

1.2.3.6 按 MRL CAC 标准衡量

按 MRL CAC 标准衡量，所有采样点的样品均未检出超标农药残留。

1.3 茶叶中农药残留分布

1.3.1 检出农药品种和频次排名

本次残留侦测的茶叶共 6 种，包括白茶、黑茶、红茶、乌龙茶、花茶和绿茶。

根据检出农药品种及频次进行排名，将各项排名茶叶样品检出情况列表说明，详见表 1-16。

表 1-16 茶叶按检出农药品种和频次排名

按检出农药品种排名(品种)	①红茶(32)，②绿茶(31)，③乌龙茶(27)，④花茶(26)，⑤白茶(14)，⑥黑茶(9)
按检出农药频次排名(频次)	①绿茶(244)，②红茶(199)，③乌龙茶(185)，④花茶(149)，⑤黑茶(33)，⑥白茶(22)
按检出禁用、高毒及剧毒农药品种排名(品种)	①花茶(5)，②红茶(4)，③绿茶(3)，④乌龙茶(3)，⑤白茶(2)
按检出禁用、高毒及剧毒农药频次排名(频次)	①绿茶(31)，②花茶(27)，③红茶(18)，④乌龙茶(10)，⑤白茶(2)

1.3.2 茶叶按超标农药品种和频次排名

鉴于 MRL 欧盟标准和 MRL 日本标准制定比较全面且覆盖率较高，我们参照 MRL 中国国家标准、MRL 欧盟标准和 MRL 日本标准衡量茶叶样品中农残检出情况，将茶叶按超标农药品种及频次排名列表说明，详见表 1-17。

表 1-17 茶叶按超标农药品种和频次排名

按超标农药品种排名(农药品种数)	MRL 中国国家标准	
	MRL 欧盟标准	①绿茶(11)，②红茶(6)，③乌龙茶(5)，④花茶(4)，⑤白茶(1)，⑥黑茶(1)
	MRL 日本标准	①绿茶(8)，②红茶(6)，③乌龙茶(4)，④白茶(3)，⑤黑茶(1)，⑥花茶(1)
按超标农药频次排名(农药频次数)	MRL 中国国家标准	
	MRL 欧盟标准	①红茶(62)，②绿茶(40)，③乌龙茶(32)，④花茶(30)，⑤黑茶(3)，⑥白茶(1)
	MRL 日本标准	①红茶(47)，②绿茶(41)，③乌龙茶(16)，④黑茶(13)，⑤花茶(8)，⑥白茶(3)

通过对各品种茶叶样本总数及检出率进行综合分析发现，红茶、绿茶和黑茶的残留污染最为严重，在此，我们参照 MRL 中国国家标准、MRL 欧盟标准和 MRL 日本标准对这 3 种茶叶的农残检出情况进行进一步分析。

1.3.3 农药残留检出率较高的茶叶样品分析

1.3.3.1 红茶

这次共检测 56 例红茶样品，55 例样品中检出了农药残留，检出率为 98.2%，检出农药共计 32 种。其中噻嗪酮、唑虫酰胺、埃卡瑞丁、啶虫脒和二甲嘧酚检出频次较高，分别检出了 31、29、20、20 和 13 次。红茶中农药检出品种和频次见图 1-19，超标农药见图 1-20 和表 1-18。

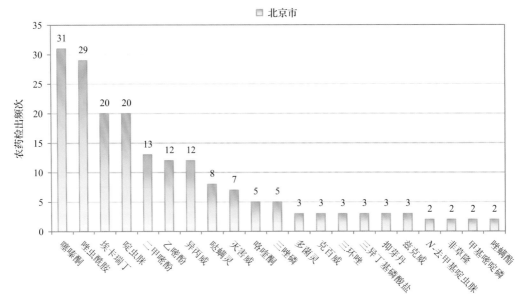

图 1-19　红茶样品检出农药品种和频次分析(仅列出 2 频次及以上的数据)

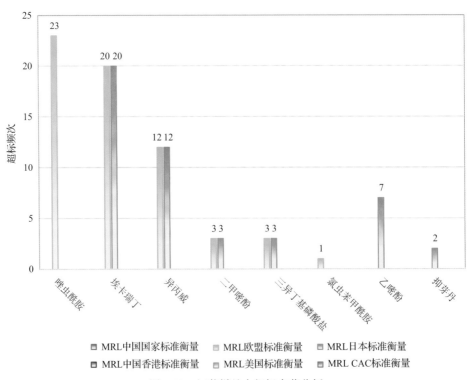

图 1-20　红茶样品中超标农药分析

表 1-18　红茶中农药残留超标情况明细表

样品总数 56		检出农药样品数 55	样品检出率(%) 98.2	检出农药品种总数 32
	超标农药品种	超标农药频次	按照 MRL 中国国家标准、欧盟标准和日本标准衡量超标农药名称及频次	
中国国家标准	0	0		
欧盟标准	6	62	唑虫酰胺(23),埃卡瑞丁(20),异丙威(12),二甲嘧酚(3),三异丁基磷酸盐(3),氯虫苯甲酰胺(1)	
日本标准	6	47	埃卡瑞丁(20),异丙威(12),乙嘧酚(7),二甲嘧酚(3),三异丁基磷酸盐(3),抑芽丹(2)	

1.3.3.2　绿茶

这次共检测 126 例绿茶样品,94 例样品中检出了农药残留,检出率为 74.6%,检出农药共计 31 种。其中哒螨灵、N-去甲基啶虫脒、三唑磷、吡唑醚菌酯和噻嗪酮检出频次较高,分别检出了 42、36、27、17 和 15 次。绿茶中农药检出品种和频次见图 1-21,超标农药见表 1-19 和图 1-22。

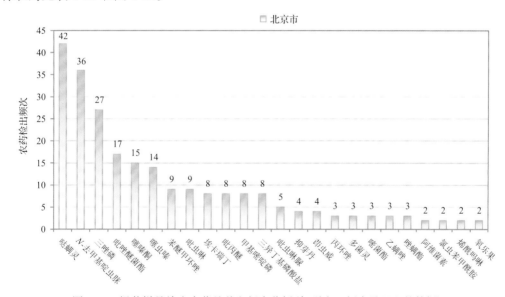

图 1-21　绿茶样品检出农药品种和频次分析(仅列出 2 频次及以上的数据)

表 1-19　绿茶中农药残留超标情况明细表

样品总数 126		检出农药样品数 94	样品检出率(%) 74.6	检出农药品种总数 31
	超标农药品种	超标农药频次	按照 MRL 中国国家标准、欧盟标准和日本标准衡量超标农药名称及频次	
中国国家标准	0	0		
欧盟标准	11	40	埃卡瑞丁(8),三异丁基磷酸盐(8),N-去甲基啶虫脒(7),吡虫啉(4),抑芽丹(4),三唑磷(3),哒螨灵(2),苯醚甲环唑(1),吡虫啉脲(1),氯虫苯甲酰胺(1),噻嗪酮(1)	
日本标准	8	41	埃卡瑞丁(8),三异丁基磷酸盐(8),三唑磷(8),N-去甲基啶虫脒(7),抑芽丹(4),茚虫威(4),吡虫啉脲(1),马拉硫磷(1)	

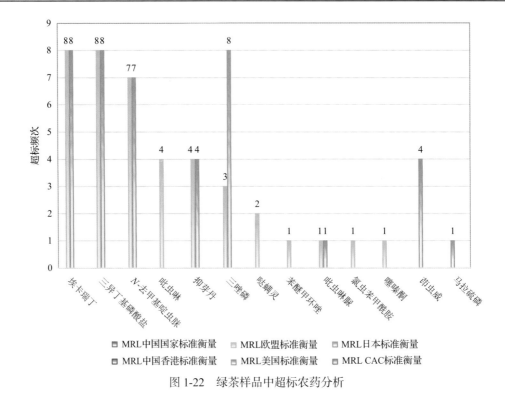

图 1-22　绿茶样品中超标农药分析

1.3.3.3　黑茶

这次共检测 43 例黑茶样品，26 例样品中检出了农药残留，检出率为 60.5%，检出农药共计 9 种。其中抑芽丹、埃卡瑞丁、噻嗪酮、啶虫脒和唑虫酰胺检出频次较高，分别检出了 18、4、3、2 和 2 次。黑茶中农药检出品种和频次见图 1-23，超标农药见图 1-24 和表 1-20。

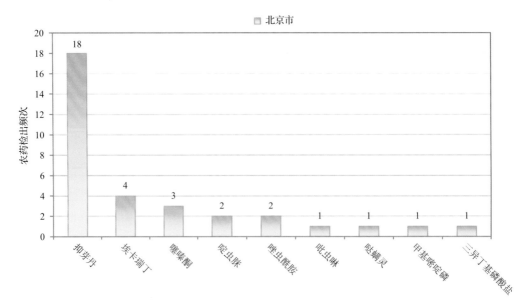

图 1-23　黑茶样品检出农药品种和频次分析

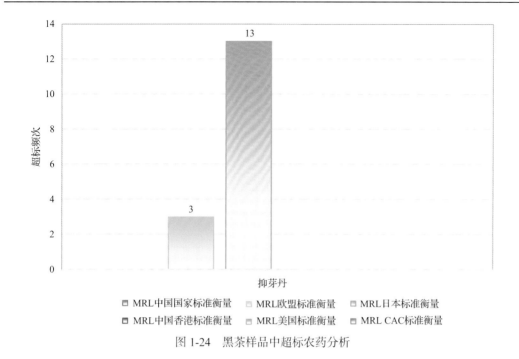

图 1-24　黑茶样品中超标农药分析

表 1-20　黑茶中农药残留超标情况明细表

样品总数		检出农药样品数	样品检出率(%)	检出农药品种总数
43		26	60.5	9
	超标农药品种	超标农药频次	按照 MRL 中国国家标准、欧盟标准和日本标准衡量超标农药名称及频次	
中国国家标准	0	0		
欧盟标准	1	3	抑芽丹(3)	
日本标准	1	13	抑芽丹(13)	

1.4　初 步 结 论

1.4.1　北京市市售茶叶按 MRL 中国国家标准和国际主要 MRL 标准衡量的合格率

本次侦测的 285 例样品中，54 例样品未检出任何残留农药，占样品总量的 18.9%，231 例样品检出不同水平、不同种类的残留农药，占样品总量的 81.1%。在这 231 例检出农药残留的样品中：

按照 MRL 中国国家标准衡量，有 231 例样品检出残留农药但含量没有超标，占样品总数的 81.1%，无检出残留农药超标的样品。

按照 MRL 欧盟标准衡量，有 123 例样品检出残留农药但含量没有超标，占样品总数的 43.2%，有 108 例样品检出了超标农药，占样品总数的 37.9%。

按照 MRL 日本标准衡量，有 127 例样品检出残留农药但含量没有超标，占样品总数的 44.6%，有 104 例样品检出了超标农药，占样品总数的 36.5%。

　　按照 MRL 中国香港标准衡量，有 231 例样品检出残留农药但含量没有超标，占样品总数的 81.1%，无检出残留农药超标的样品。

　　按照 MRL 美国标准衡量，有 231 例样品检出残留农药但含量没有超标，占样品总数的 81.1%，无检出残留农药超标的样品。

　　按照 MRL CAC 标准衡量，有 231 例样品检出残留农药但含量没有超标，占样品总数的 81.1%，无检出残留农药超标的样品。

1.4.2　北京市市售茶叶中检出农药以中低微毒农药为主，占市场主体的 88.7%

　　这次侦测的 285 例茶叶样品共检出了 62 种农药，检出农药的毒性以中低微毒为主，详见表 1-21。

表 1-21　市场主体农药毒性分布

毒性	检出品种	占比	检出频次	占比
高毒农药	7	11.3%	78	9.4%
中毒农药	23	37.1%	429	51.6%
低毒农药	20	32.3%	198	23.8%
微毒农药	12	19.4%	127	15.3%
中低微毒农药，品种占比 88.7%，频次占比 90.6%				

1.4.3　检出剧毒、高毒和禁用农药现象应该警醒

　　在此次侦测的 285 例样品中有 5 种茶叶的 72 例样品检出了 8 种 88 频次的剧毒和高毒或禁用农药，占样品总量的 25.3%。其中高毒农药三唑磷、克百威和阿维菌素检出频次较高。

　　按 MRL 中国国家标准衡量，高毒农药按超标程度比较未超标。

　　剧毒、高毒或禁用农药的检出情况及按照 MRL 中国国家标准衡量的超标情况见表 1-22。

表 1-22　剧毒、高毒或禁用农药的检出及超标明细

序号	农药名称	样品名称	检出频次	超标频次	最大超标倍数	超标率
1.1	阿维菌素◇	花茶	5	0	0	0.0%
1.2	阿维菌素◇	绿茶	2	0	0	0.0%
2.1	克百威◇▲	红茶	3	0	0	0.0%
2.2	克百威◇▲	花茶	3	0	0	0.0%
2.3	克百威◇▲	白茶	1	0	0	0.0%
2.4	克百威◇▲	乌龙茶	1	0	0	0.0%

续表

序号	农药名称	样品名称	检出频次	超标频次	最大超标倍数	超标率
3.1	灭害威◇	红茶	7	0	0	0.0%
4.1	三唑磷◇▲	绿茶	27	0	0	0.0%
4.2	三唑磷◇▲	花茶	12	0	0	0.0%
4.3	三唑磷◇▲	红茶	5	0	0	0.0%
4.4	三唑磷◇▲	白茶	1	0	0	0.0%
5.1	烟碱◇	花茶	4	0	0	0.0%
5.2	烟碱◇	乌龙茶	2	0	0	0.0%
6.1	氧乐果◇▲	绿茶	2	0	0	0.0%
7.1	兹克威◇	红茶	3	0	0	0.0%
8.1	毒死蜱▲	乌龙茶	7	0	0	0.0%
8.2	毒死蜱▲	花茶	3	0	0	0.0%
合计			88	0		0.0%

注：表中*为剧毒农药；◇ 为高毒农药；▲为禁用农药；超标倍数参照 MRL 中国国家标准衡量

这些剧毒和高毒农药都是中国政府早有规定禁止在茶叶中使用的，为什么还屡次被检出，应该引起警惕。

1.4.4 残留限量标准与先进国家或地区差距较大

832 频次的检出结果与我国公布的《食品中农药最大残留限量》(GB 2763—2016) 对比，有 335 频次能找到对应的 MRL 中国国家标准，占 40.3%；还有 497 频次的侦测数据无相关 MRL 标准供参考，占 59.7%。

与国际上现行 MRL 对比发现：

有 832 频次能找到对应的 MRL 欧盟标准，占 100.0%；

有 832 频次能找到对应的 MRL 日本标准，占 100.0%；

有 240 频次能找到对应的 MRL 中国香港标准，占 28.8%；

有 275 频次能找到对应的 MRL 美国标准，占 33.1%；

有 108 频次能找到对应的 MRL CAC 标准，占 13.0%。

由上可见，MRL 中国国家标准与先进国家或地区还有很大差距，我们无标准，境外有标准，这就会导致我们在国际贸易中，处于受制于人的被动地位。

1.4.5 茶叶单种样品检出 27~32 种农药残留，拷问农药使用的科学性

通过此次监测发现，红茶、绿茶和乌龙茶是检出农药品种最多的 3 种茶叶，从中检出农药品种及频次详见表 1-23。

表 1-23　单种样品检出农药品种及频次

样品名称	样品总数	检出农药样品数	检出率	检出农药品种数	检出农药(频次)
红茶	56	55	98.2%	32	噻嗪酮(31),唑虫酰胺(29),埃卡瑞丁(20),啶虫脒(20),二甲嘧酚(13),乙嘧酚(12),异丙威(12),哒螨灵(8),灭害威(7),咯喹酮(5),三唑磷(5),多菌灵(3),克百威(3),三环唑(3),三异丁基磷酸盐(3),抑芽丹(3),兹克威(3),N-去甲基啶虫脒(2),非草隆(2),甲基嘧啶磷(2),唑螨酯(2),苯醚甲环唑(1),苯霜灵(1),吡丙醚(1),吡虫啉(1),吡唑醚菌酯(1),丁醚脲(1),多效唑(1),灰黄霉素(1),螺甲螨酯(1),氯虫苯甲酰胺(1),西玛通(1)
绿茶	126	94	74.6%	31	哒螨灵(42),N-去甲基啶虫脒(36),三唑磷(27),吡唑醚菌酯(17),噻嗪酮(15),噻虫嗪(14),苯醚甲环唑(9),吡虫啉(9),埃卡瑞丁(8),吡丙醚(8),甲基嘧啶磷(8),三异丁基磷酸盐(8),吡虫啉脲(5),抑芽丹(4),茚虫威(4),丙环唑(3),多菌灵(3),嘧菌酯(3),乙螨唑(3),唑螨酯(3),阿维菌素(2),氯虫苯甲酰胺(2),烯酰吗啉(2),氧乐果(2),稻瘟灵(1),呋霜灵(1),马拉硫磷(1),蟎蜱胺(1),嘧霉胺(1),噻虫啉(1),增效醚(1)
乌龙茶	29	27	93.1%	27	抑芽丹(24),哒螨灵(19),啶虫脒(19),唑虫酰胺(16),苯醚甲环唑(14),茚虫威(11),吡唑醚菌酯(10),虱螨脲(10),抗倒酯(9),丙环唑(8),吡虫啉(7),毒死蜱(7),氯虫苯甲酰胺(6),氟硅唑(5),噻嗪酮(5),氰氟虫腙(2),噻虫啉(2),烟碱(2),N-去甲基啶虫脒(1),吡丙醚(1),多菌灵(1),甲基嘧啶磷(1),克百威(1),嘧菌酯(1),灭幼脲(1),炔螨特(1),噻虫嗪(1)

　　上述 3 种茶叶,检出农药 27~32 种,是多种农药综合防治,还是未严格实施农业良好管理规范(GAP),抑或根本就是乱施药,值得我们思考。

第2章 LC-Q-TOF/MS 侦测北京市市售茶叶农药残留膳食暴露风险与预警风险评估

2.1 农药残留风险评估方法

2.1.1 北京市农药残留侦测数据分析与统计

庞国芳院士科研团队建立的农药残留高通量侦测技术以高分辨精确质量数（0.0001 m/z 为基准）为识别标准，采用 LC-Q-TOF/MS 技术对 825 种农药化学污染物进行侦测。

科研团队于 2018 年 5 月至 2019 年 2 月期间在北京市 53 个采样点，随机采集了 285 例茶叶样品，具体位置如图 2-1 所示。

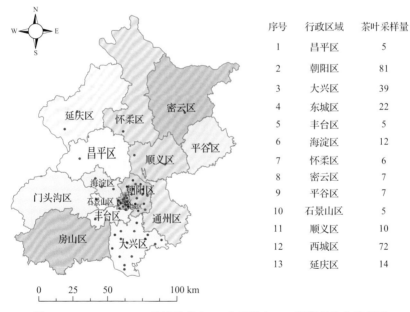

序号	行政区域	茶叶采样量
1	昌平区	5
2	朝阳区	81
3	大兴区	39
4	东城区	22
5	丰台区	5
6	海淀区	12
7	怀柔区	6
8	密云区	7
9	平谷区	7
10	石景山区	5
11	顺义区	10
12	西城区	72
13	延庆区	14

图 2-1 LC-Q-TOF/MS 侦测北京市 53 个采样点 285 例样品分布示意图

利用 LC-Q-TOF/MS 技术对 285 例样品中的农药进行侦测，侦测出残留农药 62 种，832 频次。侦测出农药残留水平如表 2-1 和图 2-2 所示。检出频次最高的前 10 种农药如表 2-2 所示。从检测结果中可以看出，在茶叶中农药残留普遍存在，且有些茶叶存在高浓度的农药残留，这些可能存在膳食暴露风险，对人体健康产生危害，因此，为了定量地评价茶叶中农药残留的风险程度，有必要对其进行风险评价。

表 2-1　侦测出农药的不同残留水平及其所占比例列表

残留水平(μg/kg)	检出频次	占比(%)
1~5(含)	357	42.9
5~10(含)	111	13.3
10~100(含)	244	29.3
100~1000(含)	117	14.1
>1000	3	0.4
合计	832	100

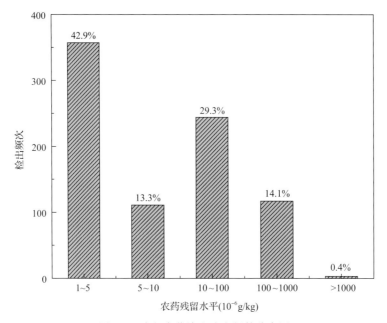

图 2-2　残留农药检出浓度频数分布图

表 2-2　检出频次最高的前 10 种农药列表

序号	农药	检出频次
1	哒螨灵	91
2	噻嗪酮	75
3	唑虫酰胺	67
4	抑芽丹	63
5	啶虫脒	46
6	三唑磷	45
7	N-去甲基啶虫脒	39
8	埃卡瑞丁	32
9	苯醚甲环唑	31
10	吡唑醚菌酯	29

2.1.2　农药残留风险评价模型

对北京市茶叶中农药残留分别开展暴露风险评估和预警风险评估。膳食暴露风险评估利用食品安全指数模型对茶叶中的残留农药对人体可能产生的危害程度进行评价，该模型结合残留监测和膳食暴露评估评价化学污染物的危害；预警风险评价模型运用风险系数（risk index，R），风险系数综合考虑了危害物的超标率、施检频率及其本身敏感性的影响，能直观而全面地反映出危害物在一段时间内的风险程度。

2.1.2.1　食品安全指数模型

为了加强食品安全管理，《中华人民共和国食品安全法》第二章第十七条规定"国家建立食品安全风险评估制度，运用科学方法，根据食品安全风险监测信息、科学数据以及有关信息，对食品、食品添加剂、食品相关产品中生物性、化学性和物理性危害因素进行风险评估"[1]，膳食暴露评估是食品危险度评估的重要组成部分，也是膳食安全性的衡量标准[2]。国际上最早研究膳食暴露风险评估的机构主要是 JMPR（FAO、WHO 农药残留联合会议），该组织自 1995 年就已制定了急性毒性物质的风险评估急性毒性农药残留摄入量的预测。1960 年美国规定食品中不得加入致癌物质进而提出零阈值理论，渐渐零阈值理论发展成在一定概率条件下可接受风险的概念[3]，后衍变为食品中每日允许最大摄入量（ADI），而国际食品农药残留法典委员会（CCPR）认为 ADI 不是独立风险评估的唯一标准[4]，1995 年 JMPR 开始研究农药急性膳食暴露风险评估，并对食品国际短期摄入量的计算方法进行了修正，亦对膳食暴露评估准则及评估方法进行了修正[5]，2002 年，在对世界上现行的食品安全评价方法，尤其是国际公认的 CAC 评价方法、全球环境监测系统/食品污染监测和评估规划（WHO GEMS/Food）及 FAO、WHO 食品添加剂联合专家委员会（JECFA）和 JMPR 对食品安全风险评估工作研究的基础之上，检验检疫食品安全管理的研究人员提出了结合残留监控和膳食暴露评估，以食品安全指数 IFS 计算食品中各种化学污染物对消费者的健康危害程度[6]。IFS 是表示食品安全状态的新方法，可有效地评价某种农药的安全性，进而评价食品中各种农药化学污染物对消费者健康的整体危害程度[7, 8]。从理论上分析，IFS 可指出食品中的污染物 c 对消费者健康是否存在危害及危害的程度[9]。其优点在于操作简单且结果容易被接受和理解，不需要大量的数据来对结果进行验证，使用默认的标准假设或者模型即可[10, 11]。

1）IFS$_c$ 的计算

IFS$_c$ 计算公式如下：

$$IFS_c = \frac{EDI_c \times f}{SI_c \times bw} \tag{2-1}$$

式中，c 为所研究的农药；EDI$_c$ 为农药 c 的实际日摄入量估算值，等于 $\Sigma(R_i \times F_i \times E_i \times P_i)$（i 为食品种类；R$_i$ 为食品 i 中农药 c 的残留水平，mg/kg；F$_i$ 为食品 i 的估计日消费量，g/（人·天）；E$_i$ 为食品 i 的可食用部分因子；P$_i$ 为食品 i 的加工处理因子）；SI$_c$ 为安全摄入量，可采用每日允许最大摄入量 ADI；bw 为人平均体重，kg；f 为校正因子，如果安全摄入量采用 ADI，则 f 取 1。

$IFS_c \ll 1$，农药 c 对食品安全没有影响；$IFS_c \leq 1$，农药 c 对食品安全的影响可以接受；$IFS_c > 1$，农药 c 对食品安全的影响不可接受。

本次评价中：

$IFS_c \leq 0.1$，农药 c 对茶叶安全没有影响；

$0.1 < IFS_c \leq 1$，农药 c 对茶叶安全的影响可以接受；

$IFS_c > 1$，农药 c 对茶叶安全的影响不可接受。

本次评价中残留水平 R_i 取值为中国检验检疫科学研究院庞国芳院士课题组利用以高分辨精确质量数(0.0001 m/z)为基准的 LC-Q-TOF/MS 侦测技术于 2017 年 4 月期间对北京市茶叶农药残留的侦测结果，估计日消费量 F_i 取值 0.0047 kg/(人·天)，$E_i = 1$，$P_i = 1$，$f = 1$，SI_c 采用《食品安全国家标准　食品中农药最大残留限量》(GB 2763—2016)中 ADI 值(具体数值见表 2-3)，人平均体重(bw)取值 60 kg。

表 2-3　北京市茶叶中侦测出农药的 ADI 值

序号	农药	ADI	序号	农药	ADI	序号	农药	ADI
1	氧乐果	0.0003	22	甲基嘧啶磷	0.03	43	氯虫苯甲酰胺	2
2	烟碱	0.0008	23	戊唑醇	0.03	44	N-去甲基啶虫脒	—
3	三唑磷	0.001	24	乙嘧酚	0.035	45	埃卡瑞丁	—
4	克百威	0.001	25	三环唑	0.04	46	二甲嘧酚	—
5	异丙威	0.002	26	肟菌酯	0.04	47	三异丁基磷酸盐	—
6	阿维菌素	0.002	27	乙螨唑	0.05	48	吡虫啉脲	—
7	丁醚脲	0.003	28	吡虫啉	0.06	49	灭害威	—
8	唑虫酰胺	0.006	29	啶虫脒	0.07	50	咯喹酮	—
9	氟硅唑	0.007	30	丙环唑	0.07	51	兹克威	—
10	噻嗪酮	0.009	31	苯霜灵	0.07	52	非草隆	—
11	哒螨灵	0.01	32	噻虫嗪	0.08	53	敌草胺	—
12	苯醚甲环唑	0.01	33	吡丙醚	0.1	54	呋霜灵	—
13	茚虫威	0.01	34	多效唑	0.1	55	灰黄霉素	—
14	毒死蜱	0.01	35	氰氟虫腙	0.1	56	螺甲螨酯	—
15	唑螨酯	0.01	36	嘧菌酯	0.2	57	氯草敏	—
16	噻虫啉	0.01	37	烯酰吗啉	0.2	58	螨蜱胺	—
17	炔螨特	0.01	38	嘧霉胺	0.2	59	灭幼脲	—
18	虱螨脲	0.015	39	增效醚	0.2	60	双苯基脲	—
19	稻瘟灵	0.016	40	抑芽丹	0.3	61	西玛通	—
20	吡唑醚菌酯	0.03	41	马拉硫磷	0.3	62	氧毒死蜱	—
21	多菌灵	0.03	42	抗倒酯	0.32			

注："—"表示为国家标准中无 ADI 值规定；ADI 值单位为 mg/kg bw

2) 计算 IFS_c 的平均值 $\overline{IFS}$，评价农药对食品安全的影响程度

以 $\overline{IFS}$ 评价各种农药对人体健康危害的总程度，评价模型见公式 (2-2)。

$$\overline{IFS} = \frac{\sum_{i=1}^{n} IFS_c}{n} \tag{2-2}$$

$\overline{IFS} \ll 1$，所研究消费者人群的食品安全状态很好；$\overline{IFS} \leqslant 1$，所研究消费者人群的食品安全状态可以接受；$\overline{IFS} > 1$，所研究消费者人群的食品安全状态不可接受。

本次评价中：

$\overline{IFS} \leqslant 0.1$，所研究消费者人群的茶叶安全状态很好；

$0.1 < \overline{IFS} \leqslant 1$，所研究消费者人群的茶叶安全状态可以接受；

$\overline{IFS} > 1$，所研究消费者人群的茶叶安全状态不可接受。

2.1.2.2　预警风险评估模型

2003 年，我国检验检疫食品安全管理的研究人员根据 WTO 的有关原则和我国的具体规定，结合危害物本身的敏感性、风险程度及其相应的施检频率，首次提出了食品中危害物风险系数 R 的概念[12]。R 是衡量一个危害物的风险程度大小最直观的参数，即在一定时期内其超标率或阳性检出率的高低，但受其施检频率的高低及其本身的敏感性(受关注程度)影响。该模型综合考察了农药在茶叶中的超标率、施检频率及其本身敏感性，能直观而全面地反映出农药在一段时间内的风险程度[13]。

1) R 计算方法

危害物的风险系数综合考虑了危害物的超标率或阳性检出率、施检频率和其本身的敏感性影响，并能直观而全面地反映出危害物在一段时间内的风险程度。风险系数 R 的计算公式如式 (6-3)：

$$R = aP + \frac{b}{F} + S \tag{2-3}$$

式中，P 为该种危害物的超标率；F 为危害物的施检频率；S 为危害物的敏感因子；a, b 分别为相应的权重系数。

本次评价中 $F=1$；$S=1$；$a=100$；$b=0.1$，对参数 P 进行计算，计算时首先判断是否为禁用农药，如果为非禁用农药，$P=$ 超标的样品数(侦测出的含量高于食品最大残留限量标准值，即 MRL)除以总样品数(包括超标、不超标、未侦测出)；如果为禁用农药，则侦测出即为超标，$P=$ 能侦测出的样品数除以总样品数。判断北京市茶叶农药残留是否超标的标准限值 MRL 分别以 MRL 中国国家标准[14]和 MRL 欧盟标准作为对照，具体值列于本报告附表一中。

2) 评价风险程度

$R \leqslant 1.5$，受检农药处于低度风险；

$1.5 < R \leqslant 2.5$，受检农药处于中度风险；

$R > 2.5$，受检农药处于高度风险。

2.1.2.3　食品膳食暴露风险和预警风险评估应用程序的开发

1) 应用程序开发的步骤

为成功开发膳食暴露风险和预警风险评估应用程序,与软件工程师多次沟通讨论,逐步提出并描述清楚计算需求,开发了初步应用程序。为明确出不同茶叶、不同农药、不同地域和不同季节的风险水平,向软件工程师提出不同的计算需求,软件工程师对计算需求进行逐一分析,经过反复的细节沟通,需求分析得到明确后,开始进行解决方案的设计,在保证需求的完整性、一致性的前提下,编写出程序代码,最后设计出满足需求的风险评估专用计算软件,并通过一系列的软件测试和改进,完成专用程序的开发。软件开发基本步骤见图 2-3。

需求捕捉　→　需求分析　→　软件设计　→　代码编写　→　软件测试　→　软件维护

图 2-3　专用程序开发总体步骤

2) 膳食暴露风险评估专业程序开发的基本要求

首先直接利用公式(2-1),分别计算 LC-Q-TOF/MS 和 GC-Q-TOF/MS 仪器侦测出的各茶叶样品中每种农药 IFS_c,将结果列出。为考察超标农药和禁用农药的使用安全性,分别以我国《食品安全国家标准　食品中农药最大残留限量》(GB 2763—2016)和欧盟食品中农药最大残留限量(以下简称 MRL 中国国家标准和 MRL 欧盟标准)为标准,对侦测出的禁用农药和超标的非禁用农药 IFS_c 单独进行评价;按 IFS_c 大小列表,并找出 IFS_c 值排名前 20 的样本重点关注。

对不同茶叶 i 中每一种侦测出的农药 c 的安全指数进行计算,多个样品时求平均值。按农药种类,计算整个监测时间段内每种农药的 IFS_c,不区分茶叶。

3) 预警风险评估专业程序开发的基本要求

分别以 MRL 中国国家标准和 MRL 欧盟标准,按公式(2-3)逐个计算不同茶叶、不同农药的风险系数,禁用农药和非禁用农药分别列表。

为清楚了解各种农药的预警风险,不分时间,不分茶叶,按禁用农药和非禁用农药分类,分别计算各种侦测出农药全部检测时段内风险系数。由于有 MRL 中国国家标准的农药种类太少,无法计算超标数,非禁用农药的风险系数只以 MRL 欧盟标准为标准,进行计算。

4) 风险程度评价专业应用程序的开发方法

采用 Python 计算机程序设计语言,Python 是一个高层次地结合了解释性、编译性、互动性和面向对象的脚本语言。风险评价专用程序主要功能包括:分别读入每例样品 LC-Q-TOF/MS 和 GC-Q-TOF/MS 农药残留检测数据,根据风险评价工作要求,依次对不同农药、不同食品、不同时间、不同采样点的 IFS_c 值和 R 值分别进行数据计算,筛选出禁用农药、超标农药(分别与 MRL 中国国家标准、MRL 欧盟标准限值进行对比)单独重点分析,再分别对各农药、各茶叶种类分类处理,设计出计算和排序程序,编写计算机代码，最后将生成的膳食暴露风险评估和超标风险评估定量计算结果列入设计好的各个表格中，并定性判断风险对目标的影响程度，直接用文字描述风险发生的高低，如"不可接受"、"可以接受"、"没有影响"、"高度风险"、"中度风险"、"低度风险"。

2.2　LC-Q-TOF/MS 侦测北京市市售茶叶农药残留膳食暴露风险评估

2.2.1　每例茶叶样品中农药残留安全指数分析

基于 2018 年 5 月至 2019 年 2 月期间的农药残留侦测数据，发现在 285 例样品中侦测出农药 832 频次，计算样品中每种残留农药的安全指数 IFS_c，并分析农药对样品安全的影响程度，结果详见附表二，农药残留对茶叶样品安全的影响程度频次分布情况如图 2-4 所示。

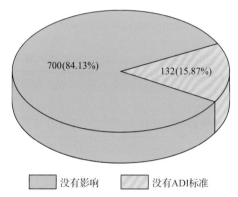

图 2-4　农药残留对茶叶样品安全的影响程度频次分布图

由图 2-4 可以看出，农药残留对样品安全的没有影响的频次为 700，占 84.13%。

部分样品侦测出禁用农药 4 种 65 频次，为了明确残留的禁用农药对样品安全的影响，分析侦测出禁用农药残留的样品安全指数，禁用农药残留对茶叶样品安全的影响程度频次分布情况如图 2-5 所示，农药残留对样品安全均没有影响。

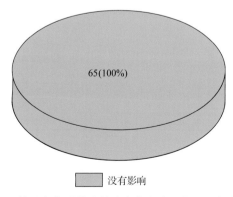

图 2-5　禁用农药对茶叶样品安全影响程度的频次分布图

此外，本次侦测发现部分样品中非禁用农药残留量超过了 MRL 欧盟标准，为了明确超标的非禁用农药对样品安全的影响，分析了非禁用农药残留超标的样品安全指数。

残留量超过 MRL 欧盟标准的非禁用农药对茶叶样品安全的影响程度频次分布情况如图 2-6 所示。可以看出超过 MRL 欧盟标准的非禁用农药共 165 频次，其中农药没有 ADI 的频次为 52，占 31.52%；农药残留对样品安全没有影响的频次为 113，占 68.48%。表 2-4 为茶叶样品中安全指数排名前 10 的残留超标非禁用农药列表。

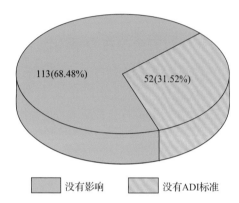

图 2-6　残留超标的非禁用农药对茶叶样品安全的影响程度频次分布图(MRL 欧盟标准)

表 2-4　茶叶样品中安全指数排名前 10 的残留超标非禁用农药列表(MRL 欧盟标准)

序号	样品编号	采样点	基质	农药	含量 (mg/kg)	欧盟 标准	IFS$_c$	影响程度
1	20180527-110115-CAIQ-BT-05A	***茶叶店	红茶	异丙威	0.9938	0.01	3.89×10^{-2}	没有影响
2	20190216-110102-CAIQ-BT-03C	***茶庄(前门店)	红茶	异丙威	0.8784	0.01	3.44×10^{-2}	没有影响
3	20190216-110102-CAIQ-BT-03B	***茶庄(前门店)	红茶	异丙威	0.5465	0.01	2.14×10^{-2}	没有影响
4	20190112-110105-CAIQ-BT-11A	***茶庄	红茶	异丙威	0.5327	0.01	2.09×10^{-2}	没有影响
5	20190112-110105-CAIQ-BT-14A	***茶庄(北苑家园店)	红茶	异丙威	0.5179	0.01	2.03×10^{-2}	没有影响
6	20180527-110115-CAIQ-BT-03A	***茶庄(亦庄华联店)	红茶	异丙威	0.4211	0.01	1.65×10^{-2}	没有影响
7	20190222-110101-CAIQ-BT-03A	***茶庄(东方广场店)	红茶	异丙威	0.3408	0.01	1.33×10^{-2}	没有影响
8	20190217-110102-CAIQ-BT-01A	***茶庄(新街口北大街店)	红茶	异丙威	0.3369	0.01	1.32×10^{-2}	没有影响
9	20180527-110115-CAIQ-BT-09A	***茶叶店	红茶	异丙威	0.2632	0.01	1.03×10^{-2}	没有影响
10	20190127-110115-CAIQ-BT-14A	***茶庄(泰和园店)	红茶	异丙威	0.2427	0.01	9.51×10^{-3}	没有影响

2.2.2　单种茶叶中农药残留安全指数分析

本次 6 种茶叶侦测出 62 种农药，检出频次为 832 次，其中 19 种农药没有 ADI，43 种农药存在 ADI 标准。6 种茶叶按不同种类分别计算侦测出的具有 ADI 标准的各种农药的 IFS$_c$ 值，农药残留对茶叶的安全指数分布图如图 2-7 所示。

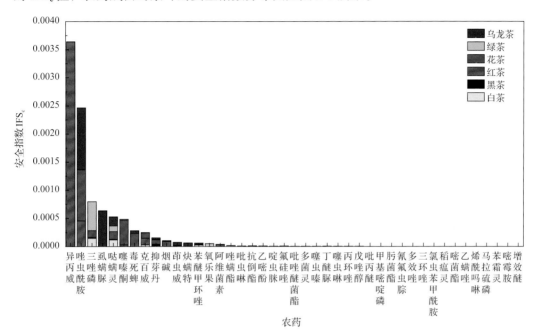

图 2-7　6 种茶叶中 43 种残留农药的安全指数分布图

本次侦测中，6 种茶叶和 62 种残留农药(包括没有 ADI)共涉及 139 个分析样本，农药对单种茶叶安全的影响程度分布情况如图 2-8 所示。可以看出，79.86%的样本中农药对茶叶安全没有影响。

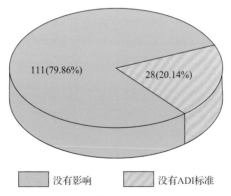

图 2-8　139 个分析样本的影响程度频次分布图

2.2.3　所有茶叶中农药残留安全指数分析

计算所有茶叶中 43 种农药的 IFS$_c$ 值，结果如图 2-9 及表 2-5 所示。

分析发现，所有农药对茶叶安全均没有影响，说明茶叶中残留的农药不会对茶叶的安全造成影响。

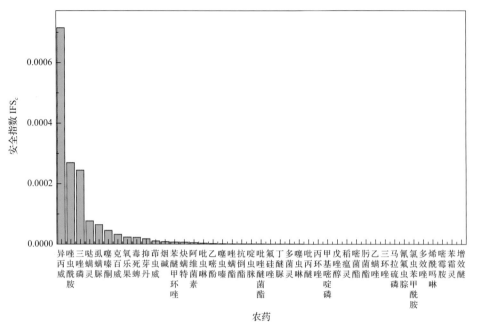

图 2-9　43 种残留农药对茶叶的安全影响程度统计图

表 2-5　茶叶中 43 种农药残留的安全指数表

序号	农药	检出频次	检出率(%)	IFS$_c$	影响程度	序号	农药	检出频次	检出率(%)	IFS$_c$	影响程度
1	异丙威	12	4.21	7.15×10^{-4}	没有影响	23	氟硅唑	5	1.75	6.56×10^{-7}	没有影响
2	唑虫酰胺	67	23.51	2.69×10^{-4}	没有影响	24	丁醚脲	1	0.35	5.68×10^{-7}	没有影响
3	三唑磷	45	15.79	2.44×10^{-4}	没有影响	25	多菌灵	12	4.21	4.87×10^{-7}	没有影响
4	哒螨灵	91	31.93	7.71×10^{-5}	没有影响	26	噻虫啉	4	1.40	2.47×10^{-7}	没有影响
5	虱螨脲	10	3.51	6.45×10^{-5}	没有影响	27	吡丙醚	14	4.91	2.25×10^{-7}	没有影响
6	噻嗪酮	75	26.32	4.50×10^{-5}	没有影响	28	丙环唑	11	3.86	2.25×10^{-7}	没有影响
7	克百威	8	2.81	3.22×10^{-5}	没有影响	29	甲基嘧啶磷	12	4.21	1.77×10^{-7}	没有影响
8	氧乐果	2	0.70	2.29×10^{-5}	没有影响	30	戊唑醇	2	0.70	7.60×10^{-8}	没有影响
9	毒死蜱	10	3.51	2.20×10^{-5}	没有影响	31	稻瘟灵	1	0.35	4.98×10^{-8}	没有影响
10	抑芽丹	63	22.11	1.77×10^{-5}	没有影响	32	嘧菌酯	5	1.75	2.89×10^{-8}	没有影响
11	茚虫威	23	8.07	1.03×10^{-5}	没有影响	33	肟菌酯	1	0.35	2.68×10^{-8}	没有影响
12	烟碱	6	2.11	8.14×10^{-6}	没有影响	34	乙螨唑	3	1.05	2.64×10^{-8}	没有影响
13	苯醚甲环唑	31	10.88	6.85×10^{-6}	没有影响	35	三环唑	3	1.05	2.61×10^{-8}	没有影响
14	炔螨特	1	0.35	6.27×10^{-6}	没有影响	36	马拉硫磷	1	0.35	1.94×10^{-8}	没有影响
15	阿维菌素	7	2.46	5.14×10^{-6}	没有影响	37	氰氟虫腙	2	0.70	1.92×10^{-8}	没有影响
16	吡虫啉	22	7.72	3.05×10^{-6}	没有影响	38	氯虫苯甲酰胺	12	4.21	1.79×10^{-8}	没有影响
17	乙嘧酚	12	4.21	1.61×10^{-6}	没有影响	39	多效唑	3	1.05	1.43×10^{-8}	没有影响
18	噻虫嗪	24	8.42	1.27×10^{-6}	没有影响	40	烯酰吗啉	3	1.05	1.00×10^{-8}	没有影响
19	唑螨酯	9	3.16	1.08×10^{-6}	没有影响	41	嘧霉胺	1	0.35	5.22×10^{-9}	没有影响
20	抗倒酯	9	3.16	1.02×10^{-6}	没有影响	42	苯霜灵	1	0.35	5.10×10^{-9}	没有影响
21	啶虫脒	46	16.14	9.40×10^{-7}	没有影响	43	增效醚	1	0.35	1.92×10^{-9}	没有影响
22	吡唑醚菌酯	29	10.18	9.14×10^{-7}	没有影响						

2.3　LC-Q-TOF/MS 侦测北京市市售茶叶农药残留预警风险评估

基于北京市茶叶样品中农药残留 LC-Q-TOF/MS 侦测数据，分析禁用农药的检出率，同时参照中华人民共和国国家标准 GB 2763—2016 和欧盟农药最大残留限量(MRL)标准分析非禁用农药残留的超标率，并计算农药残留风险系数。分析单种茶叶中农药残留以及所有茶叶中农药残留的风险程度。

2.3.1　单种茶叶中农药残留风险系数分析

2.3.1.1　单种茶叶中禁用农药残留风险系数分析

侦测出的 62 种残留农药中有 4 种为禁用农药，且它们分布在 5 种茶叶中，计算 5 种茶叶中禁用农药的超标率，根据超标率计算风险系数 R，进而分析茶叶中禁用农药的风险程度，结果如图 2-10 与表 2-6 所示。分析发现 4 种禁用农药在 5 种茶叶中的残留处均于高度风险。

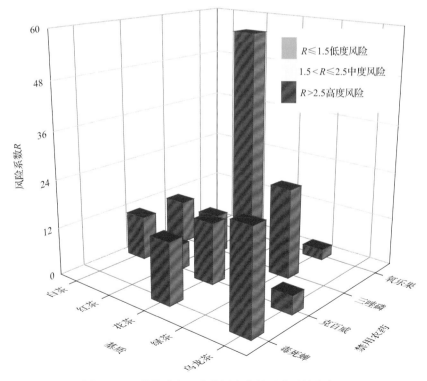

图 2-10　5 种茶叶中 4 种禁用农药的风险系数分布图

表 2-6　5 种茶叶中 4 种禁用农药的风险系数列表

序号	基质	农药	检出频次	检出率(%)	风险系数 R	风险程度
1	花茶	三唑磷	12	57.14	58.24	高度风险
2	乌龙茶	毒死蜱	7	24.14	25.24	高度风险
3	绿茶	三唑磷	27	21.43	22.53	高度风险
4	花茶	克百威	3	14.29	15.39	高度风险
5	花茶	毒死蜱	3	14.29	15.39	高度风险
6	白茶	三唑磷	1	10	11.10	高度风险
7	白茶	克百威	1	10	11.10	高度风险
8	红茶	三唑磷	5	8.93	10.03	高度风险
9	红茶	克百威	3	5.36	6.46	高度风险
10	乌龙茶	克百威	1	3.45	4.55	高度风险
11	绿茶	氧乐果	2	1.59	2.69	高度风险

2.3.1.2　基于 MRL 中国国家标准的单种茶叶中非禁用农药残留风险系数分析

参照中华人民共和国国家标准 GB 2763—2016 中农药残留限量计算每种茶叶中每种非禁用农药的超标率，进而计算其风险系数，根据风险系数大小判断残留农药的预警风险程度，茶叶中非禁用农药残留风险程度分布情况如图 2-11 所示。

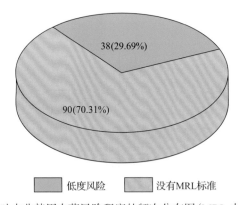

图 2-11　茶叶中非禁用农药风险程度的频次分布图(MRL 中国国家标准)

本次分析中，发现在 6 种茶叶中检出 58 种残留非禁用农药，涉及样本 128 个，在 128 个样本中，29.69%处于低度风险，此外发现有 90 个样本没有 MRL 中国国家标准值，无法判断其风险程度，有 MRL 中国国家标准值的 38 个样本涉及 6 种茶叶中的 9 种非禁用农药，其风险系数 R 值如图 2-12 所示。

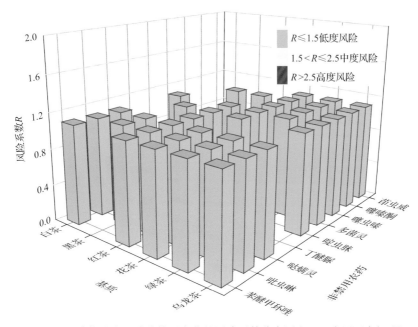

图 2-12   6 种茶叶中 9 种非禁用农药的风险系数分布图(MRL 中国国家标准)

2.3.1.3   基于 MRL 欧盟标准的单种茶叶中非禁用农药残留风险系数分析

参照 MRL 欧盟标准计算每种茶叶中每种非禁用农药的超标率,进而计算其风险系数,根据风险系数大小判断农药残留的预警风险程度,茶叶中非禁用农药残留风险程度分布情况如图 2-13 所示。

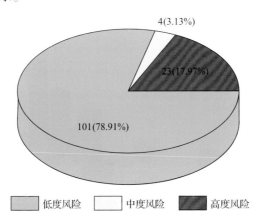

图 2-13   茶叶中非禁用农药的风险程度的频次分布图(MRL 欧盟标准)

本次分析中,发现在 6 种茶叶中共侦测出 58 种非禁用农药,涉及样本 128 个,其中,17.97%处于高度风险,涉及 6 种茶叶和 14 种农药;3.13%处于高度风险,涉及 1 种茶叶和 4 种农药;78.91%处于低度风险,涉及 6 种茶叶和 53 种农药。单种茶叶中的非禁用农药风险系数分布图如图 2-14 所示。单种茶叶中处于高度风险的非禁用农药风险系数如图 2-15 和表 2-7 所示。

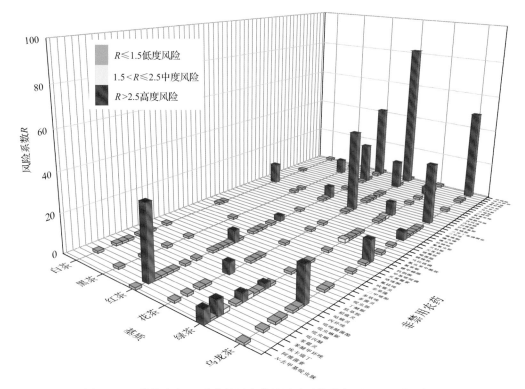

图 2-14　6 种茶叶中 58 种非禁用农药的风险系数分布图(MRL 欧盟标准)

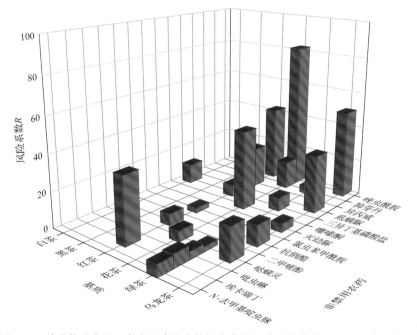

图 2-15　单种茶叶中处于高度风险的非禁用农药的风险系数分布图(MRL 欧盟标准)

表 2-7　单种茶叶中处于高度风险的非禁用农药的风险系数表（**MRL** 欧盟标准）

序号	基质	农药	超标频次	超标率 P(%)	风险系数 R
1	乌龙茶	哒螨灵	5	17.24	18.34
2	乌龙茶	唑虫酰胺	14	48.28	49.38
3	乌龙茶	抗倒酯	3	10.34	11.44
4	乌龙茶	灭幼脲	1	3.45	4.55
5	乌龙茶	虱螨脲	9	31.03	32.13
6	白茶	三异丁基磷酸盐	1	10.00	11.10
7	红茶	三异丁基磷酸盐	3	5.36	6.46
8	红茶	二甲嘧酚	3	5.36	6.46
9	红茶	唑虫酰胺	23	41.07	42.17
10	红茶	埃卡瑞丁	20	35.71	36.81
11	红茶	异丙威	12	21.43	22.53
12	红茶	氯虫苯甲酰胺	1	1.79	2.89
13	绿茶	N-去甲基啶虫脒	7	5.56	6.66
14	绿茶	三异丁基磷酸盐	8	6.35	7.45
15	绿茶	吡虫啉	4	3.17	4.27
16	绿茶	哒螨灵	2	1.59	2.69
17	绿茶	埃卡瑞丁	8	6.35	7.45
18	绿茶	抑芽丹	4	3.17	4.27
19	花茶	哒螨灵	1	4.76	5.86
20	花茶	唑虫酰胺	17	80.95	82.05
21	花茶	噻嗪酮	9	42.86	43.96
22	花茶	抑芽丹	3	14.29	15.39
23	黑茶	抑芽丹	3	6.98	8.08

2.3.2　所有茶叶中农药残留风险系数分析

2.3.2.1　所有茶叶中禁用农药残留风险系数分析

在侦测出的 62 种农药中有 4 种为禁用农药，计算所有茶叶中禁用农药的风险系数，结果如表 2-8 所示。禁用农药三唑磷、毒死蜱和克百威处于高度风险，氧乐果处于中度风险。

表 2-8　茶叶中 4 种禁用农药的风险系数表

序号	农药	检出频次	检出率(%)	风险系数 R	风险程度
1	三唑磷	45	15.79	16.89	高度风险
2	毒死蜱	10	3.51	4.61	高度风险
3	克百威	8	2.81	3.91	高度风险
4	氧乐果	2	0.70	1.80	中度风险

2.3.2.2　所有茶叶中非禁用农药残留风险系数分析

参照 MRL 欧盟标准计算所有茶叶中每种非禁用农药残留的风险系数，如图 2-16 与表 2-9 所示。在侦测出的 58 种非禁用农药中，10 种农药(17.24%)残留处于高度风险，3 种农药(5.17%)残留处于中度风险，45 种农药(77.59%)残留处于低度风险。

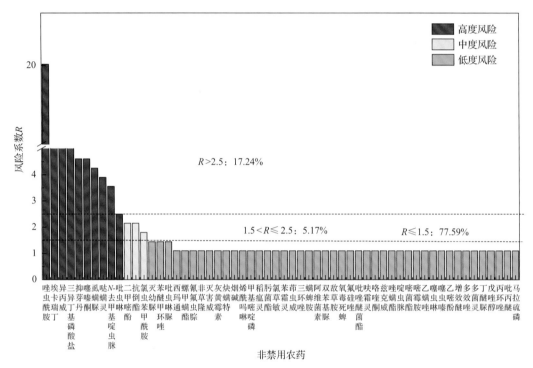

图 2-16　茶叶中 58 种非禁用农药的风险程度统计图

表 2-9　茶叶中 58 种非禁用农药的风险系数表

序号	农药	超标频次	超标率 $P(\%)$	风险系数 R	风险程度
1	唑虫酰胺	54	18.95	20.05	高度风险
2	埃卡瑞丁	28	9.82	10.92	高度风险
3	异丙威	12	4.21	5.31	高度风险
4	三异丁基磷酸盐	12	4.21	5.31	高度风险
5	抑芽丹	10	3.51	4.61	高度风险
6	噻嗪酮	10	3.51	4.61	高度风险
7	虱螨脲	9	3.16	4.26	高度风险
8	哒螨灵	8	2.81	3.91	高度风险
9	N-去甲基啶虫脒	7	2.46	3.56	高度风险
10	吡虫啉	4	1.40	2.50	高度风险
11	二甲嘧酚	3	1.05	2.15	中度风险

续表

序号	农药	超标频次	超标率 $P(\%)$	风险系数 R	风险程度
12	抗倒酯	3	1.05	2.15	中度风险
13	氯虫苯甲酰胺	2	0.70	1.80	中度风险
14	灭幼脲	1	0.35	1.45	低度风险
15	苯醚甲环唑	1	0.35	1.45	低度风险
16	吡虫啉脲	1	0.35	1.45	低度风险
17	西玛通	0	0.00	1.10	低度风险
18	螺甲螨酯	0	0.00	1.10	低度风险
19	氰氟虫腙	0	0.00	1.10	低度风险
20	非草隆	0	0.00	1.10	低度风险
21	灭害威	0	0.00	1.10	低度风险
22	灰黄霉素	0	0.00	1.10	低度风险
23	炔螨特	0	0.00	1.10	低度风险
24	烟碱	0	0.00	1.10	低度风险
25	烯酰吗啉	0	0.00	1.10	低度风险
26	甲基嘧啶磷	0	0.00	1.10	低度风险
27	稻瘟灵	0	0.00	1.10	低度风险
28	肟菌酯	0	0.00	1.10	低度风险
29	氯草敏	0	0.00	1.10	低度风险
30	苯霜灵	0	0.00	1.10	低度风险
31	茚虫威	0	0.00	1.10	低度风险
32	三环唑	0	0.00	1.10	低度风险
33	螨蟀胺	0	0.00	1.10	低度风险
34	阿维菌素	0	0.00	1.10	低度风险
35	双苯基脲	0	0.00	1.10	低度风险
36	敌草胺	0	0.00	1.10	低度风险
37	氧毒死蜱	0	0.00	1.10	低度风险
38	氟硅唑	0	0.00	1.10	低度风险
39	吡唑醚菌酯	0	0.00	1.10	低度风险
40	呋霜灵	0	0.00	1.10	低度风险
41	咯喹酮	0	0.00	1.10	低度风险
42	兹克威	0	0.00	1.10	低度风险
43	唑螨酯	0	0.00	1.10	低度风险
44	啶虫脒	0	0.00	1.10	低度风险
45	嘧菌酯	0	0.00	1.10	低度风险

序号	农药	超标频次	超标率 $P(\%)$	风险系数 R	风险程度
46	嘧霉胺	0	0.00	1.10	低度风险
47	乙螨唑	0	0.00	1.10	低度风险
48	噻虫啉	0	0.00	1.10	低度风险
49	噻虫嗪	0	0.00	1.10	低度风险
50	乙嘧酚	0	0.00	1.10	低度风险
51	增效醚	0	0.00	1.10	低度风险
52	多效唑	0	0.00	1.10	低度风险
53	多菌灵	0	0.00	1.10	低度风险
54	丁醚脲	0	0.00	1.10	低度风险
55	戊唑醇	0	0.00	1.10	低度风险
56	丙环唑	0	0.00	1.10	低度风险
57	吡丙醚	0	0.00	1.10	低度风险
58	马拉硫磷	0	0.00	1.10	低度风险

2.4　LC-Q-TOF/MS 侦测北京市市售茶叶
农药残留风险评估结论与建议

农药残留是影响茶叶安全和质量的主要因素，也是我国食品安全领域备受关注的敏感话题和亟待解决的重大问题之一[15,16]。各种茶叶均存在不同程度的农药残留现象，本研究主要针对北京市各类茶叶存在的农药残留问题，基于 2018 年 5 月至 2019 年 2 月期间对北京市 285 例茶叶样品中农药残留侦测得出的 832 个侦测结果，分别采用食品安全指数模型和风险系数模型，开展茶叶中农药残留的膳食暴露风险和预警风险评估。茶叶样品取自超市和茶叶专营店，符合大众的膳食来源，风险评价时更具有代表性和可信度。

本研究力求通用简单地反映食品安全中的主要问题，且为管理部门和大众容易接受，为政府及相关管理机构建立科学的食品安全信息发布和预警体系提供科学的规律与方法，加强对农药残留的预警和食品安全重大事件的预防，控制食品风险。

2.4.1　北京市茶叶中农药残留膳食暴露风险评价结论

1) 茶叶样品中农药残留安全状态评价结论

采用食品安全指数模型，对 2018 年 5 月至 2019 年 2 月期间北京市茶叶食品农药残留膳食暴露风险进行评价，根据 IFS_c 的计算结果发现，茶叶中农药的 $\overline{IFS}$ 为 3.62×10^{-5}，说明北京市茶叶总体处于可以接受的安全状态，但部分禁用农药、高残留农药在茶叶中仍有侦测出，导致膳食暴露风险的存在，成为不安全因素。

2) 禁用农药膳食暴露风险评价

本次检测发现部分茶叶样品中有禁用农药侦测出，侦测出禁用农药 4 种，侦测出频次为 65，茶叶样品中的禁用农药 IFS_c 计算结果表明，禁用农药残留膳食暴露风险均没有影响。

2.4.2　北京市茶叶中农药残留预警风险评价结论

1) 单种茶叶中禁用农药残留的预警风险评价结论

本次检测过程中，在 5 种茶叶中检测出 4 种禁用农药，禁用农药为：克百威、氧乐果、毒死蜱、三唑磷，茶叶为：乌龙茶、白茶、绿茶、红茶、花茶，茶叶中禁用农药的风险系数分析结果显示，4 种禁用农药在 5 种茶叶中的残留均处于高度风险，说明在单种茶叶中禁用农药的残留会导致较高的预警风险。

2) 单种茶叶中非禁用农药残留的预警风险评价结论

以 MRL 中国国家标准为标准，计算茶叶中非禁用农药风险系数情况下，128 个样本中，38 个处于低度风险(29.69%)，90 个样本没有 MRL 中国国家标准(70.31%)。以 MRL 欧盟标准为标准，计算茶叶中非禁用农药风险系数情况下，发现有 23 个处于高度风险(17.97%)，4 个处于中度风险(3.13%)，101 个处于低度风险(78.91%)。基于两种 MRL 标准，评价的结果差异显著，可以看出 MRL 欧盟标准比中国国家标准更加严格和完善，过于宽松的 MRL 中国国家标准值能否有效保障人体的健康有待研究。

2.4.3　加强北京市茶叶食品安全建议

我国食品安全风险评价体系仍不够健全，相关制度不够完善，多年来，由于农药用药次数多、用药量大或用药间隔时间短，产品残留量大，农药残留所造成的食品安全问题日益严峻，给人体健康带来了直接或间接的危害。据估计，美国与农药有关的癌症患者数约占全国癌症患者总数的 50%，中国更高。同样，农药对其他生物也会形成直接杀伤和慢性危害，植物中的农药可经过食物链逐级传递并不断蓄积，对人和动物构成潜在威胁，并影响生态系统。

基于本次农药残留侦测数据的风险评价结果，提出以下几点建议：

1) 加快食品安全标准制定步伐

我国食品标准中对农药每日允许最大摄入量 ADI 的数据严重缺乏，在本次评价所涉及的 62 种农药中，仅有 69.35% 的农药具有 ADI 值，而 30.65% 的农药中国尚未规定相应的 ADI 值，亟待完善。

我国食品中农药最大残留限量值的规定严重缺乏，对评估涉及的不同茶叶中不同农药 139 个 MRL 限值进行统计来看，我国仅制定出 43 个标准，我国标准完整率仅为 30.94%，欧盟的完整率达到 100%(表 2-10)。因此，中国更应加快 MRL 的制定步伐。

表 2-10　我国国家食品标准农药的 ADI、MRL 值与欧盟标准的数量差异

分类		中国 ADI	MRL 中国国家标准	MRL 欧盟标准
标准限值(个)	有	43	43	139
	无	19	96	0
总数(个)		62	139	139
无标准限值比例(%)		30.65	69.06	0

此外，MRL 中国国家标准限值普遍高于欧盟标准限值，这些标准中共有 32 个高于欧盟。过高的 MRL 值难以保障人体健康，建议继续加强对限值基准和标准的科学研究，将农产品中的危险性减少到尽可能低的水平。

2) 加强农药的源头控制和分类监管

在北京市某些茶叶中仍有禁用农药残留，利用 LC-Q-TOF/MS 技术侦测出 4 种禁用农药，检出频次为 65 次，残留禁用农药均存在较大的膳食暴露风险和预警风险。早已列入黑名单的禁用农药在我国并未真正退出，有些药物由于价格便宜、工艺简单，此类高毒农药一直生产和使用。建议在我国采取严格有效的控制措施，从源头控制禁用农药。

对于非禁用农药，在我国作为"田间地头"最典型单位的县级茶叶产地中，农药残留的检测几乎缺失。建议根据农药的毒性，对高毒、剧毒、中毒农药实现分类管理，减少使用高毒和剧毒高残留农药，进行分类监管。

3) 加强农药生物基准和降解技术研究

市售茶叶中残留农药的品种多、频次高、禁用农药多次检出这一现状，说明了我国的田间土壤和水体因农药长期、频繁、不合理的使用而遭到严重污染。为此，建议我国相关部门出台相关政策，鼓励高校及科研院所积极开展分子生物学、酶学等研究，加强土壤、水体中残留农药的生物修复及降解新技术研究，切实加大农药监管力度，以控制农药的面源污染问题。

综上所述，在本工作基础上，根据茶叶残留危害，可进一步针对其成因提出和采取严格管理、大力推广无公害茶叶种植与生产、健全食品安全控制技术体系、加强茶叶质量检测体系建设和积极推行茶叶质量追溯制度等相应对策。建立和完善食品安全综合评价指数与风险监测预警系统，对食品安全进行实时、全面的监控与分析，为我国的食品安全科学监管与决策提供新的技术支持，可实现各类检验数据的信息化系统管理，降低食品安全事故的发生。

第3章 GC-Q-TOF/MS 侦测北京市 285 例市售茶叶样品农药残留报告

从北京市所属 13 个区，随机采集了 285 例茶叶样品，使用气相色谱-四极杆飞行时间质谱(GC-Q-TOF/MS)对 684 种农药化学污染物示范侦测。

3.1 样品种类、数量与来源

3.1.1 样品采集与检测

为了真实反映百姓日常饮用的茶叶中农药残留污染状况，本次所有检测样品均由检验人员于 2018 年 5 月至 2019 年 2 月期间，从北京市所属 53 个采样点，包括 51 个茶叶专营店 2 个超市，以随机购买方式采集，总计 55 批 285 例样品，从中检出农药 94 种，1373 频次。采样及监测概况见图 3-1 及表 3-1，样品及采样点明细见表 3-2 及表 3-3(侦测原始数据见附表 1)。

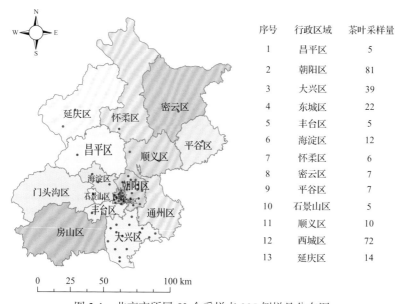

序号	行政区域	茶叶采样量
1	昌平区	5
2	朝阳区	81
3	大兴区	39
4	东城区	22
5	丰台区	5
6	海淀区	12
7	怀柔区	6
8	密云区	7
9	平谷区	7
10	石景山区	5
11	顺义区	10
12	西城区	72
13	延庆区	14

图 3-1 北京市所属 53 个采样点 285 例样品分布图

表 3-1 农药残留监测总体概况

采样地区	北京市所属 13 个区
采样点(茶叶专营店+超市)	53
样本总数	285
检出农药品种/频次	94/1373
各采样点样本农药残留检出率范围	50.0%~100.0%

表 3-2　样品分类及数量

样品分类	样品名称(数量)	数量小计
1. 茶叶		285
1)发酵类茶叶	白茶(10),黑茶(43),红茶(56),乌龙茶(29)	138
2)未发酵类茶叶	花茶(21),绿茶(126)	147
合计	1.茶叶 6 种	285

表 3-3　北京市采样点信息

采样点序号	行政区域	采样点
茶叶专营店(51)		
1	昌平区	***茶庄(回龙观店)
2	朝阳区	***茶庄
3	朝阳区	***茶庄(朝外店)
4	朝阳区	***茶庄(大望路店)
5	朝阳区	***茶庄(东三环店)
6	朝阳区	***茶庄(小庄店)
7	朝阳区	***茶庄(秀水店)
8	朝阳区	***茶庄(北苑家园店)
9	朝阳区	***茶庄(甘露园店)
10	朝阳区	***茶庄(弘善家园店)
11	朝阳区	***茶庄(红庙店)
12	朝阳区	***茶庄(京伦饭店店)
13	大兴区	***茶庄(亦庄华联店)
14	大兴区	***茶庄
15	大兴区	***茶庄(亦庄店)
16	大兴区	***茶庄(林校北路店)
17	大兴区	***茶叶店
18	大兴区	***茶庄(北京城乡世纪广场店)
19	大兴区	***茶叶店
20	大兴区	***茶庄(永辉鸿坤店)
21	大兴区	***茶庄(经开店)
22	大兴区	***茶庄(亦庄店)
23	大兴区	***茶庄(荟聚购物中心店)
24	大兴区	***茶庄(绿地缤纷城店)
25	大兴区	***茶庄
26	大兴区	***茶庄(泰和园店)
27	东城区	***茶叶店

续表

采样点序号	行政区域	采样点
28	东城区	***茶庄(王府井百货店)
29	东城区	***茶庄(丹耀大厦店)
30	东城区	***茶庄(东方广场店)
31	东城区	***茶庄(王府井店)
32	东城区	***茶庄(王府井百货店)
33	东城区	***茶庄(王府井店)
34	丰台区	***茶庄(宋家庄店)
35	海淀区	***茶庄(世纪金源购物中心店)
36	海淀区	***茶庄(世纪金源购物中心店)
37	海淀区	***茶庄(世纪金源购物中心店)
38	怀柔区	***茶庄(怀柔店)
39	密云区	***茶庄(密云店)
40	平谷区	***茶庄(平谷店)
41	石景山区	***茶庄(玉泉路店)
42	顺义区	***茶庄(怡馨店)
43	顺义区	***茶庄(石园店)
44	西城区	***茶庄(前门大街店)
45	西城区	***茶庄(新街口北大街店)
46	西城区	***茶庄(大栅栏店)
47	西城区	***茶庄(前门店)
48	西城区	***茶庄(新街口店)
49	西城区	***茶庄(前门店)
50	延庆区	***茶庄(延庆妫恒店)
51	延庆区	***茶庄(延庆店)
超市(2)		
1	朝阳区	***超市(甘露园店)
2	大兴区	***超市(亦庄店)

3.1.2　检测结果

这次使用的检测方法是庞国芳院士团队最新研发的不需使用标准品对照，而以高分辨精确质量数(0.000 1m/z)为基准的 GC-Q-TOF/MS 检测技术，对于 285 例样品，每个样品均侦测了 684 种农药化学污染物的残留现状。通过本次侦测，在 285 例样品中共计检出农药化学污染物 94 种，检出 1373 频次。

3.1.2.1　各采样点样品检出情况

统计分析发现 53 个采样点中，被测样品的农药检出率范围为 50.0%～100.0%。其中，有 46 个采样点样品的检出率最高，达到了 100.0%，分别是：***茶庄(回龙观店)、***茶庄、***茶庄(大望路店)、***茶庄(东三环店)、***茶庄(小庄店)、***茶庄(秀水店)、***超市(甘露园店)、***茶庄(北苑家园店)、***茶庄(甘露园店)、***茶庄(弘善家园店)、***茶庄(京伦饭店店)、***茶庄(亦庄华联店)、***茶庄、***茶庄(亦庄店)、***茶庄(林校北路店)、***超市(亦庄店)、***茶叶店、***茶庄(北京城乡世纪广场店)、***茶叶店、***茶庄(永辉鸿坤店)、***茶庄(经开店)、***茶庄(亦庄店)、***茶庄(荟聚购物中心店)、***茶庄、***茶庄(泰和园店)、***茶叶店、***茶庄(王府井百货店)、***茶庄(丹耀大厦店)、***茶庄(东方广场店)、***茶庄(王府井店)、***茶庄(王府井百货店)、***茶庄(王府井店)、***茶庄(宋家庄店)、***茶庄(世纪金源购物中心店)、***茶庄(世纪金源购物中心店)、***茶庄(世纪金源购物中心店)、***茶庄(怀柔店)、***茶庄(密云店)、***茶庄(平谷店)、***茶庄(玉泉路店)、***茶庄(怡馨店)、***茶庄(前门大街店)、***茶庄(新街口北大街店)、***茶庄(新街口店)、***茶庄(延庆妫恒店)和***茶庄(延庆店)。***茶庄(绿地缤纷城店)的检出率最低，为 50.0%，见图 3-2。

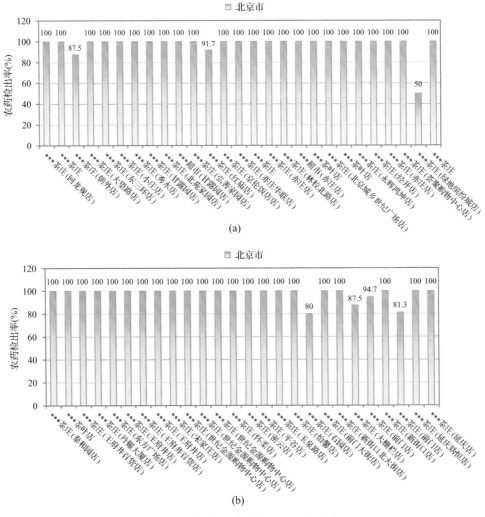

图 3-2 各采样点样品中的农药检出率

3.1.2.2　检出农药的品种总数与频次

统计分析发现，对于 285 例样品中 684 种农药化学污染物的侦测，共检出农药 1373 频次，涉及农药 94 种，结果如图 3-3 所示。其中联苯菊酯检出频次最高，共检出 242 次。检出频次排名前 10 的农药如下：①联苯菊酯(242)；②唑虫酰胺(131)；③异丁子香酚 (130)；④毒死蜱(73)；⑤炔丙菊酯(73)；⑥氯氟氰菊酯(64)；⑦2, 6-二硝基-3-甲氧基-4-叔丁基甲苯(54)；⑧二苯胺(49)；⑨哒螨灵(38)；⑩丁香酚(38)。

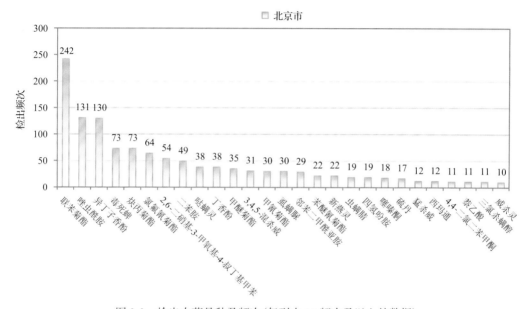

图 3-3　检出农药品种及频次(仅列出 10 频次及以上的数据)

由图 3-4 可见，白茶、绿茶和花茶这 3 种茶叶样品中检出的农药品种数较高，均超过 30 种，其中，白茶检出农药品种最多，为 45 种。由图 3-5 可见，绿茶、花茶、红茶和乌龙茶这 4 种茶叶样品中的农药检出频次较高，均超过 100 次，其中，绿茶检出农药频次最高，为 503 次。

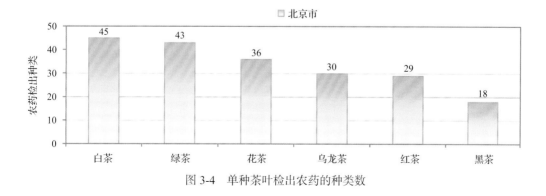

图 3-4　单种茶叶检出农药的种类数

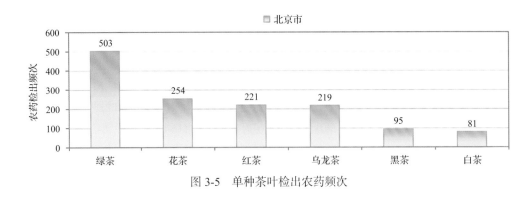

图 3-5 单种茶叶检出农药频次

3.1.2.3 单例样品农药检出种类与占比

对单例样品检出农药种类和频次进行统计发现，未检出农药的样品占总样品数的3.2%，检出 1 种农药的样品占总样品数的 7.7%，检出 2~5 种农药的样品占总样品数的56.8%，检出 6~10 种农药的样品占总样品数的24.2%，检出大于 10 种农药的样品占总样品数的8.1%。每例样品中平均检出农药为 4.8 种，数据见表 3-4 及图 3-6。

表 3-4 单例样品检出农药品种占比

检出农药品种数	样品数量/占比(%)
未检出	9/3.2
1 种	22/7.7
2~5 种	162/56.8
6~10 种	69/24.2
大于 10 种	23/8.1
单例样品平均检出农药品种	4.8 种

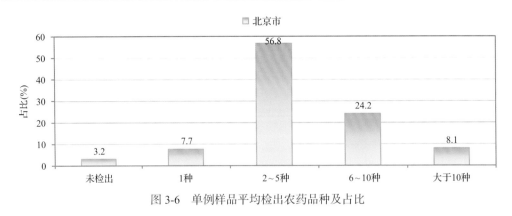

图 3-6 单例样品平均检出农药品种及占比

3.1.2.4 检出农药类别与占比

所有检出农药按功能分类，包括杀虫剂、除草剂、杀菌剂、杀螨剂、植物生长调节剂、驱避剂和其他共 7 类。其中杀虫剂与除草剂为主要检出的农药类别，分别占总数的42.6%和24.5%，见表 3-5 及图 3-7。

表 3-5　检出农药所属类别/占比

农药类别	数量/占比(%)
杀虫剂	40/42.6
除草剂	23/24.5
杀菌剂	19/20.2
杀螨剂	5/5.3
植物生长调节剂	2/2.1
驱避剂	1/1.1
其他	4/4.3

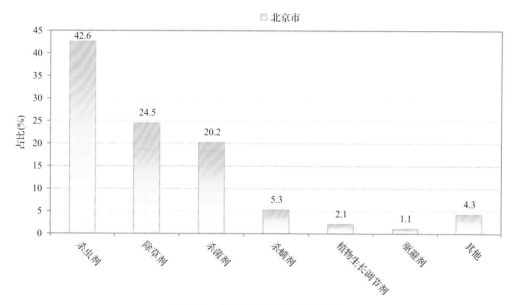

图 3-7　检出农药所属类别和占比

3.1.2.5　检出农药的残留水平

按检出农药残留水平进行统计，残留水平在 1~5 μg/kg（含）的农药占总数的 8.9%，在 5~10 μg/kg（含）的农药占总数的 12.5%，在 10~100 μg/kg（含）的农药占总数的 58.1%，在 100~1000 μg/kg 的农药占总数的 20.5%。

由此可见，这次检测的 55 批 285 例茶叶样品中农药多数处于中高残留水平。结果见表 3-6 及图 3-8，数据见附表 2。

表 3-6　农药残留水平/占比

残留水平(μg/kg)	检出频次数/占比(%)
1~5（含）	122/8.9
5~10（含）	171/12.5
10~100（含）	798/58.1
100~1000	282/20.5

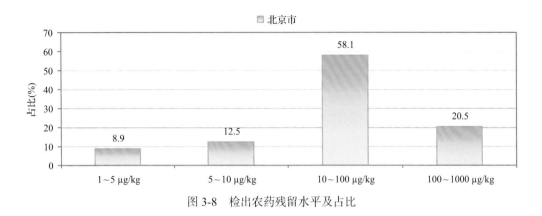

图 3-8　检出农药残留水平及占比

3.1.2.6　检出农药的毒性类别、检出频次和超标频次及占比

对这次检出的 94 种 1373 频次的农药，按剧毒、高毒、中毒、低毒和微毒这五个毒性类别进行分类，从中可以看出，北京市目前普遍使用的农药为中低微毒农药，品种占 91.5%，频次占 99.2%。结果见表 3-7 及图 3-9。

表 3-7　检出农药毒性类别/占比

毒性分类	农药品种/占比(%)	检出频次/占比(%)	超标频次/超标率(%)
剧毒农药	3/3.2	3/0.2	0/0.0
高毒农药	5/5.3	8/0.6	1/12.5
中毒农药	39/41.5	971/70.7	1/0.1
低毒农药	32/34.0	356/25.9	0/0.0
微毒农药	15/16.0	35/2.5	0/0.0

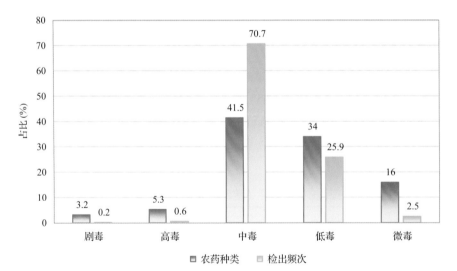

图 3-9　检出农药的毒性分类和占比

3.1.2.7　检出剧毒/高毒类农药的品种和频次

值得特别关注的是，在此次侦测的 285 例样品中有 3 种茶叶的 8 例样品检出了 8 种 11 频次的剧毒和高毒农药，占样品总量的 2.8%，详见图 3-10、表 3-8 及表 3-9。

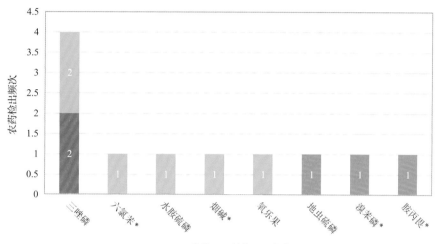

图 3-10　检出剧毒/高毒农药的样品情况

*表示允许在茶叶上使用的农药

表 3-8　剧毒农药检出情况

序号	农药名称	检出频次	超标频次	超标率
从 2 种茶叶中检出 3 种剧毒农药，共计检出 3 次				
1	地虫硫磷*	1	0	0.0%
2	六氯苯*	1	0	0.0%
3	溴苯磷*	1	0	0.0%
	合计	3	0	超标率：0.0%

表 3-9　高毒农药检出情况

序号	农药名称	检出频次	超标频次	超标率
从 3 种茶叶中检出 5 种高毒农药，共计检出 8 次				
1	三唑磷	4	0	0.0%
2	胺丙畏	1	0	0.0%
3	水胺硫磷	1	1	100.0%
4	烟碱	1	0	0.0%
5	氧乐果	1	0	0.0%
	合计	8	1	超标率：12.5%

在检出的剧毒和高毒农药中，有 4 种是我国早已禁止在茶叶上使用的，分别是：氧

乐果、三唑磷、水胺硫磷和地虫硫磷。禁用农药的检出情况见表3-10。

表 3-10　禁用农药检出情况

序号	农药名称	检出频次	超标频次	超标率
从 6 种茶叶中检出 8 种禁用农药，共计检出 111 次				
1	毒死蜱	73	0	0.0%
2	硫丹	17	0	0.0%
3	三氯杀螨醇	11	1	9.1%
4	三唑磷	4	0	0.0%
5	氟虫腈	3	0	0.0%
6	地虫硫磷*	1	0	0.0%
7	水胺硫磷	1	1	100.0%
8	氧乐果	1	0	0.0%
	合计	111	2	超标率：1.8%

注：表中*为剧毒农药；超标结果参考 MRL 中国国家标准计算

此次抽检的茶叶样品中，有 2 种茶叶检出了剧毒农药，分别是：白茶中检出地虫硫磷 1 次，检出溴苯磷 1 次；绿茶中检出六氯苯 1 次。

样品中检出剧毒和高毒农药残留水平超过 MRL 中国国家标准的频次为 1 次，其中：绿茶检出水胺硫磷超标 1 次。本次检出结果表明，高毒、剧毒农药的使用现象依旧存在。详见表3-11。

表 3-11　各样本中检出剧毒/高毒农药情况

样品名称	农药名称	检出频次	超标频次	检出浓度(μg/kg)
茶叶 3 种				
白茶	地虫硫磷*▲	1	0	18.3
白茶	溴苯磷*	1	0	1.4
白茶	胺丙畏	1	0	21.4
花茶	三唑磷▲	2	0	5.1, 7.5
绿茶	六氯苯*	1	0	1.6
绿茶	三唑磷▲	2	0	139.9, 66.2
绿茶	水胺硫磷▲	1	1	70.1a
绿茶	烟碱	1	0	53.6
绿茶	氧乐果▲	1	0	16.3
	合计	11	1	超标率：9.1%

注：表中*为剧毒农药；▲为禁用农药；a 为超标结果(参考 MRL 中国国家标准)

3.2　农药残留检出水平与最大残留限量标准对比分析

我国于 2016 年 12 月 18 日正式颁布并于 2017 年 6 月 18 日正式实施食品农药残留限量国家标准《食品中农药最大残留限量》(GB 2763—2016)。该标准包括 417 个农药条目，涉及最大残留限量(MRL)标准 4140 项。将 1373 频次检出农药的浓度水平与 4140 项国家 MRL 标准进行核对，其中只有 446 频次的结果找到了对应的 MRL，占 32.5%，还有 927 频次的结果则无相关 MRL 标准供参考，占 67.5%。

将此次侦测结果与国际上现行 MRL 对比发现，在 1373 频次的检出结果中有 1373 频次的结果找到了对应的 MRL 欧盟标准，占 100.0%；其中，675 频次的结果有明确对应的 MRL，占 49.2%，其余 698 频次按照欧盟一律标准判定，占 50.8%；有 1373 频次的结果找到了对应的 MRL 日本标准，占 100.0%；其中，769 频次的结果有明确对应的 MRL，占 56.0%，其余 604 频次按照日本一律标准判定，占 44.0%；有 407 频次的结果找到了对应的 MRL 中国香港标准，占 29.6%；有 477 频次的结果找到了对应的 MRL 美国标准，占 34.7%；有 438 频次的结果找到了对应的 MRL CAC 标准，占 31.9%(见图 3-11 和图 3-12，数据见附表 3 至附表 8)。

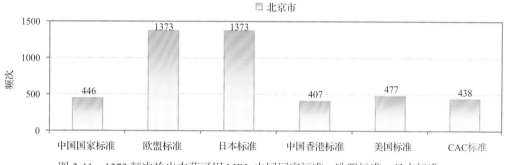

图 3-11　1373 频次检出农药可用 MRL 中国国家标准、欧盟标准、日本标准、中国香港标准、美国标准、CAC 标准判定衡量的数量

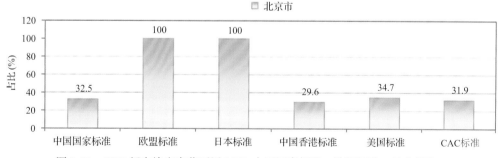

图 3-12　1373 频次检出农药可用 MRL 中国国家标准、欧盟标准、日本标准、中国香港标准、美国标准、CAC 标准衡量的占比

3.2.1　超标农药样品分析

本次侦测的 285 例样品中，9 例样品未检出任何残留农药，占样品总量的 3.2%，276

例样品检出不同水平、不同种类的残留农药，占样品总量的 96.8%。在此，我们将本次侦测的农残检出情况与 MRL 中国国家标准、欧盟标准、日本标准、中国香港标准、美国标准和 CAC 标准这 6 大国际主流 MRL 标准进行对比分析，样品农残检出与超标情况见表 3-12、图 3-13 和图 3-14，详细数据见附表 9 至附表 14。

表 3-12　各 MRL 标准下样本农残检出与超标数量及占比

	中国国家标准 数量/占比(%)	欧盟标准 数量/占比(%)	日本标准 数量/占比(%)	中国香港标准 数量/占比(%)	美国标准 数量/占比(%)	CAC 标准 数量/占比(%)
未检出	9/3.2	9/3.2	9/3.2	9/3.2	9/3.2	9/3.2
检出未超标	274/96.1	26/9.1	53/18.6	276/96.8	276/96.8	276/96.8
检出超标	2/0.7	250/87.7	223/78.2	0/0.0	0/0.0	0/0.0

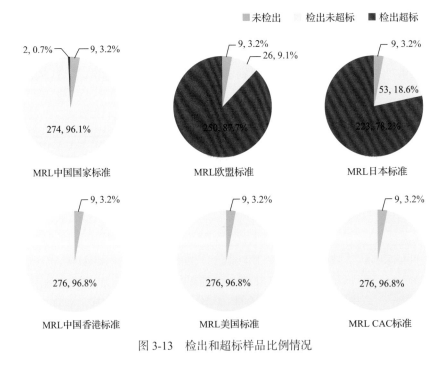

图 3-13　检出和超标样品比例情况

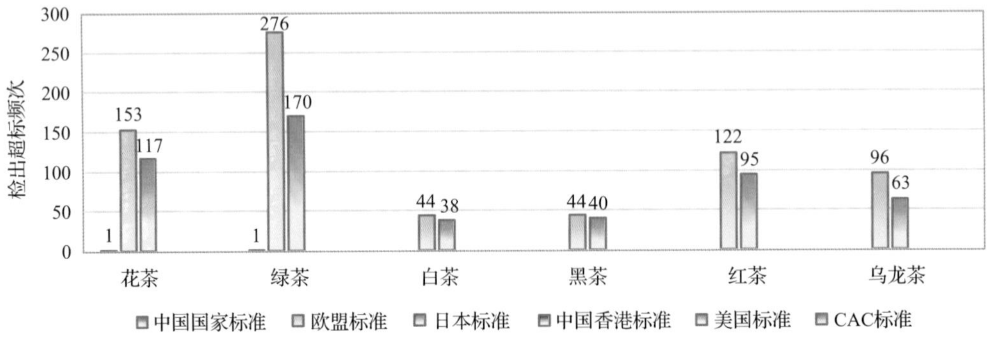

图 3-14　超过 MRL 中国国家标准、欧盟标准、日本标准、中国香港标准、
美国标准、CAC 标准结果在茶叶中的分布

3.2.2　超标农药种类分析

按照 MRL 中国国家标准、欧盟标准、日本标准、中国香港标准、美国标准和 CAC 标准这 6 人国际主流标准衡量，本次侦测检出的农药超标品种及频次情况见表 3-13。

表 3-13　各 MRL 标准下超标农药品种及频次

	中国国家标准	欧盟标准	日本标准	中国香港标准	美国标准	CAC 标准
超标农药品种	2	51	58	0	0	0
超标农药频次	2	735	523	0	0	0

3.2.2.1　按 MRL 中国国家标准衡量

按 MRL 中国国家标准衡量，共有 2 种农药超标，检出 2 频次，分别为高毒农药水胺硫磷，中毒农药三氯杀螨醇。

按超标程度比较，绿茶中水胺硫磷超标 0.4 倍，花茶中三氯杀螨醇超标 0.1 倍。检测结果见图 3-15 和附表 15。

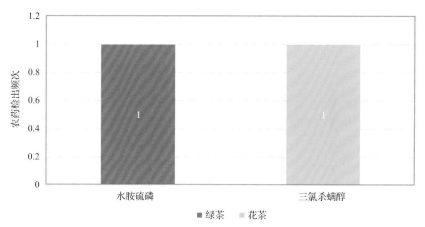

图 3-15　超过 MRL 中国国家标准农药品种及频次

3.2.2.2　按 MRL 欧盟标准衡量

按 MRL 欧盟标准衡量，共有 51 种农药超标，检出 735 频次，分别为剧毒农药地虫硫磷，高毒农药三唑磷、水胺硫磷和胺丙畏，中毒农药苯醚甲环唑、炔咪菊酯、氯氟氰菊酯、丙硫磷、异丁子香酚、氟虫腈、噁霜灵、棉铃威、唑虫酰胺、除线磷、苯醚氰菊酯、哒螨灵、炔丙菊酯、3,4,5-混杀威、氟吡甲禾灵和丁香酚，低毒农药 2,6-二硝基-3-甲氧基-4-叔丁基甲苯、灭幼脲、芬螨酯、1,4-二甲基萘、环虫腈、3-[2,5-二氯-4-乙氧基苯基)甲磺酰]-4,5-二氢-5,5-二甲基-异噁唑、邻苯二甲酰亚胺、酰嘧磺隆、猛杀威、间羟基联苯、三异丁基磷酸盐、噻嗪酮、啶斑肟、甲醚菊酯、唑胺菌酯、扑灭通、新燕灵、威杀灵、四氢吩胺、虱螨脲、4,4-二氯二苯甲酮、萘乙酸和西玛通，微毒农药绿麦隆、啶酰菌胺、多氟脲、苯螨特、蒽醌、吡唑解草酯、溴丁酰草胺和仲草丹。

按超标程度比较，花茶中唑胺菌酯超标 97.3 倍，乌龙茶中炔丙菊酯超标 96.3 倍，花茶中 2,6-二硝基-3-甲氧基-4-叔丁基甲苯超标 94.6 倍，乌龙茶中甲醚菊酯超标 90.5 倍，花茶中 3,4,5-混杀威超标 87.4 倍。检测结果见图 3-16 和附表 16。

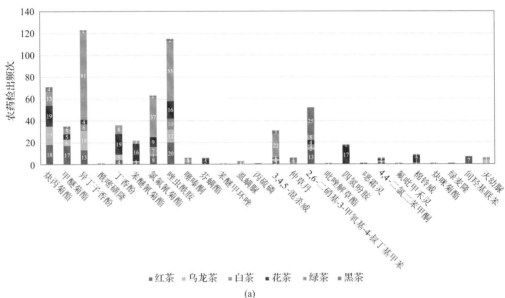

(a)

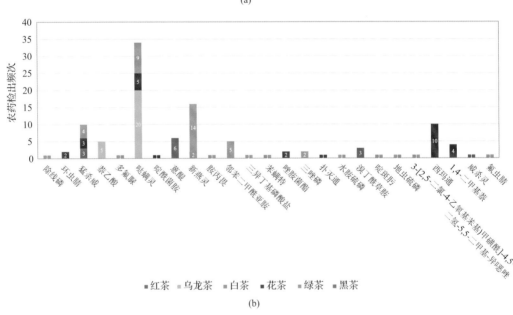

(b)

图 3-16　超过 MRL 欧盟标准农药品种及频次

3.2.2.3　按 MRL 日本标准衡量

按 MRL 日本标准衡量，共有 58 种农药超标，检出 523 频次，分别为剧毒农药地虫硫磷，高毒农药三唑磷、水胺硫磷、胺丙畏和烟碱，中毒农药炔咪菊酯、虫螨畏、氟吡禾灵、氟硅唑、异丁子香酚、氟虫腈、二甲吩草胺、喹禾灵、噁霜灵、甲草胺、除线磷、苯醚氰菊酯、烯唑醇、炔丙菊酯、3,4,5-混杀威、二甲草胺、氟吡甲禾灵和丁香酚，低毒农药异丙草胺、2,6-二硝基-3-甲氧基-4-叔丁基甲苯、灭幼脲、芬螨酯、1,4-二甲基萘、环虫腈、3-[2,5-二氯-4-乙氧基苯基)甲磺酰]-4,5-二氢-5,5-二甲基-异噁唑、邻苯二甲酰亚胺、酰嘧磺隆、猛杀威、间羟基联苯、三异丁基磷酸盐、乳氟禾草灵、啶斑肟、甲醚菊酯、唑胺菌酯、扑灭通、新燕灵、威杀灵、四氢吩胺、4,4-二氯二苯甲酮、萘乙酸和西玛通，微毒农药乙丁氟灵、吡氟禾草酸、乙氧氟草醚、绿麦隆、苯酰菌胺、多氟脲、苯螨特、氟酰胺、蒽醌、吡唑解草酯、溴丁酰草胺和仲草丹。

　　按超标程度比较，花茶中唑胺菌酯超标 97.3 倍，乌龙茶中炔丙菊酯超标 96.3 倍，花茶中 2,6-二硝基-3-甲氧基-4-叔丁基甲苯超标 94.6 倍，乌龙茶中甲醚菊酯超标 90.5 倍，花茶中 3,4,5-混杀威超标 87.4 倍。检测结果见图 3-17 和附表 17。

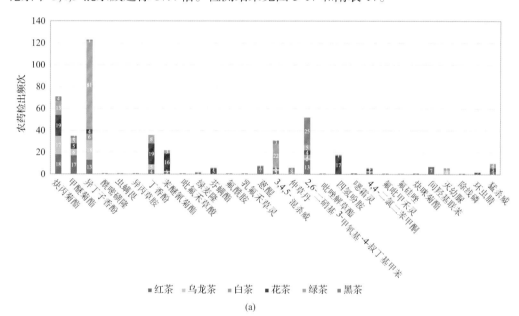

(a)

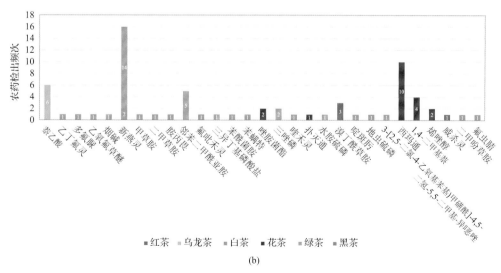

(b)

图 3-17　超过 MRL 日本标准农药品种及频次

3.2.2.4　按 MRL 中国香港标准衡量

按 MRL 中国香港标准衡量，无样品检出超标农药残留。

3.2.2.5　按 MRL 美国标准衡量

按 MRL 美国标准衡量，无样品检出超标农药残留。

3.2.2.6　按 MRL CAC 标准衡量

按 MRL CAC 标准衡量，无样品检出超标农药残留。

3.2.3　53 个采样点超标情况分析

3.2.3.1　按 MRL 中国国家标准衡量

按 MRL 中国国家标准衡量，有 1 个采样点的样品存在超标农药检出，超标率为 40.0%，如表 3-14 和图 3-18 所示。

表 3-14　超过 MRL 中国国家标准茶叶在不同采样点分布

	采样点	样品总数	超标数量	超标率(%)	行政区域
1	***超市(亦庄店)	5	2	40.0	大兴区

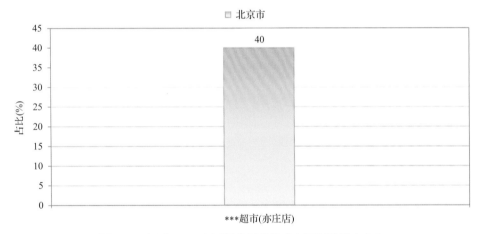

图 3-18　超过 MRL 中国国家标准茶叶在不同采样点分布

3.2.3.2　按 MRL 欧盟标准衡量

按 MRL 欧盟标准衡量，所有采样点的样品存在不同程度的超标农药检出，其中***茶庄(小庄店)、***茶庄(延庆妫恒店)、***茶庄(秀水店)、***茶庄(密云店)、***茶庄(甘露园店)、***茶庄、***茶庄(怀柔店)、***茶庄(回龙观店)、***茶庄(北苑家园店)、***茶庄(王府井百货店)、***茶庄(弘善家园店)、***茶庄(怡馨店)、***茶庄(玉泉路店)、***茶庄(王府井百货店)、***茶庄(世纪金源购物中心店)、***茶庄(世纪金源购物中心店)、***茶庄(京伦饭店店)、***茶叶店、***茶庄(亦庄店)、***茶庄(亦庄店)、***茶庄(荟聚购物中心店)、***茶庄(林校北路店)、***茶庄(经开店)、***茶庄(王府井店)、***茶庄(王府井店)、***茶庄(丹耀大厦店)、***茶庄(亦庄华联店)、***茶庄(永辉鸿坤店)、***茶叶店和***茶叶店的超标率最高，为 100.0%，如表 3-15 和图 3-19 所示。

表 3-15　超过 MRL 欧盟标准茶叶在不同采样点分布

序号	采样点	样品总数	超标数量	超标率(%)	行政区域
1	***茶庄(前门店)	19	16	84.2	西城区
2	***茶庄(前门店)	16	13	81.2	西城区
3	***茶庄(红庙店)	12	10	83.3	朝阳区
4	***茶庄(新街口店)	11	7	63.6	西城区
5	***茶庄(东三环店)	10	8	80.0	朝阳区
6	***茶庄(前门大街店)	10	9	90.0	西城区
7	***茶庄(朝外店)	8	7	87.5	朝阳区
8	***茶庄(小庄店)	8	8	100.0	朝阳区
9	***茶庄(延庆妫恒店)	8	8	100.0	延庆区
10	***茶庄(大栅栏店)	8	6	75.0	西城区
11	***茶庄(新街口北大街店)	8	7	87.5	西城区
12	***茶庄(平谷店)	7	6	85.7	平谷区
13	***茶庄(秀水店)	7	7	100.0	朝阳区
14	***茶庄(密云店)	7	7	100.0	密云区
15	***茶庄(甘露园店)	6	6	100.0	朝阳区
16	***茶庄(大望路店)	6	5	83.3	朝阳区
17	***茶庄	6	6	100.0	朝阳区
18	***茶庄(延庆店)	6	5	83.3	延庆区
19	***茶庄(怀柔店)	6	6	100.0	怀柔区
20	***茶庄(泰和园店)	6	5	83.3	大兴区
21	***茶庄(回龙观店)	5	5	100.0	昌平区
22	***超市(甘露园店)	5	4	80.0	朝阳区
23	***茶庄(北苑家园店)	5	5	100.0	朝阳区
24	***茶庄(王府井百货店)	5	5	100.0	东城区
25	***茶庄(宋家庄店)	5	2	40.0	丰台区
26	***超市(亦庄店)	5	4	80.0	大兴区
27	***茶庄(世纪金源购物中心店)	5	4	80.0	海淀区
28	***茶庄(弘善家园店)	5	5	100.0	朝阳区
29	***茶庄(石园店)	5	4	80.0	顺义区
30	***茶庄(怡馨店)	5	5	100.0	顺义区
31	***茶庄(玉泉路店)	5	5	100.0	石景山区

续表

序号	采样点	样品总数	超标数量	超标率(%)	行政区域
32	***茶庄(东方广场店)	4	3	75.0	东城区
33	***茶庄(王府井百货店)	4	4	100.0	东城区
34	***茶庄(世纪金源购物中心店)	4	4	100.0	海淀区
35	***茶庄(世纪金源购物中心店)	3	3	100.0	海淀区
36	***茶庄(京伦饭店店)	3	3	100.0	朝阳区
37	***茶叶店	3	3	100.0	东城区
38	***茶庄(亦庄店)	3	3	100.0	大兴区
39	***茶庄(亦庄店)	3	3	100.0	大兴区
40	***茶庄(荟聚购物中心店)	2	2	100.0	大兴区
41	***茶庄	2	1	50.0	大兴区
42	***茶庄(林校北路店)	2	2	100.0	大兴区
43	***茶庄(北京城乡世纪广场店)	2	1	50.0	大兴区
44	***茶庄(经开店)	2	2	100.0	大兴区
45	***茶庄(王府井店)	2	2	100.0	东城区
46	***茶庄(王府井店)	2	2	100.0	东城区
47	***茶庄(丹耀大厦店)	2	2	100.0	东城区
48	***茶庄(亦庄华联店)	2	2	100.0	大兴区
49	***茶庄(永辉鸿坤店)	2	2	100.0	大兴区
50	***茶庄(绿地缤纷城店)	2	1	50.0	大兴区
51	***茶叶店	2	2	100.0	大兴区
52	***茶叶店	2	2	100.0	大兴区
53	***茶庄	2	1	50.0	大兴区

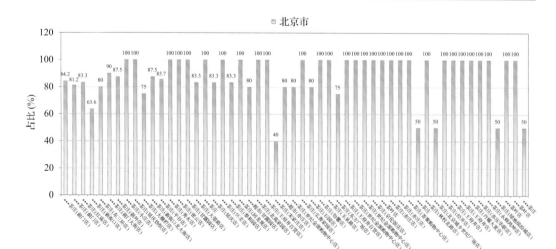

图 3-19　超过 MRL 欧盟标准茶叶在不同采样点分布

3.2.3.3　按 MRL 日本标准衡量

按 MRL 日本标准衡量，所有采样点的样品存在不同程度的超标农药检出，其中***茶庄(小庄店)、***茶庄(延庆妫恒店)、***茶庄(秀水店)、***茶庄(密云店)、***茶庄(甘露园店)、***茶庄(回龙观店)、***茶庄(北苑家园店)、***茶庄(怡馨店)、***茶庄(王府井百货店)、***茶庄(世纪金源购物中心店)、***茶庄(世纪金源购物中心店)、***茶叶店、***茶庄(亦庄店)、***茶庄(荟聚购物中心店)、***茶庄(王府井店)、***茶庄(王府井店)、***茶庄(亦庄华联店)、***茶庄(永辉鸿坤店)和***茶叶店的超标率最高，为100.0%，如表 3-16 和图 3-20 所示。

表 3-16　超过 MRL 日本标准茶叶在不同采样点分布

序号	采样点	样品总数	超标数量	超标率(%)	行政区域
1	***茶庄(前门店)	19	13	68.4	西城区
2	***茶庄(前门店)	16	10	62.5	西城区
3	***茶庄(红庙店)	12	9	75.0	朝阳区
4	***茶庄(新街口店)	11	6	54.5	西城区
5	***茶庄(东三环店)	10	8	80.0	朝阳区
6	***茶庄(前门大街店)	10	7	70.0	西城区
7	***茶庄(朝外店)	8	7	87.5	朝阳区
8	***茶庄(小庄店)	8	8	100.0	朝阳区
9	***茶庄(延庆妫恒店)	8	8	100.0	延庆区
10	***茶庄(大栅栏店)	8	5	62.5	西城区
11	***茶庄(新街口北大街店)	8	7	87.5	西城区
12	***茶庄(平谷店)	7	5	71.4	平谷区
13	***茶庄(秀水店)	7	7	100.0	朝阳区
14	***茶庄(密云店)	7	7	100.0	密云区
15	***茶庄(甘露园店)	6	6	100.0	朝阳区
16	***茶庄(大望路店)	6	4	66.7	朝阳区
17	***茶庄	6	5	83.3	朝阳区
18	***茶庄(延庆店)	6	4	66.7	延庆区
19	***茶庄(怀柔店)	6	5	83.3	怀柔区
20	***茶庄(泰和园店)	6	5	83.3	大兴区
21	***茶庄(回龙观店)	5	5	100.0	昌平区
22	***超市(甘露园店)	5	4	80.0	朝阳区
23	***茶庄(北苑家园店)	5	5	100.0	朝阳区

序号	采样点	样品总数	超标数量	超标率(%)	行政区域
24	***茶庄(王府井百货店)	5	4	80.0	东城区
25	***茶庄(宋家庄店)	5	1	20.0	丰台区
26	***超市(亦庄店)	5	4	80.0	大兴区
27	***茶庄(世纪金源购物中心店)	5	4	80.0	海淀区
28	***茶庄(弘善家园店)	5	4	80.0	朝阳区
29	***茶庄(石园店)	5	3	60.0	顺义区
30	***茶庄(怡馨店)	5	5	100.0	顺义区
31	***茶庄(玉泉路店)	5	4	80.0	石景山区
32	***茶庄(东方广场店)	4	3	75.0	东城区
33	***茶庄(王府井百货店)	4	4	100.0	东城区
34	***茶庄(世纪金源购物中心店)	4	4	100.0	海淀区
35	***茶庄(世纪金源购物中心店)	3	3	100.0	海淀区
36	***茶庄(京伦饭店店)	3	2	66.7	朝阳区
37	***茶叶店	3	3	100.0	东城区
38	***茶庄(亦庄店)	3	3	100.0	大兴区
39	***茶庄(亦庄店)	3	2	66.7	大兴区
40	***茶庄(荟聚购物中心店)	2	2	100.0	大兴区
41	***茶庄	2	1	50.0	大兴区
42	***茶庄(林校北路店)	2	1	50.0	大兴区
43	***茶庄(北京城乡世纪广场店)	2	1	50.0	大兴区
44	***茶庄(经开店)	2	1	50.0	大兴区
45	***茶庄(王府井店)	2	2	100.0	东城区
46	***茶庄(王府井店)	2	2	100.0	东城区
47	***茶庄(丹耀大厦店)	2	1	50.0	东城区
48	***茶庄(亦庄华联店)	2	2	100.0	大兴区
49	***茶庄(永辉鸿坤店)	2	2	100.0	大兴区
50	***茶庄(绿地缤纷城店)	2	1	50.0	大兴区
51	***茶叶店	2	1	50.0	大兴区
52	***茶叶店	2	2	100.0	大兴区
53	***茶庄	2	1	50.0	大兴区

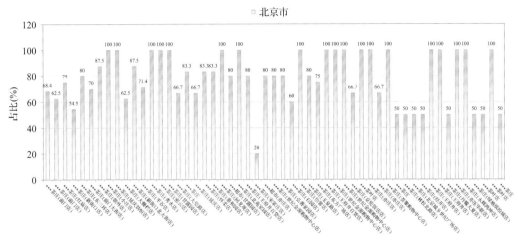

图 3-20　超过 MRL 日本标准茶叶在不同采样点分布

3.2.3.4　按 MRL 中国香港标准衡量

按 MRL 中国香港标准衡量，所有采样点的样品均未检出超标农药残留。

3.2.3.5　按 MRL 美国标准衡量

按 MRL 美国标准衡量，所有采样点的样品均未检出超标农药残留。

3.2.3.6　按 MRL CAC 标准衡量

按 MRL CAC 标准衡量，所有采样点的样品均未检出超标农药残留。

3.3　茶叶中农药残留分布

3.3.1　茶叶按检出农药品种和频次排名

本次残留侦测的茶叶共 6 种，包括白茶、黑茶、红茶、乌龙茶、花茶和绿茶。

根据检出农药品种及频次进行排名，将各项排名茶叶样品检出情况列表说明，详见表 3-17。

表 3-17　茶叶按检出农药品种和频次排名

按检出农药品种排名(品种)	①白茶(45)，②绿茶(43)，③花茶(36)，④乌龙茶(30)，⑤红茶(29)，⑥黑茶(18)
按检出农药频次排名(频次)	①绿茶(503)，②花茶(254)，③红茶(221)，④乌龙茶(219)，⑤黑茶(95)，⑥白茶(81)
按检出禁用、高毒及剧毒农药品种排名(品种)	①绿茶(9)，②白茶(5)，③花茶(5)，④红茶(3)，⑤乌龙茶(2)，⑥黑茶(1)
按检出禁用、高毒及剧毒农药频次排名(频次)	①绿茶(51)，②花茶(24)，③乌龙茶(19)，④红茶(13)，⑤白茶(7)，⑥黑茶(1)

3.3.2　超标农药品种和频次排前 10 的茶叶

鉴于 MRL 欧盟标准和日本标准制定比较全面且覆盖率较高，我们参照 MRL 中国国家标准、欧盟标准和日本标准衡量茶叶样品中农残检出情况,将茶叶按超标农药品种及频次排名列表说明,详见表 3-18。

表 3-18　茶叶按超标农药品种和频次排名

按超标农药品种排名 (农药品种数)	MRL 中国国家标准	①花茶(1)、②绿茶(1)
	MRL 欧盟标准	①绿茶(23)、②花茶(22)、③白茶(20)、④红茶(17)、⑤乌龙茶(15)、⑥黑茶(10)
	MRL 日本标准	①白茶(30)、②花茶(18)、③绿茶(18)、④红茶(15)、⑤乌龙茶(11)、⑥黑茶(7)
按超标农药频次排名 (农药频次数)	MRL 中国国家标准	①花茶(1)、②绿茶(1)
	MRL 欧盟标准	①绿茶(276)、②花茶(153)、③红茶(122)、④乌龙茶(96)、⑤白茶(44)、⑥黑茶(44)
	MRL 日本标准	①绿茶(170)、②花茶(117)、③红茶(95)、④乌龙茶(63)、⑤黑茶(40)、⑥白茶(38)

通过对各品种茶叶样本总数及检出率进行综合分析发现,绿茶、红茶和黑茶的残留污染最为严重,在此,我们参照 MRL 中国国家标准、欧盟标准和日本标准对这 3 种茶叶的农残检出情况进行进一步分析。

3.3.3　农药残留检出率较高的茶叶样品分析

3.3.3.1　绿茶

这次共检测 126 例绿茶样品,121 例样品中检出了农药残留,检出率为 96.0%,检出农药共计 43 种。其中联苯菊酯、异丁子香酚、唑虫酰胺、毒死蜱和氯氟氰菊酯检出频次较高,分别检出了 102、81、58、37 和 37 次。绿茶中农药检出品种和频次见图 3-21,超标农药见图 3-22 和表 3-19。

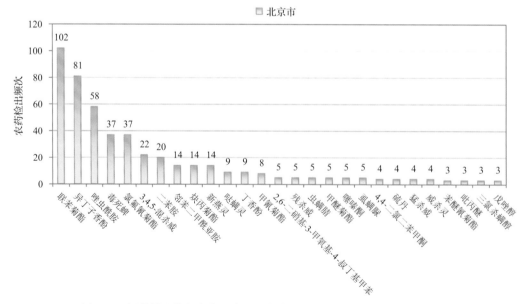

图 3-21　绿茶样品检出农药品种和频次分析(仅列出 3 频次及以上的数据)

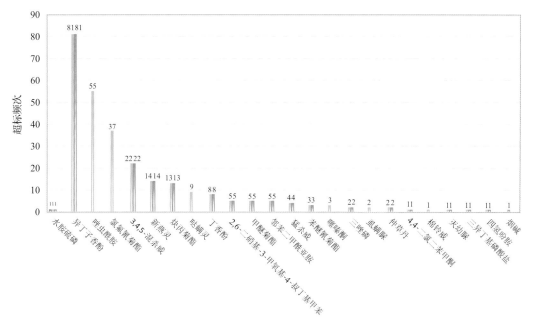

图 3-22　绿茶样品中超标农药分析

表 3-19　绿茶中农药残留超标情况明细表

样品总数 126		检出农药样品数 121	样品检出率(%) 96	检出农药品种总数 43
超标农药品种	超标农药频次	按照 MRL 中国国家标准、欧盟标准和日本标准衡量超标农药名称及频次		
中国国家标准	1	1	水胺硫磷(1)	
欧盟标准	23	276	异丁子香酚(81),唑虫酰胺(55),氯氟氰菊酯(37),3,4,5-混杀威(22),新燕灵(14),炔丙菊酯(13),哒螨灵(9),丁香酚(8),2,6-二硝基-3-甲氧基-4-叔丁基甲苯(5),甲醚菊酯(5),邻苯二甲酰亚胺(5),猛杀威(4),苯醚氰菊酯(3),噻嗪酮(3),三唑磷(2),虱螨脲(2),仲草丹(2),4,4-二氯二苯甲酮(1),棉铃威(1),灭幼脲(1),三异丁基磷酸盐(1),水胺硫磷(1),四氢吩胺(1)		
日本标准	18	170	异丁子香酚(81),3,4,5-混杀威(22),新燕灵(14),炔丙菊酯(13),丁香酚(8),2,6-二硝基-3-甲氧基-4-叔丁基甲苯(5),甲醚菊酯(5),邻苯二甲酰亚胺(5),猛杀威(4),苯醚氰菊酯(3),三唑磷(2),仲草丹(2),4,4-二氯二苯甲酮(1),灭幼脲(1),三异丁基磷酸盐(1),水胺硫磷(1),四氢吩胺(1),烟碱(1)		

3.3.3.2　红茶

这次共检测 56 例红茶样品，54 例样品中检出了农药残留，检出率为 96.4%，检出农药共计 29 种。其中联苯菊酯、唑虫酰胺、炔丙菊酯、甲醚菊酯和二苯胺检出频次较高，分别检出了 46、20、18、17 和 16 次。红茶中农药检出品种和频次见图 3-23，超标农药见图 3-24 和表 3-20。

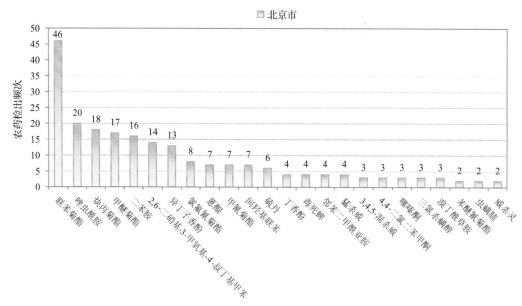

图 3-23 红茶样品检出农药品种和频次分析(仅列出 2 频次及以上的数据)

表 3-20 红茶中农药残留超标情况明细表

	样品总数 56		检出农药样品数 54	样品检出率(%) 96.4	检出农药品种总数 29
	超标农药 品种	超标农药 频次	按照 MRL 中国国家标准、欧盟标准和日本标准衡量超标农药名称及频次		
中国国家标准	0	0			
欧盟标准	17	122	唑虫酰胺(20),炔丙菊酯(18),甲醚菊酯(17),2,6-二硝基-3-甲氧基-4-叔丁基甲苯(13),异丁子香酚(13),氯氟氰菊酯(8),间羟基联苯(7),蒽醌(6),丁香酚(4),3,4,5-混杀威(3),猛杀威(3),溴丁酰草胺(3),4,4-二氯二苯甲酮(2),苯醚氰菊酯(2),绿麦隆(1),炔咪菊酯(1),威杀灵(1)		
日本标准	15	95	炔丙菊酯(18),甲醚菊酯(17),2,6-二硝基-3-甲氧基-4-叔丁基甲苯(13),异丁子香酚(13),蒽醌(7),间羟基联苯(7),丁香酚(4),3,4,5-混杀威(3),猛杀威(3),溴丁酰草胺(3),4,4-二氯二苯甲酮(2),苯醚氰菊酯(2),绿麦隆(1),炔咪菊酯(1),威杀灵(1)		

3.3.3.3 黑茶

这次共检测 43 例黑茶样品,41 例样品中检出了农药残留,检出率为 95.3%,检出农药共计 18 种。其中联苯菊酯、2,6-二硝基-3-甲氧基-4-叔丁基甲苯、炔丙菊酯、仲草丹和 3,4,5-混杀威检出频次较高,分别检出了 39、25、4、4 和 3 次。黑茶中农药检出品种和频次见图 3-25,超标农药见图 3-26 和表 3-21。

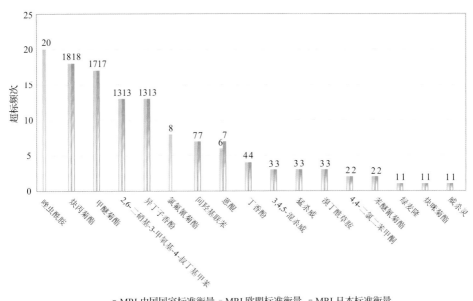

□ MRL中国国家标准衡量　■ MRL欧盟标准衡量　□ MRL日本标准衡量
□ MRL中国香港标准衡量　■ MRL美国标准衡量　□ MRL CAC标准衡量

图 3-24　红茶样品中超标农药分析

表 3-21　黑茶中农药残留超标情况明细表

样品总数	检出农药样品数	样品检出率(%)	检出农药品种总数
43	41	95.3	18

	超标农药品种	超标农药频次	按照 MRL 中国国家标准、欧盟标准和日本标准衡量超标农药名称及频次
中国国家标准	0	0	
欧盟标准	10	44	2,6-二硝基-3-甲氧基-4-叔丁基甲苯(25),炔丙菊酯(4),仲草丹(4),3,4,5-混杀威(3),甲醚菊酯(2),唑虫酰胺(2),芬螨酯(1),氯氟氰菊酯(1),噻嗪酮(1),异丁子香酚(1)
日本标准	7	40	2,6-二硝基-3-甲氧基-4-叔丁基甲苯(25),炔丙菊酯(4),仲草丹(4),3,4,5-混杀威(3),甲醚菊酯(2),芬螨酯(1),异丁子香酚(1)

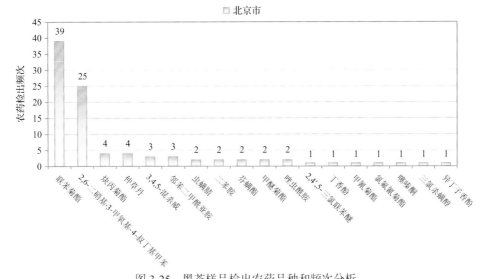

图 3-25　黑茶样品检出农药品种和频次分析

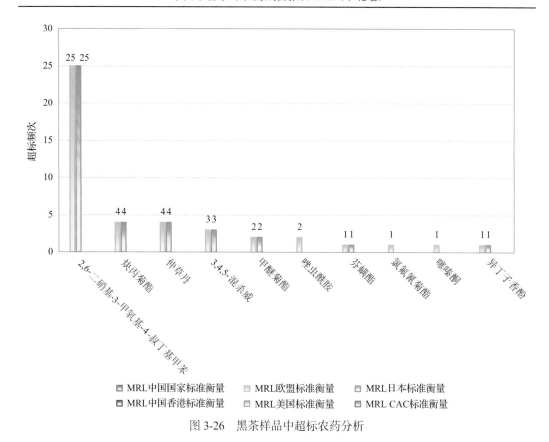

■ MRL中国国家标准衡量　　■ MRL欧盟标准衡量　　■ MRL日本标准衡量
■ MRL中国香港标准衡量　　■ MRL美国标准衡量　　■ MRL CAC标准衡量

图 3-26　黑茶样品中超标农药分析

3.4　初 步 结 论

3.4.1　北京市市售茶叶按 MRL 中国国家标准和国际主要 MRL 标准衡量的合格率

本次侦测的 285 例样品中，9 例样品未检出任何残留农药，占样品总量的 3.2%，276 例样品检出不同水平、不同种类的残留农药，占样品总量的 96.8%。在这 276 例检出农药残留的样品中：

按照 MRL 中国国家标准衡量，有 274 例样品检出残留农药但含量没有超标，占样品总数的 96.1%，有 2 例样品检出了超标农药，占样品总数的 0.7%。

按照 MRL 欧盟标准衡量，有 26 例样品检出残留农药但含量没有超标，占样品总数的 9.1%，有 250 例样品检出了超标农药，占样品总数的 87.7%。

按照 MRL 日本标准衡量，有 53 例样品检出残留农药但含量没有超标，占样品总数的 18.6%，有 223 例样品检出了超标农药，占样品总数的 78.2%。

按照 MRL 中国香港标准衡量，有 276 例样品检出残留农药但含量没有超标，占样品总数的 96.8%，无检出残留农药超标的样品。

按照 MRL 美国标准衡量，有 276 例样品检出残留农药但含量没有超标，占样品总数的 96.8%，无检出残留农药超标的样品。

　　按照 MRL CAC 标准衡量，有 276 例样品检出残留农药但含量没有超标，占样品总数的 96.8%，无检出残留农药超标的样品。

3.4.2　北京市市售茶叶中检出农药以中低微毒农药为主，占市场主体的 91.5%

　　这次侦测的 285 例茶叶样品共检出了 94 种农药，检出农药的毒性以中低微毒为主，详见表 3-22。

表 3-22　市场主体农药毒性分布

毒性	检出品种	占比	检出频次	占比
剧毒农药	3	3.2%	3	0.2%
高毒农药	5	5.3%	8	0.6%
中毒农药	39	41.5%	971	70.7%
低毒农药	32	34.0%	356	25.9%
微毒农药	15	16.0%	35	2.5%
中低微毒农药，品种占比 91.5%，频次占比 99.2%				

3.4.3　检出剧毒、高毒和禁用农药现象应该警醒

　　在此次侦测的 285 例样品中有 6 种茶叶的 89 例样品检出了 12 种 115 频次的剧毒和高毒或禁用农药，占样品总量的 31.2%。其中剧毒农药地虫硫磷、六氯苯和溴苯磷以及高毒农药三唑磷、胺丙畏和水胺硫磷检出频次较高。

　　按 MRL 中国国家标准衡量，高毒农药水胺硫磷，检出 1 次，超标 1 次；按超标程度比较，绿茶中水胺硫磷超标 0.4 倍。

　　剧毒、高毒或禁用农药的检出情况及按照 MRL 中国国家标准衡量的超标情况见表 3-23。

表 3-23　剧毒、高毒或禁用农药的检出及超标明细

序号	农药名称	样品名称	检出频次	超标频次	最大超标倍数	超标率
1.1	地虫硫磷*▲	白茶	1	0	0	0.0%
2.1	六氯苯*	绿茶	1	0	0	0.0%
3.1	溴苯磷*	白茶	1	0	0	0.0%
4.1	胺丙畏◇	白茶	1	0	0	0.0%
5.1	三唑磷◇▲	花茶	2	0	0	0.0%
5.2	三唑磷◇▲	绿茶	2	0	0	0.0%
6.1	水胺硫磷◇▲	绿茶	1	1	0.402	100.0%
7.1	烟碱◇	绿茶	1	0	0	0.0%
8.1	氧乐果◇▲	绿茶	1	0	0	0.0%

续表

序号	农药名称	样品名称	检出频次	超标频次	最大超标倍数	超标率
9.1	毒死蜱▲	绿茶	37	0	0	0.0%
9.2	毒死蜱▲	乌龙茶	18	0	0	0.0%
9.3	毒死蜱▲	花茶	14	0	0	0.0%
9.4	毒死蜱▲	红茶	4	0	0	0.0%
10.1	氟虫腈▲	白茶	1	0	0	0.0%
10.2	氟虫腈▲	花茶	1	0	0	0.0%
10.3	氟虫腈▲	绿茶	1	0	0	0.0%
11.1	硫丹▲	红茶	6	0	0	0.0%
11.2	硫丹▲	花茶	4	0	0	0.0%
11.3	硫丹▲	绿茶	4	0	0	0.0%
11.4	硫丹▲	白茶	3	0	0	0.0%
12.1	三氯杀螨醇▲	花茶	3	1	0.141	33.3%
12.2	三氯杀螨醇▲	红茶	3	0	0	0.0%
12.3	三氯杀螨醇▲	绿茶	3	0	0	0.0%
12.4	三氯杀螨醇▲	黑茶	1	0	0	0.0%
12.5	三氯杀螨醇▲	乌龙茶	1	0	0	0.0%
合计			115	2		1.7%

注：表中*为剧毒农药；◇为高毒农药；▲为禁用农药；超标倍数参照 MRL 中国国家标准衡量

这些剧毒和高毒农药都是中国政府早有规定禁止在茶叶中使用的，为什么还屡次被检出，应该引起警惕。

3.4.4　残留限量标准与先进国家或地区差距较大

1373 频次的检出结果与我国公布的《食品中农药最大残留限量》（GB 2763—2016）对比，有 446 频次能找到对应的 MRL 中国国家标准，占 32.5%；还有 927 频次的侦测数据无相关 MRL 标准供参考，占 67.5%。

与国际上现行 MRL 对比发现：

有 1373 频次能找到对应的 MRL 欧盟标准，占 100.0%；

有 1373 频次能找到对应的 MRL 日本标准，占 100.0%；

有 407 频次能找到对应的 MRL 中国香港标准，占 29.6%；

有 477 频次能找到对应的 MRL 美国标准，占 34.7%；

有 438 频次能找到对应的 MRL CAC 标准，占 31.9%。

由上可见，MRL 中国国家标准与先进国家或地区标准还有很大差距，我们无标准，境外有标准，这就会导致我们在国际贸易中，处于受制于人的被动地位。

3.4.5　茶叶单种样品检出 36~45 种农药残留，拷问农药使用的科学性

通过此次监测发现，白茶、绿茶和花茶是检出农药品种最多的 3 种茶叶，从中检出农药品种及频次详见表 3-24。

表 3-24　单种样品检出农药品种及频次

样品名称	样品总数	检出农药样品数	检出率	检出农药品种数	检出农药(频次)
白茶	10	10	100.0%	45	唑虫酰胺(10)、联苯菊酯(9)、氯氟氰菊酯(7)、异丁子香酚(6)、2,6-二硝基-3-甲氧基-4-叔丁基甲苯(3)、硫丹(3)、蒽醌(2)、甲氰菊酯(2)、噻嗪酮(2)、新燕灵(2)、3-[2,5-二氯-4-乙氧基苯基]甲磺酰]-4,5-二氢-5,5-二甲基-异噁唑(1)、胺丙畏(1)、苯螨特(1)、苯酰菌胺(1)、吡氟禾草酸(1)、吡唑解草酯(1)、丙硫磷(1)、虫螨畏(1)、除线磷(1)、地虫硫磷(1)、啶斑肟(1)、多福脲(1)、二甲草胺(1)、二甲吩草胺(1)、二嗪磷(1)、氟吡禾灵(1)、氟吡甲禾灵(1)、氟虫腈(1)、氟酰胺(1)、甲草胺(1)、甲基毒死蜱(1)、喹禾灵(1)、绿麦隆(1)、灭幼脲(1)、乳氟禾草灵(1)、三异丁基磷酸盐(1)、虱螨脲(1)、戊菌唑(1)、酰嘧磺隆(1)、辛噻酮(1)、溴苯磷(1)、乙丁氟灵(1)、乙氧氟草醚(1)、异丙草胺(1)、唑草酮(1)
绿茶	126	121	96.0%	43	联苯菊酯(102)、异丁子香酚(81)、唑虫酰胺(58)、毒死蜱(37)、氯氟氰菊酯(37)、3,4,5-混杀威(22)、二苯胺(20)、邻苯二甲酰亚胺(14)、炔丙菊酯(14)、新燕灵(14)、哒螨灵(9)、丁香酚(9)、甲氰菊酯(8)、2,6-二硝基-3-甲氧基-4-叔丁基甲苯(5)、残杀威(5)、虫螨腈(5)、甲醚菊酯(5)、噻嗪酮(5)、虱螨脲(5)、4,4-二氯二苯甲酮(4)、硫丹(4)、猛杀威(4)、威杀灵(4)、苯醚氰菊酯(3)、吡丙醚(3)、三氯杀螨醇(3)、戊唑醇(2)、百菌清(2)、草完隆(2)、三唑磷(2)、仲草丹(2)、苯醚甲环唑(1)、丙环唑(1)、氟虫腈(1)、氟虫脲(1)、六氯苯(1)、棉铃威(1)、灭幼脲(1)、三异丁基磷酸盐(1)、水胺硫磷(1)、四氢吩胺(1)、烟碱(1)、氧乐果(1)
花茶	21	21	100.0%	36	联苯菊酯(21)、炔丙菊酯(20)、丁香酚(19)、四氢吩胺(18)、苯醚氰菊酯(16)、唑虫酰胺(16)、毒死蜱(14)、西玛通(12)、甲氰菊酯(10)、氯氟氰菊酯(9)、二苯胺(8)、哒螨灵(7)、棉铃威(7)、噻嗪酮(7)、虱螨脲(7)、虫螨腈(6)、芬螨酯(5)、甲醚菊酯(5)、异丁子香酚(5)、1,4-二甲基萘(4)、2,6-二硝基-3-甲氧基-4-叔丁基甲苯(4)、邻苯二甲酰亚胺(4)、硫丹(4)、猛杀威(4)、4,4-二氯二苯甲酮(3)、三氯杀螨醇(3)、啶酰菌胺(2)、环虫腈(2)、扑灭通(2)、三唑磷(2)、烯唑醇(2)、唑胺菌酯(2)、3,4,5-混杀威(1)、噁霜灵(1)、氟虫腈(1)、莠去通(1)

上述 3 种茶叶，检出农药 36~45 种，是多种农药综合防治，还是未严格实施农业良好管理规范(GAP)，抑或根本就是乱施药，值得我们思考。

第 4 章　GC-Q-TOF/MS 侦测北京市市售茶叶农药残留膳食暴露风险与预警风险评估

4.1　农药残留风险评估方法

4.1.1　北京市农药残留侦测数据分析与统计

庞国芳院士科研团队建立的农药残留高通量侦测技术以高分辨精确质量数（0.0001 *m/z* 为基准）为识别标准，采用 GC-Q-TOF/MS 技术对 684 种农药化学污染物进行侦测。

科研团队于 2018 年 5 月至 2019 年 2 月期间在北京市 53 个采样点，随机采集了 285 例茶叶样品，具体位置如图 4-1 所示。

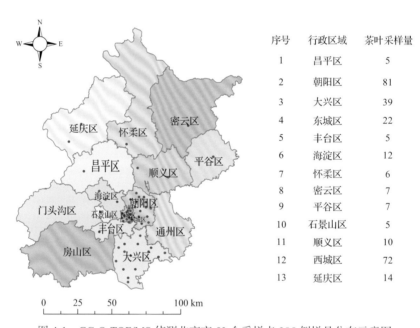

序号	行政区域	茶叶采样量
1	昌平区	5
2	朝阳区	81
3	大兴区	39
4	东城区	22
5	丰台区	5
6	海淀区	12
7	怀柔区	6
8	密云区	7
9	平谷区	7
10	石景山区	5
11	顺义区	10
12	西城区	72
13	延庆区	14

图 4-1　GC-Q-TOF/MS 侦测北京市 53 个采样点 285 例样品分布示意图

利用 GC-Q-TOF/MS 技术对 285 例样品中的农药进行侦测，侦测出残留农药 94 种，1373 频次。侦测出农药残留水平如表 4-1 和图 4-2 所示。检出频次最高的前 10 种农药如表 4-2 所示。从检测结果中可以看出，在茶叶中农药残留普遍存在，且有些茶叶存在高浓度的农药残留，这些可能存在膳食暴露风险，对人体健康产生危害，因此，为了定量地评价茶叶中农药残留的风险程度，有必要对其进行风险评价。

表 4-1　侦测出农药的不同残留水平及其所占比例列表

残留水平(μg/kg)	检出频次	占比(%)
1~5(含)	122	8.9
5~10(含)	171	12.5
10~100(含)	798	58.1
100~1000	282	20.5
合计	1373	100

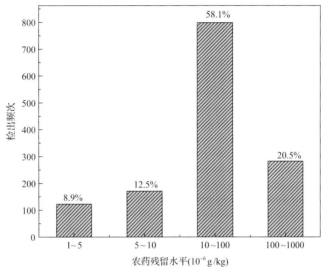

图 4-2　残留农药检出浓度频数分布图

表 4-2　检出频次最高的前 10 种农药列表

序号	农药	检出频次
1	联苯菊酯	242
2	唑虫酰胺	131
3	异丁子香酚	130
4	毒死蜱	73
5	炔丙菊酯	73
6	氯氟氰菊酯	64
7	2,6-二硝基-3-甲氧基-4-叔丁基甲苯	54
8	二苯胺	49
9	哒螨灵	38
10	丁香酚	38

4.1.2　农药残留风险评价模型

对北京市茶叶中农药残留分别开展暴露风险评估和预警风险评估。膳食暴露风险评估利用食品安全指数模型对茶叶中的残留农药对人体可能产生的危害程度进行评价,该模型结合残留监测和膳食暴露评估评价化学污染物的危害;预警风险评价模型运用风险系数(risk index，R)，风险系数综合考虑了危害物的超标率、施检频率及其本身敏感性的影响，能直观而全面地反映出危害物在一段时间内的风险程度。

4.1.2.1　食品安全指数模型

为了加强食品安全管理，《中华人民共和国食品安全法》第二章第十七条规定"国家建立食品安全风险评估制度，运用科学方法，根据食品安全风险监测信息、科学数据以及有关信息，对食品、食品添加剂、食品相关产品中生物性、化学性和物理性危害因素进行风险评估"[1]，膳食暴露评估是食品危险度评估的重要组成部分，也是膳食安全性的衡量标准[2]。国际上最早研究膳食暴露风险评估的机构主要是 JMPR(FAO、WHO农药残留联合会议)，该组织自 1995 年就已制定了急性毒性物质的风险评估急性毒性农药残留摄入量的预测。1960 年美国规定食品中不得加入致癌物质进而提出零阈值理论，渐渐零阈值理论发展成在一定概率条件下可接受风险的概念[3]，后衍变为食品中每日允许最大摄入量(ADI)，而国际食品农药残留法典委员会(CCPR)认为 ADI 不是独立风险评估的唯一标准[4]，1995 年 JMPR 开始研究农药急性膳食暴露风险评估，并对食品国际短期摄入量的计算方法进行了修正，亦对膳食暴露评估准则及评估方法进行了修正[5]，2002 年，在对世界上现行的食品安全评价方法，尤其是国际公认的 CAC 评价方法、全球环境监测系统/食品污染监测和评估规划(WHO GEMS/Food)及 FAO、WHO 食品添加剂联合专家委员会(JECFA)和 JMPR 对食品安全风险评估工作研究的基础之上，检验检疫食品安全管理的研究人员提出了结合残留监控和膳食暴露评估，以食品安全指数 IFS计算食品中各种化学污染物对消费者的健康危害程度[6]。IFS是表示食品安全状态的新方法，可有效地评价某种农药的安全性，进而评价食品中各种农药化学污染物对消费者健康的整体危害程度[7, 8]。从理论上分析，IFS_c可指出食品中的污染物 c 对消费者健康是否存在危害及危害的程度[9]。其优点在于操作简单且结果容易被接受和理解，不需要大量的数据来对结果进行验证，使用默认的标准假设或者模型即可[10, 11]。

1)IFS_c 的计算

IFS_c 计算公式如下：

$$IFS_c = \frac{EDI_c \times f}{SI_c \times bw} \tag{4-1}$$

式中，c 为所研究的农药；EDI_c 为农药 c 的实际日摄入量估算值，等于 $\Sigma(R_i \times F_i \times E_i \times P_i)$(i 为食品种类；$R_i$ 为食品 i 中农药 c 的残留水平，mg/kg；F_i 为食品 i 的估计日消费量，g/(人·天)；E_i 为食品 i 的可食用部分因子；P_i 为食品 i 的加工处理因子)；SI_c 为安全摄入量，可采用每日允许最大摄入量 ADI；bw 为人平均体重，kg；f 为校正因子，如果安全摄入量采用 ADI，则 f 取 1。

$IFS_c \ll 1$，农药 c 对食品安全没有影响；$IFS_c \leqslant 1$，农药 c 对食品安全的影响可以接受；$IFS_c > 1$，农药 c 对食品安全的影响不可接受。

本次评价中：

$IFS_c \leqslant 0.1$，农药 c 对茶叶安全没有影响；

$0.1 < IFS_c \leqslant 1$，农药 c 对茶叶安全的影响可以接受；

IFS$_c$>1，农药 c 对茶叶安全的影响不可接受。

本次评价中残留水平 R_i 取值为中国检验检疫科学研究院庞国芳院士课题组利用以高分辨精确质量数（0.0001 m/z）为基准的 GC-Q-TOF/MS 侦测技术于 2018 年 5 月至 2019 年 2 月期间对北京市茶叶农药残留的侦测结果，估计日消费量 F_i 取值 0.0047 kg/（人·天），E_i=1，P_i=1，f=1，SI$_c$ 采用《食品安全国家标准　食品中农药最大残留限量》（GB 2763—2016）中 ADI 值（具体数值见表 4-3），人平均体重（bw）取值 60 kg。

表 4-3　北京市茶叶中侦测出农药的 ADI 值

序号	农药	ADI	序号	农药	ADI	序号	农药	ADI
1	氟虫腈	0.0002	33	唑草酮	0.03	65	吡唑解草酯	—
2	氧乐果	0.0003	34	戊唑醇	0.03	66	啶斑肟	—
3	氟吡甲禾灵	0.0007	35	戊菌唑	0.03	67	四氢吩胺	—
4	氟吡禾灵	0.0007	36	抑霉唑	0.03	68	多氟脲	—
5	烟碱	0.0008	37	甲氰菊酯	0.03	69	威杀灵	—
6	喹禾灵	0.0009	38	虫螨腈	0.03	70	异丁子香酚	—
7	三唑磷	0.001	39	啶酰菌胺	0.04	71	扑灭通	—
8	三氯杀螨醇	0.002	40	氟虫脲	0.04	72	新燕灵	—
9	乙硫磷	0.002	41	绿麦隆	0.04	73	棉铃威	—
10	地虫硫磷	0.002	42	仲丁威	0.06	74	残杀威	—
11	水胺硫磷	0.003	43	丙环唑	0.07	75	溴丁酰草胺	—
12	唑胺菌酯	0.004	44	二苯胺	0.08	76	溴苯磷	—
13	二嗪磷	0.005	45	氟酰胺	0.09	77	灭幼脲	—
14	烯唑醇	0.005	46	吡丙醚	0.1	78	炔丙菊酯	—
15	唑虫酰胺	0.006	47	苯螨特	0.15	79	炔咪菊酯	—
16	硫丹	0.006	48	萘乙酸	0.15	80	猛杀威	—
17	氟硅唑	0.007	49	酰嘧磺隆	0.2	81	环虫腈	—
18	吡氟禾草酸	0.0074	50	苯酰菌胺	0.5	82	甲醚菊酯	—
19	乳氟禾草灵	0.008	51	1,4-二甲基萘	—	83	胺丙畏	—
20	噻嗪酮	0.009	52	2,4′,5-三氯联苯醚	—	84	芬螨酯	—
21	哒螨灵	0.01	53	2,6-二硝基-3-甲氧基-4-叔丁基甲苯	—	85	苯醚氰菊酯	—
22	噁霜灵	0.01	54	3-[2,5-二氯-4-乙氧基苯基]甲磺酰]-4,5-二氢-5,5-二甲基-异噁唑	—	86	草完隆	—
23	毒死蜱	0.01	55	3,4,5-混杀威	—	87	莠去通	—
24	甲基毒死蜱	0.01	56	4,4-二氯二苯甲酮	—	88	蒽醌	—
25	甲草胺	0.01	57	丁香酚	—	89	虫螨畏	—
26	联苯菊酯	0.01	58	三异丁基磷酸盐	—	90	西玛通	—
27	苯醚甲环唑	0.01	59	丙硫磷	—	91	辛噻酮	—
28	异丙草胺	0.013	60	乙丁氟灵	—	92	邻苯二甲酰亚胺	—
29	虱螨脲	0.015	61	二甲吩草胺	—	93	间羟基联苯	—
30	氯氟氰菊酯	0.02	62	二甲草胺	—	94	除线磷	—
31	百菌清	0.02	63	仲草丹	—			
32	乙氧氟草醚	0.03	64	六氯苯	—			

注：“—”表示为国家标准中无 ADI 值规定；ADI 值单位为 mg/kg bw

2)计算 $\mathrm{IFS_c}$ 的平均值 $\overline{\mathrm{IFS}}$，评价农药对食品安全的影响程度

以 $\overline{\mathrm{IFS}}$ 评价各种农药对人体健康危害的总程度，评价模型见公式(4-2)。

$$\overline{\mathrm{IFS}} = \frac{\sum_{i=1}^{n} \mathrm{IFS_c}}{n} \qquad (4\text{-}2)$$

$\overline{\mathrm{IFS}} \ll 1$，所研究消费者人群的食品安全状态很好；$\overline{\mathrm{IFS}} \leqslant 1$，所研究消费者人群的食品安全状态可以接受；$\overline{\mathrm{IFS}} > 1$，所研究消费者人群的食品安全状态不可接受。

本次评价中：

$\overline{\mathrm{IFS}} \leqslant 0.1$，所研究消费者人群的茶叶安全状态很好；

$0.1 < \overline{\mathrm{IFS}} \leqslant 1$，所研究消费者人群的茶叶安全状态可以接受；

$\overline{\mathrm{IFS}} > 1$，所研究消费者人群的茶叶安全状态不可接受。

4.1.2.2　预警风险评估模型

2003 年，我国检验检疫食品安全管理的研究人员根据 WTO 的有关原则和我国的具体规定，结合危害物本身的敏感性、风险程度及其相应的施检频率，首次提出了食品中危害物风险系数 R 的概念[12]。R 是衡量一个危害物的风险程度大小最直观的参数，即在一定时期内其超标率或阳性检出率的高低，但受其施检频率的高低及其本身的敏感性(受关注程度)影响。该模型综合考察了农药在茶叶中的超标率、施检频率及其本身敏感性，能直观而全面地反映出农药在一段时间内的风险程度[13]。

1)R 计算方法

危害物的风险系数综合考虑了危害物的超标率或阳性检出率、施检频率和其本身的敏感性影响，并能直观而全面地反映出危害物在一段时间内的风险程度。风险系数 R 的计算公式如式(4-3)：

$$R = aP + \frac{b}{F} + S \qquad (4\text{-}3)$$

式中，P 为该种危害物的超标率；F 为危害物的施检频率；S 为危害物的敏感因子；a, b 分别为相应的权重系数。

本次评价中 $F=1$；$S=1$；$a=100$；$b=0.1$，对参数 P 进行计算，计算时首先判断是否为禁用农药，如果为非禁用农药，$P=$超标的样品数(侦测出的含量高于食品最大残留限量标准值，即 MRL)除以总样品数(包括超标、不超标、未侦测出)；如果为禁用农药，则侦测出即为超标，$P=$能侦测出的样品数除以总样品数。判断北京市茶叶农药残留是否超标的标准限值 MRL 分别以 MRL 中国国家标准[14]和 MRL 欧盟标准作为对照，具体值列于本报告附表一中。

2)评价风险程度

$R \leqslant 1.5$，受检农药处于低度风险；

$1.5 < R \leqslant 2.5$，受检农药处于中度风险；

$R > 2.5$，受检农药处于高度风险。

4.1.2.3　食品膳食暴露风险和预警风险评估应用程序的开发

1）应用程序开发的步骤

为成功开发膳食暴露风险和预警风险评估应用程序，与软件工程师多次沟通讨论，逐步提出并描述清楚计算需求，开发了初步应用程序。为明确出不同茶叶、不同农药、不同地域和不同季节的风险水平，向软件工程师提出不同的计算需求，软件工程师对计算需求进行逐一分析，经过反复的细节沟通，需求分析得到明确后，开始进行解决方案的设计，在保证需求的完整性、一致性的前提下，编写出程序代码，最后设计出满足需求的风险评估专用计算软件，并通过一系列的软件测试和改进，完成专用程序的开发。软件开发基本步骤见图 4-3。

图 4-3　专用程序开发总体步骤

2）膳食暴露风险评估专业程序开发的基本要求

首先直接利用公式（4-1），分别计算 GC-Q-TOF/MS 和 GC-Q-TOF/MS 仪器侦测出的各茶叶样品中每种农药 IFS_c，将结果列出。为考察超标农药和禁用农药的使用安全性，分别以我国《食品安全国家标准　食品中农药最大残留限量》（GB 2763—2016）和欧盟食品中农药最大残留限量（以下简称 MRL 中国国家标准和 MRL 欧盟标准）为标准，对侦测出的禁用农药和超标的非禁用农药 IFS_c 单独进行评价；按 IFS_c 大小列表，并找出 IFS_c 值排名前 20 的样本重点关注。

对不同茶叶 i 中每一种侦测出的农药 c 的安全指数进行计算，多个样品时求平均值。按农药种类，计算整个监测时间段内每种农药的 IFS_c，不区分茶叶。

3）预警风险评估专业程序开发的基本要求

分别以 MRL 中国国家标准和 MRL 欧盟标准，按公式（4-3）逐个计算不同茶叶、不同农药的风险系数，禁用农药和非禁用农药分别列表。

为清楚了解各种农药的预警风险，不分时间，不分茶叶，按禁用农药和非禁用农药分类，分别计算各种侦测出农药全部检测时段内风险系数。由于有 MRL 中国国家标准的农药种类太少，无法计算超标数，非禁用农药的风险系数只以 MRL 欧盟标准为标准，进行计算。

4）风险程度评价专业应用程序的开发方法

采用 Python 计算机程序设计语言，Python 是一个高层次地结合了解释性、编译性、互动性和面向对象的脚本语言。风险评价专用程序主要功能包括：分别读入每例样品 LC-Q-TOF/MS 和 GC-Q-TOF/MS 农药残留检测数据，根据风险评价工作要求，依次对不同农药、不同食品、不同时间、不同采样点的 IFS_c 值和 R 值分别进行数据计算，筛选出禁用农药、超标农药（分别与 MRL 中国国家标准、MRL 欧盟标准限值进行对比）单独重点分析，再分别对各农药、各茶叶种类分类处理，设计出计算和排序程序，编写计算机代码，最后将生成的膳食暴露风险评估和超标风险评估定量计算结果列入设计好的各个表格中，并定性判断风险对目标的影响程度，直接用文字描述风险发生的高低，如"不可接受"、"可以接受"、"没有影响"、"高度风险"、"中度风险"、"低度风险"。

4.2 GC-Q-TOF/MS 侦测北京市市售茶叶农药残留膳食暴露风险评估

4.2.1 每例茶叶样品中农药残留安全指数分析

基于 2018 年 5 月至 2019 年 2 月期间的农药残留侦测数据，发现在 285 例样品中侦测出农药 1373 频次，计算样品中每种残留农药的安全指数 IFS_c，并分析农药对样品安全的影响程度，结果详见附表二，农药残留对茶叶样品安全的影响程度频次分布情况如图 4-4 所示。

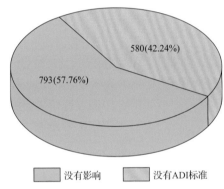

图 4-4　农药残留对茶叶样品安全的影响程度频次分布图

由图 4-4 可以看出，农药残留对样品安全的没有影响的频次为 793，占 57.76%。

部分样品侦测出禁用农药 8 种 111 频次，为了明确残留的禁用农药对样品安全的影响，分析侦测出禁用农药残留的样品安全指数，禁用农药残留对茶叶样品安全的影响程度频次分布情况如图 4-5 所示，农药残留对样品安全均没有影响。

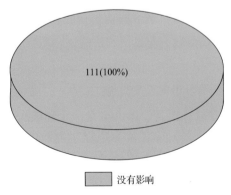

图 4-5　禁用农药对茶叶样品安全影响程度的频次分布图

此外，本次侦测发现部分样品中非禁用农药残留量超过了 MRL 欧盟标准，为了明确超标的非禁用农药对样品安全的影响，分析了非禁用农药残留超标的样品安全指数。

残留量超过 MRL 欧盟标准的非禁用农药对茶叶样品安全的影响程度频次分布情况如图 4-6 所示。可以看出超过 MRL 欧盟标准的非禁用农药共 730 频次，其中农药没有 ADI 的频次为 495，占 67.81%；农药残留对样品安全没有影响的频次为 235，占 32.19%。表 4-4 为茶叶样品中安全指数排名前 10 的残留超标非禁用农药列表。

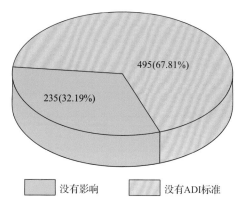

图 4-6　残留超标的非禁用农药对茶叶样品安全的影响程度频次分布图(MRL 欧盟标准)

表 4-4　茶叶样品中安全指数排名前 10 的残留超标非禁用农药列表(MRL 欧盟标准)

序号	样品编号	采样点	基质	农药	含量 (mg/kg)	欧盟标准	IFS$_c$	影响程度
1	20190215-110105-CAIQ-FT-06B	***茶庄(小庄店)	花茶	唑胺菌酯	0.9831	0.01	$1.92×10^{-2}$	没有影响
2	20190215-110105-CAIQ-GT-06A	***茶庄(小庄店)	绿茶	唑虫酰胺	0.7099	0.01	$9.27×10^{-3}$	没有影响
3	20180527-110115-CAIQ-GT-09A	***茶叶店	绿茶	唑虫酰胺	0.6199	0.01	$8.09×10^{-3}$	没有影响
4	20190127-110105-CAIQ-WT-08A	***茶庄(甘露园店)	白茶	唑虫酰胺	0.5786	0.01	$7.55×10^{-3}$	没有影响
5	20190127-110101-CAIQ-WT-04A	***茶庄(王府井百货店)	白茶	唑虫酰胺	0.5466	0.01	$7.14×10^{-3}$	没有影响
6	20190215-110105-CAIQ-GT-01B	***茶庄(京伦饭店店)	绿茶	唑虫酰胺	0.545	0.01	$7.12×10^{-3}$	没有影响
7	20180527-110115-CAIQ-GT-09A	***茶叶店	绿茶	哒螨灵	0.892	0.05	$6.99×10^{-3}$	没有影响
8	20190127-110115-CAIQ-FT-13A	***超市(亦庄店)	花茶	哒螨灵	0.8838	0.05	$6.92×10^{-3}$	没有影响
9	20190215-110105-CAIQ-GT-03C	***茶庄(红庙店)	绿茶	唑虫酰胺	0.4757	0.01	$6.21×10^{-3}$	没有影响
10	20190112-110229-CAIQ-FT-02A	***茶庄(延庆店)	花茶	唑胺菌酯	0.2974	0.01	$5.82×10^{-3}$	没有影响

4.2.2　单种茶叶中农药残留安全指数分析

本次 6 种茶叶中侦测出 94 种农药，检出频次为 1373 次，其中 44 种农药没有 ADI，50 种农药存在 ADI 标准。6 种茶叶按不同种类分别计算侦测出的具有 ADI 标准的各种农药的 IFS$_c$ 值，农药残留对茶叶的安全指数分布图如图 4-7 所示。

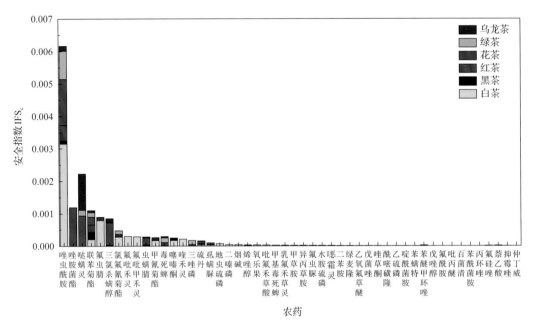

图 4-7　6 种茶叶中 50 种残留农药的安全指数分布图

本次侦测中, 6 种茶叶和 94 种残留农药(包括没有 ADI)共涉及 201 个分析样本, 农药对单种茶叶安全的影响程度分布情况如图 4-8 所示。可以看出, 52.24%的样本中农药对茶叶安全没有影响。

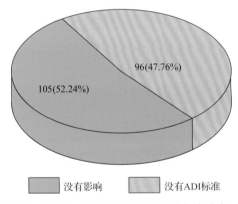

图 4-8　201 个分析样本的影响程度频次分布图

4.2.3　所有茶叶中农药残留安全指数分析

计算所有茶叶中 50 种农药的 IFS$_c$ 值, 结果如表 4-5 及图 4-9 所示。

分析发现, 所有农药对茶叶安全均没有影响, 说明茶叶中残留的农药不会对茶叶的安全造成影响。

表 4-5　茶叶中 50 种农药残留的安全指数表

序号	农药	检出频次	检出率 (%)	IFS$_c$	影响程度	序号	农药	检出频次	检出率 (%)	IFS$_c$	影响程度
1	唑虫酰胺	131	45.96	$7.24×10^{-1}$	没有影响	26	二苯胺	49	17.19	$1.49×10^{-6}$	没有影响
2	哒螨灵	38	13.33	$2.63×10^{-4}$	没有影响	27	萘乙酸	11	3.86	$1.30×10^{-6}$	没有影响
3	联苯菊酯	242	84.91	$1.74×10^{-4}$	没有影响	28	吡氟禾草酸	1	0.35	$1.03×10^{-6}$	没有影响
4	唑胺菌酯	2	0.70	$8.80×10^{-5}$	没有影响	29	氟硅唑	3	1.05	$9.11×10^{-7}$	没有影响
5	毒死蜱	73	25.61	$7.70×10^{-5}$	没有影响	30	噁霜灵	1	0.35	$9.04×10^{-7}$	没有影响
6	三氯杀螨醇	11	3.86	$7.33×10^{-5}$	没有影响	31	甲基毒死蜱	1	0.35	$8.11×10^{-7}$	没有影响
7	氯氟氰菊酯	64	22.46	$6.69×10^{-5}$	没有影响	32	乳氟禾草灵	1	0.35	$7.15×10^{-7}$	没有影响
8	三唑磷	4	1.40	$6.01×10^{-5}$	没有影响	33	甲草胺	1	0.35	$6.82×10^{-7}$	没有影响
9	氟虫腈	3	1.05	$3.99×10^{-5}$	没有影响	34	戊唑醇	3	1.05	$6.14×10^{-7}$	没有影响
10	虫螨腈	19	6.67	$2.93×10^{-5}$	没有影响	35	绿麦隆	2	0.70	$6.07×10^{-7}$	没有影响
11	噻嗪酮	18	6.32	$2.23×10^{-5}$	没有影响	36	异丙草胺	1	0.35	$5.88×10^{-7}$	没有影响
12	硫丹	17	5.96	$2.01×10^{-5}$	没有影响	37	乙硫磷	1	0.35	$5.08×10^{-7}$	没有影响
13	甲氰菊酯	30	10.53	$1.96×10^{-5}$	没有影响	38	吡丙醚	3	1.05	$4.64×10^{-7}$	没有影响
14	烟碱	1	0.35	$1.84×10^{-5}$	没有影响	39	百菌清	2	0.70	$2.64×10^{-7}$	没有影响
15	虱螨脲	30	10.53	$1.70×10^{-5}$	没有影响	40	乙氧氟草醚	1	0.35	$2.31×10^{-7}$	没有影响
16	氧乐果	1	0.35	$1.49×10^{-5}$	没有影响	41	抑霉唑	1	0.35	$2.31×10^{-7}$	没有影响
17	氟吡禾灵	1	0.35	$1.06×10^{-5}$	没有影响	42	戊菌唑	1	0.35	$1.94×10^{-7}$	没有影响
18	氟吡甲禾灵	1	0.35	$1.02×10^{-5}$	没有影响	43	唑草酮	1	0.35	$1.71×10^{-7}$	没有影响
19	喹禾灵	1	0.35	$7.57×10^{-6}$	没有影响	44	啶酰菌胺	2	0.70	$1.39×10^{-7}$	没有影响
20	水胺硫磷	1	0.35	$6.42×10^{-6}$	没有影响	45	丙环唑	3	1.05	$1.20×10^{-7}$	没有影响
21	氟虫脲	2	0.70	$3.27×10^{-6}$	没有影响	46	酰嘧磺隆	1	0.35	$1.03×10^{-7}$	没有影响
22	苯醚甲环唑	5	1.75	$2.78×10^{-6}$	没有影响	47	苯螨特	1	0.35	$6.05×10^{-8}$	没有影响
23	烯唑醇	2	0.70	$2.56×10^{-6}$	没有影响	48	氟酰胺	1	0.35	$4.61×10^{-8}$	没有影响
24	地虫硫磷	1	0.35	$2.51×10^{-6}$	没有影响	49	苯酰菌胺	1	0.35	$1.04×10^{-8}$	没有影响
25	二嗪磷	1	0.35	$1.52×10^{-6}$	没有影响	50	仲丁威	1	0.35	$1.01×10^{-8}$	没有影响

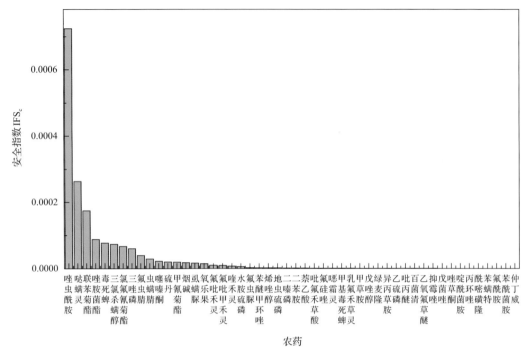

图 4-9　50 种残留农药对茶叶的安全影响程度统计图

4.3　GC-Q-TOF/MS 侦测北京市市售茶叶农药残留预警风险评估

基于北京市茶叶样品中农药残留 GC-Q-TOF/MS 侦测数据,分析禁用农药的检出率,同时参照中华人民共和国国家标准 GB2763—2016 和欧盟农药最大残留限量(MRL)标准分析非禁用农药残留的超标率,并计算农药残留风险系数。分析单种茶叶中农药残留以及所有茶叶中农药残留的风险程度。

4.3.1　单种茶叶中农药残留风险系数分析

4.3.1.1　单种茶叶中禁用农药残留风险系数分析

侦测出的 94 种残留农药中有 8 种为禁用农药,且它们分布在 6 种茶叶中,计算 6 种茶叶中禁用农药的超标率,根据超标率计算风险系数 R,进而分析茶叶中禁用农药的风险程度,结果如图 4-10 与表 4-6 所示。分析发现 8 种禁用农药在 6 种茶叶中的残留处均于高度风险。

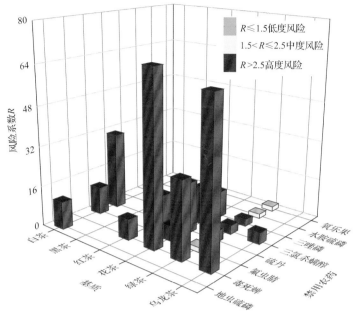

图 4-10　6 种茶叶中 8 种禁用农药的风险系数分布图

表 4-6　6 种茶叶中 8 种禁用农药的风险系数列表

序号	基质	农药	检出频次	检出率(%)	风险系数 R	风险程度
1	花茶	毒死蜱	14	66.67	67.77	高度风险
2	乌龙茶	毒死蜱	18	62.07	63.17	高度风险
3	白茶	硫丹	3	30	31.1	高度风险
4	绿茶	毒死蜱	37	29.37	30.47	高度风险
5	花茶	硫丹	4	19.05	20.15	高度风险
6	花茶	三氯杀螨醇	3	14.29	15.39	高度风险
7	红茶	硫丹	6	10.71	11.81	高度风险
8	白茶	地虫硫磷	1	10	11.1	高度风险
9	白茶	氟虫腈	1	10	11.1	高度风险
10	花茶	三唑磷	2	9.52	10.62	高度风险
11	红茶	毒死蜱	4	7.14	8.24	高度风险
12	红茶	三氯杀螨醇	3	5.36	6.46	高度风险
13	花茶	氟虫腈	1	4.76	5.86	高度风险
14	乌龙茶	三氯杀螨醇	1	3.45	4.55	高度风险
15	绿茶	硫丹	4	3.17	4.27	高度风险
16	绿茶	三氯杀螨醇	3	2.38	3.48	高度风险
17	黑茶	三氯杀螨醇	1	2.33	3.43	高度风险
18	绿茶	三唑磷	2	1.59	2.69	高度风险
19	绿茶	氟虫腈	1	0.79	1.89	中度风险
20	绿茶	氧乐果	1	0.79	1.89	中度风险
21	绿茶	水胺硫磷	1	0.79	1.89	中度风险

4.3.1.2 基于 MRL 中国国家标准的单种茶叶中非禁用农药残留风险系数分析

参照中华人民共和国国家标准 GB 2763—2016 中农药残留限量计算每种茶叶中每种非禁用农药的超标率，进而计算其风险系数，根据风险系数大小判断残留农药的预警风险程度，茶叶中非禁用农药残留风险程度分布情况如图 4-11 所示。

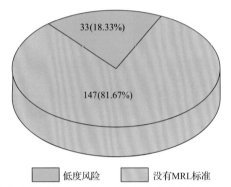

图 4-11　茶叶中非禁用农药风险程度的频次分布图(MRL 中国国家标准)

本次分析中，发现在 6 种茶叶中检出 86 种残留非禁用农药，涉及样本 180 个，在 180 个样本中，18.33%处于低度风险，此外发现有 147 个样本没有 MRL 中国国家标准值，无法判断其风险程度，有 MRL 中国国家标准值的 33 个样本涉 6 种茶叶中的 7 种非禁用农药，其风险系数 R 值如图 4-12 所示。

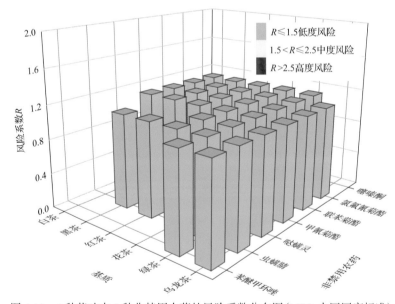

图 4-12　6 种茶叶中 7 种非禁用农药的风险系数分布图(MRL 中国国家标准)

4.3.1.3 基于 MRL 欧盟标准的单种茶叶中非禁用农药残留风险系数分析

参照 MRL 欧盟标准计算每种茶叶中每种非禁用农药的超标率，进而计算其风险系

数，根据风险系数大小判断农药残留的预警风险程度，茶叶中非禁用农药残留风险程度
分布情况如图 4-13 所示。

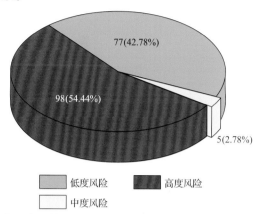

图 4-13　茶叶中非禁用农药的风险程度的频次分布图（MRL 欧盟标准）

本次分析中，发现在 6 种茶叶中共侦测出 86 种非禁用农药，涉及样本 180 个，其
中，54.44%处于高度风险，涉及 6 种茶叶和 46 种农药；2.78%处于中度风险，涉及 1 种
茶叶和 5 种农药；42.78%处于低度风险，涉及 6 种茶叶和 49 种农药。单种茶叶中的非
禁用农药风险系数分布图如图 4-14 所示。单种茶叶中处于高度风险的非禁用农药风险系
数如图 4-15 和表 4-7 所示。

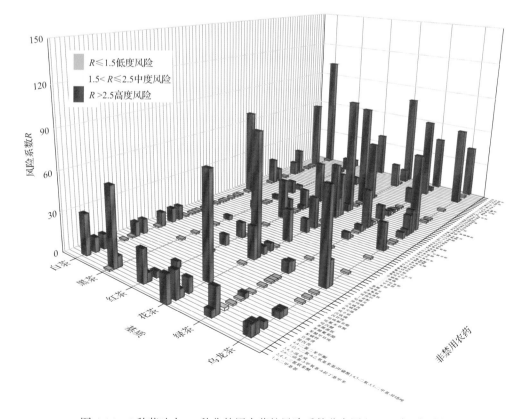

图 4-14　6 种茶叶中 86 种非禁用农药的风险系数分布图（MRL 欧盟标准）

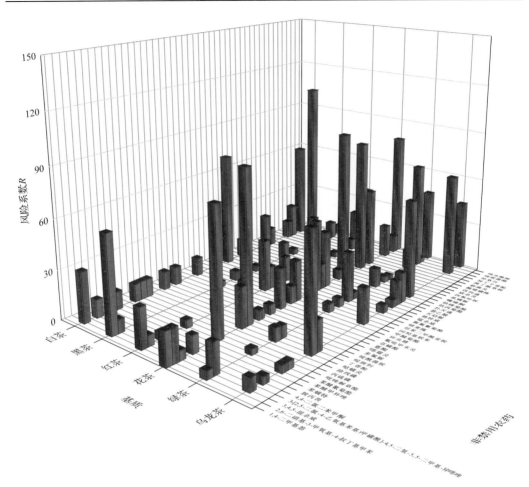

图 4-15　单种茶叶中处于高度风险的非禁用农药的风险系数分布图（MRL 欧盟标准）

表 4-7　单种茶叶中处于高度风险的非禁用农药的风险系数表（**MRL 欧盟标准**）

序号	基质	农药	超标频次	超标率 P(%)	风险系数 R
1	乌龙茶	2,6-二硝基-3-甲氧基-4-叔丁基甲苯	2	6.90	8.00
2	乌龙茶	3,4,5-混杀威	2	6.90	8.00
3	乌龙茶	4,4-二氯二苯甲酮	1	3.45	4.55
4	乌龙茶	丁香酚	5	17.24	18.34
5	乌龙茶	哒螨灵	20	68.97	70.07
6	乌龙茶	唑虫酰胺	12	41.38	42.48
7	乌龙茶	异丁子香酚	18	62.07	63.17
8	乌龙茶	棉铃威	1	3.45	4.55
9	乌龙茶	氯氟氰菊酯	1	3.45	4.55
10	乌龙茶	灭幼脲	4	13.79	14.89
11	乌龙茶	炔丙菊酯	17	58.62	59.72

续表

序号	基质	农药	超标频次	超标率 P(%)	风险系数 R
12	乌龙茶	甲醚菊酯	6	20.69	21.79
13	乌龙茶	苯醚氰菊酯	1	3.45	4.55
14	乌龙茶	苯醚甲环唑	1	3.45	4.55
15	乌龙茶	萘乙酸	5	17.24	18.34
16	白茶	2,6-二硝基-3-甲氧基-4-叔丁基甲苯	3	30.00	31.10
17	白茶	3-[2,5-二氯-4-乙氧基苯基)甲磺酰]-4,5-二氢-5,5-二甲基-异噁唑	1	10.00	11.10
18	白茶	丙硫磷	1	10.00	11.10
19	白茶	吡唑解草酯	1	10.00	11.10
20	白茶	唑虫酰胺	10	100.00	101.10
21	白茶	啶斑肟	1	10.00	11.10
22	白茶	噻嗪酮	2	20.00	21.10
23	白茶	多氟脲	1	10.00	11.10
24	白茶	异丁子香酚	6	60.00	61.10
25	白茶	新燕灵	2	20.00	21.10
26	白茶	氟吡甲禾灵	1	10.00	11.10
27	白茶	氯氟氰菊酯	7	70.00	71.10
28	白茶	灭幼脲	1	10.00	11.10
29	白茶	胺丙畏	1	10.00	11.10
30	白茶	苯螨特	1	10.00	11.10
31	白茶	虱螨脲	1	10.00	11.10
32	白茶	酰嘧磺隆	1	10.00	11.10
33	白茶	除线磷	1	10.00	11.10
34	红茶	2,6-二硝基-3-甲氧基-4-叔丁基甲苯	13	23.21	24.31
35	红茶	3,4,5-混杀威	3	5.36	6.46
36	红茶	4,4-二氯二苯甲酮	2	3.57	4.67
37	红茶	丁香酚	4	7.14	8.24
38	红茶	唑虫酰胺	20	35.71	36.81
39	红茶	威杀灵	1	1.79	2.89
40	红茶	异丁子香酚	13	23.21	24.31
41	红茶	氯氟氰菊酯	8	14.29	15.39
42	红茶	溴丁酰草胺	3	5.36	6.46
43	红茶	炔丙菊酯	18	32.14	33.24
44	红茶	炔咪菊酯	1	1.79	2.89

续表

序号	基质	农药	超标频次	超标率 $P(\%)$	风险系数 R
45	红茶	猛杀威	3	5.36	6.46
46	红茶	甲醚菊酯	17	30.36	31.46
47	红茶	绿麦隆	1	1.79	2.89
48	红茶	苯醚氰菊酯	2	3.57	4.67
49	红茶	蒽醌	6	10.71	11.81
50	红茶	间羟基联苯	7	12.50	13.60
51	绿茶	2,6-二硝基-3-甲氧基-4-叔丁基甲苯	5	3.97	5.07
52	绿茶	3,4,5-混杀威	22	17.46	18.56
53	绿茶	丁香酚	8	6.35	7.45
54	绿茶	仲草丹	2	1.59	2.69
55	绿茶	哒螨灵	9	7.14	8.24
56	绿茶	唑虫酰胺	55	43.65	44.75
57	绿茶	噻嗪酮	3	2.38	3.48
58	绿茶	异丁子香酚	81	64.29	65.39
59	绿茶	新燕灵	14	11.11	12.21
60	绿茶	氯氟氰菊酯	37	29.37	30.47
61	绿茶	炔丙菊酯	13	10.32	11.42
62	绿茶	猛杀威	4	3.17	4.27
63	绿茶	甲醚菊酯	5	3.97	5.07
64	绿茶	苯醚氰菊酯	3	2.38	3.48
65	绿茶	虱螨脲	2	1.59	2.69
66	绿茶	邻苯二甲酰亚胺	5	3.97	5.07
67	花茶	1,4-二甲基萘	4	19.05	20.15
68	花茶	2,6-二硝基-3-甲氧基-4-叔丁基甲苯	4	19.05	20.15
69	花茶	3,4,5-混杀威	1	4.76	5.86
70	花茶	4,4-二氯二苯甲酮	2	9.52	10.62
71	花茶	丁香酚	19	90.48	91.58
72	花茶	哒螨灵	5	23.81	24.91
73	花茶	唑胺菌酯	2	9.52	10.62
74	花茶	唑虫酰胺	16	76.19	77.29
75	花茶	啶酰菌胺	1	4.76	5.86
76	花茶	噁霜灵	1	4.76	5.86
77	花茶	四氢吩胺	17	80.95	82.05
78	花茶	异丁子香酚	4	19.05	20.15
79	花茶	扑灭通	1	4.76	5.86

续表

序号	基质	农药	超标频次	超标率 P(%)	风险系数 R
80	花茶	棉铃威	7	33.33	34.43
81	花茶	氯氟氰菊酯	9	42.86	43.96
82	花茶	炔丙菊酯	19	90.48	91.58
83	花茶	猛杀威	3	14.29	15.39
84	花茶	环虫腈	2	9.52	10.62
85	花茶	甲醚菊酯	5	23.81	24.91
86	花茶	芬螨酯	5	23.81	24.91
87	花茶	苯醚氰菊酯	16	76.19	77.29
88	花茶	西玛通	10	47.62	48.72
89	黑茶	2,6-二硝基-3-甲氧基-4-叔丁基甲苯	25	58.14	59.24
90	黑茶	3,4,5-混杀威	3	6.98	8.08
91	黑茶	仲草丹	4	9.30	10.40
92	黑茶	唑虫酰胺	2	4.65	5.75
93	黑茶	噻嗪酮	1	2.33	3.43
94	黑茶	异丁子香酚	1	2.33	3.43
95	黑茶	氯氟氰菊酯	1	2.33	3.43
96	黑茶	炔丙菊酯	4	9.30	10.40
97	黑茶	甲醚菊酯	2	4.65	5.75
98	黑茶	芬螨酯	1	2.33	3.43

4.3.2 所有茶叶中农药残留风险系数分析

4.3.2.1 所有茶叶中禁用农药残留风险系数分析

在侦测出的 94 种农药中有 8 种为禁用农药,计算所有茶叶中禁用农药的风险系数,结果如表 4-8 所示。禁用农药毒死蜱、硫丹、三氯杀螨醇和三唑磷处于高度风险,氟虫腈处于中度风险,剩余 3 种禁用农药处于低度风险。

表 4-8 茶叶中 8 种禁用农药的风险系数表

序号	农药	检出频次	检出率(%)	风险系数 R	风险程度
1	毒死蜱	73	25.61	26.71	高度风险
2	硫丹	17	5.96	7.06	高度风险
3	三氯杀螨醇	11	3.86	4.96	高度风险
4	三唑磷	4	1.40	2.50	高度风险
5	氟虫腈	3	1.05	2.15	中度风险
6	地虫硫磷	1	0.35	1.45	低度风险
7	氧乐果	1	0.35	1.45	低度风险
8	水胺硫磷	1	0.35	1.45	低度风险

4.3.2.2　所有茶叶中非禁用农药残留风险系数分析

参照 MRL 欧盟标准计算所有茶叶中每种非禁用农药残留的风险系数，如图 4-16 与表 4-9 所示。在侦测出的 86 种非禁用农药中，25 种农药(29.07%)残留处于高度风险，4 种农药(4.65%)残留处于中度风险，57 种农药(66.28%)残留处于低度风险。

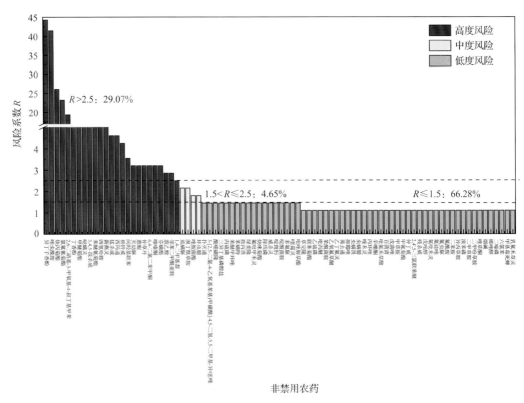

图 4-16　茶叶中 86 种非禁用农药的风险程度统计图

表 4-9　茶叶中 86 种非禁用农药的风险系数表

序号	农药	超标频次	超标率 P(%)	风险系数 R	风险程度
1	异丁子香酚	123	43.16	44.26	高度风险
2	唑虫酰胺	115	40.35	41.45	高度风险
3	炔丙菊酯	71	24.91	26.01	高度风险
4	氯氟氰菊酯	63	22.11	23.21	高度风险
5	2,6-二硝基-3-甲氧基-4-叔丁基甲苯	52	18.25	19.35	高度风险
6	丁香酚	36	12.63	13.73	高度风险
7	甲醚菊酯	35	12.28	13.38	高度风险
8	哒螨灵	34	11.93	13.03	高度风险
9	3,4,5-混杀威	31	10.88	11.98	高度风险

续表

序号	农药	超标频次	超标率 $P(\%)$	风险系数 R	风险程度
10	苯醚氰菊酯	22	7.72	8.82	高度风险
11	四氢吩胺	18	6.32	7.42	高度风险
12	新燕灵	16	5.61	6.71	高度风险
13	猛杀威	10	3.51	4.61	高度风险
14	西玛通	10	3.51	4.61	高度风险
15	棉铃威	9	3.16	4.26	高度风险
16	间羟基联苯	7	2.46	3.56	高度风险
17	灭幼脲	6	2.11	3.21	高度风险
18	蒽醌	6	2.11	3.21	高度风险
19	仲草丹	6	2.11	3.21	高度风险
20	4,4-二氯二苯甲酮	6	2.11	3.21	高度风险
21	噻嗪酮	6	2.11	3.21	高度风险
22	芬螨酯	6	2.11	3.21	高度风险
23	萘乙酸	5	1.75	2.85	高度风险
24	邻苯二甲酰亚胺	5	1.75	2.85	高度风险
25	1,4-二甲基萘	4	1.40	2.50	高度风险
26	虱螨脲	3	1.05	2.15	中度风险
27	溴丁酰草胺	3	1.05	2.15	中度风险
28	唑胺菌酯	2	0.70	1.80	中度风险
29	环虫腈	2	0.70	1.80	中度风险
30	扑灭通	1	0.35	1.45	低度风险
31	3-[2,5-二氯-4-乙氧基苯基)甲磺酰]-4,5-二氢-5,5-二甲基-异噁唑	1	0.35	1.45	低度风险
32	酰嘧磺隆	1	0.35	1.45	低度风险
33	三异丁基磷酸盐	1	0.35	1.45	低度风险
34	丙硫磷	1	0.35	1.45	低度风险
35	苯醚甲环唑	1	0.35	1.45	低度风险
36	苯螨特	1	0.35	1.45	低度风险
37	胺丙畏	1	0.35	1.45	低度风险
38	绿麦隆	1	0.35	1.45	低度风险
39	氟吡甲禾灵	1	0.35	1.45	低度风险
40	炔咪菊酯	1	0.35	1.45	低度风险
41	除线磷	1	0.35	1.45	低度风险
42	威杀灵	1	0.35	1.45	低度风险

续表

序号	农药	超标频次	超标率 P(%)	风险系数 R	风险程度
43	啶斑肟	1	0.35	1.45	低度风险
44	啶酰菌胺	1	0.35	1.45	低度风险
45	多氟脲	1	0.35	1.45	低度风险
46	噁霜灵	1	0.35	1.45	低度风险
47	吡唑解草酯	1	0.35	1.45	低度风险
48	草完隆	0	0.00	1.10	低度风险
49	联苯菊酯	0	0.00	1.10	低度风险
50	乙硫磷	0	0.00	1.10	低度风险
51	吡丙醚	0	0.00	1.10	低度风险
52	苯酰菌胺	0	0.00	1.10	低度风险
53	乙氧氟草醚	0	0.00	1.10	低度风险
54	乙丁氟灵	0	0.00	1.10	低度风险
55	莠去通	0	0.00	1.10	低度风险
56	抑霉唑	0	0.00	1.10	低度风险
57	虫螨畏	0	0.00	1.10	低度风险
58	虫螨腈	0	0.00	1.10	低度风险
59	喹禾灵	0	0.00	1.10	低度风险
60	丙环唑	0	0.00	1.10	低度风险
61	辛噻酮	0	0.00	1.10	低度风险
62	吡氟禾草酸	0	0.00	1.10	低度风险
63	百菌清	0	0.00	1.10	低度风险
64	戊菌唑	0	0.00	1.10	低度风险
65	甲草胺	0	0.00	1.10	低度风险
66	甲氰菊酯	0	0.00	1.10	低度风险
67	仲丁威	0	0.00	1.10	低度风险
68	2,4′,5-三氯联苯醚	0	0.00	1.10	低度风险
69	残杀威	0	0.00	1.10	低度风险
70	戊唑醇	0	0.00	1.10	低度风险
71	氟吡禾灵	0	0.00	1.10	低度风险
72	氟硅唑	0	0.00	1.10	低度风险
73	氟虫脲	0	0.00	1.10	低度风险
74	氟酰胺	0	0.00	1.10	低度风险
75	二苯胺	0	0.00	1.10	低度风险
76	异丙草胺	0	0.00	1.10	低度风险

序号	农药	超标频次	超标率 $P(\%)$	风险系数 R	风险程度
77	溴苯磷	0	0.00	1.10	低度风险
78	二甲草胺	0	0.00	1.10	低度风险
79	二甲吩草胺	0	0.00	1.10	低度风险
80	唑草酮	0	0.00	1.10	低度风险
81	烟碱	0	0.00	1.10	低度风险
82	烯唑醇	0	0.00	1.10	低度风险
83	二嗪磷	0	0.00	1.10	低度风险
84	六氯苯	0	0.00	1.10	低度风险
85	甲基毒死蜱	0	0.00	1.10	低度风险
86	乳氟禾草灵	0	0.00	1.10	低度风险

4.4　GC-Q-TOF/MS 侦测北京市市售茶叶农药残留风险评估结论与建议

农药残留是影响茶叶安全和质量的主要因素，也是我国食品安全领域备受关注的敏感话题和亟待解决的重大问题之一[15,16]。各种茶叶均存在不同程度的农药残留现象，本研究主要针对北京市各类茶叶存在的农药残留问题，基于 2018 年 5 月至 2019 年 2 月期间对北京市 285 例茶叶样品中农药残留侦测得出的 1373 个侦测结果，分别采用食品安全指数模型和风险系数模型，开展茶叶中农药残留的膳食暴露风险和预警风险评估。茶叶样品取自超市和茶叶专营店，符合大众的膳食来源，风险评价时更具有代表性和可信度。

本研究力求通用简单地反映食品安全中的主要问题，且为管理部门和大众容易接受，为政府及相关管理机构建立科学的食品安全信息发布和预警体系提供科学的规律与方法，加强对农药残留的预警和食品安全重大事件的预防，控制食品风险。

4.4.1　北京市茶叶中农药残留膳食暴露风险评价结论

1) 茶叶样品中农药残留安全状态评价结论

采用食品安全指数模型，对 2018 年 5 月至 2019 年 2 月期间北京市茶叶食品农药残留膳食暴露风险进行评价，根据 IFS_c 的计算结果发现，茶叶中农药的 $\overline{\text{IFS}}$ 为 3.5×10^{-5}，说明北京市茶叶总体处于可以接受的安全状态，但部分禁用农药、高残留农药在茶叶中仍有侦测出，导致膳食暴露风险的存在，成为不安全因素。

2) 禁用农药膳食暴露风险评价

本次检测发现部分茶叶样品中有禁用农药侦测出，侦测出禁用农药 8 种，侦测出频次为 111，茶叶样品中的禁用农药 IFS_c 计算结果表明，禁用农药残留膳食暴露风险均没有影响。

4.4.2　北京市茶叶中农药残留预警风险评价结论

1)单种茶叶中禁用农药残留的预警风险评价结论

本次检测过程中，在 6 种茶叶中检测出 8 种禁用农药，禁用农药为：三氯杀螨醇、毒死蜱、地虫硫磷、氟虫腈、硫丹、三唑磷、氧乐果、水胺硫磷，茶叶为：乌龙茶、白茶、红茶、绿茶、花茶、黑茶，茶叶中禁用农药的风险系数分析结果显示，8 种禁用农药在 6 种茶叶中的残留均处于高度风险，说明在单种茶叶中禁用农药的残留会导致较高的预警风险。

2)单种茶叶中非禁用农药残留的预警风险评价结论

以 MRL 中国国家标准为标准，计算茶叶中非禁用农药风险系数情况下，180 个样本中，33 个处于低度风险(18.33%)，147 个样本没有 MRL 中国国家标准(81.67%)。以 MRL 欧盟标准为标准，计算茶叶中非禁用农药风险系数情况下，发现有 98 个处于高度风险(54.44%)，5 个处于中度风险(2.78%)，77 个处于低度风险(42.78%)。基于两种 MRL 标准，评价的结果差异显著，可以看出 MRL 欧盟标准比中国国家标准更加严格和完善，过于宽松的 MRL 中国国家标准值能否有效保障人体的健康有待研究。

4.4.3　加强北京市茶叶食品安全建议

我国食品安全风险评价体系仍不够健全，相关制度不够完善，多年来，由于农药用药次数多、用药量大或用药间隔时间短，产品残留量大，农药残留所造成的食品安全问题日益严峻，给人体健康带来了直接或间接的危害。据估计，美国与农药有关的癌症患者数约占全国癌症患者总数的 50%，中国更高。同样，农药对其他生物也会形成直接杀伤和慢性危害，植物中的农药可经过食物链逐级传递并不断蓄积，对人和动物构成潜在威胁，并影响生态系统。

基于本次农药残留侦测数据的风险评价结果，提出以下几点建议：

1)加快食品安全标准制定步伐

我国食品标准中对农药每日允许最大摄入量 ADI 的数据严重缺乏，在本次评价所涉及的 94 种农药中，仅有 53.19%的农药具有 ADI 值，而 46.81%的农药中国尚未规定相应的 ADI 值，亟待完善。

我国食品中农药最大残留限量值的规定严重缺乏，对评估涉及的不同茶叶中不同农药 201 个 MRL 限值进行统计来看，我国仅制定出 44 个标准，我国标准完整率仅为21.89%，欧盟的完整率达到 100%(表 4-10)。因此，中国更应加快 MRL 的制定步伐。

表 4-10　我国国家食品标准农药的 ADI、MRL 值与欧盟标准的数量差异

分类		中国 ADI	MRL 中国国家标准	MRL 欧盟标准
标准限值(个)	有	50	44	201
	无	44	157	0
总数(个)		94	201	201
无标准限值比例(%)		46.81	78.11	0

此外，MRL 中国国家标准限值普遍高于欧盟标准限值，这些标准中共有 23 个高于欧盟。过高的 MRL 值难以保障人体健康，建议继续加强对限值基准和标准的科学研究，将农产品中的危险性减少到尽可能低的水平。

2) 加强农药的源头控制和分类监管

在北京市某些茶叶中仍有禁用农药残留，利用 GC-Q-TOF/MS 技术侦测出 8 种禁用农药，检出频次为 111 次，残留禁用农药均存在较大的膳食暴露风险和预警风险。早已列入黑名单的禁用农药在我国并未真正退出，有些药物由于价格便宜、工艺简单，此类高毒农药一直生产和使用。建议在我国采取严格有效的控制措施，从源头控制禁用农药。

对于非禁用农药，在我国作为"田间地头"最典型单位的县级茶叶产地中，农药残留的检测几乎缺失。建议根据农药的毒性，对高毒、剧毒、中毒农药实现分类管理，减少使用高毒和剧毒高残留农药，进行分类监管。

3) 加强农药生物基准和降解技术研究

市售茶叶中残留农药的品种多、频次高、禁用农药多次检出这一现状，说明我国的田间土壤和水体因农药长期、频繁、不合理的使用而遭到严重污染。为此，建议我国相关部门出台相关政策，鼓励高校及科研院所积极开展分子生物学、酶学等研究，加强土壤、水体中残留农药的生物修复及降解新技术研究，切实加大农药监管力度，以控制农药的面源污染问题。

综上所述，在本工作基础上，根据茶叶残留危害，可进一步针对其成因提出和采取严格管理、大力推广无公害茶叶种植与生产、健全食品安全控制技术体系、加强茶叶质量检测体系建设和积极推行茶叶质量追溯制度等相应对策。建立和完善食品安全综合评价指数与风险监测预警系统，对食品安全进行实时、全面的监控与分析，为我国的食品安全科学监管与决策提供新的技术支持，可实现各类检验数据的信息化系统管理，降低食品安全事故的发生。

天　津　市

第5章　LC-Q-TOF/MS 侦测天津市 171 例市售茶叶样品农药残留报告

从天津市所属 11 个区，随机采集了 171 例茶叶样品，使用液相色谱-四极杆飞行时间质谱(LC-Q-TOF/MS)对 825 种农药化学污染物示范侦测(7 种负离子模式 ESI 未涉及)。

5.1　样品种类、数量与来源

5.1.1　样品采集与检测

为了真实反映百姓日常饮用的茶叶中农药残留污染状况，本次所有检测样品均由检验人员于 2019 年 2 月期间，从天津市所属 18 个采样点，包括 9 个茶叶专营店 9 个超市，以随机购买方式采集，总计 18 批 171 例样品，从中检出农药 56 种，637 频次。采样及监测概况见图 5-1 及表 5-1，样品及采样点明细见表 5-2 及表 5-3(侦测原始数据见附表 1)。

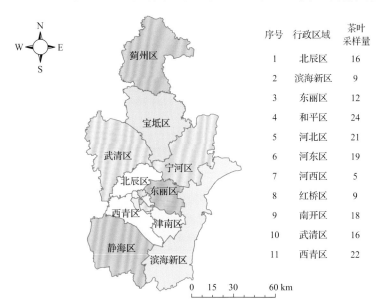

序号	行政区域	茶叶采样量
1	北辰区	16
2	滨海新区	9
3	东丽区	12
4	和平区	24
5	河北区	21
6	河东区	19
7	河西区	5
8	红桥区	9
9	南开区	18
10	武清区	16
11	西青区	22

图 5-1　天津市所属 18 个采样点 171 例样品分布图

表 5-1　农药残留监测总体概况

采样地区	天津市所属 11 个区
采样点(茶叶专营店+超市)	18
样本总数	171
检出农药品种/频次	56/637
各采样点样本农药残留检出率范围	66.7%～100.0%

表 5-2　样品分类及数量

样品分类	样品名称(数量)	数量小计
1. 茶叶		171
1)发酵类茶叶	白茶(9),黑茶(17),红茶(39),乌龙茶(17)	82
2)未发酵类茶叶	花茶(33),绿茶(56)	89
合计	茶叶 6 种	171

表 5-3　天津市采样点信息

采样点序号	行政区域	采样点
茶叶专营店(9)		
1	东丽区	***茶庄(津塘路店)
2	和平区	***茶庄(恒隆广场店)
3	河北区	***茶叶店
4	河东区	***茶庄(津滨大道店)
5	河西区	***茶庄
6	红桥区	***茶庄(东北角店)
7	南开区	***茶庄(大悦城店)
8	武清区	***茶叶店
9	西青区	***茶庄(物美华苑店)
超市(9)		
1	北辰区	***超市(北辰店)
2	北辰区	***超市(北辰店)
3	滨海新区	***超市(塘沽店)
4	和平区	***超市(天河城店)
5	河北区	***超市(友谊新都店)
6	河东区	***超市(泰兴路店)
7	南开区	***超市(龙城店)
8	武清区	***超市(三店)
9	西青区	***超市(华苑店)

5.1.2　检测结果

　　这次使用的检测方法是庞国芳院士团队最新研发的不需使用标准品对照，而以高分辨精确质量数(0.0001 m/z)为基准的 LC-Q-TOF/MS 检测技术，对于 171 例样品，每个样品均侦测了 825 种农药化学污染物的残留现状。通过本次侦测，在 171 例样品中共计检出农药化学污染物 56 种，检出 637 频次。

5.1.2.1　各采样点样品检出情况

　　统计分析发现 18 个采样点中,被测样品的农药检出率范围为 66.7%～100.0%。其中,有 5 个采样点样品的检出率最高,达到了 100.0%,分别是:***超市(友谊新都店)、***

茶庄、***超市(龙城店)、***超市(三店)和***超市(华苑店)。***超市(北辰店)和***茶庄(大悦城店)的检出率最低,均为 66.7%,见图 5-2。

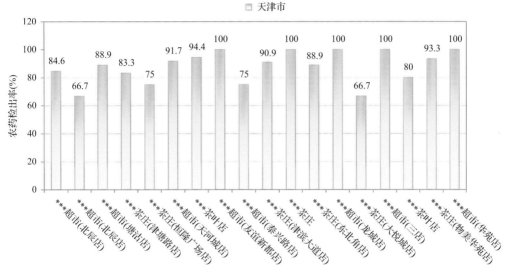

图 5-2　各采样点样品中的农药检出率

5.1.2.2　检出农药的品种总数与频次

统计分析发现,对于 171 例样品中 825 种农药化学污染物的侦测,共检出农药 637 频次,涉及农药 56 种,结果如图 5-3 所示。其中噻嗪酮检出频次最高,共检出 81 次。检出频次排名前 10 的农药如下:①噻嗪酮(81),②哒螨灵(72),③唑虫酰胺(62),④啶虫脒(56),⑤三唑磷(30),⑥埃卡瑞丁(28),⑦吡唑醚菌酯(24),⑧噻虫嗪(20),⑨苯醚甲环唑(19),⑩异丙威(18)。

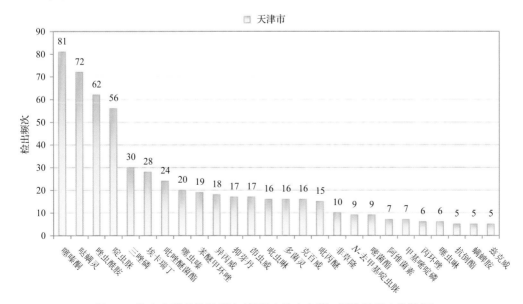

图 5-3　检出农药品种及频次(仅列出检出农药 5 频次及以上的数据)

由图 5-4 可见，红茶、绿茶和花茶这 3 种茶叶样品中检出的农药品种数较高，均超过 20 种，其中，红茶检出农药品种最多，为 37 种。由图 5-5 可见，红茶、花茶和绿茶这 3 种茶叶样品中的农药检出频次较高，均超过 100 次，其中，红茶检出农药频次最高，为 220 次。

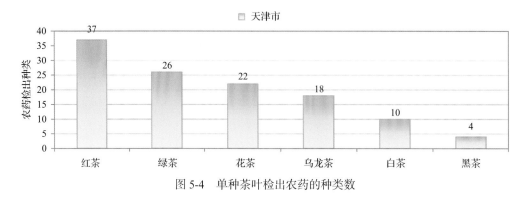

图 5-4　单种茶叶检出农药的种类数

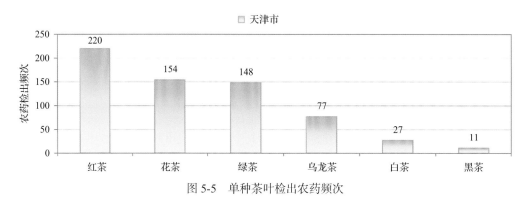

图 5-5　单种茶叶检出农药频次

5.1.2.3　单例样品农药检出种类与占比

对单例样品检出农药种类和频次进行统计发现，未检出农药的样品占总样品数的 11.7%，检出 1 种农药的样品占总样品数的 12.3%，检出 2~5 种农药的样品占总样品数的 50.9%，检出 6~10 种农药的样品占总样品数的 22.2%，检出大于 10 种农药的样品占总样品数的 2.9%。每例样品中平均检出农药为 3.7 种，数据见表 5-4 及图 5-6。

表 5-4　单例样品检出农药品种占比

检出农药品种数	样品数量/占比 (%)
未检出	20/11.7
1 种	21/12.3
2~5 种	87/50.9
6~10 种	38/22.2
大于 10 种	5/2.9
单例样品平均检出农药品种	3.7 种

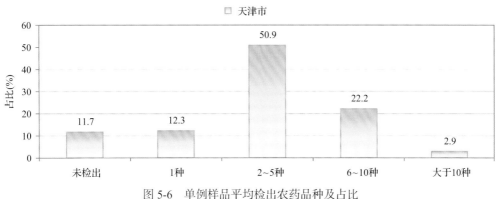

图 5-6　单例样品平均检出农药品种及占比

5.1.2.4　检出农药类别与占比

所有检出农药按功能分类，包括杀虫剂、杀菌剂、杀螨剂、除草剂、植物生长调节剂、驱避剂共 6 类。其中杀虫剂与杀菌剂为主要检出的农药类别，分别占总数的 41.1% 和 37.5%，见表 5-5 及图 5-7。

表 5-5　检出农药所属类别/占比

农药类别	数量/占比(%)
杀虫剂	23/41.1
杀菌剂	21/37.5
杀螨剂	5/8.9
除草剂	4/7.1
植物生长调节剂	2/3.6
驱避剂	1/1.8

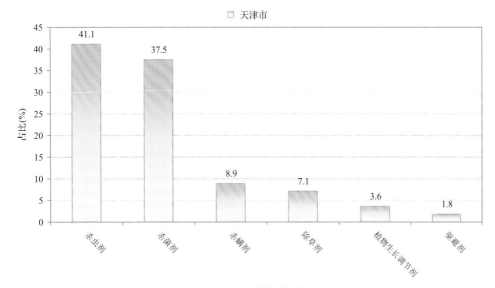

图 5-7　检出农药所属类别和占比

5.1.2.5 检出农药的残留水平

按检出农药残留水平进行统计，残留水平在 1~5 μg/kg(含)的农药占总数的 35.3%，在 5~10 μg/kg(含)的农药占总数的 17.1%，在 10~100 μg/kg(含)的农药占总数的 35.8%，在 100~1000 μg/kg(含)的农药占总数的 10.7%，在>1000 μg/kg 的农药占总数的 1.1%。

由此可见，这次检测的 18 批 171 例茶叶样品中农药多数处于较低残留水平。结果见表 5-6 及图 5-8，数据见附表 2。

表 5-6 农药残留水平/占比

残留水平(μg/kg)	检出频次数/占比(%)
1~5(含)	225/35.3
5~10(含)	109/17.1
10~100(含)	228/35.8
100~1000(含)	68/10.7
>1000	7/1.1

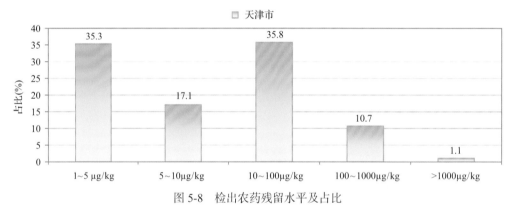

图 5-8 检出农药残留水平及占比

5.1.2.6 检出农药的毒性类别、检出频次和超标频次及占比

对这次检出的 56 种 637 频次的农药，按剧毒、高毒、中毒、低毒和微毒这五个毒性类别进行分类，从中可以看出，天津市目前普遍使用的农药为中低微毒农药，品种占 89.3%，频次占 90.1%，结果见表 5-7 及图 5-9。

表 5-7 检出农药毒性类别/占比

毒性分类	农药品种/占比(%)	检出频次/占比(%)	超标频次/超标率(%)
剧毒农药	0/0	0/0.0	0/0.0
高毒农药	6/10.7	63/9.9	5/7.9
中毒农药	24/42.9	336/52.7	0/0.0
低毒农药	17/30.4	162/25.4	0/0.0
微毒农药	9/16.1	76/11.9	0/0.0

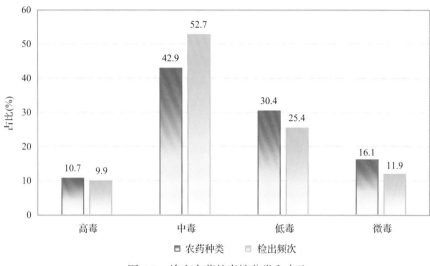

图 5-9　检出农药的毒性分类和占比

5.1.2.7　检出剧毒/高毒类农药的品种和频次

值得特别关注的是，在此次侦测的 171 例样品中有 4 种茶叶的 52 例样品检出了 6 种 63 频次的剧毒和高毒农药，占样品总量的 30.4%，详见图 5-10、表 5-8 及表 5-9。

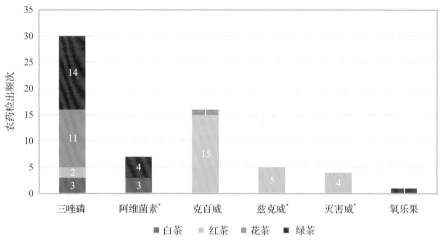

图 5-10　检出剧毒/高毒农药的样品情况

*表示允许在茶叶上使用的农药

表 5-8　剧毒农药检出情况

序号	农药名称	检出频次	超标频次	超标率
		茶叶中未检出剧毒农药		
	合计	0	0	超标率：0.0%

表 5-9　高毒农药检出情况

序号	农药名称	检出频次	超标频次	超标率
		从 4 种茶叶中检出 6 种高毒农药，共计检出 63 次		
1	三唑磷	30	0	0.0%
2	克百威	16	5	31.3%
3	阿维菌素	7	0	0.0%
4	兹克威	5	0	0.0%
5	灭害威	4	0	0.0%
6	氧乐果	1	0	0.0%
	合计	63	5	超标率：7.9%

在检出的剧毒和高毒农药中，有 3 种是我国早已禁止在茶叶上使用的，分别是：克百威、氧乐果和三唑磷。禁用农药的检出情况见表 5-10。

表 5-10　禁用农药检出情况

序号	农药名称	检出频次	超标频次	超标率
		从 5 种茶叶中检出 4 种禁用农药，共计检出 50 次		
1	三唑磷	30	0	0.0%
2	克百威	16	5	31.3%
3	毒死蜱	3	0	0.0%
4	氧乐果	1	0	0.0%
	合计	50	5	超标率：10.0%

注：表中*为剧毒农药；超标结果参考 MRL 中国国家标准计算

此次抽检的茶叶样品中，没有检出剧毒农药。

样品中检出剧毒和高毒农药残留水平超过 MRL 中国国家标准的频次为 5 次，其中：红茶检出克百威超标 5 次。本次检出结果表明，高毒、剧毒农药的使用现象依旧存在，详见表 5-11。

表 5-11　各样本中检出剧毒/高毒农药情况

样品名称	农药名称	检出频次	超标频次	检出浓度(μg/kg)
		茶叶 4 种		
白茶	阿维菌素	3	0	1.6, 1.6, 2.0
白茶	三唑磷▲	3	0	20.1, 5.6, 9.5
红茶	克百威▲	15	5	23.5, 17.7, 63.6a, 2.8, 12.2, 97.3a, 181.3a, 64.8a, 32.0, 25.0, 16.9, 131.8a, 19.1, 20.7, 17.5
红茶	兹克威	5	0	2.5, 20.0, 9.8, 3.7, 3.4
红茶	灭害威	4	0	1.3, 1.4, 1.5, 2.5
红茶	三唑磷▲	2	0	38.6, 1.3
花茶	三唑磷▲	11	0	2.0, 2.9, 1.9, 3.7, 2.6, 5.9, 6.7, 4.4, 1.1, 1.2, 2.7
花茶	克百威▲	1	0	2.1
绿茶	三唑磷▲	14	0	27.9, 4.3, 1.9, 4.3, 163.1, 7.2, 33.2, 19.5, 3.3, 33.6, 2.5, 120.4, 6.6, 153.9

续表

样品名称	农药名称	检出频次	超标频次	检出浓度 (μg/kg)
绿茶	阿维菌素	4	0	4.9, 3.5, 8.3, 24.9
绿茶	氧乐果▲	1	0	11.4
合计		63	5	超标率：7.9%

注：表中 * 为剧毒农药；▲ 为禁用农药；a 为超标结果 (参考 MRL 中国国家标准)

5.2　农药残留检出水平与最大残留限量标准对比分析

我国于 2016 年 12 月 18 日正式颁布并于 2017 年 6 月 18 日正式实施食品农药残留限量国家标准《食品中农药最大残留限量》(GB 2763—2016)。该标准包括 417 个农药条目，涉及最大残留限量 (MRL) 标准 4140 项。将 637 频次检出农药的浓度水平与 4140 项 MRL 中国国家标准进行核对，其中只有 314 频次的结果找到了对应的 MRL，占 49.3%，还有 323 频次的结果则无相关 MRL 标准供参考，占 50.7%。

将此次侦测结果与国际上现行 MRL 对比发现，在 637 频次的检出结果中有 637 频次的结果找到了对应的 MRL 欧盟标准，占 100.0%；其中，482 频次的结果有明确对应的 MRL，占 75.7%，其余 155 频次按照欧盟一律标准判定，占 24.3%；有 637 频次的结果找到了对应的 MRL 日本标准，占 100.0%；其中，477 频次的结果有明确对应的 MRL，占 74.9%，其余 160 频次按照日本一律标准判定，占 25.1%；有 238 频次的结果找到了对应的 MRL 中国香港标准，占 37.4%；有 263 频次的结果找到了对应的 MRL 美国标准，占 41.3%；有 86 频次的结果找到了对应的 MRL CAC 标准，占 13.5%(见图 5-11 和图 5-12，数据见附表 3 至附表 8)。

5.2.1　超标农药样品分析

本次侦测的 171 例样品中，20 例样品未检出任何残留农药，占样品总量的 11.7%，151 例样品检出不同水平、不同种类的残留农药，占样品总量的 88.3%。在此，我们将本次侦测的农残检出情况与 MRL 中国国家标准、欧盟标准、日本标准、中国香港标准、美国标准和 CAC 标准这 6 大国际主流标准进行对比分析，样品农残检出与超标情况见表 5-12、图 5-13 和图 5-14，详细数据见附表 9 至附表 14。

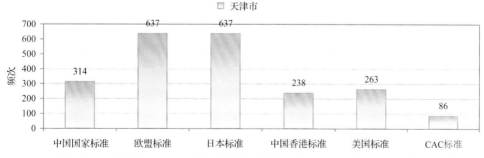

图 5-11　637 频次检出农药可用 MRL 中国国家标准、欧盟标准、日本标准、中国香港标准、美国标准、CAC 标准判定衡量的数量

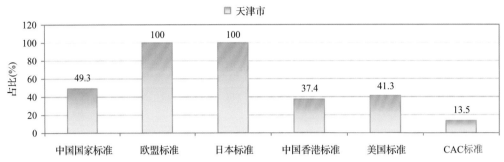

图 5-12　637 频次检出农药可用 MRL 中国国家标准、欧盟标准、日本标准、中国香港标准、美国标准、CAC 标准衡量的占比

表 5-12　各 MRL 标准下样本农残检出与超标数量及占比

| | 中国国家标准 | 欧盟标准 | 日本标准 | 中国香港标准 | 美国标准 | CAC 标准 |
	数量/占比(%)	数量/占比(%)	数量/占比(%)	数量/占比(%)	数量/占比(%)	数量/占比(%)
未检出	20/11.7	20/11.7	20/11.7	20/11.7	20/11.7	20/11.7
检出未超标	146/85.4	61/35.7	90/52.6	151/88.3	151/88.3	151/88.3
检出超标	5/2.9	90/52.6	61/35.7	0/0.0	0/0.0	0/0.0

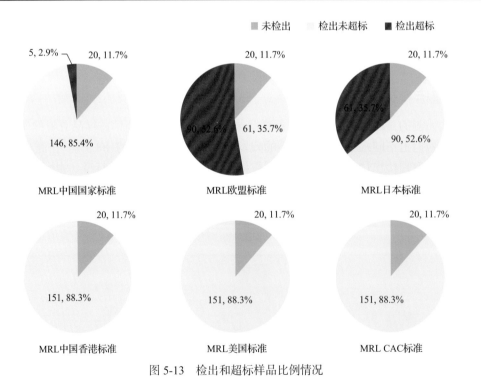

图 5-13　检出和超标样品比例情况

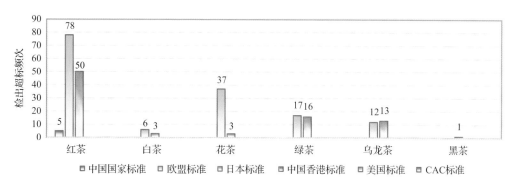

图 5-14　超过 MRL 中国国家标准、欧盟标准、日本标准、中国香港标准、美国标准和 CAC 标准结果在茶叶中的分布

5.2.2　超标农药种类分析

按照 MRL 中国国家标准、欧盟标准、日本标准、中国香港标准、美国标准和 CAC 标准这 6 大国际主流标准衡量，本次侦测检出的农药超标品种及频次情况见表 5-13。

表 5-13　各 MRL 标准下超标农药品种及频次

	中国国家标准	欧盟标准	日本标准	中国香港标准	美国标准	CAC 标准
超标农药品种	1	23	14	0	0	0
超标农药频次	5	150	86	0	0	0

5.2.2.1　按 MRL 中国国家标准衡量

按 MRL 中国国家标准衡量，有 1 种农药超标，检出 5 频次，为高毒农药克百威。按超标程度比较，红茶中克百威超标 2.6 倍。检测结果见图 5-15 和附表 15。

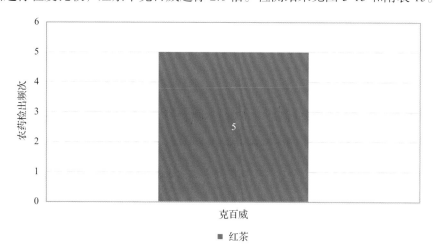

图 5-15　超过 MRL 中国国家标准农药品种及频次

5.2.2.2 按 MRL 欧盟标准衡量

按 MRL 欧盟标准衡量，共有 23 种农药超标，检出 150 频次，分别为高毒农药三唑磷、兹克威和克百威，中毒农药苯醚甲环唑、稻瘟灵、丙环唑、甲基嘧啶磷、吡虫啉、异丙威、N-去甲基啶虫脒、啶虫脒、三唑醇、唑虫酰胺、戊唑醇和哒螨灵，低毒农药灭幼脲、噻嗪酮、丁苯吗啉、埃卡瑞丁、抗倒酯、虱螨脲和二甲嘧酚，微毒农药抑芽丹。

按超标程度比较，红茶中异丙威超标 231.5 倍，红茶中唑虫酰胺超标 168.3 倍，花茶中唑虫酰胺超标 91.6 倍，红茶中丁苯吗啉超标 27.3 倍，白茶中哒螨灵超标 15.2 倍。检测结果见图 5-16 和附表 16。

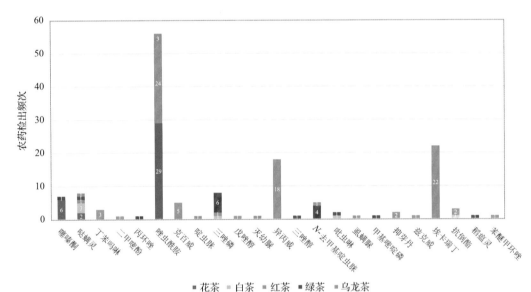

图 5-16 超过 MRL 欧盟标准农药品种及频次

5.2.2.3 按 MRL 日本标准衡量

按 MRL 日本标准衡量，共有 14 种农药超标，检出 86 频次，分别为高毒农药三唑磷和兹克威，中毒农药稻瘟灵、异丙威、N-去甲基啶虫脒和茚虫威，低毒农药氰氟虫腙、灭幼脲、丁苯吗啉、埃卡瑞丁、抗倒酯和二甲嘧酚，微毒农药抑芽丹和乙嘧酚。

按超标程度比较，红茶中异丙威超标 231.5 倍，乌龙茶中茚虫威超标 215.0 倍，绿茶中三唑磷超标 15.3 倍，红茶中埃卡瑞丁超标 13.2 倍，红茶中丁苯吗啉超标 13.1 倍。检测结果见图 5-17 和附表 17。

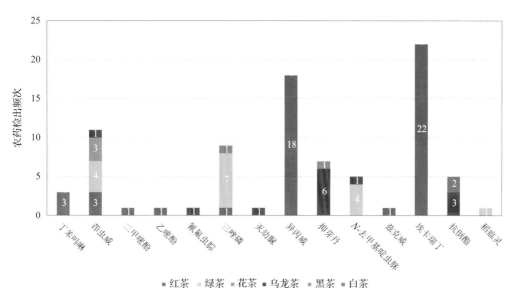

图 5-17　超过 MRL 日本标准农药品种及频次

5.2.2.4　按 MRL 中国香港标准衡量

按 MRL 中国香港标准衡量，无样品检出超标农药残留。

5.2.2.5　按 MRL 美国标准衡量

按 MRL 美国标准衡量，无样品检出超标农药残留。

5.2.2.6　按 MRL CAC 标准衡量

按 MRL CAC 标准衡量，无样品检出超标农药残留。

5.2.3　18 个采样点超标情况分析

5.2.3.1　按 MRL 中国国家标准衡量

按 MRL 中国国家标准衡量，有 4 个采样点的样品存在不同程度的超标农药检出，其中***茶庄的超标率最高，为 40.0%，如表 5-14 和图 5-18 所示。

表 5-14　超过 MRL 中国国家标准茶叶在不同采样点分布

序号	采样点	样品总数	超标数量	超标率(%)	行政区域
1	***茶庄(恒隆广场店)	12	1	8.3	和平区
2	***茶庄(津滨大道店)	11	1	9.1	河东区
3	***超市(三店)	6	1	16.7	武清区
4	***茶庄	5	2	40.0	河西区

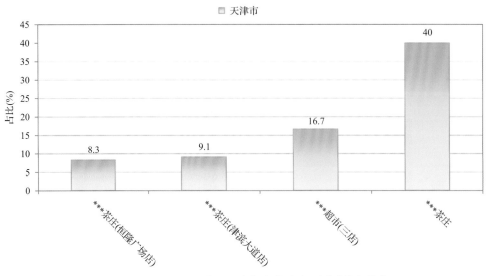

图 5-18　超过 MRL 中国国家标准茶叶在不同采样点分布

5.2.3.2　按 MRL 欧盟标准衡量

按 MRL 欧盟标准衡量，所有采样点的样品存在不同程度的超标农药检出，其中***茶庄的超标率最高，为 80.0%，如表 5-15 和图 5-19 所示。

表 5-15　超过 MRL 欧盟标准茶叶在不同采样点分布

序号	采样点	样品总数	超标数量	超标率(%)	行政区域
1	***茶叶店	18	9	50.0	河北区
2	***茶庄(物美华苑店)	15	10	66.7	西青区
3	***超市(北辰店)	13	5	38.5	北辰区
4	***超市(龙城店)	12	7	58.3	南开区
5	***茶庄(恒隆广场店)	12	5	41.7	和平区
6	***茶庄(津塘路店)	12	6	50.0	东丽区
7	***超市(天河城店)	12	8	66.7	和平区
8	***茶庄(津滨大道店)	11	6	54.5	河东区
9	***茶叶店	10	5	50.0	武清区
10	***超市(塘沽店)	9	6	66.7	滨海新区
11	***茶庄(东北角店)	9	5	55.6	红桥区
12	***超市(泰兴路店)	8	3	37.5	河东区
13	***超市(华苑店)	7	2	28.6	西青区
14	***茶庄(大悦城店)	6	2	33.3	南开区
15	***超市(三店)	6	3	50.0	武清区
16	***茶庄	5	4	80.0	河西区
17	***超市(北辰店)	3	2	66.7	北辰区
18	***超市(友谊新都店)	3	2	66.7	河北区

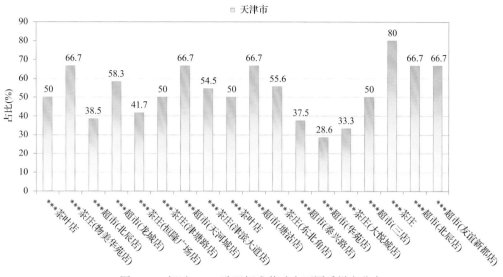

图 5-19　超过 MRL 欧盟标准茶叶在不同采样点分布

5.2.3.3　按 MRL 日本标准衡量

按 MRL 日本标准衡量，所有采样点的样品存在不同程度的超标农药检出，其中***超市(友谊新都店)的超标率最高，为 66.7%，如表 5-16 和图 5-20 所示。

表 5-16　超过 MRL 日本标准茶叶在不同采样点分布

序号	采样点	样品总数	超标数量	超标率(%)	行政区域
1	***茶叶店	18	8	44.4	河北区
2	***茶庄(物美华苑店)	15	5	33.3	西青区
3	***超市(北辰店)	13	3	23.1	北辰区
4	***超市(龙城店)	12	6	50.0	南开区
5	***茶庄(恒隆广场店)	12	4	33.3	和平区
6	***茶庄(津塘路店)	12	3	25.0	东丽区
7	***超市(天河城店)	12	6	50.0	和平区
8	***茶庄(津滨大道店)	11	3	27.3	河东区
9	***茶叶店	10	2	20.0	武清区
10	***超市(塘沽店)	9	4	44.4	滨海新区
11	***茶庄(东北角店)	9	3	33.3	红桥区
12	***超市(泰兴路店)	8	3	37.5	河东区
13	***超市(华苑店)	7	2	28.6	西青区
14	***茶庄(大悦城店)	6	1	16.7	南开区
15	***超市(三店)	6	3	50.0	武清区
16	***茶庄	5	2	40.0	河西区
17	***超市(北辰店)	3	1	33.3	北辰区
18	***超市(友谊新都店)	3	2	66.7	河北区

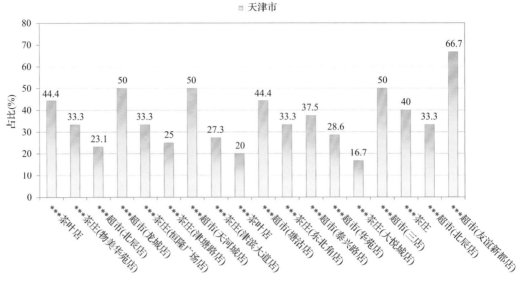

图 5-20　超过 MRL 日本标准茶叶在不同采样点分布

5.2.3.4　按 MRL 中国香港标准衡量

按 MRL 中国香港标准衡量，所有采样点的样品均未检出超标农药残留。

5.2.3.5　按 MRL 美国标准衡量

按 MRL 美国标准衡量，所有采样点的样品均未检出超标农药残留。

5.2.3.6　按 MRL CAC 标准衡量

按 MRL CAC 标准衡量，所有采样点的样品均未检出超标农药残留。

5.3　茶叶中农药残留分布

5.3.1　茶叶按检出农药品种和频次排名

本次残留侦测的茶叶共 6 种，包括白茶、黑茶、红茶、乌龙茶、花茶和绿茶。

根据检出农药品种及频次进行排名，将各项排名茶叶样品检出情况列表说明，详见表 5-17。

表 5-17　茶叶按检出农药品种和频次排名

按检出农药品种排名(品种)	①红茶(37),②绿茶(26),③花茶(22),④乌龙茶(18),⑤白茶(10),⑥黑茶(4)
按检出农药频次排名(频次)	①红茶(220),②花茶(154),③绿茶(148),④乌龙茶(77),⑤白茶(27),⑥黑茶(11)
按检出禁用、高毒及剧毒农药品种排名(品种)	①红茶(4),②绿茶(4),③白茶(2),④花茶(2),⑤乌龙茶(1)
按检出禁用、高毒及剧毒农药频次排名(频次)	①红茶(26),②绿茶(20),③花茶(12),④白茶(6),⑤乌龙茶(2)

5.3.2　茶叶按超标农药品种和频次排名

鉴于 MRL 欧盟标准和日本标准制定比较全面且覆盖率较高，我们参照 MRL 中国国家标准、欧盟标准和日本标准衡量茶叶样品中农残检出情况，将茶叶按超标农药品种及频次排名列表说明，详见表 5-18。

表 5-18　茶叶按超标农药品种和频次排名

	MRL 中国国家标准	①红茶(1)
按超标农药品种排名 (农药品种数)	MRL 欧盟标准	①红茶(11)，②绿茶(9)，③乌龙茶(8)，④白茶(4)，⑤花茶(3)
	MRL 日本标准	①红茶(8)，②乌龙茶(6)，③绿茶(4)，④白茶(2)，⑤黑茶(1)，⑥花茶(1)
按超标农药频次排名 (农药频次数)	MRL 中国国家标准	①红茶(5)
	MRL 欧盟标准	①红茶(78)，②花茶(37)，③绿茶(17)，④乌龙茶(12)，⑤白茶(6)
	MRL 日本标准	①红茶(50)，②绿茶(16)，③乌龙茶(13)，④白茶(3)，⑤花茶(3)，⑥黑茶(1)

通过对各品种茶叶样本总数及检出率进行综合分析发现，红茶、绿茶和花茶的残留污染最为严重，在此，我们参照 MRL 中国国家标准、欧盟标准和日本标准对这 3 种茶叶的农残检出情况进行进一步分析。

5.3.3　农药残留检出率较高的茶叶样品分析

5.3.3.1　红茶

这次共检测 39 例红茶样品，全部检出了农药残留，检出率为 100.0%，检出农药共计 37 种。其中唑虫酰胺、埃卡瑞丁、啶虫脒、噻嗪酮和异丙威检出频次较高，分别检出了 26、22、22、20 和 18 次。红茶中农药检出品种和频次见图 5-21，超标农药见图 5-22 和表 5-19。

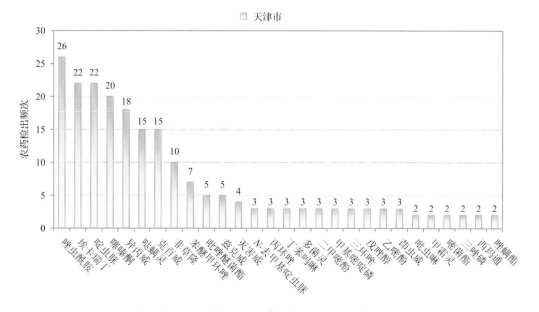

图 5-21　红茶样品检出农药品种和频次分析(仅列出检出农药 2 频次及以上的数据)

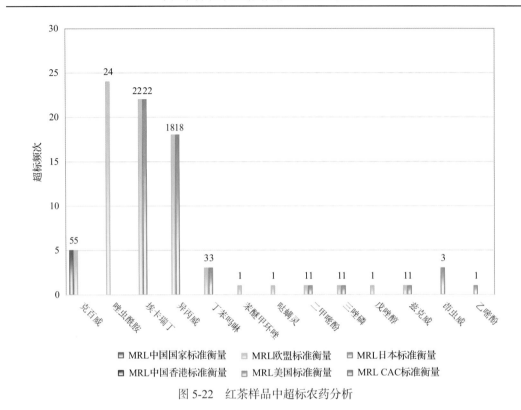

图 5-22　红茶样品中超标农药分析

表 5-19　红茶中农药残留超标情况明细表

样品总数		检出农药样品数	样品检出率(%)	检出农药品种总数
39		39	100	37
	超标农药品种	超标农药频次	按照 MRL 中国国家标准、欧盟标准和日本标准衡量超标农药名称及频次	
中国国家标准	1	5	克百威(5)	
欧盟标准	11	78	唑虫酰胺(24),埃卡瑞丁(22),异丙威(18),克百威(5),丁苯吗啉(3),苯醚甲环唑(1),哒螨灵(1),二甲嘧酚(1),三唑磷(1),戊唑醇(1),兹克威(1)	
日本标准	8	50	埃卡瑞丁(22),异丙威(18),丁苯吗啉(3),茚虫威(3),二甲嘧酚(1),三唑磷(1),乙嘧酚(1),兹克威(1)	

5.3.3.2　绿茶

这次共检测 56 例绿茶样品，46 例样品中检出了农药残留，检出率为 82.1%，检出农药共计 26 种。其中噻嗪酮、哒螨灵、三唑磷、噻虫嗪和吡唑醚菌酯检出频次较高，分别检出了 26、22、14、13 和 11 次。绿茶中农药检出品种和频次见图 5-23，超标农药见图 5-24 和表 5-20。

5.3.3.3　花茶

这次共检测 33 例花茶样品，全部检出了农药残留，检出率为 100.0%，检出农药共计 22 种。其中噻嗪酮、唑虫酰胺、啶虫脒、哒螨灵和三唑磷检出频次较高，分别检出了

33、29、24、18 和 11 次。花茶中农药检出品种和频次见图 5-25,超标农药见图 5-26 和表 5-21。

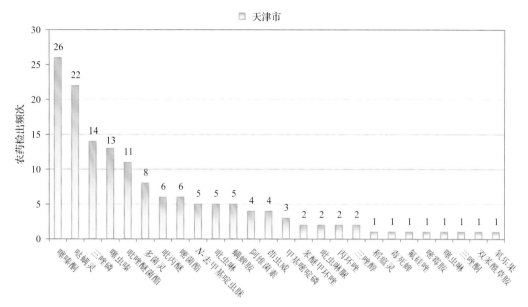

图 5-23 绿茶样品检出农药品种和频次分析

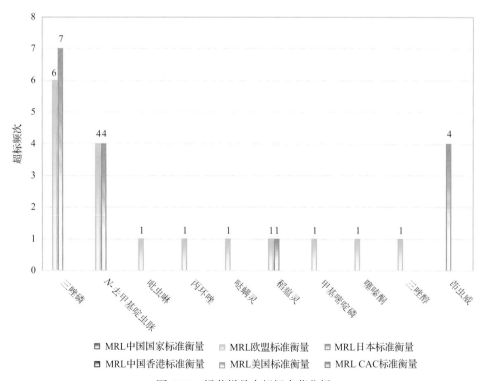

图 5-24 绿茶样品中超标农药分析

表 5-20　　绿茶中农药残留超标情况明细表

样品总数		检出农药样品数	样品检出率(%)	检出农药品种总数
56		46	82.1	26
	超标农药品种	超标农药频次	按照 MRL 中国国家标准、欧盟标准和日本标准衡量超标农药名称及频次	
中国国家标准	0	0		
欧盟标准	9	17	三唑磷(6),N-去甲基啶虫脒(4),吡虫啉(1),丙环唑(1),哒螨灵(1),稻瘟灵(1),甲基嘧啶磷(1),噻嗪酮(1),三唑醇(1)	
日本标准	4	16	三唑磷(7),N-去甲基啶虫脒(4),茚虫威(4),稻瘟灵(1)	

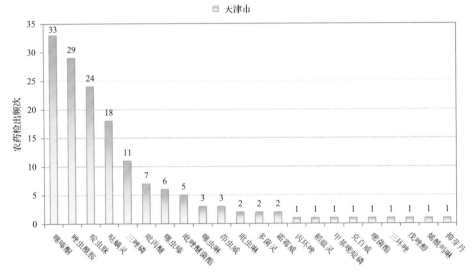

图 5-25　花茶样品检出农药品种和频次分析

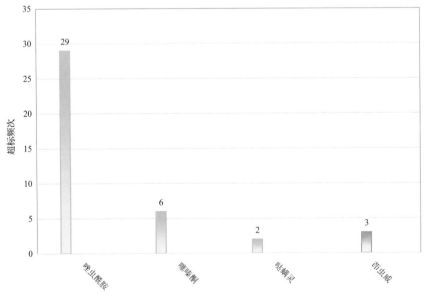

图 5-26　花茶样品中超标农药分析

表 5-21　花茶中农药残留超标情况明细表

样品总数			检出农药样品数	样品检出率(%)	检出农药品种总数
33			33	100	22
	超标农药品种	超标农药频次	按照 MRL 中国国家标准、欧盟标准和日本标准衡量超标农药名称及频次		
中国国家标准	0	0			
欧盟标准	3	37	唑虫酰胺(29),噻嗪酮(6),哒螨灵(2)		
日本标准	1	3	茚虫威(3)		

5.4　初 步 结 论

5.4.1　天津市市售茶叶按 MRL 中国国家标准和国际主要标准衡量的合格率

本次侦测的 171 例样品中，20 例样品未检出任何残留农药，占样品总量的 11.7%，151 例样品检出不同水平、不同种类的残留农药，占样品总量的 88.3%。在这 151 例检出农药残留的样品中：

按照 MRL 中国国家标准衡量，有 146 例样品检出残留农药但含量没有超标，占样品总数的 85.4%，有 5 例样品检出了超标农药，占样品总数的 2.9%；

按照 MRL 欧盟标准衡量，有 61 例样品检出残留农药但含量没有超标，占样品总数的 35.7%，有 90 例样品检出了超标农药，占样品总数的 52.6%；

按照 MRL 日本标准衡量，有 90 例样品检出残留农药但含量没有超标，占样品总数的 52.6%，有 61 例样品检出了超标农药，占样品总数的 35.7%；

按照 MRL 中国香港标准衡量，有 151 例样品检出残留农药但含量没有超标，占样品总数的 88.3%，无检出残留农药超标的样品；

按照 MRL 美国标准衡量，有 151 例样品检出残留农药但含量没有超标，占样品总数的 88.3%，无检出残留农药超标的样品；

按照 MRL CAC 标准衡量，有 151 例样品检出残留农药但含量没有超标，占样品总数的 88.3%，无检出残留农药超标的样品。

5.4.2　天津市市售茶叶中检出农药以中低微毒农药为主，占市场主体的 89.3%

这次侦测的 171 例茶叶样品共检出了 56 种农药，检出农药的毒性以中低微毒为主，详见表 5-22。

表 5-22　市场主体农药毒性分布

毒性	检出品种	占比	检出频次	占比
高毒农药	6	10.7%	63	9.9%
中毒农药	24	42.9%	336	52.7%
低毒农药	17	30.4%	162	25.4%
微毒农药	9	16.1%	76	11.9%
中低微毒农药，品种占比 89.3%，频次占比 90.1%				

5.4.3 检出剧毒、高毒和禁用农药现象应该警醒

在此次侦测的 171 例样品中有 5 种茶叶的 55 例样品检出了 7 种 66 频次的剧毒和高毒或禁用农药，占样品总量的 32.2%。其中高毒农药三唑磷、克百威和阿维菌素检出频次较高。

按 MRL 中国国家标准衡量，高毒农药克百威，检出 16 次，超标 5 次；按超标程度比较，红茶中克百威超标 2.6 倍。

剧毒、高毒或禁用农药的检出情况及按照 MRL 中国国家标准衡量的超标情况见表 5-23。

表 5-23　剧毒、高毒或禁用农药的检出及超标明细

序号	农药名称	样品名称	检出频次	超标频次	最大超标倍数	超标率
1.1	阿维菌素◇	绿茶	4	0	0	0.0%
1.2	阿维菌素◇	白茶	3	0	0	0.0%
2.1	克百威◇▲	红茶	15	5	2.626	33.3%
2.2	克百威◇▲	花茶	1	0	0	0.0%
3.1	灭害威◇	红茶	4	0	0	0.0%
4.1	三唑磷◇▲	绿茶	14	0	0	0.0%
4.2	三唑磷◇▲	花茶	11	0	0	0.0%
4.3	三唑磷◇▲	白茶	3	0	0	0.0%
4.4	三唑磷◇▲	红茶	2	0	0	0.0%
5.1	氧乐果◇▲	绿茶	1	0	0	0.0%
6.1	兹克威◇	红茶	5	0	0	0.0%
7.1	毒死蜱▲	乌龙茶	2	0	0	0.0%
7.2	毒死蜱▲	绿茶	1	0	0	0.0%
合计			66	5		7.6%

注：表中*为剧毒农药；◇ 为高毒农药；▲为禁用农药；超标倍数参照 MRL 中国国家标准衡量

这些剧毒和高毒农药都是中国政府早有规定禁止在茶叶中使用的，为什么还屡次被检出，应该引起警惕。

5.4.4 残留限量标准与先进国家或地区差距较大

637 频次的检出结果与我国公布的《食品中农药最大残留限量》(GB 2763—2016)对比，有 314 频次能找到对应的 MRL 中国国家标准，占 49.3%；还有 323 频次的侦测数据无相关 MRL 标准供参考，占 50.7%。

与国际上现行 MRL 对比发现：

有 637 频次能找到对应的 MRL 欧盟标准，占 100.0%；

有 637 频次能找到对应的 MRL 日本标准，占 100.0%；

有 238 频次能找到对应的 MRL 中国香港标准，占 37.4%；

有 263 频次能找到对应的 MRL 美国标准，占 41.3%；

有 86 频次能找到对应的 MRL CAC 标准，占 13.5%；

由上可见，MRL 中国国家标准与先进国家或地区标准还有很大差距，我们无标准，境外有标准，这就会导致我们在国际贸易中，处于受制于人的被动地位。

5.4.5 茶叶单种样品检出 22~37 种农药残留，拷问农药使用的科学性

通过此次监测发现，红茶、绿茶和花茶是检出农药品种最多的 3 种茶叶，从中检出农药品种及频次详见表 5-24。

表 5-24 单种样品检出农药品种及频次

样品名称	样品总数	检出农药样品数	检出率	检出农药品种数	检出农药(频次)
红茶	39	39	100.0%	37	唑虫酰胺(26),埃卡瑞丁(22),啶虫脒(22),噻嗪酮(20),异丙威(18),哒螨灵(15),克百威(15),非草隆(10),苯醚甲环唑(7),吡唑醚菌酯(5),兹克威(5),灭害威(4),N-去甲基啶虫脒(3),丙环唑(3),丁苯吗啉(3),多菌灵(3),二甲嘧酚(3),甲基嘧啶磷(3),三环唑(3),戊唑醇(3),乙嘧酚(3),茚虫威(3),吡虫啉(2),甲霜灵(2),嘧菌酯(2),三唑磷(2),西玛通(2),唑螨酯(2),吡丙醚(1),氟甲喹(1),咯喹酮(1),螺甲螨酯(1),氯虫苯甲酰胺(1),噻虫啉(1),噻虫嗪(1),特丁净(1),乙螨唑(1)
绿茶	56	46	82.1%	26	噻嗪酮(26),哒螨灵(22),三唑磷(14),噻虫嗪(13),吡唑醚菌酯(11),多菌灵(8),吡丙醚(6),嘧菌酯(6),N-去甲基啶虫脒(5),吡虫啉(5),螨蜱胺(5),阿维菌素(4),茚虫威(4),甲基嘧啶磷(3),苯醚甲环唑(2),吡虫啉脲(2),丙环唑(2),三唑醇(2),稻瘟灵(1),毒死蜱(1),氟硅唑(1),嘧霉胺(1),噻虫啉(1),三唑酮(1),双苯酰草胺(1),氧乐果(1)
花茶	33	33	100.0%	22	噻嗪酮(33),唑虫酰胺(29),啶虫脒(24),哒螨灵(18),三唑磷(11),吡丙醚(7),噻虫嗪(6),吡唑醚菌酯(5),噻虫啉(3),茚虫威(3),吡虫啉(2),多菌灵(2),霜霉威(2),丙环唑(1),稻瘟灵(1),甲基嘧啶磷(1),克百威(1),嘧菌酯(1),三环唑(1),戊唑醇(1),烯酰吗啉(1),抑芽丹(1)

上述 3 种茶叶，检出农药 22~37 种，是多种农药综合防治，还是未严格实施农业良好管理规范(GAP)，抑或根本就是乱施药，值得我们思考。

第 6 章　LC-Q-TOF/MS 侦测天津市市售茶叶农药残留膳食暴露风险与预警风险评估

6.1　农药残留风险评估方法

6.1.1　天津市农药残留侦测数据分析与统计

庞国芳院士科研团队建立的农药残留高通量侦测技术以高分辨精确质量数（0.0001 m/z 为基准）为识别标准，采用 LC-Q-TOF/MS 技术对 825 种农药化学污染物进行侦测。

科研团队于 2019 年 2 月期间在天津市 18 个采样点，随机采集了 171 例茶叶样品，具体位置如图 6-1 所示。

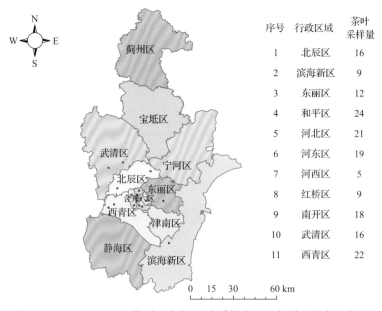

序号	行政区域	茶叶采样量
1	北辰区	16
2	滨海新区	9
3	东丽区	12
4	和平区	24
5	河北区	21
6	河东区	19
7	河西区	5
8	红桥区	9
9	南开区	18
10	武清区	16
11	西青区	22

图 6-1　LC-Q-TOF/MS 侦测天津市 18 个采样点 171 例样品分布示意图

利用 LC-Q-TOF/MS 技术对 171 例样品中的农药进行侦测，侦测出残留农药 56 种，637 频次。侦测出农药残留水平如表 6-1 和图 6-2 所示。检出频次最高的前 10 种农药如表 6-2 所示。从检测结果中可以看出，在茶叶中农药残留普遍存在，且有些茶叶存在高浓度的农药残留，这些可能存在膳食暴露风险，对人体健康产生危害，因此，为了定量地评价茶叶中农药残留的风险程度，有必要对其进行风险评价。

表 6-1　侦测出农药的不同残留水平及其所占比例列表

残留水平(μg/kg)	检出频次	占比(%)
1~5(含)	225	35.3
5~10(含)	109	17.1
10~100(含)	228	35.8
100~1000(含)	68	10.7
>1000	7	1.1
合计	637	100

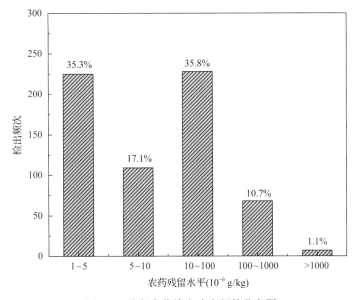

图 6-2　残留农药检出浓度频数分布图

表 6-2　检出频次最高的前 10 种农药列表

序号	农药	检出频次
1	噻嗪酮	81
2	哒螨灵	72
3	唑虫酰胺	62
4	啶虫脒	56
5	三唑磷	30
6	埃卡瑞丁	28
7	吡唑醚菌酯	24
8	噻虫嗪	20
9	苯醚甲环唑	19
10	异丙威	18

6.1.2 农药残留风险评价模型

对天津市茶叶中农药残留分别开展暴露风险评估和预警风险评估。膳食暴露风险评估利用食品安全指数模型对茶叶中的残留农药对人体可能产生的危害程度进行评价,该模型结合残留监测和膳食暴露评估评价化学污染物的危害;预警风险评价模型运用风险系数(risk index,R),风险系数综合考虑了危害物的超标率、施检频率及其本身敏感性的影响,能直观而全面地反映出危害物在一段时间内的风险程度。

6.1.2.1 食品安全指数模型

为了加强食品安全管理,《中华人民共和国食品安全法》第二章第十七条规定"国家建立食品安全风险评估制度,运用科学方法,根据食品安全风险监测信息、科学数据以及有关信息,对食品、食品添加剂、食品相关产品中生物性、化学性和物理性危害因素进行风险评估"[1],膳食暴露评估是食品危险度评估的重要组成部分,也是膳食安全性的衡量标准[2]。国际上最早研究膳食暴露风险评估的机构主要是 JMPR(FAO、WHO农药残留联合会议),该组织自 1995 年就已制定了急性毒性物质的风险评估急性毒性农药残留摄入量的预测。1960 年美国规定食品中不得加入致癌物质进而提出零阈值理论,渐渐零阈值理论发展成在一定概率条件下可接受风险的概念[3],后衍变为食品中每日允许最大摄入量(ADI),而国际食品农药残留法典委员会(CCPR)认为 ADI 不是独立风险评估的唯一标准[4],1995 年 JMPR 开始研究农药急性膳食暴露风险评估,并对食品国际短期摄入量的计算方法进行了修正,亦对膳食暴露评估准则及评估方法进行了修正[5],2002 年,在对世界上现行的食品安全评价方法,尤其是国际公认的 CAC 评价方法、全球环境监测系统/食品污染监测和评估规划(WHO GEMS/Food)及 FAO、WHO 食品添加剂联合专家委员会(JECFA)和 JMPR 对食品安全风险评估工作研究的基础之上,检验检疫食品安全管理的研究人员提出了结合残留监控和膳食暴露评估,以食品安全指数 IFS计算食品中各种化学污染物对消费者的健康危害程度[6]。IFS 是表示食品安全状态的新方法,可有效地评价某种农药的安全性,进而评价食品中各种农药化学污染物对消费者健康的整体危害程度[7,8]。从理论上分析,IFS$_c$可指出食品中的污染物 c 对消费者健康是否存在危害及危害的程度[9]。其优点在于操作简单且结果容易被接受和理解,不需要大量的数据来对结果进行验证,使用默认的标准假设或者模型即可[10,11]。

1)IFS$_c$ 的计算

IFS$_c$ 计算公式如下:

$$\text{IFS}_c = \frac{\text{EDI}_c \times f}{\text{SI}_c \times \text{bw}} \tag{6-1}$$

式中,c 为所研究的农药;EDI$_c$为农药 c 的实际日摄入量估算值,等于 $\sum(R_i \times F_i \times E_i \times P_i)$(i 为食品种类;$R_i$为食品 i 中农药 c 的残留水平,mg/kg;$F_i$为食品 i 的估计日消费量,g/(人·天);$E_i$为食品 i 的可食用部分因子;$P_i$为食品 i 的加工处理因子);SI$_c$为安全摄入量,可采用每日允许最大摄入量 ADI;bw 为人平均体重,kg;f为校正因子,如果安全摄入量采用 ADI，则 f 取 1。

$IFS_c \ll 1$，农药 c 对食品安全没有影响；$IFS_c \leqslant 1$，农药 c 对食品安全的影响可以接受；$IFS_c > 1$，农药 c 对食品安全的影响不可接受。

本次评价中：

$IFS_c \leqslant 0.1$，农药 c 对茶叶安全没有影响；

$0.1 < IFS_c \leqslant 1$，农药 c 对茶叶安全的影响可以接受；

$IFS_c > 1$，农药 c 对茶叶安全的影响不可接受。

本次评价中残留水平 R_i 取值为中国检验检疫科学研究院庞国芳院士课题组利用以高分辨精确质量数(0.0001 m/z)为基准的 LC-Q-TOF/MS 侦测技术于 2019 年 2 月期间对天津市茶叶农药残留的侦测结果，估计日消费量 F_i 取值 0.0047 kg/(人·天)，$E_i = 1$，$P_i = 1$，$f = 1$，SI_c 采用《食品安全国家标准　食品中农药最大残留限量》(GB 2763—2016)中 ADI 值(具体数值见表 6-3)，人平均体重(bw)取值 60 kg。

表 6-3　天津市茶叶中侦测出农药的 ADI 值

序号	农药	ADI	序号	农药	ADI	序号	农药	ADI
1	异丙威	0.002	20	多菌灵	0.03	39	嘧霉胺	0.2
2	唑虫酰胺	0.006	21	戊唑醇	0.03	40	霜霉威	0.4
3	克百威	0.001	22	噻虫啉	0.01	41	氯虫苯甲酰胺	2
4	三唑磷	0.001	23	稻瘟灵	0.016	42	N-去甲基啶虫脒	—
5	丁苯吗啉	0.003	24	甲基嘧啶磷	0.03	43	二甲嘧酚	—
6	哒螨灵	0.01	25	丙环唑	0.07	44	兹克威	—
7	噻嗪酮	0.009	26	三唑酮	0.03	45	双苯酰草胺	—
8	茚虫威	0.01	27	乙嘧酚	0.035	46	吡虫啉脲	—
9	毒死蜱	0.01	28	抗倒酯	0.32	47	咯喹酮	—
10	氧乐果	0.0003	29	吡丙醚	0.1	48	埃卡瑞丁	—
11	阿维菌素	0.002	30	唑螨酯	0.01	49	氟甲喹	—
12	苯醚甲环唑	0.01	31	三环唑	0.04	50	灭害威	—
13	抑芽丹	0.3	32	氟硅唑	0.007	51	灭幼脲	—
14	噻虫嗪	0.08	33	嘧菌酯	0.2	52	特丁净	—
15	虱螨脲	0.015	34	氰氟虫腙	0.1	53	螨蜱胺	—
16	吡虫啉	0.06	35	甲霜灵	0.08	54	螺甲螨酯	—
17	啶虫脒	0.07	36	腈菌唑	0.03	55	西玛通	—
18	吡唑醚菌酯	0.03	37	烯酰吗啉	0.2	56	非草隆	—
19	三唑醇	0.03	38	乙螨唑	0.05			

注："—"表示为国家标准中无 ADI 值规定；ADI 值单位为 mg/kg bw

2) 计算 IFS_c 的平均值 $\overline{IFS}$，评价农药对食品安全的影响程度

以 $\overline{IFS}$ 评价各种农药对人体健康危害的总程度，评价模型见公式(6-2)。

$$\overline{\text{IFS}} = \frac{\sum_{i=1}^{n} \text{IFS}_c}{n} \tag{6-2}$$

$\overline{\text{IFS}} \ll 1$，所研究消费者人群的食品安全状态很好；$\overline{\text{IFS}} \leqslant 1$，所研究消费者人群的食品安全状态可以接受；$\overline{\text{IFS}} > 1$，所研究消费者人群的食品安全状态不可接受。

本次评价中：

$\overline{\text{IFS}} \leqslant 0.1$，所研究消费者人群的茶叶安全状态很好；

$0.1 < \overline{\text{IFS}} \leqslant 1$，所研究消费者人群的茶叶安全状态可以接受；

$\overline{\text{IFS}} > 1$，所研究消费者人群的茶叶安全状态不可接受。

6.1.2.2 预警风险评估模型

2003 年，我国检验检疫食品安全管理的研究人员根据 WTO 的有关原则和我国的具体规定，结合危害物本身的敏感性、风险程度及其相应的施检频率，首次提出了食品中危害物风险系数 R 的概念[12]。R 是衡量一个危害物的风险程度大小最直观的参数，即在一定时期内其超标率或阳性检出率的高低，但受其施检频率的高低及其本身的敏感性(受关注程度)影响。该模型综合考察了农药在茶叶中的超标率、施检频率及其本身敏感性，能直观而全面地反映出农药在一段时间内的风险程度[13]。

1) R 计算方法

危害物的风险系数综合考虑了危害物的超标率或阳性检出率、施检频率和其本身的敏感性影响，并能直观而全面地反映出危害物在一段时间内的风险程度。风险系数 R 的计算公式如式(6-3)：

$$R = aP + \frac{b}{F} + S \tag{6-3}$$

式中，P 为该种危害物的超标率；F 为危害物的施检频率；S 为危害物的敏感因子；a, b 分别为相应的权重系数。

本次评价中 $F=1$；$S=1$；$a=100$；$b=0.1$，对参数 P 进行计算，计算时首先判断是否为禁用农药，如果为非禁用农药，$P=$超标的样品数(侦测出的含量高于食品最大残留限量标准值，即 MRL)除以总样品数(包括超标、不超标、未侦测出)；如果为禁用农药，则侦测出即为超标，$P=$能侦测出的样品数除以总样品数。判断天津市茶叶农药残留是否超标的标准限值 MRL 分别以 MRL 中国国家标准[14]和 MRL 欧盟标准作为对照，具体值列于本报告附表一中。

2) 评价风险程度

$R \leqslant 1.5$，受检农药处于低度风险；

$1.5 < R \leqslant 2.5$，受检农药处于中度风险；

$R > 2.5$，受检农药处于高度风险。

6.1.2.3　食品膳食暴露风险和预警风险评估应用程序的开发

1) 应用程序开发的步骤

为成功开发膳食暴露风险和预警风险评估应用程序，与软件工程师多次沟通讨论，逐步提出并描述清楚计算需求，开发了初步应用程序。为明确出不同茶叶、不同农药、不同地域的风险水平，向软件工程师提出不同的计算需求，软件工程师对计算需求进行逐一分析，经过反复的细节沟通，需求分析得到明确后，开始进行解决方案的设计，在保证需求的完整性、一致性的前提下，编写出程序代码，最后设计出满足需求的风险评估专用计算软件，并通过一系列的软件测试和改进，完成专用程序的开发。软件开发基本步骤见图 6-3。

图 6-3　专用程序开发总体步骤

2) 膳食暴露风险评估专业程序开发的基本要求

首先直接利用公式(6-1)，分别计算 LC-Q-TOF/MS 和 GC-Q-TOF/MS 仪器侦测出的各茶叶样品中每种农药 IFS_c，将结果列出。为考察超标农药和禁用农药的使用安全性，分别以我国《食品安全国家标准　食品中农药最大残留限量》(GB 2763—2016)和欧盟食品中农药最大残留限量(以下简称 MRL 中国国家标准和 MRL 欧盟标准)为标准，对侦测出的禁用农药和超标的非禁用农药 IFS_c 单独进行评价；按 IFS_c 大小列表，并找出 IFS_c 值排名前 20 的样本重点关注。

对不同茶叶 i 中每一种侦测出的农药 c 的安全指数进行计算，多个样品时求平均值。按农药种类，计算整个监测时间段内每种农药的 IFS_c，不区分茶叶种类。

3) 预警风险评估专业程序开发的基本要求

分别以 MRL 中国国家标准和 MRL 欧盟标准，按公式(6-3)逐个计算不同茶叶、不同农药的风险系数，禁用农药和非禁用农药分别列表。

为清楚了解各种农药的预警风险，不分时间，不分茶叶，按禁用农药和非禁用农药分类，分别计算各种侦测出农药全部检测时段内风险系数。由于有 MRL 中国国家标准的农药种类太少，无法计算超标数，非禁用农药的风险系数只以 MRL 欧盟标准为标准，进行计算。

4) 风险程度评价专业应用程序的开发方法

采用 Python 计算机程序设计语言，Python 是一个高层次地结合了解释性、编译性、互动性和面向对象的脚本语言。风险评价专用程序主要功能包括：分别读入每例样品 LC-Q-TOF/MS 和 GC-Q-TOF/MS 农药残留检测数据，根据风险评价工作要求，依次对不同农药、不同食品、不同时间、不同采样点的 IFS_c 值和 R 值分别进行数据计算，筛选出禁用农药、超标农药(分别与 MRL 中国国家标准、MRL 欧盟标准限值进行对比)单独重点分析，再分别对各农药、各茶叶种类分类处理，设计出计算和排序程序，编写计算机代码，最后将生成的膳食暴露风险评估和超标风险评估定量计算结果列入设计好的各个表格中，并定性判断风险对目标的影响程度，直接用文字描述风险发生的高低，如"不可接受"、"可以接受"、"没有影响"、"高度风险"、"中度风险"、"低度风险"。

6.2　LC-Q-TOF/MS 侦测天津市市售茶叶农药残留膳食暴露风险评估

6.2.1　每例茶叶样品中农药残留安全指数分析

基于 2019 年 2 月的农药残留侦测数据，发现在 171 例样品中侦测出农药 637 频次，计算样品中每种残留农药的安全指数 IFS_c，并分析农药对样品安全的影响程度，结果详见附表二，农药残留对茶叶样品安全的影响程度频次分布情况如图 6-4 所示。

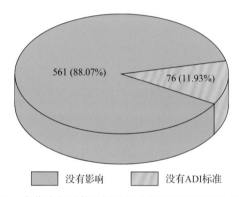

561 (88.07%)　　76 (11.93%)

没有影响　　　没有ADI标准

图 6-4　农药残留对茶叶样品安全的影响程度频次分布图

由图 6-4 可以看出，农药残留对样品安全的没有影响的频次为 561，占 88.07%。

部分样品侦测出禁用农药 4 种 50 频次，为了明确残留的禁用农药对样品安全的影响，分析侦测出禁用农药残留的样品安全指数，禁用农药残留对茶叶样品安全的影响程度频次分布情况如图 6-5 所示，农药残留对样品安全没有影响的频次为 50，占 100%。

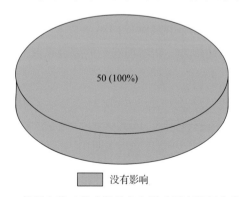

50 (100%)

没有影响

图 6-5　禁用农药对茶叶样品安全影响程度的频次分布图

残留量超过 MRL 欧盟标准的非禁用农药对茶叶样品安全的影响程度频次分布情况如图 6-6 所示。可以看出超过 MRL 欧盟标准的非禁用农药共 137 频次，其中农药没有 ADI 的频次为 30，占 21.9%；农药残留对样品安全没有影响的频次为 107，占 78.1%。表 6-4 为茶叶样品中安全指数排名前 10 的残留超标非禁用农药列表。

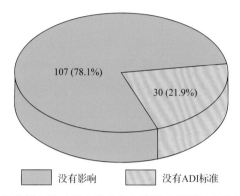

图 6-6　残留超标的非禁用农药对茶叶样品安全的影响程度频次分布图（MRL 欧盟标准）

表 6-4　茶叶样品中安全指数排名前 10 的残留超标非禁用农药列表（**MRL 欧盟标准**）

序号	样品编号	采样点	基质	农药	含量 (mg/kg)	欧盟标准	IFS_c	影响程度
1	20190227-120103-CAIQ-BT-01A	***茶庄	红茶	异丙威	2.325	0.01	0.0911	没有影响
2	20190227-120103-CAIQ-BT-01B	***茶庄	红茶	异丙威	1.2828	0.01	0.0502	没有影响
3	20190224-120114-CAIQ-BT-02A	***超市（三店）	红茶	异丙威	1.1768	0.01	0.0461	没有影响
4	20190224-120101-CAIQ-BT-01C	***超市（天河城店）	红茶	丁苯吗啉	1.413	0.05	0.0369	没有影响
5	20190223-120104-CAIQ-BT-01A	***超市（龙城店）	红茶	异丙威	0.8068	0.01	0.0316	没有影响
6	20190227-120103-CAIQ-BT-01A	***茶庄	红茶	唑虫酰胺	1.6931	0.01	0.0221	没有影响
7	20190226-120102-CAIQ-BT-01B	***超市（泰兴路店）	红茶	异丙威	0.3745	0.01	0.0147	没有影响
8	20190223-120105-CAIQ-BT-01D	***茶叶店	红茶	丁苯吗啉	0.5075	0.05	0.0133	没有影响
9	20190224-120111-CAIQ-BT-01A	***茶庄（物美华苑店）	红茶	唑虫酰胺	0.9542	0.01	0.0125	没有影响
10	20190224-120111-CAIQ-FT-02A	***超市（华苑店）	花茶	唑虫酰胺	0.9261	0.01	0.0121	没有影响

6.2.2　单种茶叶中农药残留安全指数分析

本次 6 种茶叶侦测 56 种农药，检出频次为 637 次，其中 15 种农药没有 ADI，41 种农药存在 ADI 标准。6 种茶叶按不同种类分别计算侦测出的具有 ADI 标准的各种农药的 IFS_c 值，农药残留对茶叶的安全指数分布图如图 6-7 所示。

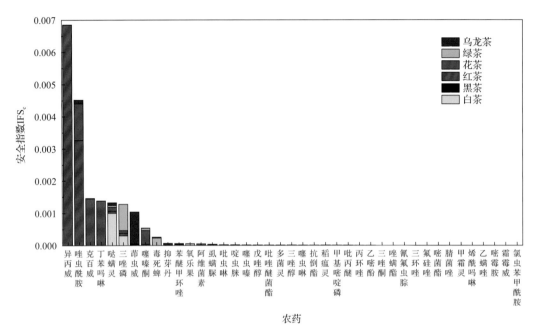

图 6-7　6 种茶叶中 41 种残留农药的安全指数分布图

本次侦测中，6 种茶叶和 56 种残留农药(包括没有 ADI)共涉及 117 个分析样本，农药对单种茶叶安全的影响程度分布情况如图 6-8 所示。可以看出，83.76%的样本中农药对茶叶安全没有影响。

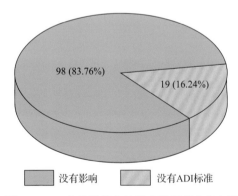

图 6-8　117 个分析样本的影响程度频次分布图

6.2.3　所有茶叶中农药残留安全指数分析

计算所有茶叶中 41 种农药的 IFS_c 值，结果如图 6-9 及表 6-5 所示。

分析发现，所有农药对茶叶安全的影响程度均为没有影响，说明茶叶中残留的农药不会对茶叶安全造成影响。

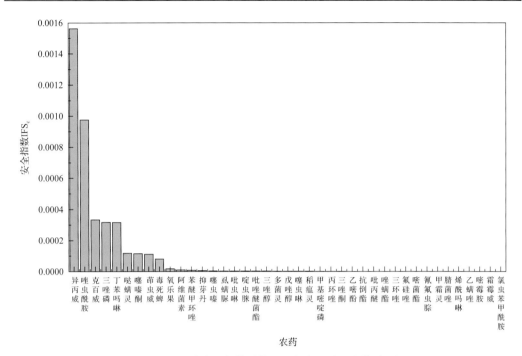

图 6-9　41 种残留农药对茶叶的安全影响程度统计图

表 6-5　茶叶中 41 种农药残留的安全指数表

序号	农药	检出频次	检出率(%)	IFS$_c$	影响程度	序号	农药	检出频次	检出率(%)	IFS$_c$	影响程度
1	异丙威	18	10.53	1.56×10^{-3}	没有影响	19	三唑醇	2	1.17	2.52×10^{-6}	没有影响
2	唑虫酰胺	62	36.26	9.75×10^{-4}	没有影响	20	多菌灵	16	9.36	2.29×10^{-6}	没有影响
3	克百威	16	9.36	3.34×10^{-4}	没有影响	21	戊唑醇	4	2.34	2.28×10^{-6}	没有影响
4	三唑磷	30	17.54	3.17×10^{-4}	没有影响	22	噻虫啉	6	3.51	1.91×10^{-6}	没有影响
5	丁苯吗啉	3	1.75	3.16×10^{-4}	没有影响	23	稻瘟灵	2	1.17	1.53×10^{-6}	没有影响
6	哒螨灵	72	42.11	1.17×10^{-4}	没有影响	24	甲基嘧啶磷	7	4.09	1.26×10^{-6}	没有影响
7	噻嗪酮	81	47.37	1.15×10^{-4}	没有影响	25	丙环唑	6	3.51	6.48×10^{-7}	没有影响
8	茚虫威	17	9.94	1.11×10^{-4}	没有影响	26	三唑酮	1	0.58	4.67×10^{-7}	没有影响
9	毒死蜱	3	1.75	8.04×10^{-5}	没有影响	27	乙嘧酚	3	1.75	4.42×10^{-7}	没有影响
10	氧乐果	1	0.58	1.74×10^{-5}	没有影响	28	抗倒酯	5	2.92	4.14×10^{-7}	没有影响
11	阿维菌素	7	4.09	1.07×10^{-5}	没有影响	29	吡丙醚	15	8.77	3.84×10^{-7}	没有影响
12	苯醚甲环唑	19	11.11	8.66×10^{-6}	没有影响	30	唑螨酯	2	1.17	2.06×10^{-7}	没有影响
13	抑芽丹	17	9.94	6.86×10^{-6}	没有影响	31	三环唑	4	2.34	1.18×10^{-7}	没有影响
14	噻虫嗪	20	11.70	3.74×10^{-6}	没有影响	32	氟硅唑	1	0.58	1.18×10^{-7}	没有影响
15	虱螨脲	2	1.17	3.25×10^{-6}	没有影响	33	嘧菌酯	9	5.26	9.41×10^{-8}	没有影响
16	吡虫啉	16	9.36	3.18×10^{-6}	没有影响	34	氰氟虫腙	3	1.75	6.64×10^{-8}	没有影响
17	啶虫脒	56	32.75	2.59×10^{-6}	没有影响	35	甲霜灵	2	1.17	2.46×10^{-8}	没有影响
18	吡唑醚菌酯	24	14.04	2.55×10^{-6}	没有影响	36	腈菌唑	1	0.58	2.29×10^{-8}	没有影响

序号	农药	检出频次	检出率(%)	IFS$_c$	影响程度	序号	农药	检出频次	检出率(%)	IFS$_c$	影响程度
37	烯酰吗啉	1	0.58	1.74×10^{-8}	没有影响	40	霜霉威	2	1.17	7.56×10^{-9}	没有影响
38	乙螨唑	1	0.58	1.56×10^{-8}	没有影响	41	氯虫苯甲酰胺	3	1.75	3.14×10^{-9}	没有影响
39	嘧霉胺	1	0.58	1.44×10^{-8}	没有影响						

6.3　LC-Q-TOF/MS 侦测天津市市售茶叶农药残留预警风险评估

基于天津市茶叶样品中农药残留 LC-Q-TOF/MS 侦测数据,分析禁用农药的检出率,同时参照中华人民共和国国家标准 GB 2763—2016 和欧盟农药最大残留限量(MRL)标准分析非禁用农药残留的超标率,并计算农药残留风险系数。分析单种茶叶中农药残留以及所有茶叶中农药残留的风险程度。

6.3.1　单种茶叶中农药残留风险系数分析

6.3.1.1　单种茶叶中禁用农药残留风险系数分析

侦测出的 56 种残留农药中有 4 种为禁用农药,且它们分布在 5 种茶叶中,计算 5 种茶叶中禁用农药的检出率,根据检出率计算风险系数 R,进而分析茶叶中禁用农药的风险程度,结果如图 6-10 与表 6-6 所示。分析发现 4 种禁用农药在 5 种茶叶中的残留处均于高度风险。

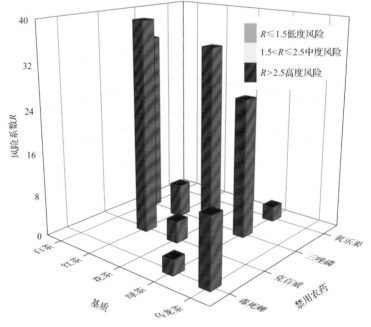

图 6-10　5 种茶叶中 4 种禁用农药残留的风险系数

表 6-6　5 种茶叶中 4 种禁用农药残留的风险系数表

序号	基质	农药	检出频次	检出率(%)	风险系数 R	风险程度
1	红茶	克百威	15	38.46	39.56	高度风险
2	白茶	三唑磷	3	33.33	34.43	高度风险
3	花茶	三唑磷	11	33.33	34.43	高度风险
4	绿茶	三唑磷	14	25	26.1	高度风险
5	乌龙茶	毒死蜱	2	11.76	12.86	高度风险
6	红茶	三唑磷	2	5.13	6.23	高度风险
7	花茶	克百威	1	3.03	4.13	高度风险
8	绿茶	毒死蜱	1	1.79	2.89	高度风险
9	绿茶	氧乐果	1	1.79	2.89	高度风险

6.3.1.2　基于 MRL 中国国家标准的单种茶叶中非禁用农药残留风险系数分析

参照中华人民共和国国家标准 GB 2763—2016 中农药残留限量计算每种茶叶中每种非禁用农药的超标率，进而计算其风险系数，根据风险系数大小判断残留农药的预警风险程度，茶叶中非禁用农药残留风险程度分布情况如图 6-11 所示。

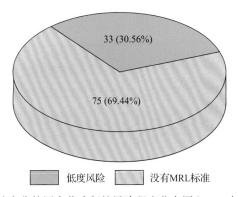

图 6-11　茶叶中非禁用农药残留的风险程度分布图(MRL 中国国家标准)

本次分析中，发现在 6 种茶叶检出 52 种残留非禁用农药，涉及样本 108 个，在 108 个样本中，30.56%处于低度风险，此外发现有 75 个样本没有 MRL 中国国家标准值，无法判断其风险程度，有 MRL 中国国家标准值的 33 个样本涉及 6 种茶叶中的 8 种非禁用农药，其风险系数 R 值如图 6-12 所示。

6.3.1.3　基于 MRL 欧盟标准的单种茶叶中非禁用农药残留风险系数分析

参照 MRL 欧盟标准计算每种茶叶中每种非禁用农药的超标率，进而计算其风险系数，根据风险系数大小判断农药残留的预警风险程度，茶叶中非禁用农药残留风险程度分布情况如图 6-13 所示。

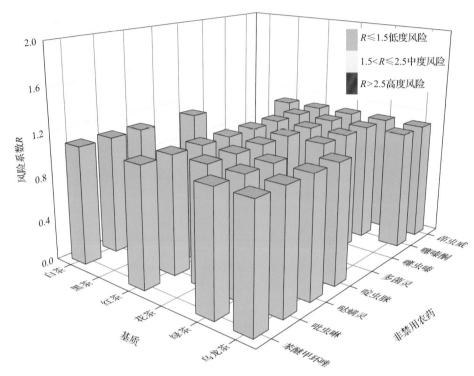

图 6-12　6 种茶叶中 8 种非禁用农药的风险系数分布图（MRL 中国国家标准）

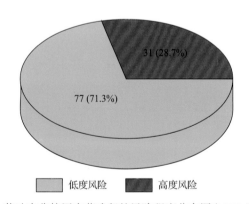

图 6-13　茶叶中非禁用农药残留的风险程度分布图（MRL 欧盟标准）

本次分析中，发现在 6 种茶叶中共侦测出 52 种非禁用农药，涉及样本 108 个，其中，28.7%处于高度风险，涉及 5 种茶叶和 21 种农药；71.3%处于低度风险，涉及 6 种茶叶和 43 种农药。单种茶叶中的非禁用农药风险系数分布图如图 6-14 所示。单种茶叶中处于高度风险的非禁用农药风险系数如图 6-15 和表 6-7 所示。

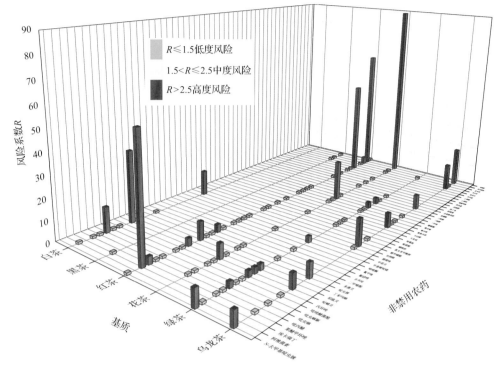

图 6-14　6 种茶叶中 52 种非禁用农药残留的风险系数（MRL 欧盟标准）

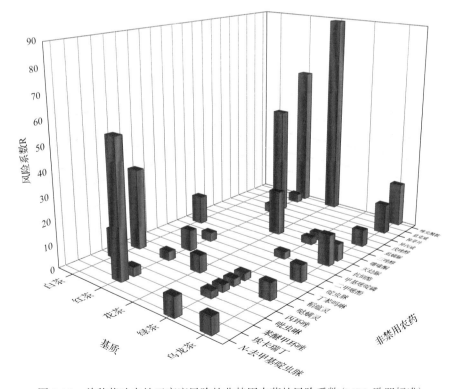

图 6-15　单种茶叶中处于高度风险的非禁用农药的风险系数（MRL 欧盟标准）

表 6-7　单种茶叶中处于高度风险的非禁用农药残留的风险系数表(MRL 欧盟标准)

序号	基质	农药	超标频次	超标率 P(%)	风险系数 R
1	花茶	唑虫酰胺	29	87.88	88.98
2	红茶	唑虫酰胺	24	61.54	62.64
3	红茶	埃卡瑞丁	22	56.41	57.51
4	红茶	异丙威	18	46.15	47.25
5	白茶	哒螨灵	3	33.33	34.43
6	花茶	噻嗪酮	6	18.18	19.28
7	乌龙茶	唑虫酰胺	3	17.65	18.75
8	乌龙茶	抑芽丹	2	11.76	12.86
9	乌龙茶	抗倒酯	2	11.76	12.86
10	白茶	吡虫啉	1	11.11	12.21
11	白茶	抗倒酯	1	11.11	12.21
12	红茶	丁苯吗啉	3	7.69	8.79
13	绿茶	N-去甲基啶虫脒	4	7.14	8.24
14	花茶	哒螨灵	2	6.06	7.16
15	乌龙茶	N-去甲基啶虫脒	1	5.88	6.98
16	乌龙茶	哒螨灵	1	5.88	6.98
17	乌龙茶	啶虫脒	1	5.88	6.98
18	乌龙茶	灭幼脲	1	5.88	6.98
19	乌龙茶	虱螨脲	1	5.88	6.98
20	红茶	二甲嘧酚	1	2.56	3.66
21	红茶	兹克威	1	2.56	3.66
22	红茶	哒螨灵	1	2.56	3.66
23	红茶	戊唑醇	1	2.56	3.66
24	红茶	苯醚甲环唑	1	2.56	3.66
25	绿茶	三唑醇	1	1.79	2.89
26	绿茶	丙环唑	1	1.79	2.89
27	绿茶	吡虫啉	1	1.79	2.89
28	绿茶	哒螨灵	1	1.79	2.89
29	绿茶	噻嗪酮	1	1.79	2.89
30	绿茶	甲基嘧啶磷	1	1.79	2.89
31	绿茶	稻瘟灵	1	1.79	2.89

6.3.2　所有茶叶中农药残留风险系数分析

6.3.2.1　所有茶叶中禁用农药残留风险系数分析

在侦测出的 56 种农药中有 4 种为禁用农药，计算所有茶叶中禁用农药的风险系数，结果如表 6-8 所示。在 4 种禁用农药中，3 种农药残留处于高度风险，1 种农药残留处于中度风险。

表 6-8　茶叶中 4 种禁用农药的风险系数表

序号	农药	检出频次	检出率(%)	风险系数 R	风险程度
1	三唑磷	30	17.54	18.64	高度风险
2	克百威	16	9.36	10.46	高度风险
3	毒死蜱	3	1.75	2.85	高度风险
4	氧乐果	1	0.58	1.68	中度风险

6.3.2.2　所有茶叶中非禁用农药残留风险系数分析

参照 MRL 欧盟标准计算所有茶叶中每种非禁用农药残留的风险系数，如图 6-16 与表 6-9 所示。在侦测出的 52 种非禁用农药中，8 种农药(15.38%)残留处于高度风险，13 种农药(25%)残留处于中度风险，31 种农药(59.62%)残留处于低度风险。

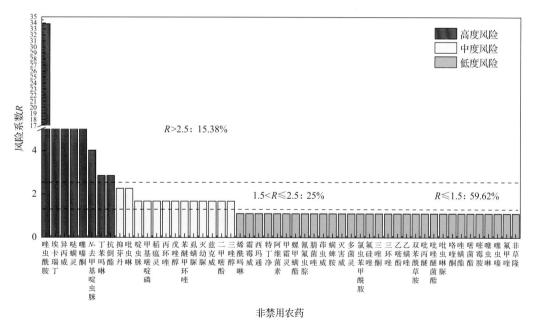

图 6-16　茶叶中 52 种非禁用农药的风险程度统计图

表 6-9 茶叶中 52 种非禁用农药的风险系数表

序号	农药	超标频次	超标率 P(%)	风险系数 R	风险程度
1	唑虫酰胺	56	32.75	33.85	高度风险
2	埃卡瑞丁	22	12.87	13.97	高度风险
3	异丙威	18	10.53	11.63	高度风险
4	哒螨灵	8	4.68	5.78	高度风险
5	噻嗪酮	7	4.09	5.19	高度风险
6	N-去甲基啶虫脒	5	2.92	4.02	高度风险
7	丁苯吗啉	3	1.75	2.85	高度风险
8	抗倒酯	3	1.75	2.85	高度风险
9	抑芽丹	2	1.17	2.27	中度风险
10	吡虫啉	2	1.17	2.27	中度风险
11	啶虫脒	1	0.58	1.68	中度风险
12	甲基嘧啶磷	1	0.58	1.68	中度风险
13	稻瘟灵	1	0.58	1.68	中度风险
14	丙环唑	1	0.58	1.68	中度风险
15	戊唑醇	1	0.58	1.68	中度风险
16	苯醚甲环唑	1	0.58	1.68	中度风险
17	虱螨脲	1	0.58	1.68	中度风险
18	灭幼脲	1	0.58	1.68	中度风险
19	兹克威	1	0.58	1.68	中度风险
20	二甲嘧酚	1	0.58	1.68	中度风险
21	三唑醇	1	0.58	1.68	中度风险
22	烯酰吗啉	0	0.00	1.10	低度风险
23	霜霉威	0	0.00	1.10	低度风险
24	西玛通	0	0.00	1.10	低度风险
25	特丁净	0	0.00	1.10	低度风险
26	阿维菌素	0	0.00	1.10	低度风险
27	甲霜灵	0	0.00	1.10	低度风险
28	螺甲螨酯	0	0.00	1.10	低度风险
29	氰氟虫腙	0	0.00	1.10	低度风险
30	腈菌唑	0	0.00	1.10	低度风险
31	茚虫威	0	0.00	1.10	低度风险

续表

序号	农药	超标频次	超标率 P(%)	风险系数 R	风险程度
32	螨蟀胺	0	0.00	1.10	低度风险
33	灭害威	0	0.00	1.10	低度风险
34	多菌灵	0	0.00	1.10	低度风险
35	氯虫苯甲酰胺	0	0.00	1.10	低度风险
36	氟硅唑	0	0.00	1.10	低度风险
37	三唑酮	0	0.00	1.10	低度风险
38	三环唑	0	0.00	1.10	低度风险
39	乙嘧酚	0	0.00	1.10	低度风险
40	乙螨唑	0	0.00	1.10	低度风险
41	双苯酰草胺	0	0.00	1.10	低度风险
42	吡丙醚	0	0.00	1.10	低度风险
43	吡唑醚菌酯	0	0.00	1.10	低度风险
44	吡虫啉脲	0	0.00	1.10	低度风险
45	咯喹酮	0	0.00	1.10	低度风险
46	唑螨酯	0	0.00	1.10	低度风险
47	嘧菌酯	0	0.00	1.10	低度风险
48	嘧霉胺	0	0.00	1.10	低度风险
49	噻虫啉	0	0.00	1.10	低度风险
50	噻虫嗪	0	0.00	1.10	低度风险
51	氟甲喹	0	0.00	1.10	低度风险
52	非草隆	0	0.00	1.10	低度风险

6.4　LC-Q-TOF/MS 侦测天津市市售茶叶农药残留风险评估结论与建议

　　农药残留是影响茶叶安全和质量的主要因素，也是我国食品安全领域备受关注的敏感话题和亟待解决的重大问题之一[15,16]。各种茶叶均存在不同程度的农药残留现象，本研究主要针对天津市各类茶叶存在的农药残留问题，基于 2019 年 2 月对天津市 171 例茶叶样品中农药残留侦测得出的 637 个侦测结果，分别采用食品安全指数模型和风险系数模型，开展茶叶中农药残留的膳食暴露风险和预警风险评估。茶叶样品取自超市和茶叶专营店，符合大众的膳食来源，风险评价时更具有代表性和可信度。

　　本研究力求通用简单地反映食品安全中的主要问题，且为管理部门和大众容易接受，为政府及相关管理机构建立科学的食品安全信息发布和预警体系提供科学的规律与方法，加强对农药残留的预警和食品安全重大事件的预防，控制食品风险。

6.4.1　天津市茶叶中农药残留膳食暴露风险评价结论

1)茶叶样品中农药残留安全状态评价结论

采用食品安全指数模型，对 2019 年 2 月期间天津市茶叶食品农药残留膳食暴露风险进行评价，根据 IFS_c 的计算结果发现，茶叶中农药的 $\overline{IFS}$ 为 $9.76×10^{-5}$，说明天津市茶叶总体处于可以接受的安全状态，但部分禁用农药、高残留农药在茶叶中仍有侦测出，导致膳食暴露风险的存在，成为不安全因素。

2)禁用农药膳食暴露风险评价

本次检测发现部分茶叶样品中有禁用农药侦测出，侦测出禁用农药 4 种，侦测出频次为 50，茶叶样品中的禁用农药 IFS_c 计算结果表明，禁用农药残留膳食暴露风险没有影响的频次为 50，占 100%。

6.4.2　天津市茶叶中农药残留预警风险评价结论

1)单种茶叶中禁用农药残留的预警风险评价结论

本次检测过程中，在 5 种茶叶中检测出 4 种禁用农药，禁用农药为：克百威、毒死蜱、氧乐果、三唑磷，茶叶为：乌龙茶、绿茶、红茶、花茶、白茶，茶叶中禁用农药的风险系数分析结果显示，4 种禁用农药在 5 种茶叶中的残留处均于高度风险，说明在单种茶叶中禁用农药的残留会导致较高的预警风险。

2)单种茶叶中非禁用农药残留的预警风险评价结论

以 MRL 中国国家标准为标准，计算茶叶中非禁用农药风险系数情况下，108 个样本中，33 个处于低度风险(30.56%)，75 个样本没有 MRL 中国国家标准(69.44%)。以 MRL 欧盟标准为标准，计算茶叶中非禁用农药风险系数情况下，发现有 31 个处于高度风险(28.7%)，77 个处于低度风险(71.3%)。基于两种 MRL 标准，评价的结果差异显著，可以看出 MRL 欧盟标准比中国国家标准更加严格和完善，过于宽松的 MRL 中国国家标准值能否有效保障人体的健康有待研究。

6.4.3　加强天津市茶叶食品安全建议

我国食品安全风险评价体系仍不够健全，相关制度不够完善，多年来，由于农药用药次数多、用药量大或用药间隔时间短，产品残留量大，农药残留所造成的食品安全问题日益严峻，给人体健康带来了直接或间接的危害。据估计，美国与农药有关的癌症患者数约占全国癌症患者总数的 50%，中国更高。同样，农药对其他生物也会形成直接杀伤和慢性危害，植物中的农药可经过食物链逐级传递并不断蓄积，对人和动物构成潜在威胁，并影响生态系统。

基于本次农药残留侦测数据的风险评价结果，提出以下几点建议：

1) 加快食品安全标准制定步伐

我国食品标准中对农药每日允许最大摄入量 ADI 的数据严重缺乏，在本次评价所涉及的 56 种农药中，仅有 73.21%的农药具有 ADI 值，而 26.79%的农药中国尚未规定相应的 ADI 值，亟待完善。

我国食品中农药最大残留限量值的规定严重缺乏，对评估涉及的不同茶叶中不同农药 117 个 MRL 限值进行统计来看，我国仅制定出 36 个标准，我国标准完整率仅为 30.77%，欧盟的完整率达到 100%（表 6-10）。因此，中国更应加快 MRL 的制定步伐。

表 6-10　我国国家食品标准农药的 ADI、MRL 值与欧盟标准的数量差异

分类		中国 ADI	MRL 中国国家标准	MRL 欧盟标准
标准限值(个)	有	41	36	117
	无	15	81	0
总数(个)		56	117	117
无标准限值比例(%)		26.79	69.23	0

此外，MRL 中国国家标准限值普遍高于欧盟标准限值，这些标准中共有 25 个高于欧盟。过高的 MRL 值难以保障人体健康，建议继续加强对限值基准和标准的科学研究，将农产品中的危险性减少到尽可能低的水平。

2) 加强农药的源头控制和分类监管

在天津市某些茶叶中仍有禁用农药残留，利用 LC-Q-TOF/MS 技术侦测出 4 种禁用农药，检出频次为 50 次，残留禁用农药均存在较大的膳食暴露风险和预警风险。早已列入黑名单的禁用农药在我国并未真正退出，有些药物由于价格便宜、工艺简单，此类高毒农药一直生产和使用。建议在我国采取严格有效的控制措施，从源头控制禁用农药。

对于非禁用农药，在我国作为"田间地头"最典型单位的县级茶叶产地中，农药残留的检测几乎缺失。建议根据农药的毒性，对高毒、剧毒、中毒农药实现分类管理，减少使用高毒和剧毒高残留农药，进行分类监管。

3) 加强农药生物基准和降解技术研究

市售茶叶中残留农药的品种多、频次高、禁用农药多次检出这一现状，说明了我国的田间土壤和水体因农药长期、频繁、不合理的使用而遭到严重污染。为此，建议中国相关部门出台相关政策，鼓励高校及科研院所积极开展分子生物学、酶学等研究，加强土壤、水体中残留农药的生物修复及降解新技术研究，切实加大农药监管力度，以控制农药的面源污染问题。

综上所述，在本工作基础上，根据茶叶残留危害，可进一步针对其成因提出和采取严格管理、大力推广无公害茶叶种植与生产、健全食品安全控制技术体系、加强茶叶质量检测体系建设和积极推行茶叶质量追溯制度等相应对策。建立和完善食品安全综合评价指数与风险监测预警系统，对食品安全进行实时、全面的监控与分析，为我国的食品安全科学监管与决策提供新的技术支持，可实现各类检验数据的信息化系统管理，降低食品安全事故的发生。

第7章 GC-Q-TOF/MS 侦测天津市 171 例市售茶叶样品农药残留报告

从天津市所属 11 个区，随机采集了 171 例茶叶样品，使用气相色谱-四极杆飞行时间质谱(GC-Q-TOF/MS)对 684 种农药化学污染物示范侦测。

7.1 样品种类、数量与来源

7.1.1 样品采集与检测

为了真实反映百姓日常饮用的茶叶中农药残留污染状况，本次所有检测样品均由检验人员于 2019 年 2 月期间，从天津市所属 18 个采样点，包括 9 个茶叶专营店 9 个超市，以随机购买方式采集，总计 18 批 171 例样品，从中检出农药 66 种，1080 频次。采样及监测概况见图 7-1 及表 7-1，样品及采样点明细见表 7-2 及表 7-3(侦测原始数据见附表 1)。

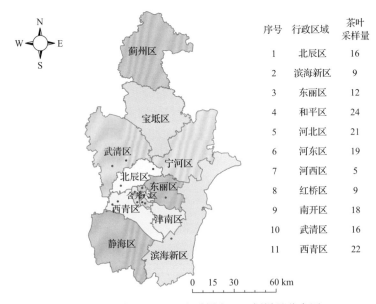

序号	行政区域	茶叶采样量
1	北辰区	16
2	滨海新区	9
3	东丽区	12
4	和平区	24
5	河北区	21
6	河东区	19
7	河西区	5
8	红桥区	9
9	南开区	18
10	武清区	16
11	西青区	22

图 7-1 天津市所属 18 个采样点 171 例样品分布图

表 7-1 农药残留监测总体概况

采样地区	天津市所属 11 个区
采样点(茶叶专营店+超市)	18
样本总数	171
检出农药品种/频次	66/1080
各采样点样本农药残留检出率范围	66.7%~100.0%

表 7-2　样品分类及数量

样品分类	样品名称(数量)	数量小计
1. 茶叶		171
1)发酵类茶叶	白茶(9),黑茶(17),红茶(39),乌龙茶(17)	82
2)未发酵类茶叶	花茶(33),绿茶(56)	89
合计	茶叶 6 种	171

表 7-3　天津市采样点信息

采样点序号	行政区域	采样点
茶叶专营店(9)		
1	东丽区	***茶庄(津塘路店)
2	和平区	***茶庄(恒隆广场店)
3	河北区	***茶叶店
4	河东区	***茶庄(津滨大道店)
5	河西区	***茶庄
6	红桥区	***茶庄(东北角店)
7	南开区	***茶庄(大悦城店)
8	武清区	***茶叶店
9	西青区	***茶庄(物美华苑店)
超市(9)		
1	北辰区	***超市(北辰店)
2	北辰区	***超市(北辰店)
3	滨海新区	***超市(塘沽店)
4	和平区	***超市(天河城店)
5	河北区	***超市(友谊新都店)
6	河东区	***超市(泰兴路店)
7	南开区	***超市(龙城店)
8	武清区	***超市(三店)
9	西青区	***超市(华苑店)

7.1.2　检测结果

这次使用的检测方法是庞国芳院士团队最新研发的不需使用标准品对照，而以高分辨精确质量数(0.0001 *m/z*)为基准的 GC-Q-TOF/MS 检测技术，对于 171 例样品，每个样品均侦测了 684 种农药化学污染物的残留现状。通过本次侦测,在 171 例样品中共计检出农药化学污染物 66 种,检出 1080 频次。

7.1.2.1　各采样点样品检出情况

统计分析发现 18 个采样点中,被测样品的农药检出率范围为 66.7%～100.0%。其中,有 15 个采样点样品的检出率最高,达到了 100.0%,分别是:***超市(北辰店)、***超市(北辰店)、***超市(塘沽店)、***茶庄(津塘路店)、***茶庄(恒隆广场店)、***超市(天河城店)、***茶叶店、***超市(泰兴路店)、***茶庄(津滨大道店)、***茶庄、***茶庄(东北角店)、***超市(龙城店)、***茶庄(大悦城店)、***茶庄(***华苑店)和***超市(华苑店)。***超市(友谊新都店)的检出率最低,为 66.7%,见图 7-2。

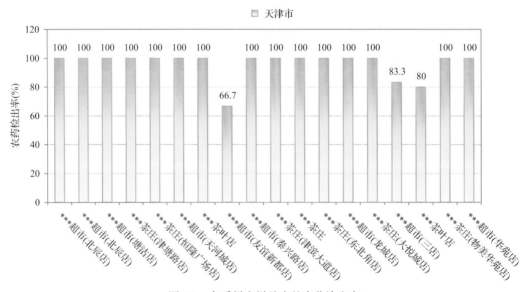

图 7-2　各采样点样品中的农药检出率

7.1.2.2　检出农药的品种总数与频次

统计分析发现,对于 171 例样品中 684 种农药化学污染物的侦测,共检出农药 1080 频次,涉及农药 66 种,结果如图 7-3 所示。其中联苯菊酯检出频次最高,共检出 152 次。检出频次排名前 10 的农药如下:①联苯菊酯(152),②唑虫酰胺(115),③异丁子香酚(99),④炔丙菊酯(75),⑤氯氟氰菊酯(52),⑥2,6-二硝基-3-甲氧基-4-叔丁基甲苯(46),⑦丁香酚(44),⑧甲醚菊酯(43),⑨毒死蜱(41),⑩苯醚氰菊酯(31)。

由图 7-4 可见,绿茶、花茶和红茶这 3 种茶叶样品中检出的农药品种数较高,均超过 30 种,其中,绿茶检出农药品种最多,为 45 种。由图 7-5 可见,花茶、绿茶和红茶这 3 种茶叶样品中的农药检出频次较高,均超过 100 次,其中,花茶检出农药频次最高,为 378 次。

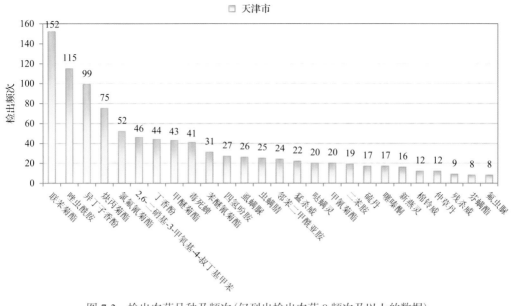

图 7-3　检出农药品种及频次(仅列出检出农药 8 频次及以上的数据)

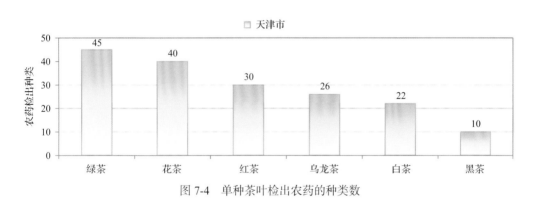

图 7-4　单种茶叶检出农药的种类数

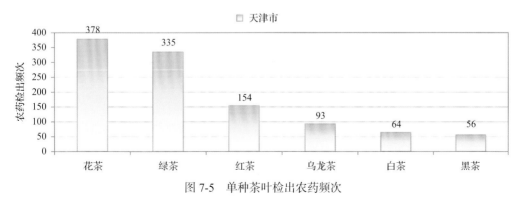

图 7-5　单种茶叶检出农药频次

7.1.2.3　单例样品农药检出种类与占比

对单例样品检出农药种类和频次进行统计发现，未检出农药的样品占总样品数的 2.3%，检出 1 种农药的样品占总样品数的 3.5%，检出 2~5 种农药的样品占总样品数的

44.4%，检出 6~10 种农药的样品占总样品数的 34.5%，检出大于 10 种农药的样品占总样品数的 15.2%。每例样品中平均检出农药为 6.3 种，数据见表 7-4 及图 7-6。

表 7-4　单例样品检出农药品种占比

检出农药品种数	样品数量/占比(%)
未检出	4/2.3
1 种	6/3.5
2~5 种	76/44.4
6~10 种	59/34.5
大于 10 种	26/15.2
单例样品平均检出农药品种	6.3 种

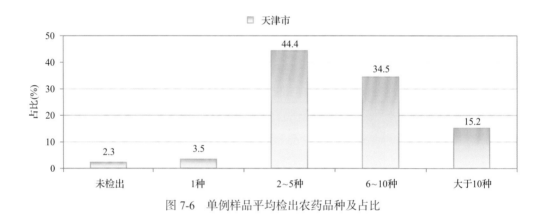

图 7-6　单例样品平均检出农药品种及占比

7.1.2.4　检出农药类别与占比

所有检出农药按功能分类，包括杀虫剂、杀菌剂、除草剂、杀螨剂、植物生长调节剂和其他共 6 类。其中杀虫剂与杀菌剂为主要检出的农药类别，分别占总数的 51.5% 和 21.2%，见表 7-5 及图 7-7。

表 7-5　检出农药所属类别/占比

农药类别	数量/占比(%)
杀虫剂	34/51.5
杀菌剂	14/21.2
除草剂	8/12.1
杀螨剂	5/7.6
植物生长调节剂	2/3.0
其他	3/4.5

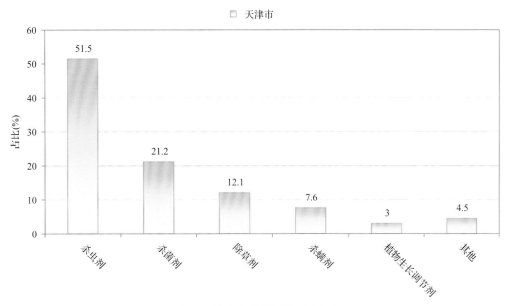

图 7-7　检出农药所属类别和占比

7.1.2.5　检出农药的残留水平

按检出农药残留水平进行统计，残留水平在 1~5 μg/kg（含）的农药占总数的 5.5%，在 5~10 μg/kg（含）的农药占总数的 10.3%，在 10~100 μg/kg（含）的农药占总数的 61.3%，在 100~1000 μg/kg（含）的农药占总数的 22.9%，在>1000 μg/kg 的农药占总数的 0.1%。

由此可见，这次检测的 18 批 171 例茶叶样品中农药多数处于中高残留水平。结果见表 7-6 及图 7-8，数据见附表 2。

表 7-6　农药残留水平/占比

残留水平（μg/kg）	检出频次数/占比（%）
1~5（含）	59/5.5
5~10（含）	111/10.3
10~100（含）	662/61.3
100~1000（含）	247/22.9
>1000	1/0.1

7.1.2.6　检出农药的毒性类别、检出频次和超标频次及占比

对这次检出的 66 种 1080 频次的农药，按剧毒、高毒、中毒、低毒和微毒这五个毒性类别进行分类，从中可以看出，天津市目前普遍使用的农药为中低微毒农药，品种占 92.4%，频次占 98.8%，结果见表 7-7 及图 7-9。

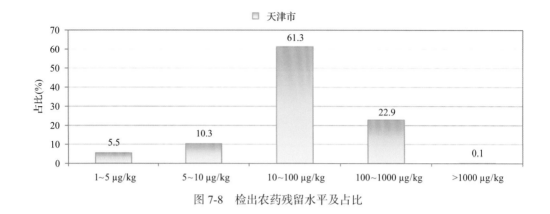

图 7-8　检出农药残留水平及占比

表 7-7　检出农药毒性类别/占比

毒性分类	农药品种/占比(%)	检出频次/占比(%)	超标频次/超标率(%)
剧毒农药	0/0	0/0.0	0/0.0
高毒农药	5/7.6	13/1.2	0/0.0
中毒农药	31/47.0	764/70.7	2/0.3
低毒农药	26/39.4	288/26.7	0/0.0
微毒农药	4/6.1	15/1.4	0/0.0

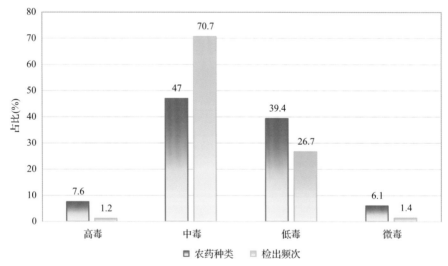

图 7-9　检出农药的毒性分类和占比

7.1.2.7　检出剧毒/高毒类农药的品种和频次

值得特别关注的是，在此次侦测的 171 例样品中有 4 种茶叶的 12 例样品检出了 5 种 13 频次的剧毒和高毒农药，占样品总量的 7.0%，详见图 7-10、表 7-8 及表 7-9。

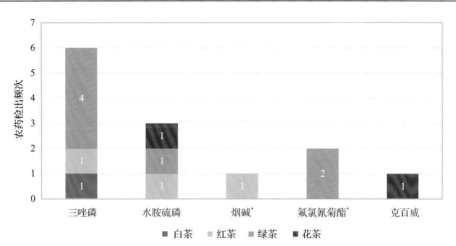

图 7-10　检出剧毒/高毒农药的样品情况

*表示允许在茶叶上使用的农药

表 7-8 剧毒农药检出情况

序号	农药名称	检出频次	超标频次	超标率
		茶叶中未检出剧毒农药		
	合计	0	0	超标率：0.0%

表 7-9　高毒农药检出情况

序号	农药名称	检出频次	超标频次	超标率
		从 4 种茶叶中检出 5 种高毒农药，共计检出 13 次		
1	三唑磷	6	0	0.0%
2	水胺硫磷	3	0	0.0%
3	氟氯氰菊酯	2	0	0.0%
4	克百威	1	0	0.0%
5	烟碱	1	0	0.0%
	合计	13	0	超标率：0.0%

在检出的剧毒和高毒农药中，有 3 种是我国早已禁止在茶叶上使用的，分别是：克百威、三唑磷和水胺硫磷。禁用农药的检出情况见表 7-10。

表 7-10　禁用农药检出情况

序号	农药名称	检出频次	超标频次	超标率
		从 5 种茶叶中检出 7 种禁用农药，共计检出 75 次		
1	毒死蜱	41	0	0.0%
2	硫丹	17	0	0.0%
3	三唑磷	6	0	0.0%
4	三氯杀螨醇	5	2	40.0%

续表

序号	农药名称	检出频次	超标频次	超标率
5	水胺硫磷	3	0	0.0%
6	氟虫腈	2	0	0.0%
7	克百威	1	0	0.0%
合计		75	2	超标率：2.7%

注：表中*为剧毒农药；超标结果参考 MRL 中国国家标准计算

此次抽检的茶叶样品中，没有检出剧毒农药。

样品中检出剧毒和高毒农药残留水平没有超过 MRL 中国国家标准，但本次检出结果仍表明，高毒、剧毒农药的使用现象依旧存在，详见表 7-11。

表 7-11　各样本中检出剧毒/高毒农药情况

样品名称	农药名称	检出频次	超标频次	检出浓度(µg/kg)
茶叶 4 种				
白茶	三唑磷▲	1	0	46.5
红茶	三唑磷▲	1	0	30.9
红茶	水胺硫磷▲	1	0	7.4
红茶	烟碱	1	0	56.9
花茶	克百威▲	1	0	25.9
花茶	水胺硫磷▲	1	0	27.1
绿茶	三唑磷▲	4	0	76.6, 13.7, 13.4, 41.2
绿茶	氟氯氰菊酯	2	0	58.4, 296.4
绿茶	水胺硫磷▲	1	0	27.3
合计		13	0	超标率：0.0%

注：表中*为剧毒农药；▲为禁用农药；a 为超标结果(参考 MRL 中国国家标准)

7.2　农药残留检出水平与最大残留限量标准对比分析

我国于 2016 年 12 月 18 日正式颁布并于 2017 年 6 月 18 日正式实施食品农药残留限量国家标准《食品中农药最大残留限量》(GB 2763—2016)。该标准包括 417 个农药条目，涉及最大残留限量(MRL)标准 4140 项。将 1080 频次检出农药的浓度水平与 4140 项 MRL 中国国家标准进行核对，其中只有 319 频次的结果找到了对应的 MRL，占 29.5%，还有 761 频次的结果则无相关 MRL 标准供参考，占 70.5%。

将此次侦测结果与国际上现行 MRL 对比发现，在 1080 频次的检出结果中有 1080 频次的结果找到了对应的 MRL 欧盟标准，占 100.0%；其中，456 频次的结果有明确对应的 MRL，占 42.2%，其余 624 频次按照欧盟一律标准判定，占 57.8%；有 1080 频次的结果找到了对应的 MRL 日本标准，占 100.0%；其中，567 频次的结果有明确对应的

MRL，占 52.5%，其余 513 频次按照日本一律标准判定，占 47.5%；有 273 频次的结果找到了对应的 MRL 中国香港标准，占 25.3%；有 361 频次的结果找到了对应的 MRL 美国标准，占 33.4%；有 294 频次的结果找到了对应的 MRL CAC 标准，占 27.2%（见图 7-11 和图 7-12，数据见附表 3 至附表 8）。

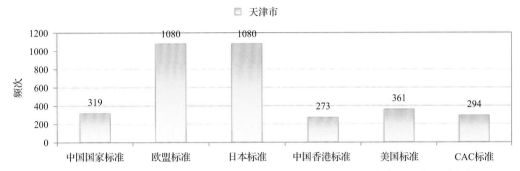

图 7-11　1080 频次检出农药可用 MRL 中国国家标准、欧盟标准、日本标准、中国香港标准、美国标准、CAC 标准判定衡量的数量

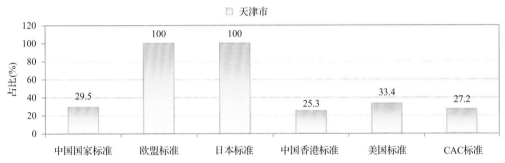

图 7-12　1080 频次检出农药可用 MRL 中国国家标准、欧盟标准、日本标准、中国香港标准、美国标准、CAC 标准衡量的占比

7.2.1　超标农药样品分析

　　本次侦测的 171 例样品中，4 例样品未检出任何残留农药，占样品总量的 2.3%，167 例样品检出不同水平、不同种类的残留农药，占样品总量的 97.7%。在此，我们将本次侦测的农残检出情况与 MRL 中国国家标准、欧盟标准、日本标准、中国香港标准、美国标准和 CAC 标准这 6 大国际主流标准进行对比分析，样品农残检出与超标情况见表 7-12、图 7-13 和图 7-14，详细数据见附表 9 至附表 14。

表 7-12　各 MRL 标准下样本农残检出与超标数量及占比

	中国国家标准 数量/占比(%)	欧盟标准 数量/占比(%)	日本标准 数量/占比(%)	中国香港标准 数量/占比(%)	美国标准 数量/占比(%)	CAC 标准 数量/占比(%)
未检出	4/2.3	4/2.3	4/2.3	4/2.3	4/2.3	4/2.3
检出未超标	165/96.5	2/1.2	11/6.4	167/97.7	167/97.7	167/97.7
检出超标	2/1.2	165/96.5	156/91.2	0/0.0	0/0.0	0/0.0

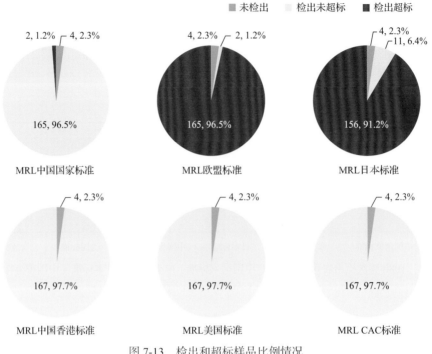

图 7-13　检出和超标样品比例情况

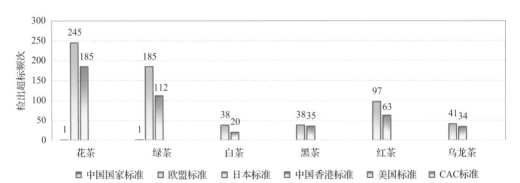

图 7-14　超过 MRL 中国国家标准、欧盟标准、日本标准、中国香港标准、美国标准和 CAC 标准结果
在茶叶中的分布

7.2.2　超标农药种类分析

按照 MRL 中国国家标准、欧盟标准、日本标准、中国香港标准、美国标准和 CAC 标准这 6 大国际主流标准衡量，本次侦测检出的农药超标品种及频次情况见表 7-13。

表 7-13　各 MRL 标准下超标农药品种及频次

	中国国家标准	欧盟标准	日本标准	中国香港标准	美国标准	CAC 标准
超标农药品种	1	38	32	0	0	0
超标农药频次	2	644	449	0	0	0

7.2.2.1　按 MRL 中国国家标准衡量

按 MRL 中国国家标准衡量，有 1 种农药超标，检出 2 频次，为中毒农药三氯杀螨醇。

按超标程度比较，花茶中三氯杀螨醇超标 1.9 倍，绿茶中三氯杀螨醇超标 0.2 倍。检测结果见图 7-15 和附表 15。

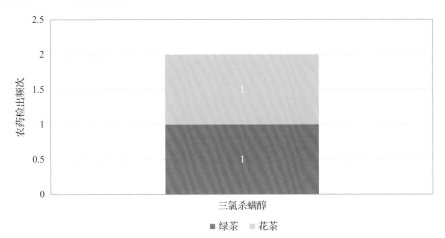

图 7-15　超过 MRL 中国国家标准农药品种及频次

7.2.2.2　按 MRL 欧盟标准衡量

按 MRL 欧盟标准衡量，共有 38 种农药超标，检出 644 频次，分别为高毒农药三唑磷、水胺硫磷和氟氯氰菊酯，中毒农药稻瘟灵、氯氟氰菊酯、异丁子香酚、异丙威、棉铃威、三唑醇、唑虫酰胺、2,3,5-混杀威、戊唑醇、苯醚氰菊酯、哒螨灵、炔丙菊酯、3,4,5-混杀威、哌草丹和丁香酚，低毒农药 2,6-二硝基-3-甲氧基-4-叔丁基甲苯、灭幼脲、芬螨酯、1,4-二甲基萘、邻苯二甲酰亚胺、8-羟基喹啉、猛杀威、噻嗪酮、螺螨酯、甲醚菊酯、唑胺菌酯、新燕灵、威杀灵、四氢吩胺、4,4-二氯二苯甲酮和西玛通，微毒农药醚菊酯、百菌清、绿麦隆和仲草丹。

按超标程度比较，红茶中 2,6-二硝基-3-甲氧基-4-叔丁基甲苯超标 100.0 倍，白茶中唑虫酰胺超标 98.1 倍，绿茶中唑虫酰胺超标 96.6 倍，乌龙茶中甲醚菊酯超标 90.4 倍，乌龙茶中炔丙菊酯超标 90.3 倍。检测结果见图 7-16 和附表 16。

7.2.2.3　按 MRL 日本标准衡量

按 MRL 日本标准衡量，共有 32 种农药超标，检出 449 频次，分别为高毒农药三唑磷、水胺硫磷和烟碱，中毒农药稻瘟灵、异丁子香酚、异丙威、2,3,5-混杀威、苯醚氰菊酯、茚虫威、炔丙菊酯、3,4,5-混杀威、哌草丹和丁香酚，低毒农药氟吡菌酰胺、2,6-二硝基-3-甲氧基-4-叔丁基甲苯、乙草胺、灭幼脲、芬螨酯、1,4-二甲基萘、邻苯二甲酰亚胺、猛杀威、8-羟基喹啉、联苯、甲醚菊酯、唑胺菌酯、新燕灵、威杀灵、四氢吩胺、4,4-二氯二苯甲酮和西玛通，微毒农药绿麦隆和仲草丹。

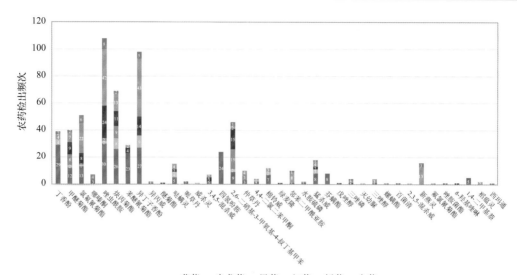

图 7-16　超过 MRL 欧盟标准农药品种及频次

按超标程度比较，红茶中 2,6-二硝基-3-甲氧基-4-叔丁基甲苯超标 100.0 倍，乌龙茶中甲醚菊酯超标 90.4 倍，乌龙茶中炔丙菊酯超标 90.3 倍，乌龙茶中茚虫威超标 80.0 倍，红茶中 8-羟基喹啉超标 76.3 倍。检测结果见图 7-17 和附表 17。

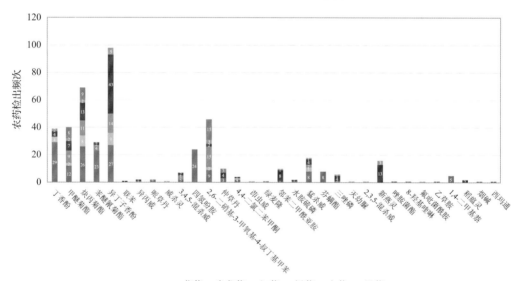

图 7-17　超过 MRL 日本标准农药品种及频次

7.2.2.4　按 MRL 中国香港标准衡量

按 MRL 中国香港标准衡量，无样品检出超标农药残留。

7.2.2.5　按 MRL 美国标准衡量

按 MRL 美国标准衡量，无样品检出超标农药残留。

7.2.2.6　按 MRL CAC 标准衡量

按 MRL CAC 标准衡量，无样品检出超标农药残留。

7.2.3　18 个采样点超标情况分析

7.2.3.1　按 MRL 中国国家标准衡量

按 MRL 中国国家标准衡量，有 2 个采样点的样品存在不同程度的超标农药检出，其中***超市(泰兴路店)的超标率最高，为 12.5%，如表 7-14 和图 7-18 所示。

表 7-14　超过 MRL 中国国家标准茶叶在不同采样点分布

序号	采样点	样品总数	超标数量	超标率(%)	行政区域
1	***超市(天河城店)	12	1	8.3	和平区
2	***超市(泰兴路店)	8	1	12.5	河东区

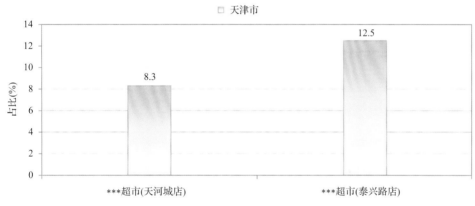

图 7-18　超过 MRL 中国国家标准茶叶在不同采样点分布

7.2.3.2　按 MRL 欧盟标准衡量

按 MRL 欧盟标准衡量，所有采样点的样品存在不同程度的超标农药检出，其中***茶叶店、***茶庄(物美华苑店)、***超市(龙城店)、***茶庄(恒隆广场店)、***茶庄(津塘路店)、***超市(天河城店)、***茶庄(津滨大道店)、***茶庄(东北角店)、***超市(泰兴路店)、***超市(华苑店)、***茶庄(大悦城店)、***茶庄和***超市(北辰店)的超标率最高，为 100.0%，如表 7-15 和图 7-19 所示。

表 7-15　超过 MRL 欧盟标准茶叶在不同采样点分布

序号	采样点	样品总数	超标数量	超标率(%)	行政区域
1	***茶叶店	18	18	100.0	河北区
2	***茶庄(***华苑店)	15	15	100.0	西青区
3	***超市(北辰店)	13	12	92.3	北辰区

序号	采样点	样品总数	超标数量	超标率(%)	行政区域
4	***超市(龙城店)	12	12	100.0	南开区
5	***茶庄(恒隆广场店)	12	12	100.0	和平区
6	***茶庄(津塘路店)	12	12	100.0	东丽区
7	***超市(天河城店)	12	12	100.0	和平区
8	***茶庄(津滨大道店)	11	11	100.0	河东区
9	***茶叶店	10	8	80.0	武清区
10	***超市(塘沽店)	9	8	88.9	滨海新区
11	***茶庄(东北角店)	9	9	100.0	红桥区
12	***超市(泰兴路店)	8	8	100.0	河东区
13	***超市(华苑店)	7	7	100.0	西青区
14	***茶庄(大悦城店)	6	6	100.0	南开区
15	***超市(三店)	6	5	83.3	武清区
16	***茶庄	5	5	100.0	河西区
17	***超市(北辰店)	3	3	100.0	北辰区
18	***超市(友谊新都店)	3	2	66.7	河北区

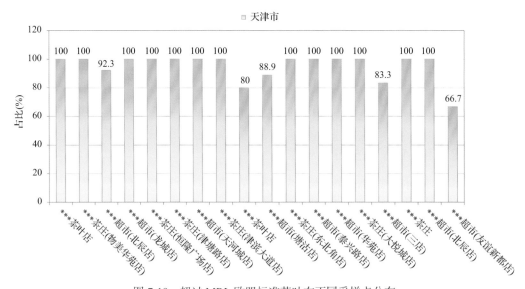

图 7-19 超过 MRL 欧盟标准茶叶在不同采样点分布

7.2.3.3 按 MRL 日本标准衡量

按 MRL 日本标准衡量，所有采样点的样品存在不同程度的超标农药检出，其中***超市(龙城店)、***茶庄(恒隆广场店)、***超市(天河城店)、***超市(泰兴路店)、***超市(华苑店)、***茶庄(大悦城店)、***茶庄和***超市(北辰店)的超标率最高，为

100.0%，如表 7-16 和图 7-20 所示。

表 7-16　超过 MRL 日本标准茶叶在不同采样点分布

序号	采样点	样品总数	超标数量	超标率(%)	行政区域
1	***茶叶店	18	17	94.4	河北区
2	***茶庄(物美华苑店)	15	14	93.3	西青区
3	***超市(北辰店)	13	10	76.9	北辰区
4	***超市(龙城店)	12	12	100.0	南开区
5	***茶庄(恒隆广场店)	12	12	100.0	和平区
6	***茶庄(津塘路店)	12	11	91.7	东丽区
7	***超市(天河城店)	12	12	100.0	和平区
8	***茶庄(津滨大道店)	11	10	90.9	河东区
9	***茶叶店	10	7	70.0	武清区
10	***超市(塘沽店)	9	8	88.9	滨海新区
11	***茶庄(东北角店)	9	8	88.9	红桥区
12	***超市(泰兴路店)	8	8	100.0	河东区
13	***超市(华苑店)	7	7	100.0	西青区
14	***茶庄(大悦城店)	6	6	100.0	南开区
15	***超市(三店)	6	4	66.7	武清区
16	***茶庄	5	5	100.0	河西区
17	***超市(北辰店)	3	3	100.0	北辰区
18	***超市(友谊新都店)	3	2	66.7	河北区

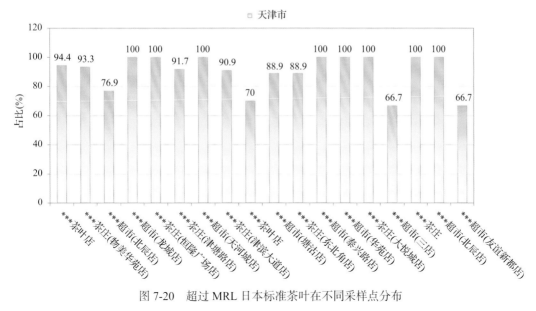

图 7-20　超过 MRL 日本标准茶叶在不同采样点分布

7.2.3.4 按 MRL 中国香港标准衡量

按 MRL 中国香港标准衡量，所有采样点的样品均未检出超标农药残留。

7.2.3.5 按 MRL 美国标准衡量

按 MRL 美国标准衡量，所有采样点的样品均未检出超标农药残留。

7.2.3.6 按 MRL CAC 标准衡量

按 MRL CAC 标准衡量，所有采样点的样品均未检出超标农药残留。

7.3 茶叶中农药残留分布

7.3.1 茶叶按检出农药品种和频次排名

本次残留侦测的茶叶共 6 种，包括白茶、黑茶、红茶、乌龙茶、花茶和绿茶。

根据检出农药品种及频次进行排名，将各项排名茶叶样品检出情况列表说明，详见表 7-17。

表 7-17 茶叶按检出农药品种和频次排名

按检出农药品种排名(品种)	①绿茶(45)，②花茶(40)，③红茶(30)，④乌龙茶(26)，⑤白茶(22)，⑥黑茶(10)
按检出农药频次排名(频次)	①花茶(378)，②绿茶(335)，③红茶(154)，④乌龙茶(93)，⑤白茶(64)，⑥黑茶(56)
按检出禁用、高毒及剧毒农药品种排名(品种)	①红茶(6)，②绿茶(6)，③花茶(5)，④白茶(3)，⑤乌龙茶(2)
按检出禁用、高毒及剧毒农药频次排名(频次)	①绿茶(29)，②花茶(25)，③乌龙茶(11)，④红茶(8)，⑤白茶(5)

7.3.2 茶叶按超标农药品种和频次排名

鉴于 MRL 欧盟标准和日本标准制定比较全面且覆盖率较高，我们参照 MRL 中国国家标准、欧盟标准和日本标准衡量茶叶样品中农残检出情况，将茶叶按超标农药品种及频次排名列表说明，详见表 7-18。

表 7-18 茶叶按超标农药品种和频次排名

按超标农药品种排名(农药品种数)	MRL 中国国家标准	①花茶(1)，②绿茶(1)
	MRL 欧盟标准	①花茶(26)，②绿茶(23)，③红茶(15)，④乌龙茶(14)，⑤白茶(12)，⑥黑茶(6)
	MRL 日本标准	①花茶(19)，②绿茶(17)，③红茶(12)，④乌龙茶(12)，⑤白茶(9)，⑥黑茶(4)

续表

按超标农药频次排名（农药频次数）	MRL 中国国家标准	①花茶（1），②绿茶（1）
	MRL 欧盟标准	①花茶（245），②绿茶（185），③红茶（97），④乌龙茶（41），⑤白茶（38），⑥黑茶（38）
	MRL 日本标准	①花茶（185），②绿茶（112），③红茶（63），④黑茶（35），⑤乌龙茶（34），⑥白茶（20）

通过对各品种茶叶样本总数及检出率进行综合分析发现，绿茶、花茶和红茶的残留污染最为严重，在此，我们参照 MRL 中国国家标准、欧盟标准和日本标准对这 3 种茶叶的农残检出情况进行进一步分析。

7.3.3　农药残留检出率较高的茶叶样品分析

7.3.3.1　绿茶

这次共检测 56 例绿茶样品，55 例样品中检出了农药残留，检出率为 98.2%，检出农药共计 45 种。其中联苯菊酯、异丁子香酚、唑虫酰胺、氯氟氰菊酯和毒死蜱检出频次较高，分别检出了 52、43、42、22 和 17 次。绿茶中农药检出品种和频次见图 7-21，超标农药见图 7-22 和表 7-19。

7.3.3.2　花茶

这次共检测 33 例花茶样品，全部检出了农药残留，检出率为 100.0%，检出农药共计 40 种。其中联苯菊酯、炔丙菊酯、丁香酚、唑虫酰胺和四氢吩胺检出频次较高，分别检出了 32、32、30、30 和 27 次。花茶中农药检出品种和频次见图 7-23，超标农药见图 7-24 和表 7-20。

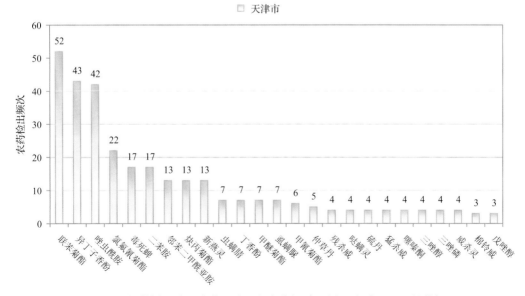

图 7-21　绿茶样品检出农药品种和频次分析(仅列出 3 频次及以上的数据)

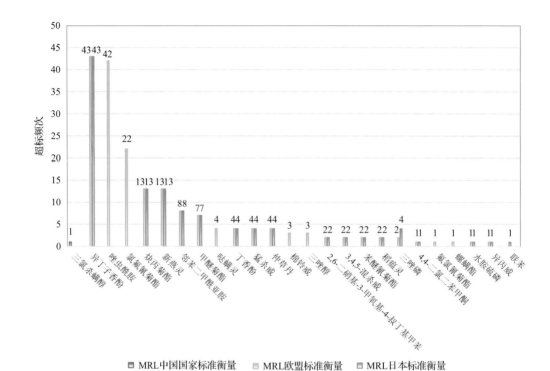

图 7-22　绿茶样品中超标农药分析

表 7-19　绿茶中农药残留超标情况明细表

样品总数	检出农药样品数	样品检出率(%)	检出农药品种总数
56	55	98.2	45

	超标农药品种	超标农药频次	按照 MRL 中国国家标准、欧盟标准和日本标准衡量超标农药名称及频次
中国国家标准	1	1	三氯杀螨醇(1)
欧盟标准	23	185	异丁子香酚(43),唑虫酰胺(42),氯氟氰菊酯(22),炔丙菊酯(13),新燕灵(13),邻苯二甲酰亚胺(8),甲醚菊酯(7),哒螨灵(4),丁香酚(4),猛杀威(4),仲草丹(4),棉铃威(3),三唑醇(3),2,6-二硝基-3-甲氧基-4-叔丁基甲苯(2),3,4,5-混杀威(2),苯醚氰菊酯(2),稻瘟灵(2),三唑磷(2),4,4-二氯二苯甲酮(1),氟氯氰菊酯(1),螺螨酯(1),水胺硫磷(1),异丙威(1)
日本标准	17	112	异丁子香酚(43),炔丙菊酯(13),新燕灵(13),邻苯二甲酰亚胺(8),甲醚菊酯(7),丁香酚(4),猛杀威(4),三唑磷(4),仲草丹(4),2,6-二硝基-3-甲氧基-4-叔丁基甲苯(2),3,4,5-混杀威(2),苯醚氰菊酯(2),稻瘟灵(2),4,4-二氯二苯甲酮(1),联苯(1),水胺硫磷(1),异丙威(1)

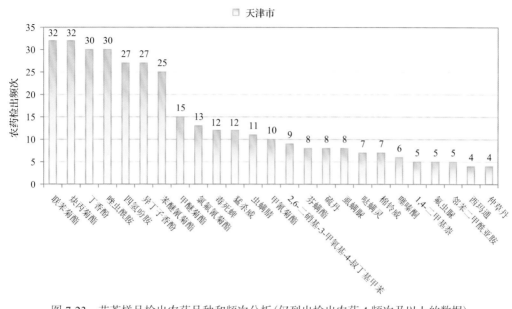

图 7-23　花茶样品检出农药品种和频次分析(仅列出检出农药 4 频次及以上的数据)

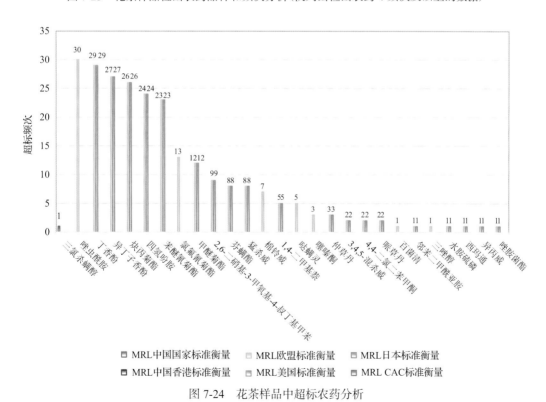

图 7-24　花茶样品中超标农药分析

表 7-20　花茶中农药残留超标情况明细表

样品总数		检出农药样品数	样品检出率(%)	检出农药品种总数
33		33	100	40

	超标农药品种	超标农药频次	按照 MRL 中国国家标准、欧盟标准和日本标准衡量超标农药名称及频次
中国国家标准	1	1	三氯杀螨醇(1)
欧盟标准	26	245	唑虫酰胺(30),丁香酚(29),异丁子香酚(27),炔丙菊酯(26),四氢吩胺(24),苯醚氰菊酯(23),氯氟氰菊酯(13),甲醚菊酯(12),2,6-二硝基-3-甲氧基-4-叔丁基甲苯(9),芬螨酯(8),猛杀威(8),棉铃威(7),1,4-二甲基萘(5),哒螨灵(5),噻嗪酮(3),仲草丹(3),3,4,5-混杀威(2),4,4-二氯二苯甲酮(2),哌草丹(2),百菌清(1),邻苯二甲酰亚胺(1),三唑醇(1),水胺硫磷(1),西玛通(1),异丙威(1),唑胺菌酯(1)
日本标准	19	185	丁香酚(29),异丁子香酚(27),炔丙菊酯(26),四氢吩胺(24),苯醚氰菊酯(23),甲醚菊酯(12),2,6-二硝基-3-甲氧基-4-叔丁基甲苯(9),芬螨酯(8),猛杀威(8),1,4-二甲基萘(5),仲草丹(3),3,4,5-混杀威(2),4,4-二氯二苯甲酮(2),哌草丹(2),邻苯二甲酰亚胺(1),水胺硫磷(1),西玛通(1),异丙威(1),唑胺菌酯(1)

7.3.3.3　红茶

这次共检测 39 例红茶样品，37 例样品中检出了农药残留，检出率为 94.9%，检出农药共计 30 种。其中联苯菊酯、唑虫酰胺、2,6-二硝基-3-甲氧基-4-叔丁基甲苯、异丁子香酚和炔丙菊酯检出频次较高，分别检出了 33、24、15、14 和 11 次。红茶中农药检出品种和频次见图 7-25，超标农药见图 7-26 和表 7-21。

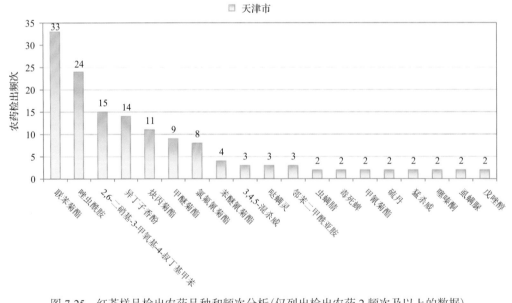

图 7-25　红茶样品检出农药品种和频次分析(仅列出检出农药 2 频次及以上的数据)

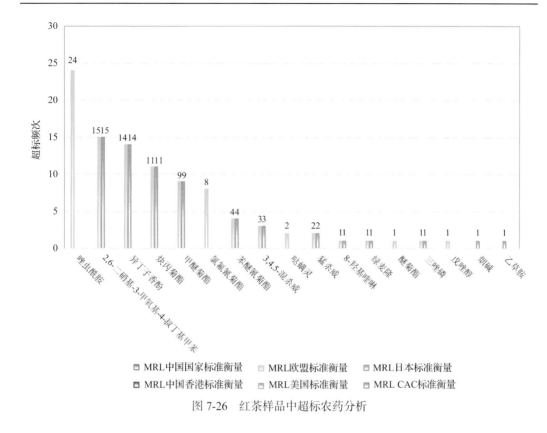

图 7-26　红茶样品中超标农药分析

表 7-21　红茶中农药残留超标情况明细表

样品总数	检出农药样品数	样品检出率(%)	检出农药品种总数
39	37	94.9	30

	超标农药品种	超标农药频次	按照 MRL 中国国家、欧盟标准和日本标准衡量超标农药名称及频次
中国国家标准	0	0	
欧盟标准	15	97	唑虫酰胺(24),2,6-二硝基-3-甲氧基-4-叔丁基甲苯(15),异丁子香酚(14),炔丙菊酯(11),甲醚菊酯(9),氯氟氰菊酯(8),苯醚氰菊酯(4),3,4,5-混杀威(3),哒螨灵(2),猛杀威(2),8-羟基喹啉(1),绿麦隆(1),醚菊酯(1),三唑磷(1),戊唑醇(1)
日本标准	12	63	2,6-二硝基-3-甲氧基-4-叔丁基甲苯(15),异丁子香酚(14),炔丙菊酯(11),甲醚菊酯(9),苯醚氰菊酯(4),3,4,5-混杀威(3),猛杀威(2),8-羟基喹啉(1),绿麦隆(1),三唑磷(1),烟碱(1),乙草胺(1)

7.4　初　步　结　论

7.4.1　天津市市售茶叶按 MRL 中国国家标准和国际主要标准衡量的合格率

本次侦测的 171 例样品中，4 例样品未检出任何残留农药，占样品总量的 2.3%，167

例样品检出不同水平、不同种类的残留农药，占样品总量的97.7%。在这167例检出农药残留的样品中：

按照 MRL 中国国家标准衡量，有165例样品检出残留农药但含量没有超标，占样品总数的96.5%，有2例样品检出了超标农药，占样品总数的1.2%；

按照 MRL 欧盟标准衡量，有2例样品检出残留农药但含量没有超标，占样品总数的1.2%，有165例样品检出了超标农药，占样品总数的96.5%；

按照 MRL 日本标准衡量，有11例样品检出残留农药但含量没有超标，占样品总数的6.4%，有156例样品检出了超标农药，占样品总数的91.2%；

按照 MRL 中国香港标准衡量，有167例样品检出残留农药但含量没有超标，占样品总数的97.7%，无检出残留农药超标的样品；

按照 MRL 美国标准衡量，有167例样品检出残留农药但含量没有超标，占样品总数的97.7%，无检出残留农药超标的样品；

按照 MRL CAC 标准衡量，有167例样品检出残留农药但含量没有超标，占样品总数的97.7%，无检出残留农药超标的样品。

7.4.2 天津市市售茶叶中检出农药以中低微毒农药为主，占市场主体的92.4%

这次侦测的171例茶叶样品共检出了66种农药，检出农药的毒性以中低微毒为主，详见表7-22。

表 7-22　市场主体农药毒性分布

毒性	检出品种	占比	检出频次	占比
高毒农药	5	7.6%	13	1.2%
中毒农药	31	47.0%	764	70.7%
低毒农药	26	39.4%	288	26.7%
微毒农药	4	6.1%	15	1.4%
中低微毒农药，品种占比92.4%，频次占比98.8%				

7.4.3 检出剧毒、高毒和禁用农药现象应该警醒

在此次侦测的171例样品中有5种茶叶的60例样品检出了9种78频次的剧毒和高毒或禁用农药，占样品总量的35.1%。其中高毒农药三唑磷、水胺硫磷和氟氯氰菊酯检出频次较高。

按 MRL 中国国家标准衡量，高毒农药按超标程度比较未超标。

剧毒、高毒或禁用农药的检出情况及按照 MRL 中国国家标准衡量的超标情况见表7-23。

表 7-23　剧毒、高毒或禁用农药的检出及超标明细

序号	农药名称	样品名称	检出频次	超标频次	最大超标倍数	超标率
1.1	氟氯氰菊酯◇	绿茶	2	0	0	0.0%
2.1	克百威◇▲	花茶	1	0	0	0.0%
3.1	三唑磷◇▲	绿茶	4	0	0	0.0%
3.2	三唑磷◇▲	白茶	1	0	0	0.0%
3.3	三唑磷◇▲	红茶	1	0	0	0.0%
4.1	水胺硫磷◇▲	红茶	1	0	0	0.0%
4.2	水胺硫磷◇▲	花茶	1	0	0	0.0%
4.3	水胺硫磷◇▲	绿茶	1	0	0	0.0%
5.1	烟碱◇	红茶	1	0	0	0.0%
6.1	毒死蜱▲	绿茶	17	0	0	0.0%
6.2	毒死蜱▲	花茶	12	0	0	0.0%
6.3	毒死蜱▲	乌龙茶	10	0	0	0.0%
6.4	毒死蜱▲	红茶	2	0	0	0.0%
7.1	氟虫腈▲	白茶	1	0	0	0.0%
7.2	氟虫腈▲	红茶	1	0	0	0.0%
8.1	硫丹▲	花茶	8	0	0	0.0%
8.2	硫丹▲	绿茶	4	0	0	0.0%
8.3	硫丹▲	白茶	3	0	0	0.0%
8.4	硫丹▲	红茶	2	0	0	0.0%
9.1	三氯杀螨醇▲	花茶	3	1	1.9275	33.3%
9.2	三氯杀螨醇▲	绿茶	1	1	0.181	100.0%
9.3	三氯杀螨醇▲	乌龙茶	1	0	0	0.0%
合计			78	2		2.6%

注：表中*为剧毒农药；◇ 为高毒农药；▲为禁用农药；超标倍数参照 MRL 中国国家标准衡量

　　这些剧毒和高毒农药都是中国政府早有规定禁止在茶叶中使用的，为什么还屡次被检出，应该引起警惕。

7.4.4　残留限量标准与先进国家或地区差距较大

　　1080 频次的检出结果与我国公布的《食品中农药最大残留限量》(GB 2763—2016)对比，有 319 频次能找到对应的 MRL 中国国家标准，占 29.5%；还有 761 频次的侦测数据无相关 MRL 标准供参考，占 70.5%。

　　与国际上现行 MRL 对比发现：

　　有 1080 频次能找到对应的 MRL 欧盟标准，占 100.0%；

　　有 1080 频次能找到对应的 MRL 日本标准，占 100.0%；

有 273 频次能找到对应的 MRL 中国香港标准，占 25.3%；

有 361 频次能找到对应的 MRL 美国标准，占 33.4%；

有 294 频次能找到对应的 MRL CAC 标准，占 27.2%。

由上可见，MRL 中国国家标准与先进国家或地区标准还有很大差距，我们无标准，境外有标准，这就会导致我们在国际贸易中，处于受制于人的被动地位。

7.4.5 茶叶单种样品检出 30~45 种农药残留，拷问农药使用的科学性

通过此次监测发现，绿茶、花茶和红茶是检出农药品种最多的 3 种茶叶，从中检出农药品种及频次详见表 7-24。

表 7-24 单种样品检出农药品种及频次

样品名称	样品总数	检出农药样品数	检出率	检出农药品种数	检出农药(频次)
绿茶	56	55	98.2%	45	联苯菊酯(52),异丁子香酚(43),唑虫酰胺(42),氯氟氰菊酯(22),毒死蜱(17),二苯胺(17),邻苯二甲酰亚胺(13),炔丙菊酯(13),新燕灵(13),虫螨腈(7),丁香酚(7),甲醚菊酯(7),虱螨脲(7),甲氰菊酯(6),仲丁丹(5),残杀威(4),哒螨灵(4),硫丹(4),猛杀威(4),噻嗪酮(4),三唑醇(4),三唑磷(4),威杀灵(4),棉铃威(3),戊唑醇(3),2,6-二硝基-3-甲氧基-4-叔丁基甲苯(2),3,4,5-混杀威(2),苯醚氰菊酯(2),稻瘟灵(2),氟虫脲(2),氯氰菊酯(2),4,4-二氯二苯甲酮(1),丙环唑(1),丙溴磷(1),草完隆(1),甲基嘧啶磷(1),联苯(1),螺螨酯(1),氯菊酯(1),嘧霉胺(1),哌草丹(1),三氯杀螨醇(1),水胺硫磷(1),五氯苯甲腈(1),异丙威(1)
花茶	33	33	100.0%	40	联苯菊酯(32),炔丙菊酯(32),丁香酚(30),唑虫酰胺(30),四氢吩胺(27),异丁子香酚(27),苯醚氰菊酯(25),甲醚菊酯(15),氯氟氰菊酯(13),毒死蜱(12),猛杀威(12),虫螨腈(11),甲氰菊酯(10),2,6-二硝基-3-甲氧基-4-叔丁基甲苯(9),芬螨酯(8),硫丹(8),虱螨脲(8),哒螨灵(7),棉铃威(7),噻嗪酮(6),1,4-二甲基萘(5),氟虫脲(5),邻苯二甲酰亚胺(5),西玛通(4),仲丁丹(4),4,4-二氯二苯甲酮(3),三氯杀螨醇(3),三唑醇(3),仲丁威(3),3,4,5-混杀威(2),残杀威(2),哌草丹(2),百菌清(1),二苯胺(1),克百威(1),水胺硫磷(1),戊唑醇(1),异丙威(1),莠去通(1),唑胺菌酯(1)
红茶	39	37	94.9%	30	联苯菊酯(33),唑虫酰胺(24),2,6-二硝基-3-甲氧基-4-叔丁基甲苯(15),异丁子香酚(14),炔丙菊酯(11),甲醚菊酯(9),氯氟氰菊酯(8),苯醚氰菊酯(4),3,4,5-混杀威(3),哒螨灵(3),邻苯二甲酰亚胺(3),虫螨腈(2),毒死蜱(2),甲氰菊酯(2),硫丹(2),猛杀威(2),噻嗪酮(2),虱螨脲(2),戊唑醇(2),8-羟基喹啉(1),丙环唑(1),草完隆(1),氟虫腈(1),绿麦隆(1),醚菊酯(1),三唑磷(1),水胺硫磷(1),威杀灵(1),烟碱(1),乙草胺(1)

上述 3 种茶叶，检出农药 30~45 种，是多种农药综合防治，还是未严格实施农业良好管理规范(GAP)，抑或根本就是乱施药，值得我们思考。

第8章 GC-Q-TOF/MS 侦测天津市市售茶叶农药残留膳食暴露风险与预警风险评估

8.1 农药残留风险评估方法

8.1.1 天津市农药残留侦测数据分析与统计

庞国芳院士科研团队建立的农药残留高通量侦测技术以高分辨精确质量数（0.0001 m/z 为基准）为识别标准，采用 GC-Q-TOF/MS 技术对 684 种农药化学污染物进行侦测。

科研团队于 2019 年 2 月期间在天津市 18 个采样点，随机采集了 171 例茶叶样品，具体位置如图 8-1 所示。

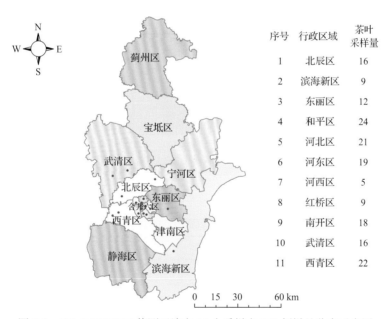

序号	行政区域	茶叶采样量
1	北辰区	16
2	滨海新区	9
3	东丽区	12
4	和平区	24
5	河北区	21
6	河东区	19
7	河西区	5
8	红桥区	9
9	南开区	18
10	武清区	16
11	西青区	22

图 8-1 GC-Q-TOF/MS 侦测天津市 18 个采样点 171 例样品分布示意图

利用 GC-Q-TOF/MS 技术对 171 例样品中的农药进行侦测，侦测出残留农药 66 种，1080 频次。侦测出农药残留水平如表 8-1 和图 8-2 所示。检出频次最高的前 10 种农药如表 8-2 所示。从检测结果中可以看出，在茶叶中农药残留普遍存在，且有些茶叶存在高浓度的农药残留，这些可能存在膳食暴露风险，对人体健康产生危害，因此，为了定量地评价茶叶中农药残留的风险程度，有必要对其进行风险评价。

表 8-1　侦测出农药的不同残留水平及其所占比例列表

残留水平(μg/kg)	检出频次	占比(%)
1~5(含)	59	5.5
5~10(含)	111	10.3
10~100(含)	662	61.3
100~1000(含)	247	22.9
>1000	1	0.1
合计	1080	100.1

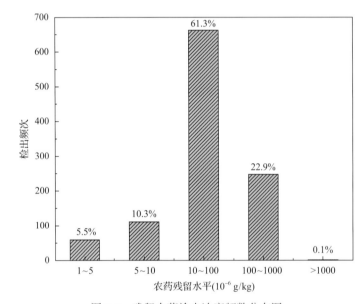

图 8-2　残留农药检出浓度频数分布图

表 8-2　检出频次最高的前 10 种农药列表

序号	农药	检出频次
1	联苯菊酯	152
2	唑虫酰胺	115
3	异丁子香酚	99
4	炔丙菊酯	75
5	氯氟氰菊酯	52
6	2,6-二硝基-3-甲氧基-4-叔丁基甲苯	46
7	丁香酚	44
8	甲醚菊酯	43
9	毒死蜱	41
10	苯醚氰菊酯	31

8.1.2　农药残留风险评价模型

对天津市茶叶中农药残留分别开展暴露风险评估和预警风险评估。膳食暴露风险评估利用食品安全指数模型对茶叶中的残留农药对人体可能产生的危害程度进行评价，该模型结合残留监测和膳食暴露评估评价化学污染物的危害；预警风险评价模型运用风险系数（risk index，R），风险系数综合考虑了危害物的超标率、施检频率及其本身敏感性的影响，能直观而全面地反映出危害物在一段时间内的风险程度。

8.1.2.1　食品安全指数模型

为了加强食品安全管理，《中华人民共和国食品安全法》第二章第十七条规定"国家建立食品安全风险评估制度，运用科学方法，根据食品安全风险监测信息、科学数据以及有关信息，对食品、食品添加剂、食品相关产品中生物性、化学性和物理性危害因素进行风险评估"[1]，膳食暴露评估是食品危险度评估的重要组成部分，也是膳食安全性的衡量标准[2]。国际上最早研究膳食暴露风险评估的机构主要是 JMPR（FAO、WHO农药残留联合会议），该组织自 1995 年就已制定了急性毒性物质的风险评估急性毒性农药残留摄入量的预测。1980 年美国规定食品中不得加入致癌物质进而提出零阈值理论，渐渐零阈值理论发展成在一定概率条件下可接受风险的概念[3]，后衍变为食品中每日允许最大摄入量（ADI），而国际食品农药残留法典委员会（CCPR）认为 ADI 不是独立风险评估的唯一标准[4]，1995 年 JMPR 开始研究农药急性膳食暴露风险评估，并对食品国际短期摄入量的计算方法进行了修正，亦对膳食暴露评估准则及评估方法进行了修正[5]，2002 年，在对世界上现行的食品安全评价方法，尤其是国际公认的 CAC 评价方法、全球环境监测系统/食品污染监测和评估规划（WHO GEMS/Food）及 FAO、WHO 食品添加剂联合专家委员会（JECFA）和 JMPR 对食品安全风险评估工作研究的基础之上，检验检疫食品安全管理的研究人员提出了结合残留监控和膳食暴露评估，以食品安全指数 IFS 计算食品中各种化学污染物对消费者的健康危害程度[6]。IFS 是表示食品安全状态的新方法，可有效地评价某种农药的安全性，进而评价食品中各种农药化学污染物对消费者健康的整体危害程度[7, 8]。从理论上分析，IFS 可指出食品中的污染物 c 对消费者健康是否存在危害及危害的程度[9]。其优点在于操作简单且结果容易被接受和理解，不需要大量的数据来对结果进行验证，使用默认的标准假设或者模型即可[10, 11]。

1）IFS$_c$ 的计算

IFS$_c$ 计算公式如下：

$$IFS_c = \frac{EDI_c \times f}{SI_c \times bw} \tag{8-1}$$

式中，c 为所研究的农药；EDI$_c$ 为农药 c 的实际日摄入量估算值，等于 $\sum (R_i \times F_i \times E_i \times P_i)$（i 为食品种类；$R_i$ 为食品 i 中农药 c 的残留水平，mg/kg；F_i 为食品 i 的估计日消费量，g/(人·天)；E_i 为食品 i 的可食用部分因子；P_i 为食品 i 的加工处理因子）；SI$_c$ 为安全摄入量，可采用每日允许最大摄入量 ADI；bw 为人平均体重，kg；f 为校正因子，如果安全摄入量采用 ADI，则 f 取 1。

IFS$_c$≪1，农药 c 对食品安全没有影响；IFS$_c$≤1，农药 c 对食品安全的影响可以接受；IFS$_c$＞1，农药 c 对食品安全的影响不可接受。

本次评价中：

IFS$_c$≤0.1，农药 c 对茶叶安全没有影响；

0.1＜IFS$_c$≤1，农药 c 对茶叶安全的影响可以接受；

IFS$_c$＞1，农药 c 对茶叶安全的影响不可接受。

本次评价中残留水平 R_i 取值为中国检验检疫科学研究院庞国芳院士课题组利用以高分辨精确质量数(0.0001 m/z)为基准的 GC-Q-TOF/MS 侦测技术于 2019 年 2 月期间对天津市茶叶农药残留的侦测结果，估计日消费量 F_i 取值 0.0047 kg/(人·天)，E_i=1，P_i=1，f=1，SI$_c$ 采用《食品安全国家标准　食品中农药最大残留限量》(GB 2763—2016)中 ADI 值(具体数值见表 8-3)，人平均体重(bw)取值 60 kg。

表 8-3　天津市茶叶中侦测出农药的 ADI 值

序号	农药	ADI	序号	农药	ADI	序号	农药	ADI
1	唑虫酰胺	0.006	23	氟虫腈	0.0002	45	8-羟基喹啉	—
2	联苯菊酯	0.01	24	醚菊酯	0.03	46	丁香酚	—
3	哒螨灵	0.01	25	氟氯氰菊酯	0.04	47	五氯苯甲腈	—
4	三氯杀螨醇	0.002	26	戊唑醇	0.03	48	仲草丹	—
5	氯氟氰菊酯	0.02	27	百菌清	0.02	49	四氢吩胺	—
6	三唑磷	0.001	28	稻瘟灵	0.016	50	威杀灵	—
7	毒死蜱	0.01	29	氟吡菌酰胺	0.01	51	异丁子香酚	—
8	唑胺菌酯	0.004	30	绿麦隆	0.04	52	抑芽唑	—
9	噻嗪酮	0.009	31	二苯胺	0.08	53	新燕灵	—
10	茚虫威	0.01	32	苯醚甲环唑	0.01	54	棉铃威	—
11	甲氰菊酯	0.03	33	甲基嘧啶磷	0.03	55	残杀威	—
12	烟碱	0.0008	34	乙草胺	0.02	56	灭幼脲	—
13	虫螨腈	0.03	35	氯菊酯	0.05	57	炔丙菊酯	—
14	氟虫脲	0.04	36	丙溴磷	0.03	58	猛杀威	—
15	硫丹	0.006	37	仲丁威	0.06	59	甲醚菊酯	—
16	异丙威	0.002	38	丙环唑	0.07	60	联苯	—
17	哌草丹	0.001	39	嘧霉胺	0.2	61	芬螨酯	—
18	虱螨脲	0.015	40	1,4-二甲基萘	—	62	苯醚氰菊酯	—
19	克百威	0.001	41	2,3,5-混杀威	—	63	草完隆	—
20	三唑醇	0.03	42	2,6-二硝基-3-甲氧基-4-叔丁基甲苯	—	64	莠去通	—
21	水胺硫磷	0.003	43	3,4,5-混杀威	—	65	西玛通	—
22	螺螨酯	0.01	44	4,4-二氯二苯甲酮	—	66	邻苯二甲酰亚胺	—

注："—"表示为国家标准中无 ADI 值规定；ADI 值单位为 mg/kg bw

2) 计算 IFS_c 的平均值 $\overline{IFS}$，评价农药对食品安全的影响程度

以 $\overline{IFS}$ 评价各种农药对人体健康危害的总程度，评价模型见公式(8-2)。

$$\overline{IFS} = \frac{\sum_{i=1}^{n} IFS_c}{n} \qquad (8-2)$$

$\overline{IFS} \ll 1$，所研究消费者人群的食品安全状态很好；$\overline{IFS} \leqslant 1$，所研究消费者人群的食品安全状态可以接受；$\overline{IFS} > 1$，所研究消费者人群的食品安全状态不可接受。

本次评价中：

$\overline{IFS} \leqslant 0.1$，所研究消费者人群的茶叶安全状态很好；

$0.1 < \overline{IFS} \leqslant 1$，所研究消费者人群的茶叶安全状态可以接受；

$\overline{IFS} > 1$，所研究消费者人群的茶叶安全状态不可接受。

8.1.2.2　预警风险评估模型

2003 年，我国检验检疫食品安全管理的研究人员根据 WTO 的有关原则和我国的具体规定，结合危害物本身的敏感性、风险程度及其相应的施检频率，首次提出了食品中危害物风险系数 R 的概念[12]。R 是衡量一个危害物的风险程度大小最直观的参数，即在一定时期内其超标率或阳性检出率的高低,但受其施检频率的高低及其本身的敏感性(受关注程度)影响。该模型综合考察了农药在茶叶中的超标率、施检频率及其本身敏感性，能直观而全面地反映出农药在一段时间内的风险程度[13]。

1) R 计算方法

危害物的风险系数综合考虑了危害物的超标率或阳性检出率、施检频率和其本身的敏感性影响，并能直观而全面地反映出危害物在一段时间内的风险程度。风险系数 R 的计算公式如式(8-3)：

$$R = aP + \frac{b}{F} + S \qquad (8-3)$$

式中，P 为该种危害物的超标率；F 为危害物的施检频率；S 为危害物的敏感因子；a, b 分别为相应的权重系数。

本次评价中 $F=1$；$S=1$；$a=100$；$b=0.1$，对参数 P 进行计算，计算时首先判断是否为禁用农药，如果为非禁用农药，$P=$超标的样品数(侦测出的含量高于食品最大残留限量标准值，即 MRL)除以总样品数(包括超标、不超标、未侦测出)；如果为禁用农药，则侦测出即为超标，$P=$能侦测出的样品数除以总样品数。判断天津市茶叶农药残留是否超标的标准限值 MRL 分别以 MRL 中国国家标准[14]和 MRL 欧盟标准作为对照，具体值列于本报告附表一中。

2) 评价风险程度

$R \leqslant 1.5$，受检农药处于低度风险；

$1.5 < R \leqslant 2.5$，受检农药处于中度风险；

$R>2.5$，受检农药处于高度风险。

8.1.2.3　食品膳食暴露风险和预警风险评估应用程序的开发

1）应用程序开发的步骤

为成功开发膳食暴露风险和预警风险评估应用程序，与软件工程师多次沟通讨论，逐步提出并描述清楚计算需求，开发了初步应用程序。为明确出不同茶叶、不同农药、不同地域的风险水平，向软件工程师提出不同的计算需求，软件工程师对计算需求进行逐一分析，经过反复的细节沟通，需求分析得到明确后，开始进行解决方案的设计，在保证需求的完整性、一致性的前提下，编写出程序代码，最后设计出满足需求的风险评估专用计算软件，并通过一系列的软件测试和改进，完成专用程序的开发。软件开发基本步骤见图 8-3。

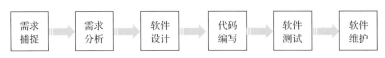

图 8-3　专用程序开发总体步骤

2）膳食暴露风险评估专业程序开发的基本要求

首先直接利用公式(8-1)，分别计算 GC-Q-TOF/MS 和 GC-Q-TOF/MS 仪器侦测出的各茶叶样品中每种农药 IFS_c，将结果列出。为考察超标农药和禁用农药的使用安全性，分别以我国《食品安全国家标准　食品中农药最大残留限量》(GB 2763—2016)和欧盟食品中农药最大残留限量(以下简称 MRL 中国国家标准和 MRL 欧盟标准)为标准，对侦测出的禁用农药和超标的非禁用农药 IFS_c 单独进行评价；按 IFS_c 大小列表，并找出 IFS_c 值排名前 20 的样本重点关注。

对不同茶叶 i 中每一种侦测出的农药 c 的安全指数进行计算，多个样品时求平均值。按农药种类，计算整个监测时间段内每种农药的 IFS_c，不区分茶叶种类。

3）预警风险评估专业程序开发的基本要求

分别以 MRL 中国国家标准和 MRL 欧盟标准，按公式(8-3)逐个计算不同茶叶、不同农药的风险系数，禁用农药和非禁用农药分别列表。

为清楚了解各种农药的预警风险，不分时间，不分茶叶，按禁用农药和非禁用农药分类，分别计算各种侦测出农药全部检测时段内风险系数。由于有 MRL 中国国家标准的农药种类太少，无法计算超标数，非禁用农药的风险系数只以 MRL 欧盟标准为标准，进行计算。

4）风险程度评价专业应用程序的开发方法

采用 Python 计算机程序设计语言，Python 是一个高层次地结合了解释性、编译性、互动性和面向对象的脚本语言。风险评价专用程序主要功能包括：分别读入每例样品 LC-Q-TOF/MS 和 GC-Q-TOF/MS 农药残留检测数据，根据风险评价工作要求，依次对不同农药、不同食品、不同时间、不同采样点的 IFS_c 值和 R 值分别进行数据计算，筛选出禁用农药、超标农药(分别与 MRL 中国国家标准、MRL 欧盟标准限值进行对比)单独重点分析，再分别对各农药、各茶叶种类分类处理，设计出计算和排序程序，编写计算机代码，最后将生成的膳食暴露风险评估和超标风险评估定量计算结果列入设计好的各个表格中，并定性判断风险对目标的影响程度，直接用文字描述风险发生的高低，如"不可接受"、"可以接受"、"没有影响"、"高度风险"、"中度风险"、"低度风险"。

8.2　GC-Q-TOF/MS 侦测天津市市售茶叶农药残留膳食暴露风险评估

8.2.1 每例茶叶样品中农药残留安全指数分析

基于 2019 年 2 月的农药残留侦测数据,发现在 171 例样品中侦测出农药 1080 频次,计算样品中每种残留农药的安全指数 IFS_c,并分析农药对样品安全的影响程度,结果详见附表二,农药残留对茶叶样品安全的影响程度频次分布情况如图 8-4 所示。

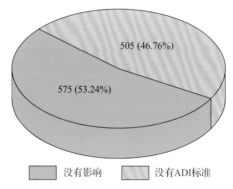

图 8-4　农药残留对茶叶样品安全的影响程度频次分布图

由图 8-4 可以看出，农药残留对样品安全的没有影响的频次为 575，占 53.24%。

部分样品侦测出禁用农药 7 种 75 频次，为了明确残留的禁用农药对样品安全的影响，分析侦测出禁用农药残留的样品安全指数，禁用农药残留对茶叶样品安全的影响程度频次分布情况如图 8-5 所示，农药残留对样品安全没有影响的频次为 75，占 100%。

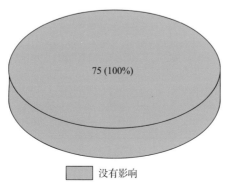

图 8-5　禁用农药对茶叶样品安全影响程度的频次分布图

此外，本次侦测发现部分样品中非禁用农药残留量超过了欧盟标准，为了明确超标的非禁用农药对样品安全的影响，分析了非禁用农药残留超标的样品安全指数。

残留量超过 MRL 欧盟标准的非禁用农药对茶叶样品安全的影响程度频次分布情况如图 8-6 所示。可以看出超过 MRL 欧盟标准的非禁用农药共 638 频次，其中农药没有 ADI 的频次为 440，占 68.97%；残留对样品安全没有影响的频次为 198，占 31.03%。表 8-4 为茶叶样品中安全指数排名前 10 的残留超标非禁用农药列表。

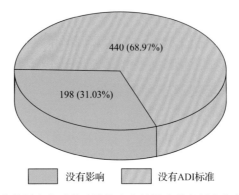

图 8-6　残留超标的非禁用农药对茶叶样品安全的影响程度频次分布图(MRL 欧盟标准)

表 8-4　茶叶样品中安全指数排名前 10 的残留超标非禁用农药列表(MRL 欧盟标准)

序号	样品编号	采样点	基质	农药	含量 (mg/kg)	欧盟 标准	IFS$_c$	影响程度
1	20190224-120114-CAIQ-WT-01B	***茶叶店	白茶	唑虫酰胺	0.9907	0.01	0.0129	没有影响
2	20190226-120102-CAIQ-GT-01B	***超市(泰兴路店)	绿茶	唑虫酰胺	0.9761	0.01	0.0127	没有影响
3	20190224-120111-CAIQ-WT-01A	***茶庄(物美华苑店)	白茶	唑虫酰胺	0.8956	0.01	0.0117	没有影响
4	20190225-120113-CAIQ-GT-02B	***超市(北辰店)	绿茶	唑虫酰胺	0.8292	0.01	0.0108	没有影响
5	20190227-120110-CAIQ-FT-01C	***茶庄(津塘路店)	花茶	唑虫酰胺	0.7527	0.01	0.0098	没有影响
6	20190224-120114-CAIQ-WT-01A	***茶叶店	白茶	唑虫酰胺	0.7399	0.01	0.0097	没有影响
7	20190227-120116-CAIQ-GT-01A	***超市(塘沽店)	绿茶	唑虫酰胺	0.7249	0.01	0.0095	没有影响
8	20190224-120101-CAIQ-FT-02B	***茶庄(恒隆广场店)	花茶	唑胺菌酯	0.4619	0.01	0.0090	没有影响
9	20190224-120101-CAIQ-WT-02A	***茶庄(恒隆广场店)	白茶	唑虫酰胺	0.5819	0.01	0.0076	没有影响
10	20190227-120103-CAIQ-BT-01A	***茶庄	红茶	唑虫酰胺	0.5512	0.01	0.0072	没有影响

8.2.2　单种茶叶中农药残留安全指数分析

本次 6 种茶叶侦测 66 种农药，检出频次为 1080 次，其中 27 种农药没有 ADI，39

种农药存在 ADI 标准。6 种茶叶按不同种类分别计算侦测出的具有 ADI 标准的各种农药的 IFS_c 值，农药残留对茶叶的安全指数分布图如图 8-7 所示。

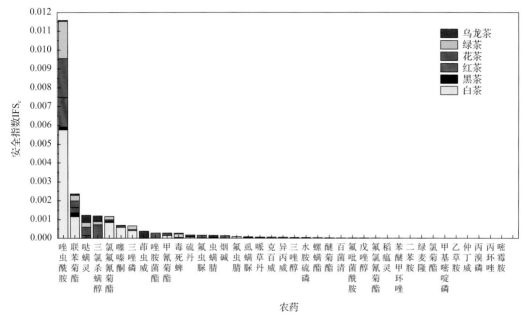

图 8-7　6 种茶叶中 39 种残留农药的安全指数分布图

本次侦测中，6 种茶叶和 66 种残留农药（包括没有 ADI）共涉及 173 个分析样本，农药对单种茶叶安全的影响程度分布情况如图 8-8 所示。可以看出，57.8%的样本中农药对茶叶安全没有影响。

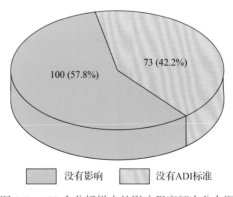

图 8-8　173 个分析样本的影响程度频次分布图

8.2.3　所有茶叶中农药残留安全指数分析

计算所有茶叶中 39 种农药的 IFS_c 值，结果如图 8-9 及表 8-5 所示。

分析发现，所有农药对茶叶安全的影响程度均为没有影响，说明茶叶中残留的农药不会对茶叶安全造成影响。

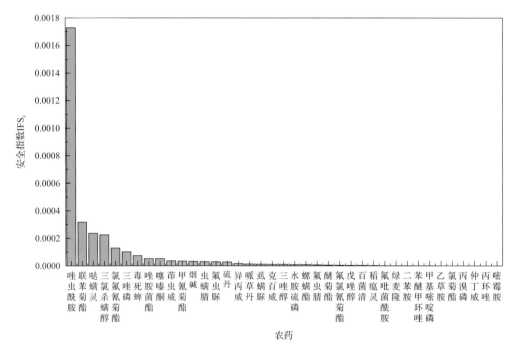

图 8-9　39 种残留农药对茶叶的安全影响程度统计图

表 8-5　茶叶中 39 种农药残留的安全指数表

序号	农药	检出频次	检出率(%)	IFS$_c$	影响程度	序号	农药	检出频次	检出率(%)	IFS$_c$	影响程度
1	唑虫酰胺	115	67.25	$1.73×10^{-3}$	没有影响	21	水胺硫磷	3	1.75	$9.44×10^{-6}$	没有影响
2	联苯菊酯	152	88.89	$3.18×10^{-4}$	没有影响	22	螺螨酯	1	0.58	$9.43×10^{-6}$	没有影响
3	哒螨灵	20	11.70	$2.37×10^{-4}$	没有影响	23	氟虫腈	2	1.17	$6.87×10^{-6}$	没有影响
4	三氯杀螨醇	5	2.92	$2.24×10^{-4}$	没有影响	24	醚菊酯	1	0.58	$5.21×10^{-6}$	没有影响
5	氯氟氰菊酯	52	30.41	$1.30×10^{-4}$	没有影响	25	氟氯氰菊酯	2	1.17	$4.06×10^{-6}$	没有影响
6	三唑磷	6	3.51	$1.02×10^{-4}$	没有影响	26	戊唑醇	6	3.51	$3.27×10^{-6}$	没有影响
7	毒死蜱	41	23.98	$7.41×10^{-5}$	没有影响	27	百菌清	1	0.58	$3.08×10^{-6}$	没有影响
8	唑胺菌酯	1	0.58	$5.29×10^{-5}$	没有影响	28	稻瘟灵	2	1.17	$1.98×10^{-6}$	没有影响
9	噻嗪酮	17	9.94	$5.24×10^{-5}$	没有影响	29	氟吡菌酰胺	1	0.58	$1.43×10^{-6}$	没有影响
10	茚虫威	1	0.58	$3.71×10^{-5}$	没有影响	30	绿麦隆	1	0.58	$1.04×10^{-6}$	没有影响
11	甲氰菊酯	20	11.70	$3.49×10^{-5}$	没有影响	31	二苯胺	19	11.11	$9.82×10^{-7}$	没有影响
12	烟碱	1	0.58	$3.26×10^{-5}$	没有影响	32	苯醚甲环唑	1	0.58	$5.82×10^{-7}$	没有影响
13	虫螨腈	25	14.62	$3.07×10^{-5}$	没有影响	33	甲基嘧啶磷	1	0.58	$5.47×10^{-7}$	没有影响
14	氟虫脲	8	4.68	$2.94×10^{-5}$	没有影响	34	乙草胺	1	0.58	$3.18×10^{-7}$	没有影响
15	硫丹	17	9.94	$2.79×10^{-5}$	没有影响	35	氯菊酯	3	1.75	$2.64×10^{-7}$	没有影响
16	异丙威	2	1.17	$1.63×10^{-5}$	没有影响	36	丙溴磷	1	0.58	$2.26×10^{-7}$	没有影响
17	哌草丹	3	1.75	$1.41×10^{-5}$	没有影响	37	仲丁威	6	3.51	$1.63×10^{-7}$	没有影响
18	虱螨脲	26	15.20	$1.23×10^{-5}$	没有影响	38	丙环唑	2	1.17	$1.41×10^{-7}$	没有影响
19	克百威	1	0.58	$1.19×10^{-5}$	没有影响	39	嘧霉胺	1	0.58	$1.12×10^{-8}$	没有影响
20	三唑醇	7	4.09	$1.18×10^{-5}$	没有影响						

8.3　GC-Q-TOF/MS 侦测天津市市售茶叶农药残留预警风险评估

基于天津市茶叶样品中农药残留 GC-Q-TOF/MS 侦测数据，分析禁用农药的检出率，同时参照中华人民共和国国家标准 GB2763—2016 和欧盟农药最大残留限量(MRL)标准分析非禁用农药残留的超标率，并计算农药残留风险系数。分析单种茶叶中农药残留以及所有茶叶中农药残留的风险程度。

8.3.1　单种茶叶中农药残留风险系数分析

8.3.1.1　单种茶叶中禁用农药残留风险系数分析

侦测出的 66 种残留农药中有 7 种为禁用农药，且它们分布在 5 种茶叶中，计算 5 种茶叶中禁用农药的检出率，根据检出率计算风险系数 R，进而分析茶叶中禁用农药的风险程度，结果如图 8-10 与表 8-6 所示。分析发现 7 种禁用农药在 5 种茶叶中的残留处均于高度风险。

8.3.1.2　基于 MRL 中国国家标准的单种茶叶中非禁用农药残留风险系数分析

参照中华人民共和国国家标准 GB 2763—2016 中农药残留限量计算每种茶叶中每种非禁用农药的超标率，进而计算其风险系数，根据风险系数大小判断残留农药的预警风险程度，茶叶中非禁用农药残留风险程度分布情况如图 8-11 所示。

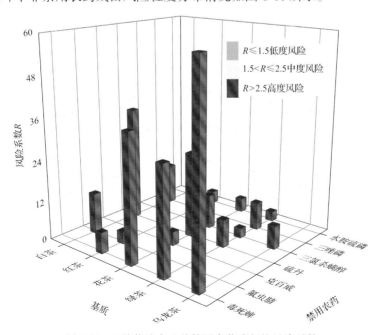

图 8-10　5 种茶叶中 7 种禁用农药残留的风险系数

表 8-6　5 种茶叶中 7 种禁用农药残留的风险系数表

序号	基质	农药	检出频次	检出率(%)	风险系数 R	风险程度
1	乌龙茶	毒死蜱	10	58.82	59.92	高度风险
2	花茶	毒死蜱	12	36.36	37.46	高度风险
3	白茶	硫丹	3	33.33	34.43	高度风险
4	绿茶	毒死蜱	17	30.36	31.46	高度风险
5	花茶	硫丹	8	24.24	25.34	高度风险
6	白茶	三唑磷	1	11.11	12.21	高度风险
7	白茶	氟虫腈	1	11.11	12.21	高度风险
8	花茶	三氯杀螨醇	3	9.09	10.19	高度风险
9	绿茶	三唑磷	4	7.14	8.24	高度风险
10	绿茶	硫丹	4	7.14	8.24	高度风险
11	乌龙茶	三氯杀螨醇	1	5.88	6.98	高度风险
12	红茶	毒死蜱	2	5.13	6.23	高度风险
13	红茶	硫丹	2	5.13	6.23	高度风险
14	花茶	克百威	1	3.03	4.13	高度风险
15	花茶	水胺硫磷	1	3.03	4.13	高度风险
16	红茶	三唑磷	1	2.56	3.66	高度风险
17	红茶	氟虫腈	1	2.56	3.66	高度风险
18	红茶	水胺硫磷	1	2.56	3.66	高度风险
19	绿茶	三氯杀螨醇	1	1.79	2.89	高度风险
20	绿茶	水胺硫磷	1	1.79	2.89	高度风险

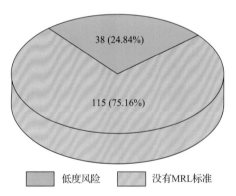

图 8-11　茶叶中非禁用农药残留的风险程度分布图(MRL 中国国家标准)

　　本次分析中，发现在 6 种茶叶检出 59 种残留非禁用农药，涉及样本 153 个，在 153 个样本中，24.84%处于低度风险，此外发现有 115 个样本没有 MRL 中国国家标准值，无法判断其风险程度，有 MRL 中国国家标准值的 38 个样本涉及 6 种茶叶中的 10 种非禁用农药，其风险系数 R 值如图 8-12 所示。

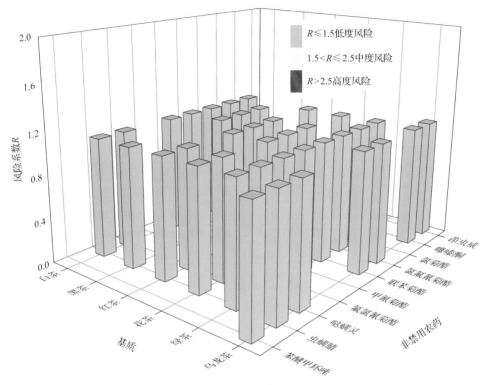

图 8-12　6 种茶叶中 10 种非禁用农药的风险系数分布图（MRL 中国国家标准）

8.3.1.3　基于 MRL 欧盟标准的单种茶叶中非禁用农药残留风险系数分析

参照 MRL 欧盟标准计算每种茶叶中每种非禁用农药的超标率，进而计算其风险系数，根据风险系数大小判断农药残留的预警风险程度，茶叶中非禁用农药残留风险程度分布情况如图 8-13 所示。

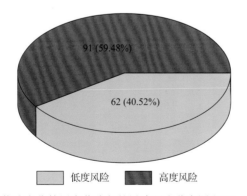

图 8-13　茶叶中非禁用农药残留的风险程度分布图（MRL 欧盟标准）

本次分析中，发现在 6 种茶叶中共侦测出 59 种非禁用农药，涉及样本 153 个，其中，59.48%处于高度风险，涉及 6 种茶叶和 36 种农药；40.52%处于低度风险，涉及 6 种茶叶和 29 种农药。单种茶叶中的非禁用农药风险系数分布图如图 8-14 所示。单种茶叶中处于高度风险的非禁用农药风险系数如图 8-15 和表 8-7 所示。

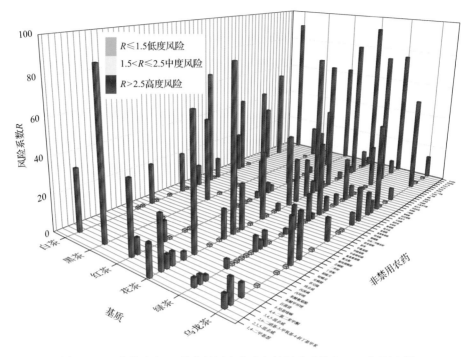

图 8-14　6 种茶叶中 59 种非禁用农药残留的风险系数(MRL 欧盟标准)

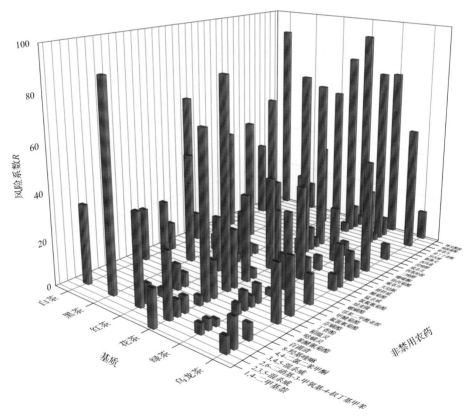

图 8-15　单种茶叶中处于高度风险的非禁用农药的风险系数(MRL 欧盟标准)

表 8-7　单种茶叶中处于高度风险的非禁用农药残留的风险系数表（MRL 欧盟标准）

序号	基质	农药	超标频次	超标率 P(%)	风险系数 R
1	花茶	唑虫酰胺	30	90.91	92.01
2	白茶	唑虫酰胺	8	88.89	89.99
3	黑茶	2,6-二硝基-3-甲氧基-4-叔丁基甲苯	15	88.24	89.34
4	花茶	丁香酚	29	87.88	88.98
5	花茶	异丁子香酚	27	81.82	82.92
6	花茶	炔丙菊酯	26	78.79	79.89
7	绿茶	异丁子香酚	43	76.79	77.89
8	绿茶	唑虫酰胺	42	75	76.1
9	花茶	四氢吩胺	24	72.73	73.83
10	花茶	苯醚氰菊酯	23	69.7	70.8
11	白茶	氯氟氰菊酯	6	66.67	67.77
12	红茶	唑虫酰胺	24	61.54	62.64
13	白茶	异丁子香酚	5	55.56	56.66
14	乌龙茶	异丁子香酚	9	52.94	54.04
15	黑茶	炔丙菊酯	9	52.94	54.04
16	乌龙茶	炔丙菊酯	8	47.06	48.16
17	黑茶	甲醚菊酯	8	47.06	48.16
18	白茶	噻嗪酮	4	44.44	45.54
19	花茶	氯氟氰菊酯	13	39.39	40.49
20	绿茶	氯氟氰菊酯	22	39.29	40.39
21	红茶	2,6-二硝基-3-甲氧基-4-叔丁基甲苯	15	38.46	39.56
22	花茶	甲醚菊酯	12	36.36	37.46
23	红茶	异丁子香酚	14	35.9	37
24	白茶	2,6-二硝基-3-甲氧基-4-叔丁基甲苯	3	33.33	34.43
25	白茶	新燕灵	3	33.33	34.43
26	红茶	炔丙菊酯	11	28.21	29.31
27	花茶	2,6-二硝基-3-甲氧基-4-叔丁基甲苯	9	27.27	28.37
28	花茶	猛杀威	8	24.24	25.34
29	花茶	芬螨酯	8	24.24	25.34
30	乌龙茶	丁香酚	4	23.53	24.63
31	乌龙茶	哒螨灵	4	23.53	24.63
32	绿茶	新燕灵	13	23.21	24.31
33	绿茶	炔丙菊酯	13	23.21	24.31

序号	基质	农药	超标频次	超标率 $P(\%)$	风险系数 R
34	红茶	甲醚菊酯	9	23.08	24.18
35	白茶	丁香酚	2	22.22	23.32
36	白茶	炔丙菊酯	2	22.22	23.32
37	白茶	甲醚菊酯	2	22.22	23.32
38	花茶	棉铃威	7	21.21	22.31
39	红茶	氯氟氰菊酯	8	20.51	21.61
40	乌龙茶	猛杀威	3	17.65	18.75
41	黑茶	仲草丹	3	17.65	18.75
42	花茶	1,4-二甲基萘	5	15.15	16.25
43	花茶	哒螨灵	5	15.15	16.25
44	绿茶	邻苯二甲酰亚胺	8	14.29	15.39
45	绿茶	甲醚菊酯	7	12.5	13.6
46	乌龙茶	2,6-二硝基-3-甲氧基-4-叔丁基甲苯	2	11.76	12.86
47	乌龙茶	唑虫酰胺	2	11.76	12.86
48	乌龙茶	棉铃威	2	11.76	12.86
49	乌龙茶	甲醚菊酯	2	11.76	12.86
50	黑茶	唑虫酰胺	2	11.76	12.86
51	白茶	猛杀威	1	11.11	12.21
52	白茶	邻苯二甲酰亚胺	1	11.11	12.21
53	红茶	苯醚氰菊酯	4	10.26	11.36
54	花茶	仲草丹	3	9.09	10.19
55	花茶	噻嗪酮	3	9.09	10.19
56	红茶	3,4,5-混杀威	3	7.69	8.79
57	绿茶	丁香酚	4	7.14	8.24
58	绿茶	仲草丹	4	7.14	8.24
59	绿茶	哒螨灵	4	7.14	8.24
60	绿茶	猛杀威	4	7.14	8.24
61	花茶	3,4,5-混杀威	2	6.06	7.16
62	花茶	4,4-二氯二苯甲酮	2	6.06	7.16
63	花茶	哌草丹	2	6.06	7.16
64	乌龙茶	2,3,5-混杀威	1	5.88	6.98
65	乌龙茶	4,4-二氯二苯甲酮	1	5.88	6.98
66	乌龙茶	威杀灵	1	5.88	6.98
67	乌龙茶	氯氟氰菊酯	1	5.88	6.98

续表

序号	基质	农药	超标频次	超标率 $P(\%)$	风险系数 R
68	乌龙茶	灭幼脲	1	5.88	6.98
69	黑茶	氯氟氰菊酯	1	5.88	6.98
70	绿茶	三唑醇	3	5.36	6.46
71	绿茶	棉铃威	3	5.36	6.46
72	红茶	哒螨灵	2	5.13	6.23
73	红茶	猛杀威	2	5.13	6.23
74	绿茶	2,6-二硝基-3-甲氧基-4-叔丁基甲苯	2	3.57	4.67
75	绿茶	3,4,5-混杀威	2	3.57	4.67
76	绿茶	稻瘟灵	2	3.57	4.67
77	绿茶	苯醚氰菊酯	2	3.57	4.67
78	花茶	三唑醇	1	3.03	4.13
79	花茶	唑胺菌酯	1	3.03	4.13
80	花茶	异丙威	1	3.03	4.13
81	花茶	百菌清	1	3.03	4.13
82	花茶	西玛通	1	3.03	4.13
83	花茶	邻苯二甲酰亚胺	1	3.03	4.13
84	红茶	8-羟基喹啉	1	2.56	3.66
85	红茶	戊唑醇	1	2.56	3.66
86	红茶	绿麦隆	1	2.56	3.66
87	红茶	醚菊酯	1	2.56	3.66
88	绿茶	4,4-二氯二苯甲酮	1	1.79	2.89
89	绿茶	异丙威	1	1.79	2.89
90	绿茶	氟氯氰菊酯	1	1.79	2.89
91	绿茶	螺螨酯	1	1.79	2.89

8.3.2　所有茶叶中农药残留风险系数分析

8.3.2.1　所有茶叶中禁用农药残留风险系数分析

在侦测出的 66 种农药中有 7 种为禁用农药，计算所有茶叶中禁用农药的风险系数，结果如表 8-8 所示。在 7 种禁用农药中，5 种农药残留处于高度风险，2 种农药残留处于中度风险。

表 8-8　茶叶中 7 种禁用农药的风险系数表

序号	农药	检出频次	检出率(%)	风险系数 R	风险程度
1	毒死蜱	41	23.98	25.08	高度风险
2	硫丹	17	9.94	11.04	高度风险
3	三唑磷	6	3.51	4.61	高度风险
4	三氯杀螨醇	5	2.92	4.02	高度风险
5	水胺硫磷	3	1.75	2.85	高度风险
6	氟虫腈	2	1.17	2.27	中度风险
7	克百威	1	0.58	1.68	中度风险

8.3.2.2　所有茶叶中非禁用农药残留风险系数分析

参照 MRL 欧盟标准计算所有茶叶中每种非禁用农药残留的风险系数，如图 8-16 与表 8-9 所示。在侦测出的 59 种非禁用农药中，21 种农药(35.59%)残留处于高度风险，15 种农药(25.42%)残留处于中度风险，23 种农药(38.98%)残留处于低度风险。

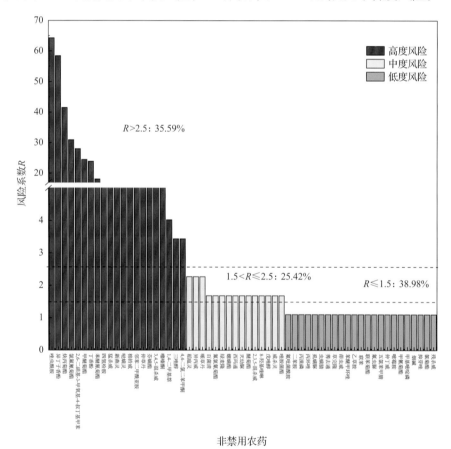

图 8-16　茶叶中 59 种非禁用农药的风险程度统计图

表 8-9　茶叶中 59 种非禁用农药的风险系数表

序号	农药	超标频次	超标率 $P(\%)$	风险系数 R	风险程度
1	唑虫酰胺	108	63.16	64.26	高度风险
2	异丁子香酚	98	57.31	58.41	高度风险
3	炔丙菊酯	69	40.35	41.45	高度风险
4	氯氟氰菊酯	51	29.82	30.92	高度风险
5	2,6-二硝基-3-甲氧基-4-叔丁基甲苯	46	26.90	28.00	高度风险
6	甲醚菊酯	40	23.39	24.49	高度风险
7	丁香酚	39	22.81	23.91	高度风险
8	苯醚氰菊酯	29	16.96	18.06	高度风险
9	四氢酞胺	24	14.04	15.14	高度风险
10	猛杀威	18	10.53	11.63	高度风险
11	新燕灵	16	9.36	10.46	高度风险
12	哒螨灵	15	8.77	9.87	高度风险
13	棉铃威	12	7.02	8.12	高度风险
14	邻苯二甲酰亚胺	10	5.85	6.95	高度风险
15	仲草丹	10	5.85	6.95	高度风险
16	芬螨酯	8	4.68	5.78	高度风险
17	3,4,5-混杀威	7	4.09	5.19	高度风险
18	噻嗪酮	7	4.09	5.19	高度风险
19	1,4-二甲基萘	5	2.92	4.02	高度风险
20	三唑醇	4	2.34	3.44	高度风险
21	4,4-二氯二苯甲酮	4	2.34	3.44	高度风险
22	稻瘟灵	2	1.17	2.27	中度风险
23	异丙威	2	1.17	2.27	中度风险
24	哌草丹	2	1.17	2.27	中度风险
25	百菌清	1	0.58	1.68	中度风险
26	氟氯氰菊酯	1	0.58	1.68	中度风险
27	绿麦隆	1	0.58	1.68	中度风险
28	螺螨酯	1	0.58	1.68	中度风险
29	西玛通	1	0.58	1.68	中度风险
30	灭幼脲	1	0.58	1.68	中度风险
31	醚菊酯	1	0.58	1.68	中度风险
32	2,3,5-混杀威	1	0.58	1.68	中度风险
33	8-羟基喹啉	1	0.58	1.68	中度风险
34	戊唑醇	1	0.58	1.68	中度风险
35	威杀灵	1	0.58	1.68	中度风险

序号	农药	超标频次	超标率 P(%)	风险系数 R	风险程度
36	唑胺菌酯	1	0.58	1.68	中度风险
37	氟吡菌酰胺	0	0.00	1.10	低度风险
38	二苯胺	0	0.00	1.10	低度风险
39	丙溴磷	0	0.00	1.10	低度风险
40	丙环唑	0	0.00	1.10	低度风险
41	虱螨脲	0	0.00	1.10	低度风险
42	虫螨腈	0	0.00	1.10	低度风险
43	莠去通	0	0.00	1.10	低度风险
44	草完隆	0	0.00	1.10	低度风险
45	茚虫威	0	0.00	1.10	低度风险
46	苯醚甲环唑	0	0.00	1.10	低度风险
47	乙草胺	0	0.00	1.10	低度风险
48	联苯	0	0.00	1.10	低度风险
49	联苯菊酯	0	0.00	1.10	低度风险
50	氟虫脲	0	0.00	1.10	低度风险
51	五氯苯甲腈	0	0.00	1.10	低度风险
52	仲丁威	0	0.00	1.10	低度风险
53	嘧霉胺	0	0.00	1.10	低度风险
54	甲氰菊酯	0	0.00	1.10	低度风险
55	甲基嘧啶磷	0	0.00	1.10	低度风险
56	烟碱	0	0.00	1.10	低度风险
57	抑芽唑	0	0.00	1.10	低度风险
58	氯菊酯	0	0.00	1.10	低度风险
59	残杀威	0	0.00	1.10	低度风险

8.4　GC-Q-TOF/MS 侦测天津市市售茶叶农药残留风险评估结论与建议

　　农药残留是影响茶叶安全和质量的主要因素，也是我国食品安全领域备受关注的敏感话题和亟待解决的重大问题之一[15,16]。各种茶叶均存在不同程度的农药残留现象，本研究主要针对天津市各类茶叶存在的农药残留问题，基于 2019 年 2 月对天津市 171 例茶叶样品中农药残留侦测得出的 1080 个侦测结果，分别采用食品安全指数模型和风险系数模型，开展茶叶中农药残留的膳食暴露风险和预警风险评估。茶叶样品取自超市和茶叶专营店，符合大众的膳食来源，风险评价时更具有代表性和可信度。

　　本研究力求通用简单地反映食品安全中的主要问题，且为管理部门和大众容易接受，为政府及相关管理机构建立科学的食品安全信息发布和预警体系提供科学的规律与方法，加强对农药残留的预警和食品安全重大事件的预防，控制食品风险。

8.4.1　天津市茶叶中农药残留膳食暴露风险评价结论

1）茶叶样品中农药残留安全状态评价结论

采用食品安全指数模型，对 2019 年 2 月期间天津市茶叶食品农药残留膳食暴露风险进行评价，根据 IFS_c 的计算结果发现，茶叶中农药的 $\overline{IFS}$ 为 $8.27×10^{-5}$，说明天津市茶叶总体处于可以接受的安全状态，但部分禁用农药、高残留农药在茶叶中仍有侦测出，导致膳食暴露风险的存在，成为不安全因素。

2）禁用农药膳食暴露风险评价

本次检测发现部分茶叶样品中有禁用农药侦测出，侦测出禁用农药 7 种，侦测出频次为 75，茶叶样品中的禁用农药 IFS_c 计算结果表明，禁用农药残留膳食暴露风险没有影响的频次为 75，占 100%。

8.4.2　天津市茶叶中农药残留预警风险评价结论

1）单种茶叶中禁用农药残留的预警风险评价结论

本次检测过程中，在 5 种茶叶中检测出 7 种禁用农药，禁用农药为：毒死蜱、硫丹、三唑磷、三氯杀螨醇、水胺硫磷、氟虫腈、克百威，茶叶为：乌龙茶、白茶、红茶、绿茶、花茶，茶叶中禁用农药的风险系数分析结果显示，7 种禁用农药在 5 种茶叶中的残留均处于高度风险，说明在单种茶叶中禁用农药的残留会导致较高的预警风险。

2）单种茶叶中非禁用农药残留的预警风险评价结论

以 MRL 中国国家标准为标准，计算茶叶中非禁用农药风险系数情况下，153 个样本中，38 个处于低度风险（24.84%），115 个样本没有 MRL 中国国家标准（75.16%）。以 MRL 欧盟标准为标准，计算茶叶中非禁用农药风险系数情况下，发现有 91 个处于高度风险（59.48%），62 个处于低度风险（40.52%）。基于两种 MRL 标准，评价的结果差异显著，可以看出 MRL 欧盟标准比中国国家标准更加严格和完善，过于宽松的 MRL 中国国家标准值能否有效保障人体的健康有待研究。

8.4.3　加强天津市茶叶食品安全建议

我国食品安全风险评价体系仍不够健全，相关制度不够完善，多年来，由于农药用药次数多、用药量大或用药间隔时间短，产品残留量大，农药残留所造成的食品安全问题日益严峻，给人体健康带来了直接或间接的危害。据估计，美国与农药有关的癌症患者数约占全国癌症患者总数的 50%，中国更高。同样，农药对其它生物也会形成直接杀伤和慢性危害，植物中的农药可经过食物链逐级传递并不断蓄积，对人和动物构成潜在威胁，并影响生态系统。

基于本次农药残留侦测数据的风险评价结果，提出以下几点建议：

1) 加快食品安全标准制定步伐

我国食品标准中对农药每日允许最大摄入量 ADI 的数据严重缺乏，在本次评价所涉及的 66 种农药中，仅有 59.09% 的农药具有 ADI 值，而 40.91% 的农药中国尚未规定相应的 ADI 值，亟待完善。

我国食品中农药最大残留限量值的规定严重缺乏，对评估涉及的不同茶叶中不同农药 173 个 MRL 限值进行统计来看，我国仅制定出 49 个标准，我国标准完整率仅为 28.32%，欧盟的完整率达到 100%（表 8-10）。因此，中国更应加快 MRL 的制定步伐。

表 8-10   我国国家食品标准农药的 ADI、MRL 值与欧盟标准的数量差异

分类		中国 ADI	MRL 中国国家标准	MRL 欧盟标准
标准限值(个)	有	39	49	173
	无	27	124	0
总数(个)		66	173	173
无标准限值比例(%)		40.91	71.68	0

此外，MRL 中国国家标准限值普遍高于欧盟标准限值，这些标准中共有 28 个高于欧盟。过高的 MRL 值难以保障人体健康，建议继续加强对限值基准和标准的科学研究，将农产品中的危险性减少到尽可能低的水平。

2) 加强农药的源头控制和分类监管

在天津市某些茶叶中仍有禁用农药残留，利用 GC-Q-TOF/MS 技术侦测出 7 种禁用农药，检出频次为 75 次，残留禁用农药均存在较大的膳食暴露风险和预警风险。早已列入黑名单的禁用农药在我国并未真正退出，有些药物由于价格便宜、工艺简单，此类高毒农药一直生产和使用。建议在我国采取严格有效的控制措施，从源头控制禁用农药。

对于非禁用农药，在我国作为"田间地头"最典型单位的县级茶叶产地中，农药残留的检测几乎缺失。建议根据农药的毒性，对高毒、剧毒、中毒农药实现分类管理，减少使用高毒和剧毒高残留农药，进行分类监管。

3) 加强农药生物基准和降解技术研究

市售茶叶中残留农药的品种多、频次高、禁用农药多次检出这一现状，说明了我国的田间土壤和水体因农药长期、频繁、不合理的使用而遭到严重污染。为此，建议中国相关部门出台相关政策，鼓励高校及科研院所积极开展分子生物学、酶学等研究，加强土壤、水体中残留农药的生物修复及降解新技术研究，切实加大农药监管力度，以控制农药的面源污染问题。

综上所述，在本工作基础上，根据茶叶残留危害，可进一步针对其成因提出和采取严格管理、大力推广无公害茶叶种植与生产、健全食品安全控制技术体系、加强茶叶质量检测体系建设和积极推行茶叶质量追溯制度等相应对策。建立和完善食品安全综合评价指数与风险监测预警系统，对食品安全进行实时、全面的监控与分析，为我国的食品安全科学监管与决策提供新的技术支持，可实现各类检验数据的信息化系统管理，降低食品安全事故的发生。

石 家 庄 市

第9章　LC-Q-TOF/MS 侦测石家庄市 110 例市售茶叶样品农药残留报告

从石家庄市所属 2 个区，随机采集了 110 例茶叶样品，使用液相色谱-四极杆飞行时间质谱(LC-Q-TOF/MS)对 825 种农药化学污染物示范侦测(7 种负离子模式 ESI 未涉及)。

9.1　样品种类、数量与来源

9.1.1　样品采集与检测

为了真实反映百姓日常饮用的茶叶中农药残留污染状况，本次所有检测样品均由检验人员于 2019 年 1 月期间，从石家庄市所属 8 个采样点，包括 6 个茶叶专营店 2 个超市，以随机购买方式采集，总计 8 批 110 例样品，从中检出农药 41 种，495 频次。采样及监测概况见图 9-1 及表 9-1，样品及采样点明细见表 9-2 及表 9-3(侦测原始数据见附表 1)。

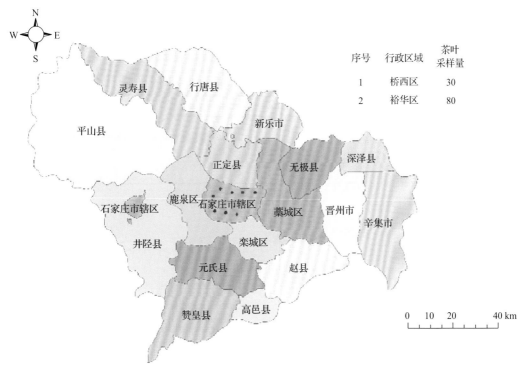

序号	行政区域	茶叶采样量
1	桥西区	30
2	裕华区	80

图 9-1　石家庄市所属 8 个采样点 110 例样品分布图

表 9-1　农药残留监测总体概况

采样地区	石家庄市所属 2 个区
采样点(茶叶专营店+超市)	8
样本总数	110
检出农药品种/频次	41/495
各采样点样本农药残留检出率范围	93.3% ～ 100.0%

表 9-2　样品分类及数量

样品分类	样品名称(数量)	数量小计
1. 茶叶		110
1) 发酵类茶叶	黑茶(10)，红茶(20)，乌龙茶(20)	50
2) 未发酵类茶叶	花茶(20)，绿茶(40)	60
合计	1.茶叶 5 种	110

表 9-3　石家庄市采样点信息

采样点序号	行政区域	采样点
茶叶专营店(6)		
1	裕华区	***茶庄
2	裕华区	***茶庄(万达店)
3	裕华区	***茶庄
4	裕华区	***茶叶店
5	裕华区	***茶叶店
6	裕华区	***茶庄
超市(2)		
1	桥西区	***超市(新百店)
2	裕华区	***超市(建华大街店)

9.1.2　检测结果

这次使用的检测方法是庞国芳院士团队最新研发的不需使用标准品对照，而以高分辨精确质量数(0.0001 m/z)为基准的 LC-Q-TOF/MS 检测技术，对于 110 例样品，每个样品均侦测了 825 种农药化学污染物的残留现状。通过本次侦测，在 110 例样品中共计检出农药化学污染物 41 种，检出 495 频次。

9.1.2.1　各采样点样品检出情况

统计分析发现 8 个采样点中，被测样品的农药检出率范围为 93.3% ～ 100.0%。其中，有 7 个采样点样品的检出率最高，达到了 100.0%，分别是：***超市(建华大街店)、***茶庄、***茶庄(万达店)、***茶庄、***茶叶店、***茶叶店和***茶庄。***超市(新百店)

的检出率最低，为 93.3%，见图 9-2。

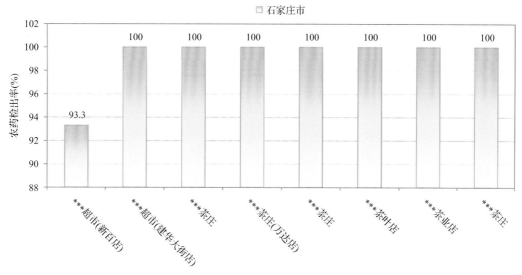

图 9-2　各采样点样品中的农药检出率

9.1.2.2　检出农药的品种总数与频次

统计分析发现，对于 110 例样品中 825 种农药化学污染物的侦测，共检出农药 495 频次，涉及农药 41 种，结果如图 9-3 所示。其中避蚊胺检出频次最高，共检出 87 次。检出频次排名前 10 的农药如下：①避蚊胺(87)，②噻嗪酮(66)，③哒螨灵(62)，④啶虫脒(47)，⑤扑草净(47)，⑥毒死蜱(25)，⑦噻虫嗪(16)，⑧三唑磷(15)，⑨噻虫啉(12)，⑩甲哌(11)。

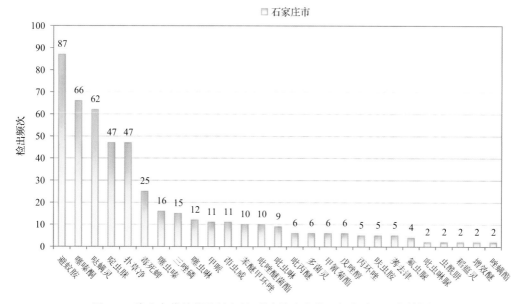

图 9-3　检出农药品种及频次(仅列出检出农药 2 频次及以上的数据)

由图 9-4 可见，花茶、绿茶和乌龙茶这 3 种茶叶样品中检出的农药品种数较高，均超过 20 种，其中，花茶检出农药品种最多，为 28 种。由图 9-5 可见，绿茶、花茶和乌龙茶这 3 种茶叶样品中的农药检出频次较高，均超过 100 次，其中，绿茶检出农药频次最高，为 173 次。

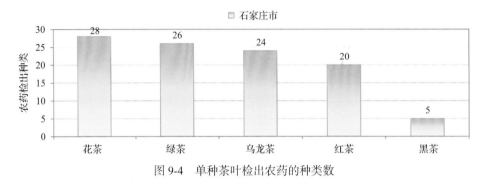

图 9-4　单种茶叶检出农药的种类数

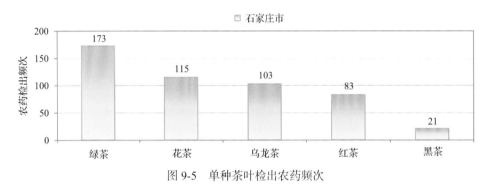

图 9-5　单种茶叶检出农药频次

9.1.2.3　单例样品农药检出种类与占比

对单例样品检出农药种类和频次进行统计发现，未检出农药的样品占总样品数的 1.8%，检出 1 种农药的样品占总样品数的 10.9%，检出 2～5 种农药的样品占总样品数的 53.6%，检出 6～10 种农药的样品占总样品数的 30.0%，检出大于 10 种农药的样品占总样品数的 3.6%。每例样品中平均检出农药为 4.5 种，数据见表 9-4 及图 9-6。

表 9-4　单例样品检出农药品种占比

检出农药品种数	样品数量/占比(%)
未检出	2/1.8
1 种	12/10.9
2～5 种	59/53.6
6～10 种	33/30.0
大于 10 种	4/3.6
单例样品平均检出农药品种	4.5 种

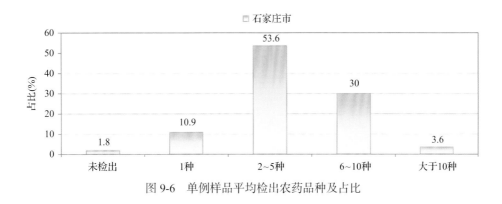

图 9-6　单例样品平均检出农药品种及占比

9.1.2.4　检出农药类别与占比

所有检出农药按功能分类，包括杀虫剂、杀菌剂、除草剂、杀螨剂、驱避剂、增效剂、植物生长调节剂共 7 类。其中杀虫剂与杀菌剂为主要检出的农药类别，分别占总数的 51.2% 和 24.4%，见表 9-5 及图 9-7。

表 9-5　检出农药所属类别/占比

农药类别	数量/占比(%)
杀虫剂	21/51.2
杀菌剂	10/24.4
除草剂	4/9.8
杀螨剂	3/7.3
驱避剂	1/2.4
增效剂	1/2.4
植物生长调节剂	1/2.4

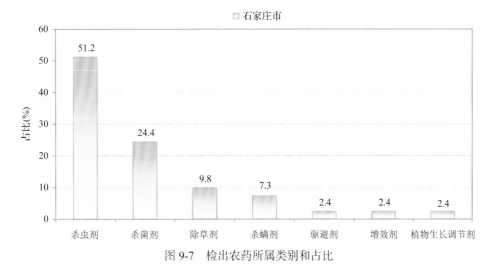

图 9-7　检出农药所属类别和占比

9.1.2.5　检出农药的残留水平

按检出农药残留水平进行统计,残留水平在 1～5 μg/kg(含)的农药占总数的51.5%,在 5～10 μg/kg(含)的农药占总数的12.9%,在 10～100 μg/kg(含)的农药占总数的30.3%,在 100～1000 μg/kg 的农药占总数的 5.3%。

由此可见,这次检测的 8 批 110 例茶叶样品中农药多数处于较低残留水平。结果见表 9-6 及图 9-8,数据见附表 2。

表 9-6　农药残留水平/占比

残留水平(μg/kg)	检出频次数/占比(%)
1～5(含)	255/51.5
5～10(含)	64/12.9
10～100(含)	150/30.3
100～1000	26/5.3

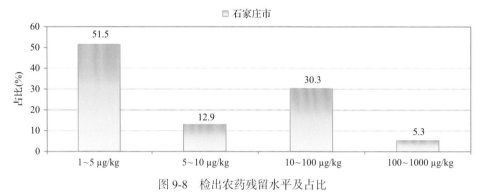

图 9-8　检出农药残留水平及占比

9.1.2.6　检出农药的毒性类别、检出频次和超标频次及占比

对这次检出的 41 种 495 频次的农药,按剧毒、高毒、中毒、低毒和微毒这五个毒性类别进行分类,从中可以看出,石家庄市目前普遍使用的农药为中低微毒农药,品种占 92.7%,频次占 96.6%。结果见表 9-7 及图 9-9。

表 9-7　检出农药毒性类别/占比

毒性分类	农药品种/占比(%)	检出频次/占比(%)	超标频次/超标率(%)
剧毒农药	0/0	0/0.0	0/0.0
高毒农药	3/7.3	17/3.4	0/0.0
中毒农药	20/48.8	224/45.3	0/0.0
低毒农药	11/26.8	235/47.5	0/0.0
微毒农药	7/17.1	19/3.8	0/0.0

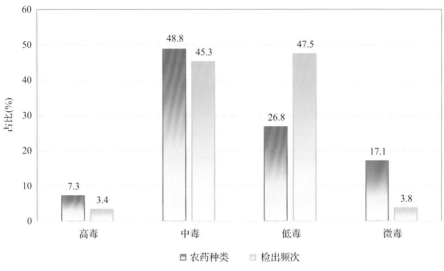

图 9-9　检出农药的毒性分类和占比

9.1.2.7　检出剧毒/高毒类农药的品种和频次

值得特别关注的是，在此次侦测的 110 例样品中有 4 种茶叶的 15 例样品检出了 3 种 17 频次的剧毒和高毒农药，占样品总量的 13.6%，详见图 9-10、表 9-8 及表 9-9。

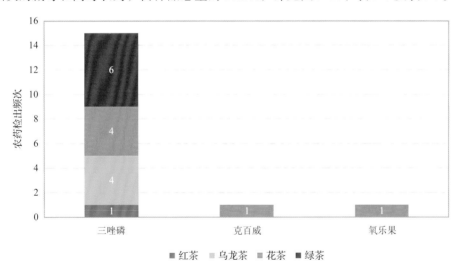

图 9-10　检出剧毒/高毒农药的样品情况

表 9-8　剧毒农药检出情况

序号	农药名称	检出频次	超标频次	超标率
		茶叶中未检出剧毒农药		
	合计	0	0	超标率：0.0%

表 9-9　高毒农药检出情况

序号	农药名称	检出频次	超标频次	超标率
从 4 种茶叶中检出 3 种高毒农药，共计检出 17 次				
1	三唑磷	15	0	0.0%
2	克百威	1	0	0.0%
3	氧乐果	1	0	0.0%
	合计	17	0	超标率：0.0%

在检出的剧毒和高毒农药中，有 3 种是我国早已禁止在茶叶上使用的，分别是：氧乐果、克百威和三唑磷。禁用农药的检出情况见表 9-10。

表 9-10　禁用农药检出情况

序号	农药名称	检出频次	超标频次	超标率
从 4 种茶叶中检出 6 种禁用农药，共计检出 44 次				
1	毒死蜱	25	0	0.0%
2	三唑磷	15	0	0.0%
3	克百威	1	0	0.0%
4	乐果	1	0	0.0%
5	氧乐果	1	0	0.0%
6	乙酰甲胺磷	1	0	0.0%
	合计	44	0	超标率：0.0%

注：表中*为剧毒农药；超标结果参考 MRL 中国国家标准计算

此次抽检的茶叶样品中，没有检出剧毒农药。

样品中检出剧毒和高毒农药残留水平没有超过 MRL 中国国家标准,但本次检出结果仍表明，高毒、剧毒农药的使用现象依旧存在，详见表 9-11。

表 9-11　各样本中检出剧毒/高毒农药情况

样品名称	农药名称	检出频次	超标频次	检出浓度(μg/kg)
茶叶 4 种				
红茶	三唑磷▲	1	0	5.1
花茶	三唑磷▲	4	0	9.2, 2.7, 1.2, 1.3
花茶	克百威▲	1	0	4.8
花茶	氧乐果▲	1	0	2.2
绿茶	三唑磷▲	6	0	4.8, 4.0, 15.3, 12.2, 1.9, 1.1
乌龙茶	三唑磷▲	4	0	33.5, 10.3, 43.0, 17.8
	合计	17	0	超标率：0.0%

注：表中*为剧毒农药；▲为禁用农药；a 为超标结果(参考 MRL 中国国家标准)

9.2　农药残留检出水平与最大残留限量标准对比分析

我国于 2016 年 12 月 18 日正式颁布并于 2017 年 6 月 18 日正式实施食品农药残留限量国家标准《食品中农药最大残留限量》(GB 2763—2016)。该标准包括 417 个农药条目，涉及最大残留限量(MRL)标准 4140 项。将 495 频次检出农药的浓度水平与 4140 项国家 MRL 标准进行核对，其中只有 236 频次的结果找到了对应的 MRL，占 47.7%，还有 259 频次的结果则无相关 MRL 标准供参考，占 52.3%。

将此次侦测结果与国际上现行 MRL 标准对比发现，在 495 频次的检出结果中有 495 频次的结果找到了对应的 MRL 欧盟标准，占 100.0%；其中，348 频次的结果有明确对应的 MRL 标准，占 70.3%，其余 147 频次按照欧盟一律标准判定，占 29.7%；有 495 频次的结果找到了对应的 MRL 日本标准，占 100.0%；其中，313 频次的结果有明确对应的 MRL 标准，占 63.2%，其余 182 频次按照日本一律标准判定，占 36.8%；有 216 频次的结果找到了对应的 MRL 中国香港标准，占 43.6%；有 160 频次的结果找到了对应的 MRL 美国标准，占 32.3%；有 101 频次的结果找到了对应的 MRL CAC 标准，占 20.4%(见图 9-11 和图 9-12，数据见附表 3 至附表 8)。

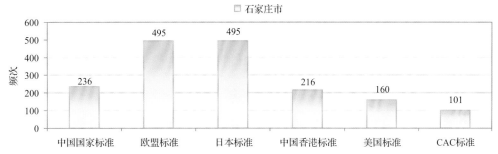

图 9-11　495 频次检出农药可用 MRL 中国国家标准、欧盟标准、日本标准、
中国香港标准、美国标准、CAC 标准判定衡量的数量

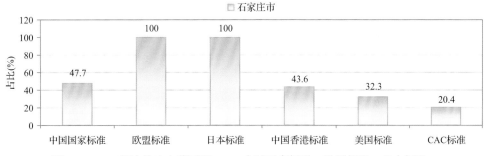

图 9-12　495 频次检出农药可用 MRL 中国国家标准、欧盟标准、日本标准、
中国香港标准、美国标准、CAC 标准衡量的占比

9.2.1　超标农药样品分析

本次侦测的 110 例样品中，2 例样品未检出任何残留农药，占样品总量的 1.8%，

108 例样品检出不同水平、不同种类的残留农药，占样品总量的 98.2%。在此，我们将本次侦测的农残检出情况与 MRL 中国国家标准、欧盟标准、日本标准、中国香港标准、美国标准和 CAC 标准这 6 大国际主流 MRL 标准进行对比分析，样品农残检出与超标情况见表 9-12、图 9-13 和图 9-14，详细数据见附表 9 至附表 14。

表 9-12　各 MRL 标准下样本农残检出与超标数量及占比

	中国国家标准 数量/占比(%)	欧盟标准 数量/占比(%)	日本标准 数量/占比(%)	中国香港标准 数量/占比(%)	美国标准 数量/占比(%)	CAC 标准 数量/占比(%)
未检出	2/1.8	2/1.8	2/1.8	2/1.8	2/1.8	2/1.8
检出未超标	108/98.2	80/72.7	87/79.1	108/98.2	108/98.2	108/98.2
检出超标	0/0.0	28/25.5	21/19.1	0/0.0	0/0.0	0/0.0

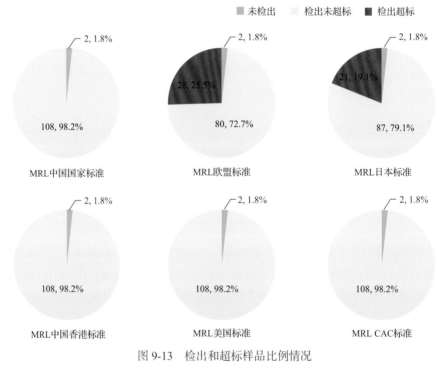

图 9-13　检出和超标样品比例情况

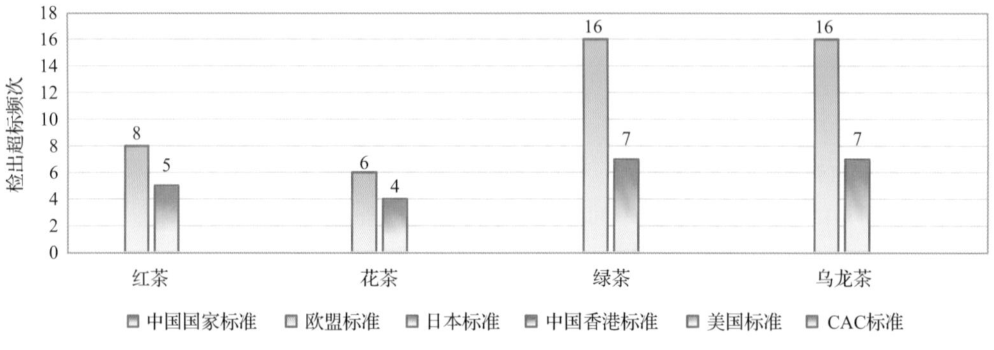

图 9-14　超过 MRL 中国国家标准、欧盟标准、日本标准、中国香港标准、
美国标准、CAC 标准结果在茶叶中的分布

9.2.2　超标农药种类分析

按照 MRL 中国国家标准、欧盟标准、日本标准、中国香港标准、美国标准和 CAC 标准这 6 大国际主流 MRL 标准衡量，本次侦测检出的农药超标品种及频次情况见表 9-13。

表 9-13　各 MRL 标准下超标农药品种及频次

	中国国家标准	欧盟标准	日本标准	中国香港标准	美国标准	CAC 标准
超标农药品种	0	13	6	0	0	0
超标农药频次	0	46	23	0	0	0

9.2.2.1　按 MRL 中国国家标准衡量

按 MRL 中国国家标准衡量，无样品检出超标农药残留。

9.2.2.2　按 MRL 欧盟标准衡量

按 MRL 欧盟标准衡量，共有 13 种农药超标，检出 46 频次，分别为高毒农药三唑磷，中毒农药苯醚甲环唑、稻瘟灵、甲哌、吡虫啉、吡唑醚菌酯、啶虫脒、戊唑醇和哒螨灵，低毒农药噻嗪酮和呋虫胺，微毒农药甲氧丙净和多菌灵。

按超标程度比较，乌龙茶中吡唑醚菌酯超标 8.0 倍，乌龙茶中甲氧丙净超标 6.1 倍，绿茶中噻嗪酮超标 5.2 倍，红茶中哒螨灵超标 4.6 倍，乌龙茶中呋虫胺超标 2.1 倍。检测结果见图 9-15 和附表 16。

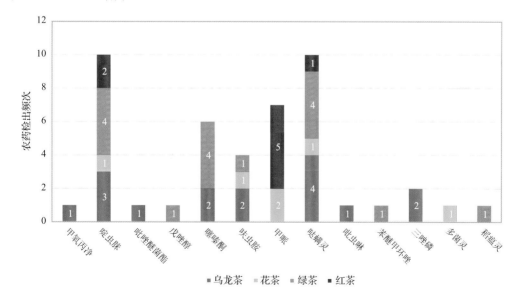

图 9-15　超过 MRL 欧盟标准农药品种及频次

9.2.2.3　按 MRL 日本标准衡量

按 MRL 日本标准衡量，共有 6 种农药超标，检出 23 频次，分别为高毒农药三唑磷，中毒农药甲哌、稻瘟灵和茚虫威，低毒农药己唑醇，微毒农药甲氧丙净。

按超标程度比较，红茶中甲哌超标 15.1 倍，花茶中甲哌超标 13.7 倍，乌龙茶中甲氧丙净超标 6.1 倍，乌龙茶中茚虫威超标 6.0 倍，乌龙茶中三唑磷超标 3.3 倍。检测结果见图 9-16 和附表 17。

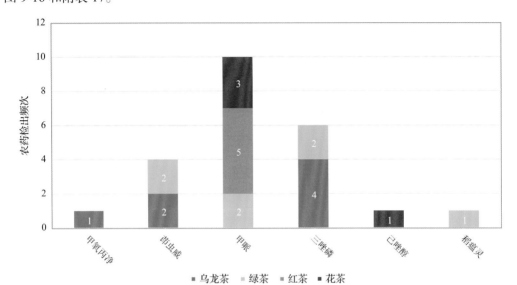

图 9-16　超过 MRL 日本标准农药品种及频次

9.2.2.4　按 MRL 中国香港标准衡量

按 MRL 中国香港标准衡量，无样品检出超标农药残留。

9.2.2.5　按 MRL 美国标准衡量

按 MRL 美国标准衡量，无样品检出超标农药残留。

9.2.2.6　按 MRL CAC 标准衡量

按 MRL CAC 标准衡量，无样品检出超标农药残留。

9.2.3　8 个采样点超标情况分析

9.2.3.1　按 MRL 中国国家标准衡量

按 MRL 中国国家标准衡量，所有采样点的样品均未检出超标农药残留。

9.2.3.2　按 MRL 欧盟标准衡量

按 MRL 欧盟标准衡量，有 7 个采样点的样品存在不同程度的超标农药检出，其中***茶叶店和***茶庄(万达店)的超标率最高，为 42.9%，如表 9-14 和图 9-17 所示。

表 9-14　超过 MRL 欧盟标准茶叶在不同采样点分布

序号	采样点	样品总数	超标数量	超标率(%)	行政区域
1	***超市(新百店)	30	10	33.3	桥西区
2	***超市(建华大街店)	21	3	14.3	裕华区
3	***茶叶店	14	3	21.4	裕华区
4	***茶庄	12	3	25.0	裕华区
5	***茶庄	12	3	25.0	裕华区
6	***茶叶店	7	3	42.9	裕华区
7	***茶庄(万达店)	7	3	42.9	裕华区

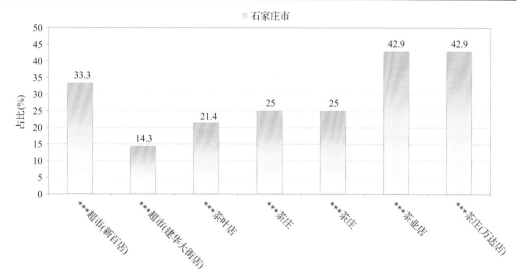

图 9-17　超过 MRL 欧盟标准茶叶在不同采样点分布

9.2.3.3　按 MRL 日本标准衡量

按 MRL 日本标准衡量，有 7 个采样点的样品存在不同程度的超标农药检出，其中 ***茶叶店的超标率最高，为 28.6%，如表 9-15 和图 9-18 所示。

表 9-15　超过 MRL 日本标准茶叶在不同采样点分布

序号	采样点	样品总数	超标数量	超标率(%)	行政区域
1	***超市(新百店)	30	7	23.3	桥西区
2	***超市(建华大街店)	21	4	19.0	裕华区
3	***茶叶店	14	3	21.4	裕华区
4	***茶庄	12	2	16.7	裕华区
5	***茶庄	12	2	16.7	裕华区
6	***茶叶店	7	2	28.6	裕华区
7	***茶庄(万达店)	7	1	14.3	裕华区

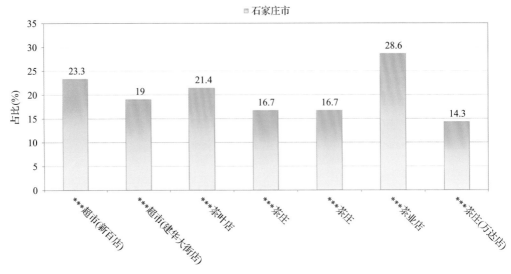

图 9-18　超过 MRL 日本标准茶叶在不同采样点分布

9.2.3.4　按 MRL 中国香港标准衡量

按 MRL 中国香港标准衡量，所有采样点的样品均未检出超标农药残留。

9.2.3.5　按 MRL 美国标准衡量

按 MRL 美国标准衡量，所有采样点的样品均未检出超标农药残留。

9.2.3.6　按 MRL CAC 标准衡量

按 MRL CAC 标准衡量，所有采样点的样品均未检出超标农药残留。

9.3　茶叶中农药残留分布

9.3.1　茶叶按检出农药品种和频次排名

本次残留侦测的茶叶共 5 种，包括黑茶、红茶、乌龙茶、花茶和绿茶。

根据检出农药品种及频次进行排名，将各项排名茶叶样品检出情况列表说明，详见表 9-16。

表 9-16　茶叶按检出农药品种和频次排名

按检出农药品种排名(品种)	①花茶(28)，②绿茶(26)，③乌龙茶(24)，④红茶(20)，⑤黑茶(5)
按检出农药频次排名(频次)	①绿茶(173)，②花茶(115)，③乌龙茶(103)，④红茶(83)，⑤黑茶(21)
按检出禁用、高毒及剧毒农药品种排名(品种)	①花茶(4)，②绿茶(4)，③红茶(2)，④乌龙茶(2)
按检出禁用、高毒及剧毒农药频次排名(频次)	①花茶(16)，②绿茶(16)，③乌龙茶(9)，④红茶(3)

9.3.2　茶叶按超标农药品种和频次排名

鉴于 MRL 欧盟标准和日本标准制定比较全面且覆盖率较高，我们参照 MRL 中国国家标准、欧盟标准和日本标准衡量茶叶样品中农残检出情况，将超标农药品种及频次排名前 10 的茶叶列表说明，详见表 9-17。

表 9-17　茶叶按超标农药品种和频次排名

	MRL 中国国家标准	
按超标农药品种排名(农药品种数)	MRL 欧盟标准	①乌龙茶(8)、②绿茶(7)、③花茶(5)、④红茶(3)
	MRL 日本标准	①绿茶(4)、②乌龙茶(3)、③花茶(2)、④红茶(1)
	MRL 中国国家标准	
按超标农药频次排名(农药频次数)	MRL 欧盟标准	①绿茶(16)、②乌龙茶(16)、③红茶(8)、④花茶(6)
	MRL 日本标准	①绿茶(7)、②乌龙茶(7)、③红茶(5)、④花茶(4)

通过对各品种茶叶样本总数及检出率进行综合分析发现，花茶、绿茶和乌龙茶的残留污染最为严重，在此，我们参照 MRL 中国国家标准、欧盟标准和日本标准对这 3 种茶叶的农残检出情况进行进一步分析。

9.3.3　农药残留检出率较高的茶叶样品分析

9.3.3.1　花茶

这次共检测 20 例花茶样品，19 例样品中检出了农药残留，检出率为 95.0%，检出农药共计 28 种。其中噻嗪酮、哒螨灵、啶虫脒、毒死蜱和扑草净检出频次较高，分别检出了 16、13、12、10 和 8 次。花茶中农药检出品种和频次见图 9-19，超标农药见图 9-20 和表 9-18。

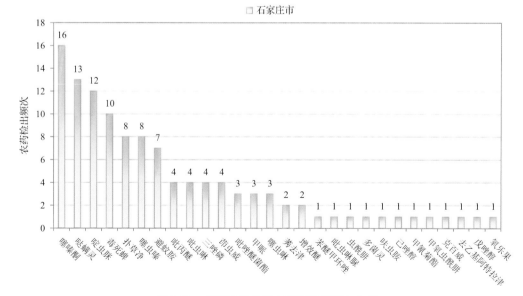

图 9-19　花茶样品检出农药品种和频次分析

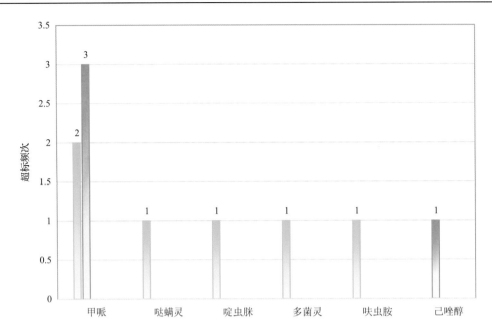

图 9-20 花茶样品中超标农药分析

表 9-18 花茶中农药残留超标情况明细表

样品总数		检出农药样品数	样品检出率(%)	检出农药品种总数
20		19	95	28
	超标农药品种 超标农药频次	按照 MRL 中国国家标准、欧盟标准和日本标准衡量超标农药名称及频次		
中国国家标准	0 0			
欧盟标准	5 6	甲哌(2)、哒螨灵(1)、啶虫脒(1)、多菌灵(1)、呋虫胺(1)		
日本标准	2 4	甲哌(3)、己唑醇(1)		

9.3.3.2 绿茶

这次共检测 40 例绿茶样品,全部检出了农药残留,检出率为 100.0%,检出农药共计 26 种。其中避蚊胺、噻嗪酮、哒螨灵、啶虫脒和扑草净检出频次较高,分别检出了 36、26、23、16 和 14 次。绿茶中农药检出品种和频次见图 9-21,超标农药见图 9-22 和表 9-19。

9.3.3.3 乌龙茶

这次共检测 20 例乌龙茶样品,全部检出了农药残留,检出率为 100.0%,检出农药共计 24 种。其中避蚊胺、哒螨灵、噻嗪酮、扑草净和啶虫脒检出频次较高,分别检出了 18、17、12、10 和 8 次。乌龙茶中农药检出品种和频次见图 9-23,超标农药见图 9-24 和表 9-20。

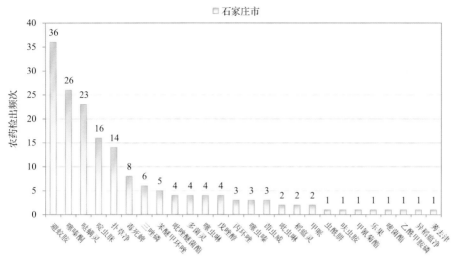

图 9-21　绿茶样品检出农药品种和频次分析

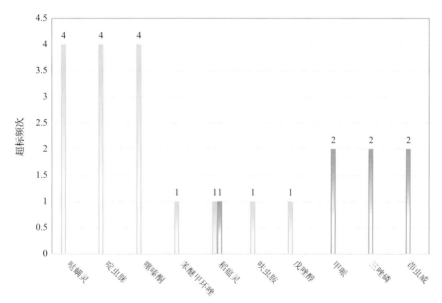

图 9-22　绿茶样品中超标农药分析

表 9-19　绿茶中农药残留超标情况明细表

样品总数		检出农药样品数	样品检出率(%)	检出农药品种总数
40		40	100	26
	超标农药品种	超标农药频次	按照 MRL 中国国家标准、欧盟标准和日本标准衡量超标农药名称及频次	
中国国家标准	0	0		
欧盟标准	7	16	哒螨灵(4)、啶虫脒(4)、噻嗪酮(4)、苯醚甲环唑(1)、稻瘟灵(1)、呋虫胺(1)、戊唑醇(1)	
日本标准	4	7	甲哌(2)、三唑磷(2)、茚虫威(2)、稻瘟灵(1)	

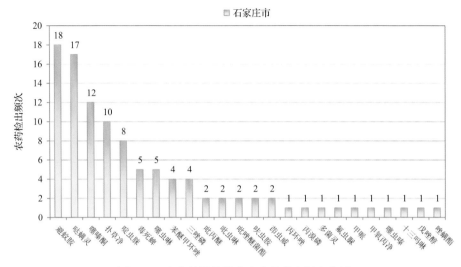

图 9-23　乌龙茶样品检出农药品种和频次分析

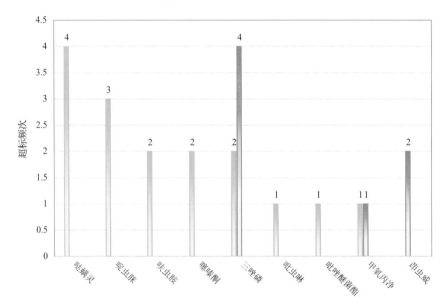

图 9-24　乌龙茶样品中超标农药分析

表 9-20　乌龙茶中农药残留超标情况明细表

样品总数		检出农药样品数	样品检出率(%)	检出农药品种总数
20		20	100	24
	超标农药品种	超标农药频次	按照 MRL 中国国家标准、欧盟标准和日本标准衡量超标农药名称及频次	
中国国家标准	0	0		
欧盟标准	8	16	哒螨灵(4)，啶虫脒(3)，呋虫胺(2)，噻嗪酮(2)，三唑磷(2)，吡虫啉(1)，吡唑醚菌酯(1)，甲氧丙净(1)	
日本标准	3	7	三唑磷(4)，茚虫威(2)，甲氧丙净(1)	

9.4　初 步 结 论

9.4.1　石家庄市市售茶叶按 MRL 中国国家标准和国际主要 MRL 标准衡量的合格率

本次侦测的 110 例样品中，2 例样品未检出任何残留农药，占样品总量的 1.8%，108 例样品检出不同水平、不同种类的残留农药，占样品总量的 98.2%。在这 108 例检出农药残留的样品中：

按照 MRL 中国国家标准衡量，有 108 例样品检出残留农药但含量没有超标，占样品总数的 98.2%，无检出残留农药超标的样品。

按照 MRL 欧盟标准衡量，有 80 例样品检出残留农药但含量没有超标，占样品总数的 72.7%，有 28 例样品检出了超标农药，占样品总数的 25.5%。

按照 MRL 日本标准衡量，有 87 例样品检出残留农药但含量没有超标，占样品总数的 79.1%，有 21 例样品检出了超标农药，占样品总数的 19.1%。

按照 MRL 中国香港标准衡量，有 108 例样品检出残留农药但含量没有超标，占样品总数的 98.2%，无检出残留农药超标的样品。

按照 MRL 美国标准衡量，有 108 例样品检出残留农药但含量没有超标，占样品总数的 98.2%，无检出残留农药超标的样品。

按照 MRL CAC 标准衡量，有 108 例样品检出残留农药但含量没有超标，占样品总数的 98.2%，无检出残留农药超标的样品。

9.4.2　石家庄市市售茶叶中检出农药以中低微毒农药为主，占市场主体的 92.7%

这次侦测的 110 例茶叶样品共检出了 41 种农药，检出农药的毒性以中低微毒为主，详见表 9-21。

表 9-21　市场主体农药毒性分布

毒性	检出品种	占比	检出频次	占比
高毒农药	3	7.3%	17	3.4%
中毒农药	20	48.8%	224	45.3%
低毒农药	11	26.8%	235	47.5%
微毒农药	7	17.1%	19	3.8%
中低微毒农药，品种占比 92.7%，频次占比 96.6%				

9.4.3　检出剧毒、高毒和禁用农药现象应该警醒

在此次侦测的 110 例样品中有 4 种茶叶的 31 例样品检出了 6 种 44 频次的剧毒和高毒或禁用农药，占样品总量的 28.2%。其中高毒农药三唑磷、克百威和氧乐果检出频次较高。

按 MRL 中国国家标准衡量，高毒农药按超标程度比较未超标。

剧毒、高毒或禁用农药的检出情况及按照 MRL 中国国家标准衡量的超标情况见表9-22。

表 9-22　剧毒、高毒或禁用农药的检出及超标明细

序号	农药名称	样品名称	检出频次	超标频次	最大超标倍数	超标率
1.1	克百威◇▲	花茶	1	0	0	0.0%
2.1	三唑磷◇▲	绿茶	6	0	0	0.0%
2.2	三唑磷◇▲	花茶	4	0	0	0.0%
2.3	三唑磷◇▲	乌龙茶	4	0	0	0.0%
2.4	三唑磷◇▲	红茶	1	0	0	0.0%
3.1	氧乐果▲	花茶	1	0	0	0.0%
4.1	毒死蜱▲	花茶	10	0	0	0.0%
4.2	毒死蜱▲	绿茶	8	0	0	0.0%
4.3	毒死蜱▲	乌龙茶	5	0	0	0.0%
4.4	毒死蜱▲	红茶	2	0	0	0.0%
5.1	乐果▲	绿茶	1	0	0	0.0%
6.1	乙酰甲胺磷▲	绿茶	1	0	0	0.0%
合计			44	0		0.0%

注：表中*为剧毒农药；◇为高毒农药；▲为禁用农药；超标倍数参照 MRL 中国国家标准衡量

这些剧毒和高毒农药都是中国政府早有规定禁止在茶叶中使用的，为什么还屡次被检出，应该引起警惕。

9.4.4　残留限量标准与先进国家或地区差距较大

495 频次的检出结果与我国公布的《食品中农药最大残留限量》(GB 2763—2016)对比，有 236 频次能找到对应的 MRL 中国国家标准，占 47.7%；还有 259 频次的侦测数据无相关 MRL 标准供参考，占 52.3%。

与国际上现行 MRL 标准对比发现：

有 495 频次能找到对应的 MRL 欧盟标准，占 100.0%；

有 495 频次能找到对应的 MRL 日本标准，占 100.0%；

有 216 频次能找到对应的 MRL 中国香港标准，占 43.6%；

有 160 频次能找到对应的 MRL 美国标准，占 32.3%；

有 101 频次能找到对应的 MRL CAC 标准，占 20.4%。

由上可见，MRL 中国国家标准与先进国家或地区标准还有很大差距，我们无标准，境外有标准，这就会导致我们在国际贸易中，处于受制于人的被动地位。

9.4.5　茶叶单种样品检出 24~28 种农药残留，拷问农药使用的科学性

通过此次监测发现，花茶、绿茶和乌龙茶是检出农药品种最多的 3 种茶叶，从中检

出农药品种及频次详见表 9-23。

表 9-23　单种样品检出农药品种及频次

样品名称	样品总数	检出农药样品数	检出率	检出农药品种数	检出农药(频次)
花茶	20	19	95.0%	28	噻嗪酮(16)、哒螨灵(13)、啶虫脒(12)、毒死蜱(10)、扑草净(8)、噻虫嗪(8)、避蚊胺(7)、吡丙醚(4)、吡虫啉(4)、三唑磷(4)、茚虫威(4)、吡唑醚菌酯(3)、甲哌(3)、噻虫啉(3)、莠去津(2)、增效醚(2)、苯醚甲环唑(1)、吡虫啉脲(1)、虫酰肼(1)、多菌灵(1)、呋虫胺(1)、己唑醇(1)、甲氰菊酯(1)、甲氧虫酰肼(1)、克百威(1)、去乙基阿特拉津(1)、戊唑醇(1)、氧乐果(1)
绿茶	40	40	100.0%	26	避蚊胺(36)、噻嗪酮(26)、哒螨灵(23)、啶虫脒(16)、扑草净(14)、毒死蜱(8)、三唑磷(6)、苯醚甲环唑(5)、吡唑醚菌酯(4)、多菌灵(4)、噻虫啉(4)、戊唑醇(4)、丙环唑(3)、噻虫嗪(3)、茚虫威(3)、吡虫啉(2)、稻瘟灵(2)、甲哌(2)、虫酰肼(1)、呋虫胺(1)、甲氰菊酯(1)、乐果(1)、嘧菌酯(1)、乙酰甲胺磷(1)、异稻瘟净(1)、莠去津(1)
乌龙茶	20	20	100.0%	24	避蚊胺(18)、哒螨灵(17)、噻嗪酮(12)、扑草净(10)、啶虫脒(8)、毒死蜱(5)、噻虫啉(5)、苯醚甲环唑(4)、三唑磷(4)、吡丙醚(2)、吡虫啉(2)、吡唑醚菌酯(2)、呋虫胺(2)、茚虫威(2)、丙环唑(1)、丙溴磷(1)、多菌灵(1)、氟虫脲(1)、甲哌(1)、甲氧丙净(1)、噻虫嗪(1)、十三吗啉(1)、戊唑醇(1)、唑螨酯(1)

　　上述 3 种茶叶，检出农药 24～28 种，是多种农药综合防治，还是未严格实施农业良好管理规范(GAP)，抑或根本就是乱施药，值得我们思考。

第 10 章　LC-Q-TOF/MS 侦测石家庄市市售茶叶农药残留膳食暴露风险与预警风险评估

10.1　农药残留风险评估方法

10.1.1　石家庄市农药残留侦测数据分析与统计

庞国芳院士科研团队建立的农药残留高通量侦测技术以高分辨精确质量数(0.0001 *m/z* 为基准)为识别标准，采用 LC-Q-TOF/MS 技术对 825 种农药化学污染物进行侦测。

科研团队于 2019 年 1 月期间在石家庄市 8 个采样点，随机采集了 110 例茶叶样品，具体位置如图 10-1 所示。

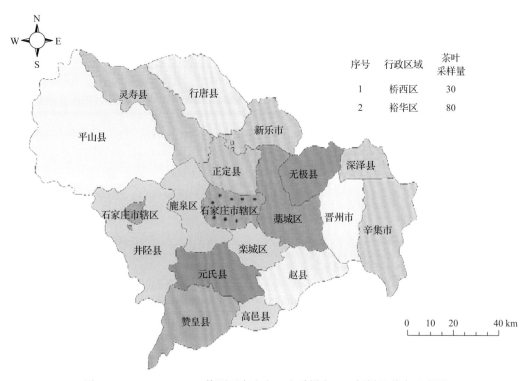

序号	行政区域	茶叶采样量
1	桥西区	30
2	裕华区	80

图 10-1　LC-Q-TOF/MS 侦测石家庄市 8 个采样点 110 例样品分布示意图

利用 LC-Q-TOF/MS 技术对 110 例样品中的农药进行侦测，侦测出残留农药 41 种，495 频次。侦测出农药残留水平如表 10-1 和图 10-2 所示。检出频次最高的前 10 种农药如表 10-2 所示。从检测结果中可以看出，在茶叶中农药残留普遍存在，且有些茶叶存在高浓度的农药残留，这些可能存在膳食暴露风险，对人体健康产生危害，因此，为了定量地评价茶叶中农药残留的风险程度，有必要对其进行风险评价。

表 10-1　侦测出农药的不同残留水平及其所占比例列表

残留水平(μg/kg)	检出频次	占比(%)
1~5(含)	255	51.5
5~10(含)	64	12.9
10~100(含)	150	30.3
100~1000	26	5.3
合计	495	100

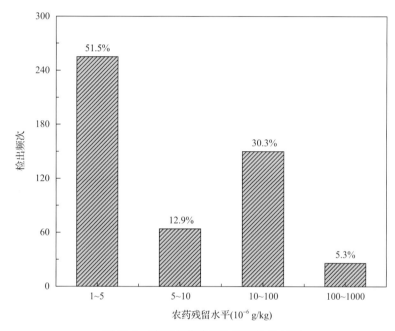

图 10-2　残留农药检出浓度频数分布图

表 10-2　检出频次最高的前 10 种农药列表

序号	农药	检出频次
1	避蚊胺	87
2	噻嗪酮	66
3	哒螨灵	62
4	啶虫脒	47
5	扑草净	47
6	毒死蜱	25
7	噻虫嗪	16
8	三唑磷	15
9	噻虫啉	12
10	甲哌	11
11	茚虫威	11

10.1.2 农药残留风险评价模型

对石家庄市茶叶中农药残留分别开展暴露风险评估和预警风险评估。膳食暴露风险评估利用食品安全指数模型对茶叶中的残留农药对人体可能产生的危害程度进行评价，该模型结合残留监测和膳食暴露评估评价化学污染物的危害；预警风险评价模型运用风险系数(risk index，R)，风险系数综合考虑了危害物的超标率、施检频率及其本身敏感性的影响，能直观而全面地反映出危害物在一段时间内的风险程度。

10.1.2.1 食品安全指数模型

为了加强食品安全管理，《中华人民共和国食品安全法》第二章第十七条规定"国家建立食品安全风险评估制度，运用科学方法，根据食品安全风险监测信息、科学数据以及有关信息，对食品、食品添加剂、食品相关产品中生物性、化学性和物理性危害因素进行风险评估"[1]，膳食暴露评估是食品危险度评估的重要组成部分，也是膳食安全性的衡量标准[2]。国际上最早研究膳食暴露风险评估的机构主要是 JMPR(FAO、WHO农药残留联合会议)，该组织自 1995 年就已制定了急性毒性物质的风险评估急性毒性农药残留摄入量的预测。1960 年美国规定食品中不得加入致癌物质进而提出零阈值理论，渐渐零阈值理论发展成在一定概率条件下可接受风险的概念[3]，后衍变为食品中每日允许最大摄入量(ADI)，而国际食品农药残留法典委员会(CCPR)认为 ADI 不是独立风险评估的唯一标准[4]，1995 年 JMPR 开始研究农药急性膳食暴露风险评估，并对食品国际短期摄入量的计算方法进行了修正，亦对膳食暴露评估准则及评估方法进行了修正[5]，2002 年，在对世界上现行的食品安全评价方法，尤其是国际公认的国际食品法典委员会(CAC)的评价方法、全球环境监测系统/食品污染监测和评估规划(WHO GEMS/Food)及FAO、WHO 食品添加剂联合专家委员会(JECFA)和 JMPR 对食品安全风险评估工作研究的基础之上，检验检疫食品安全管理的研究人员提出了结合残留监控和膳食暴露评估，以食品安全指数 IFS 计算食品中各种化学污染物对消费者的健康危害程度[6]。IFS 是表示食品安全状态的新方法，可有效地评价某种农药的安全性，进而评价食品中各种农药化学污染物对消费者健康的整体危害程度[7,8]。从理论上分析，IFS_c 可指出食品中的污染物 c 对消费者健康是否存在危害及危害的程度[9]。其优点在于操作简单且结果容易被接受和理解，不需要大量的数据来对结果进行验证，使用默认的标准假设或者模型即可[10,11]。

1)IFS_c 的计算

IFS_c 计算公式如下：

$$IFS_c = \frac{EDI_c \times f}{SI_c \times bw} \tag{10-1}$$

式中，c 为所研究的农药；EDI_c 为农药 c 的实际日摄入量估算值，等于 $\sum(R_i \times F_i \times E_i \times P_i)$ (i 为食品种类；R_i 为食品 i 中农药 c 的残留水平，mg/kg；F_i 为食品 i 的估计日消费量，g/(人·天)；E_i 为食品 i 的可食用部分因子；P_i 为食品 i 的加工处理因子)；SI_c 为安全摄入量，可采用每日允许最大摄入量 ADI；bw 为人平均体重，kg；f 为校正因子，如果安全摄入量采用 ADI，则 f 取 1。

$IFS_c \ll 1$，农药 c 对食品安全没有影响；$IFS_c \leqslant 1$，农药 c 对食品安全的影响可以接受；$IFS_c > 1$，农药 c 对食品安全的影响不可接受。

本次评价中：

$IFS_c \leqslant 0.1$，农药 c 对茶叶安全没有影响；

$0.1 < IFS_c \leqslant 1$，农药 c 对茶叶安全的影响可以接受；

$IFS_c > 1$，农药 c 对茶叶安全的影响不可接受。

本次评价中残留水平 R_i 取值为中国检验检疫科学研究院庞国芳院士课题组利用以高分辨精确质量数(0.0001 m/z)为基准的 LC-Q-TOF/MS 侦测技术于 2019 年 1 月期间对石家庄市茶叶农药残留的侦测结果，估计日消费量 F_i 取值 0.0047 kg/(人·天)，$E_i = 1$，$P_i = 1$，$f = 1$，SI_c 采用《食品安全国家标准　食品中农药最大残留限量》(GB 2763—2016)中 ADI 值(具体数值见表 10-3)，人平均体重(bw)取值 60 kg。

表 10-3　石家庄市茶叶中侦测出农药的 ADI 值

序号	农药	ADI	序号	农药	ADI	序号	农药	ADI
1	氧乐果	0.0003	15	莠去津	0.02	29	噻虫嗪	0.08
2	三唑磷	0.001	16	虫酰肼	0.02	30	吡丙醚	0.1
3	克百威	0.001	17	丙溴磷	0.03	31	甲氧虫酰肼	0.1
4	乐果	0.002	18	乙酰甲胺磷	0.03	32	呋虫胺	0.2
5	己唑醇	0.005	19	吡唑醚菌酯	0.03	33	嘧菌酯	0.2
6	噻嗪酮	0.009	20	多菌灵	0.03	34	增效醚	0.2
7	哒螨灵	0.01	21	戊唑醇	0.03	35	N-去甲基啶虫脒	—
8	唑螨酯	0.01	22	甲氰菊酯	0.03	36	十三吗啉	—
9	噻虫啉	0.01	23	异稻瘟净	0.035	37	去乙基阿特拉津	—
10	毒死蜱	0.01	24	扑草净	0.04	38	吡虫啉脲	—
11	炔螨特	0.01	25	氟虫脲	0.04	39	甲哌	—
12	苯醚甲环唑	0.01	26	吡虫啉	0.06	40	甲氧丙净	—
13	茚虫威	0.01	27	丙环唑	0.07	41	避蚊胺	—
14	稻瘟灵	0.016	28	啶虫脒	0.07			

注："—"表示为国家标准中无 ADI 值规定；ADI 值单位为 mg/kg bw

2) 计算 IFS_c 的平均值 $\overline{IFS}$，评价农药对食品安全的影响程度

以 $\overline{IFS}$ 评价各种农药对人体健康危害的总程度，评价模型见公式(10-2)。

$$\overline{IFS} = \frac{\sum_{i=1}^{n} IFS_c}{n} \qquad (10-2)$$

$\overline{IFS} \ll 1$，所研究消费者人群的食品安全状态很好；$\overline{IFS} \leqslant 1$，所研究消费者人群的

食品安全状态可以接受；$\overline{\text{IFS}}>1$，所研究消费者人群的食品安全状态不可接受。

本次评价中：

$\overline{\text{IFS}}\leqslant0.1$，所研究消费者人群的茶叶安全状态很好；

$0.1<\overline{\text{IFS}}\leqslant1$，所研究消费者人群的茶叶安全状态可以接受；

$\overline{\text{IFS}}>1$，所研究消费者人群的茶叶安全状态不可接受。

10.1.2.2　预警风险评估模型

2003 年，我国检验检疫食品安全管理的研究人员根据 WTO 的有关原则和我国的具体规定，结合危害物本身的敏感性、风险程度及其相应的施检频率，首次提出了食品中危害物风险系数 R 的概念[12]。R 是衡量一个危害物的风险程度大小最直观的参数，即在一定时期内其超标率或阳性检出率的高低，但受其施检频率的高低及其本身的敏感性(受关注程度)影响。该模型综合考察了农药在茶叶中的超标率、施检频率及其本身敏感性，能直观而全面地反映出农药在一段时间内的风险程度[13]。

1)R 计算方法

危害物的风险系数综合考虑了危害物的超标率或阳性检出率、施检频率和其本身的敏感性影响，并能直观而全面地反映出危害物在一段时间内的风险程度。风险系数 R 的计算公式如式(10-3)：

$$R = aP + \frac{b}{F} + S \qquad (10\text{-}3)$$

式中，P 为该种危害物的超标率；F 为危害物的施检频率；S 为危害物的敏感因子；a, b 分别为相应的权重系数。

本次评价中 $F=1$；$S=1$；$a=100$；$b=0.1$，对参数 P 进行计算，计算时首先判断是否为禁用农药，如果为非禁用农药，P=超标的样品数(侦测出的含量高于食品最大残留限量标准值，即 MRL)除以总样品数(包括超标、不超标、未侦测出)；如果为禁用农药，则侦测出即为超标，P=能侦测出的样品数除以总样品数。判断石家庄市茶叶农药残留是否超标的标准限值 MRL 分别以 MRL 中国国家标准[14]和 MRL 欧盟标准作为对照，具体值列于本报告附表一中。

2)评价风险程度

$R\leqslant1.5$，受检农药处于低度风险；

$1.5<R\leqslant2.5$，受检农药处于中度风险；

$R>2.5$，受检农药处于高度风险。

10.1.2.3　食品膳食暴露风险和预警风险评估应用程序的开发

1)应用程序开发的步骤

为成功开发膳食暴露风险和预警风险评估应用程序，与软件工程师多次沟通讨论，逐步提出并描述清楚计算需求，开发了初步应用程序。为明确出不同茶叶、不同农药、不同地域和不同季节的风险水平，向软件工程师提出不同的计算需求，软件工程师对计算需求进行逐一地分析，经过反复的细节沟通，需求分析得到明确后，开始进行解决方案的设计，在保证需求的完整性、一致性的前提下，编写出程序代码，最后设计出满足需求的风险评估专用计算软件，并通过一系列的软件测试和改进，完成专用程序的开发。软件开发基本步骤见图 10-3。

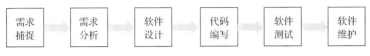

图 10-3　专用程序开发总体步骤

2) 膳食暴露风险评估专业程序开发的基本要求

首先直接利用公式(10-1)，分别计算 LC-Q-TOF/MS 和 GC-Q-TOF/MS 仪器侦测出的各茶叶样品中每种农药 IFS_c，将结果列出。为考察超标农药和禁用农药的使用安全性，分别以我国《食品安全国家标准食品中农药最大残留限量》(GB 2763—2016)和欧盟食品中农药最大残留限量(以下简称 MRL 中国国家标准和 MRL 欧盟标准)为标准，对侦测出的禁用农药和超标的非禁用农药 IFS_c 单独进行评价；按 IFS_c 大小列表，并找出 IFS_c 值排名前 20 的样本重点关注。

对不同茶叶 i 中每一种侦测出的农药 c 的安全指数进行计算，多个样品时求平均值。按农药种类，计算整个监测时间段内每种农药的 IFS_c，不区分茶叶。

3) 预警风险评估专业程序开发的基本要求

分别以 MRL 中国国家标准和 MRL 欧盟标准，按公式(10-3)逐个计算不同茶叶、不同农药的风险系数，禁用农药和非禁用农药分别列表。

为清楚了解各种农药的预警风险，不分时间，不分茶叶，按禁用农药和非禁用农药分类，分别计算各种侦测出农药全部检测时段内风险系数。由于有 MRL 中国国家标准的农药种类太少，无法计算超标数，非禁用农药的风险系数只以 MRL 欧盟标准为标准，进行计算。

4) 风险程度评价专业应用程序的开发方法

采用 Python 计算机程序设计语言，Python 是一个高层次地结合了解释性、编译性、互动性和面向对象的脚本语言。风险评价专用程序主要功能包括：分别读入每例样品 LC-Q-TOF/MS 和 GC-Q-TOF/MS 农药残留检测数据，根据风险评价工作要求，依次对不同农药、不同食品、不同时间、不同采样点的 IFS_c 值和 R 值分别进行数据计算，筛选出禁用农药、超标农药(分别与 MRL 中国国家标准、MRL 欧盟标准限值进行对比)单独重点分析，再分别对各农药、各茶叶种类分类处理，设计出计算和排序程序，编写计算机代码，最后将生成的膳食暴露风险评估和超标风险评估定量计算结果列入设计好的各个表格中，并定性判断风险对目标的影响程度，直接用文字描述风险发生的高低，如"不可接受"、"可以接受"、"没有影响"、"高度风险"、"中度风险"、"低度风险"。

10.2 LC-Q-TOF/MS 侦测石家庄市市售茶叶农药残留膳食暴露风险评估

10.2.1 每例茶叶样品中农药残留安全指数分析

基于 2019 年 1 月的农药残留侦测数据，发现在 110 例样品中侦测出农药 495 频次，计算样品中每种残留农药的安全指数 IFS$_c$，并分析农药对样品安全的影响程度，结果详见附表二，农药残留对茶叶样品安全的影响程度频次分布情况如图 10-4 所示。

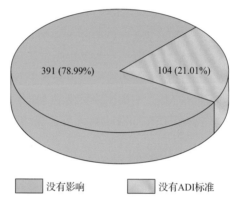

图 10-4 农药残留对茶叶样品安全的影响程度频次分布图

由图 10-4 可以看出，农药残留对样品安全的没有影响的频次为 391，占 78.99%。

部分样品侦测出禁用农药 6 种 44 频次，为了明确残留的禁用农药对样品安全的影响，分析侦测出禁用农药残留的样品安全指数，禁用农药残留对茶叶样品安全的影响程度频次分布情况如图 10-5 所示，农药残留对样品安全均没有影响。

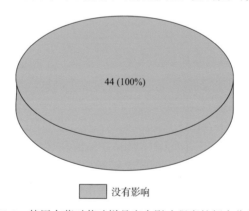

图 10-5 禁用农药对茶叶样品安全影响程度的频次分布图

此外，本次侦测发现部分样品中非禁用农药残留量超过了 MRL 欧盟标准，为了明确超标的非禁用农药对样品安全的影响，分析了非禁用农药残留超标的样品安全指数。

残留量超过 MRL 欧盟标准的非禁用农药对茶叶样品安全的影响程度频次分布情况

如图 10-6 所示。可以看出超过 MRL 欧盟标准的非禁用农药共 44 频次，其中农药没有 ADI 的频次为 8，占 18.18%；农药残留对样品安全没有影响的频次为 36，占 81.82%。表 10-4 为茶叶样品中安全指数排名前 10 的残留超标非禁用农药列表。

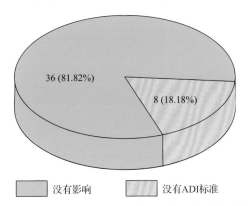

图 10-6　残留超标的非禁用农药对茶叶样品安全的影响程度频次分布图（MRL 欧盟标准）

表 10-4　茶叶样品中安全指数排名前 10 的残留超标非禁用农药列表（**MRL 欧盟标准**）

序号	样品编号	采样点	基质	农药	含量 (mg/kg)	欧盟标准	IFS$_c$	影响程度
1	20190108-130100-QHDCIQ-GT-08G	***茶业店	绿茶	噻嗪酮	0.3115	0.05	$2.71×10^{-3}$	没有影响
2	20190108-130100-QHDCIQ-OT-06C	***茗茶庄	乌龙茶	吡唑醚菌酯	0.8963	0.1	$2.34×10^{-3}$	没有影响
3	20190108-130100-QHDCIQ-BT-06E	***茗茶庄	红茶	哒螨灵	0.2814	0.05	$2.20×10^{-3}$	没有影响
4	20190107-130100-QHDCIQ-GT-01G	***超市(新百店)	绿茶	哒螨灵	0.122	0.05	$9.56×10^{-4}$	没有影响
5	20190108-130100-QHDCIQ-OT-04A	***茗茶庄(万达店)	乌龙茶	哒螨灵	0.1154	0.05	$9.04×10^{-4}$	没有影响
6	20190107-130100-QHDCIQ-OT-01C	***超市(新百店)	乌龙茶	噻嗪酮	0.0963	0.05	$8.38×10^{-4}$	没有影响
7	20190108-130100-QHDCIQ-OT-05A	***茶庄	乌龙茶	哒螨灵	0.0876	0.05	$6.86×10^{-4}$	没有影响
8	20190107-130100-QHDCIQ-OT-01E	***超市(新百店)	乌龙茶	噻嗪酮	0.0785	0.05	$6.83×10^{-4}$	没有影响
9	20190107-130100-QHDCIQ-GT-01D	***超市(新百店)	绿茶	噻嗪酮	0.0748	0.05	$6.51×10^{-4}$	没有影响
10	20190107-130100-QHDCIQ-FT-01I	***超市(新百店)	花茶	多菌灵	0.2361	0.1	$6.16×10^{-4}$	没有影响

10.2.2　单种茶叶中农药残留安全指数分析

本次 5 种茶叶侦测 41 种农药，检出频次为 495 次，其中 7 种农药没有 ADI，34 种农药存在 ADI 标准。5 种茶叶按不同种类分别计算侦测出的具有 ADI 标准的各种农药的 IFS$_c$ 值，农药残留对茶叶的安全指数分布图如图 10-7 所示。

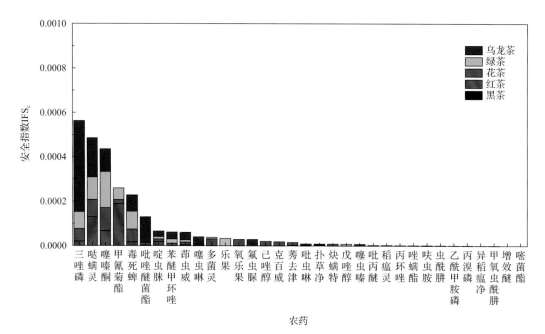

图 10-7 5 种茶叶中 34 种残留农药的安全指数分布图

本次侦测中，5 种茶叶和 41 种残留农药(包括没有 ADI)共涉及 103 个分析样本，农药对单种茶叶安全的影响程度分布情况如图 10-8 所示。可以看出，85.44%的样本中农药对茶叶安全没有影响。

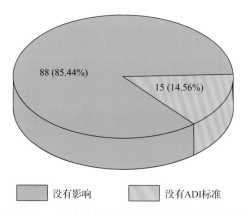

图 10-8 103 个分析样本的影响程度频次分布图

10.2.3 所有茶叶中农药残留安全指数分析

计算所有茶叶中 34 种农药的 IFS_c 值，结果如图 10-9 及表 10-5 所示。

分析发现，所有农药对茶叶安全的影响程度均为没有影响，说明茶叶中残留的农药不会对茶叶的安全造成影响。

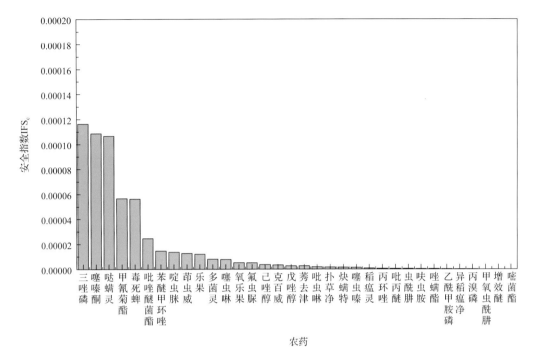

图 10-9　34 种残留农药对茶叶的安全影响程度统计图

表 10-5　茶叶中 34 种农药残留的安全指数表

序号	农药	检出频次	检出率(%)	IFS$_c$	影响程度	序号	农药	检出频次	检出率(%)	IFS$_c$	影响程度
1	三唑磷	15	13.64	1.16×10^{-4}	没有影响	18	莠去津	5	4.55	2.69×10^{-6}	没有影响
2	噻嗪酮	66	60.00	1.09×10^{-4}	没有影响	19	吡虫啉	9	8.18	1.89×10^{-6}	没有影响
3	哒螨灵	62	56.36	1.07×10^{-4}	没有影响	20	扑草净	47	42.73	1.65×10^{-6}	没有影响
4	甲氰菊酯	6	5.45	5.66×10^{-5}	没有影响	21	炔螨特	1	0.91	1.53×10^{-6}	没有影响
5	毒死蜱	25	22.73	5.62×10^{-5}	没有影响	22	噻虫嗪	16	14.55	1.42×10^{-6}	没有影响
6	吡唑醚菌酯	10	9.09	2.46×10^{-5}	没有影响	23	稻瘟灵	2	1.82	8.68×10^{-7}	没有影响
7	苯醚甲环唑	10	9.09	1.46×10^{-5}	没有影响	24	丙环唑	5	4.55	5.74×10^{-7}	没有影响
8	啶虫脒	47	42.73	1.37×10^{-5}	没有影响	25	吡丙醚	6	5.45	4.79×10^{-7}	没有影响
9	茚虫威	11	10.00	1.27×10^{-5}	没有影响	26	虫酰肼	2	1.82	4.09×10^{-7}	没有影响
10	乐果	1	0.91	1.20×10^{-5}	没有影响	27	呋虫胺	5	4.55	3.13×10^{-7}	没有影响
11	多菌灵	6	5.45	8.11×10^{-6}	没有影响	28	唑螨酯	2	1.82	2.99×10^{-7}	没有影响
12	噻虫啉	12	10.91	7.86×10^{-6}	没有影响	29	乙酰甲胺磷	1	0.91	2.71×10^{-7}	没有影响
13	氧乐果	1	0.91	5.22×10^{-6}	没有影响	30	异稻瘟净	1	0.91	1.38×10^{-7}	没有影响
14	氟虫脲	4	3.64	5.17×10^{-6}	没有影响	31	丙溴磷	1	0.91	1.21×10^{-7}	没有影响
15	己唑醇	1	0.91	3.72×10^{-6}	没有影响	32	甲氧虫酰肼	1	0.91	4.20×10^{-8}	没有影响
16	克百威	1	0.91	3.42×10^{-6}	没有影响	33	增效醚	2	1.82	2.03×10^{-8}	没有影响
17	戊唑醇	6	5.45	2.74×10^{-6}	没有影响	34	嘧菌酯	1	0.91	9.61×10^{-9}	没有影响

10.3 LC-Q-TOF/MS 侦测石家庄市市售茶叶农药残留预警风险评估

基于石家庄市茶叶样品中农药残留 LC-Q-TOF/MS 侦测数据，分析禁用农药的检出率，同时参照中华人民共和国国家标准 GB 2763—2016 和欧盟农药最大残留限量(MRL)标准分析非禁用农药残留的超标率，并计算农药残留风险系数。分析单种茶叶中农药残留以及所有茶叶中农药残留的风险程度。

10.3.1 单种茶叶中农药残留风险系数分析

10.3.1.1 单种茶叶中禁用农药残留风险系数分析

侦测出的 41 种残留农药中有 6 种为禁用农药，且它们分布在 4 种茶叶禁用农药，计算 4 种茶叶中禁用农药的超标率，根据超标率计算风险系数 R，进而分析茶叶中禁用农药的风险程度，结果如图 10-10 与表 10-6 所示。分析发现 6 种禁用农药在 4 种茶叶中的残留处均于高度风险。

10.3.1.2 基于 MRL 中国国家标准的单种茶叶中非禁用农药残留风险系数分析

参照中华人民共和国国家标准 GB 2763—2016 中农药残留限量计算每种茶叶中每种非禁用农药的超标率，进而计算其风险系数，根据风险系数大小判断残留农药的预警风险程度，茶叶中非禁用农药残留风险程度分布情况如图 10-11 所示。

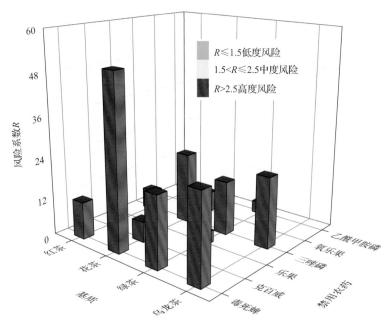

图 10-10　4 种茶叶中 6 种禁用农药的风险系数分布图

表 10-6　4 种茶叶中 6 种禁用农药的风险系数列表

序号	基质	农药	检出频次	检出率(%)	风险系数 R	风险程度
1	乌龙茶	三唑磷	4	20	21.1	高度风险
2	乌龙茶	毒死蜱	5	25	26.1	高度风险
3	红茶	三唑磷	1	5	6.1	高度风险
4	红茶	毒死蜱	2	10	11.1	高度风险
5	绿茶	三唑磷	6	15	16.1	高度风险
6	绿茶	乐果	1	2.5	3.6	高度风险
7	绿茶	乙酰甲胺磷	1	2.5	3.6	高度风险
8	绿茶	毒死蜱	8	20	21.1	高度风险
9	花茶	三唑磷	4	20	21.1	高度风险
10	花茶	克百威	1	5	6.1	高度风险
11	花茶	毒死蜱	10	50	51.1	高度风险
12	花茶	氧乐果	1	5	6.1	高度风险

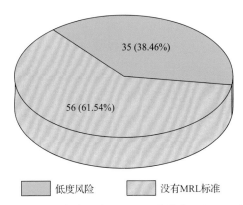

图 10-11　茶叶中非禁用农药风险程度的频次分布图(MRL 中国国家标准)

本次分析中,发现在 5 种茶叶检出 35 种残留非禁用农药,涉及样本 91 个,在 91 个样本中,38.46%处于低度风险,此外发现有 56 个样本没有 MRL 中国国家标准值,无法判断其风险程度,有 MRL 中国国家标准值的 35 个样本涉及 5 种茶叶中的 9 种非禁用农药,其风险系数 R 值如图 10-12 所示。

10.3.1.3　基于 MRL 欧盟标准的单种茶叶中非禁用农药残留风险系数分析

参照 MRL 欧盟标准计算每种茶叶中每种非禁用农药的超标率,进而计算其风险系数,根据风险系数大小判断农药残留的预警风险程度,茶叶中非禁用农药残留风险程度分布情况如图 10-13 所示。

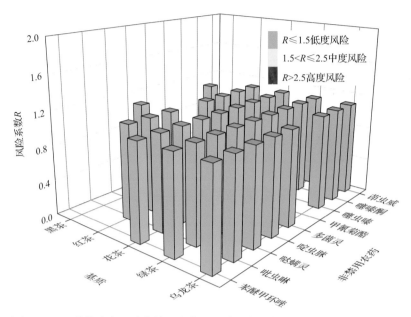

图 10-12　5 种茶叶中 9 种非禁用农药的风险系数分布图(MRL 中国国家标准)

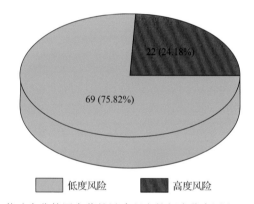

图 10-13　茶叶中非禁用农药的风险程度的频次分布图(MRL 欧盟标准)

　　本次分析中，发现在 5 种茶叶中共侦测出 35 种非禁用农药，涉及样本 91 个，其中，24.18%处于高度风险，涉及 4 种茶叶和 12 种农药；75.82%处于低度风险，涉及 5 种茶叶和 32 种农药。单种茶叶中的非禁用农药风险系数分布图如图 10-14 所示。单种茶叶中处于高度风险的非禁用农药风险系数如图 10-15 和表 10-7 所示。

10.3.2　所有茶叶中农药残留风险系数分析

10.3.2.1　所有茶叶中禁用农药残留风险系数分析

　　在侦测出的 41 种农药中有 6 种为禁用农药，计算所有茶叶中禁用农药的风险系数，结果如表 10-8 所示。禁用农药毒死蜱和三唑磷处于高度风险，乐果、乙酰甲胺磷、克百威和氧乐果处于中度风险。

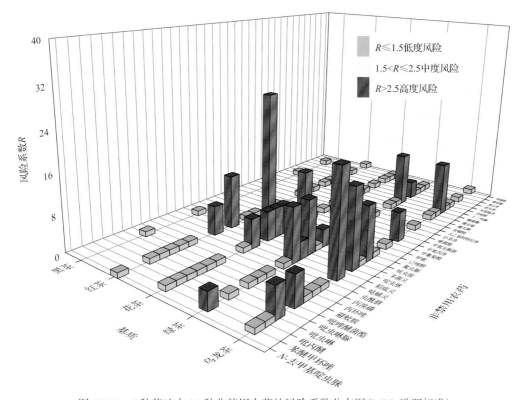

图 10-14　5 种茶叶中 35 种非禁用农药的风险系数分布图(MRL 欧盟标准)

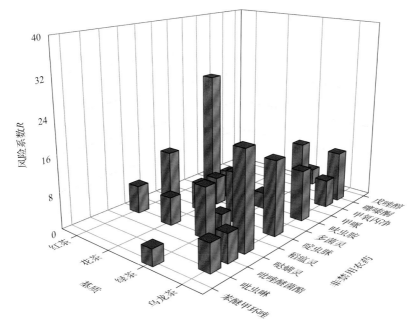

图 10-15　单种茶叶中处于高度风险的非禁用农药的风险系数分布图(MRL 欧盟标准)

表 10-7　单种茶叶中处于高度风险的非禁用农药的风险系数表(MRL 欧盟标准)

序号	基质	农药	超标频次	超标率 P(%)	风险系数 R
1	红茶	甲哌	5	25	26.1
2	乌龙茶	哒螨灵	4	20	21.1
3	乌龙茶	啶虫脒	3	15	16.1
4	乌龙茶	呋虫胺	2	10	11.1
5	乌龙茶	噻嗪酮	2	10	11.1
6	红茶	啶虫脒	2	10	11.1
7	绿茶	哒螨灵	4	10	11.1
8	绿茶	啶虫脒	4	10	11.1
9	绿茶	噻嗪酮	4	10	11.1
10	花茶	甲哌	2	10	11.1
11	乌龙茶	吡唑醚菌酯	1	5	6.1
12	乌龙茶	吡虫啉	1	5	6.1
13	乌龙茶	甲氧丙净	1	5	6.1
14	红茶	哒螨灵	1	5	6.1
15	花茶	呋虫胺	1	5	6.1
16	花茶	哒螨灵	1	5	6.1
17	花茶	啶虫脒	1	5	6.1
18	花茶	多菌灵	1	5	6.1
19	绿茶	呋虫胺	1	2.5	3.6
20	绿茶	戊唑醇	1	2.5	3.6
21	绿茶	稻瘟灵	1	2.5	3.6
22	绿茶	苯醚甲环唑	1	2.5	3.6

表 10-8　茶叶中 6 种禁用农药的风险系数表

序号	农药	检出频次	检出率(%)	风险系数 R	风险程度
1	毒死蜱	25	22.73	23.83	高度风险
2	三唑磷	15	13.64	14.74	高度风险
3	乐果	1	0.91	2.01	中度风险
4	乙酰甲胺磷	1	0.91	2.01	中度风险
5	克百威	1	0.91	2.01	中度风险
6	氧乐果	1	0.91	2.01	中度风险

10.3.2.2　所有茶叶中非禁用农药残留风险系数分析

参照 MRL 欧盟标准计算所有茶叶中每种非禁用农药残留的风险系数,如图 10-16

与表 10-9 所示。在侦测出的 35 种非禁用农药中，5 种农药(14.29%)残留处于高度风险，7 种农药(20.0%)残留处于中度风险，23 种农药(65.71%)残留处于低度风险。

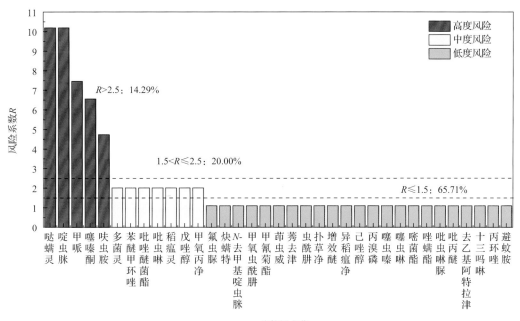

图 10-16　茶叶中 35 种非禁用农药的风险程度统计图

表 10-9　茶叶中 35 种非禁用农药的风险系数表

序号	农药	超标频次	超标率 P(%)	风险系数 R	风险程度
1	哒螨灵	10	9.09	10.19	高度风险
2	啶虫脒	10	9.09	10.19	高度风险
3	甲哌	7	6.36	7.46	高度风险
4	噻嗪酮	6	5.45	6.55	高度风险
5	呋虫胺	4	3.64	4.74	高度风险
6	多菌灵	1	0.91	2.01	中度风险
7	苯醚甲环唑	1	0.91	2.01	中度风险
8	吡唑醚菌酯	1	0.91	2.01	中度风险
9	吡虫啉	1	0.91	2.01	中度风险
10	稻瘟灵	1	0.91	2.01	中度风险
11	戊唑醇	1	0.91	2.01	中度风险
12	甲氧丙净	1	0.91	2.01	中度风险
13	氟虫脲	0	0.00	1.10	低度风险
14	炔螨特	0	0.00	1.10	低度风险
15	N-去甲基啶虫脒	0	0.00	1.10	低度风险

序号	农药	超标频次	超标率 P(%)	风险系数 R	风险程度
16	甲氧虫酰肼	0	0.00	1.10	低度风险
17	甲氰菊酯	0	0.00	1.10	低度风险
18	茚虫威	0	0.00	1.10	低度风险
19	莠去津	0	0.00	1.10	低度风险
20	虫酰肼	0	0.00	1.10	低度风险
21	扑草净	0	0.00	1.10	低度风险
22	增效醚	0	0.00	1.10	低度风险
23	异稻瘟净	0	0.00	1.10	低度风险
24	己唑醇	0	0.00	1.10	低度风险
25	丙溴磷	0	0.00	1.10	低度风险
26	噻虫嗪	0	0.00	1.10	低度风险
27	噻虫啉	0	0.00	1.10	低度风险
28	嘧菌酯	0	0.00	1.10	低度风险
29	唑螨酯	0	0.00	1.10	低度风险
30	吡虫啉脲	0	0.00	1.10	低度风险
31	吡丙醚	0	0.00	1.10	低度风险
32	去乙基阿特拉津	0	0.00	1.10	低度风险
33	十三吗啉	0	0.00	1.10	低度风险
34	丙环唑	0	0.00	1.10	低度风险
35	避蚊胺	0	0.00	1.10	低度风险

10.4　LC-Q-TOF/MS 侦测石家庄市市售茶叶农药残留风险评估结论与建议

农药残留是影响茶叶安全和质量的主要因素，也是我国食品安全领域备受关注的敏感话题和亟待解决的重大问题之一[15,16]。各种茶叶均存在不同程度的农药残留现象，本研究主要针对石家庄市各类茶叶存在的农药残留问题，基于 2019 年 1 月对石家庄市 110 例茶叶样品中农药残留侦测得出的 495 个侦测结果，分别采用食品安全指数模型和风险系数模型，开展茶叶中农药残留的膳食暴露风险和预警风险评估。茶叶样品取自超市和茶叶专营店，符合大众的膳食来源，风险评价时更具有代表性和可信度。

本研究力求通用简单地反映食品安全中的主要问题，且为管理部门和大众容易接受，为政府及相关管理机构建立科学的食品安全信息发布和预警体系提供科学的规律与方法，加强对农药残留的预警和食品安全重大事件的预防，控制食品风险。

10.4.1　石家庄市茶叶中农药残留膳食暴露风险评价结论

1) 茶叶样品中农药残留安全状态评价结论

采用食品安全指数模型，对 2019 年 1 月期间石家庄市茶叶食品农药残留膳食暴露风险进行评价，根据 IFS_c 的计算结果发现，茶叶中农药的 $\overline{IFS}$ 为 1.68×10^{-5}，说明石家庄市茶叶总体处于可以接受的安全状态，但部分禁用农药、高残留农药在茶叶中仍有侦测出，导致膳食暴露风险的存在，成为不安全因素。

2) 禁用农药膳食暴露风险评价

本次检测发现部分茶叶样品中有禁用农药侦测出，侦测出禁用农药 6 种，侦测出频次为 44，茶叶样品中的禁用农药 IFS_c 计算结果表明，禁用农药残留膳食暴露风险均没有影响。

10.4.2　石家庄市茶叶中农药残留预警风险评价结论

1) 单种茶叶中禁用农药残留的预警风险评价结论

本次检测过程中，在 4 种茶叶中检测出 6 种禁用农药，禁用农药为：三唑磷、毒死蜱、乐果、氧乐果、克百威、乙酰甲胺磷，茶叶为：乌龙茶、红茶、绿茶、花茶，茶叶中禁用农药的风险系数分析结果显示，6 种禁用农药在 4 种茶叶中的残留均处于高度风险。

2) 单种茶叶中非禁用农药残留的预警风险评价结论

以 MRL 中国国家标准为标准，计算茶叶中非禁用农药风险系数情况下，91 个样本中，35 个处于低度风险(38.46%)，56 个样本没有 MRL 中国国家标准(61.54%)。以 MRL 欧盟标准为标准，计算茶叶中非禁用农药风险系数情况下，发现有 22 个处于高度风险(24.18%)，69 个处于低度风险(75.82%)。基于两种 MRL 标准，评价的结果差异显著，可以看出 MRL 欧盟标准比中国国家标准更加严格和完善，过于宽松的 MRL 中国国家标准值能否有效保障人体的健康有待研究。

10.4.3　加强石家庄市茶叶食品安全建议

我国食品安全风险评价体系仍不够健全，相关制度不够完善，多年来，由于农药用药次数多、用药量大或用药间隔时间短，产品残留量大，农药残留所造成的食品安全问题日益严峻，给人体健康带来了直接或间接的危害。据估计，美国与农药有关的癌症患者数约占全国癌症患者总数的 50%，中国更高。同样，农药对其他生物也会形成直接杀伤和慢性危害，植物中的农药可经过食物链逐级传递并不断蓄积，对人和动物构成潜在威胁，并影响生态系统。

基于本次农药残留侦测数据的风险评价结果，提出以下几点建议：

1) 加快食品安全标准制定步伐

我国食品标准中对农药每日允许最大摄入量 ADI 的数据严重缺乏，在本次评价所涉及的 41 种农药中，仅有 82.93% 的农药具有 ADI 值，而 17.07% 的农药中国尚未规定相应的 ADI 值，亟待完善。

我国食品中农药最大残留限量值的规定严重缺乏，对评估涉及的不同茶叶中不同农药 103 个 MRL 限值进行统计来看，我国仅制定出 38 个标准，我国标准完整率仅为 36.89%，欧盟的完整率达到 100%(表 10-10)。因此，中国更应加快 MRL 的制定步伐。

表 10-10　我国国家食品标准农药的 ADI、MRL 值与欧盟标准的数量差异

分类		中国 ADI	MRL 中国国家标准	MRL 欧盟标准
标准限值(个)	有	34	38	103
	无	7	65	0
总数(个)		41	103	103
无标准限值比例(%)		17.07	63.11	0

此外，MRL 中国国家标准限值普遍高于欧盟标准限值，这些标准中共有 28 个高于欧盟。过高的 MRL 值难以保障人体健康，建议继续加强对限值基准和标准的科学研究，将农产品中的危险性减少到尽可能低的水平。

2) 加强农药的源头控制和分类监管

在石家庄市某些茶叶中仍有禁用农药残留，利用 LC-Q-TOF/MS 技术侦测出 6 种禁用农药，检出频次为 44 次，残留禁用农药均存在较大的膳食暴露风险和预警风险。早已列入黑名单的禁用农药在我国并未真正退出，有些药物由于价格便宜、工艺简单，此类高毒农药一直生产和使用。建议在我国采取严格有效的控制措施，从源头控制禁用农药。

对于非禁用农药，在我国作为"田间地头"最典型单位的县级茶叶产地中，农药残留的检测几乎缺失。建议根据农药的毒性，对高毒、剧毒、中毒农药实现分类管理，减少使用高毒和剧毒高残留农药，进行分类监管。

3) 加强农药生物基准和降解技术研究

市售茶叶中残留农药的品种多、频次高、禁用农药多次检出这一现状，说明了我国的田间土壤和水体因农药长期、频繁、不合理的使用而遭到严重污染。为此，建议中国相关部门出台相关政策，鼓励高校及科研院所积极开展分子生物学、酶学等研究，加强土壤、水体中残留农药的生物修复及降解新技术研究，切实加大农药监管力度，以控制农药的面源污染问题。

综上所述，在本工作基础上，根据茶叶残留危害，可进一步针对其成因提出和采取严格管理、大力推广无公害茶叶种植与生产、健全食品安全控制技术体系、加强茶叶质量检测体系建设和积极推行茶叶质量追溯制度等相应对策。建立和完善食品安全综合评价指数与风险监测预警系统，对食品安全进行实时、全面的监控与分析，为我国的食品安全科学监管与决策提供新的技术支持，可实现各类检验数据的信息化系统管理，降低食品安全事故的发生。

第11章 GC-Q-TOF/MS 侦测石家庄市110例市售茶叶样品农药残留报告

从石家庄市所属2个区，随机采集了110例茶叶样品，使用气相色谱-四极杆飞行时间质谱(GC-Q-TOF/MS)对684种农药化学污染物示范侦测(7种负离子模式 ESI 未涉及)。

11.1 样品种类、数量与来源

11.1.1 样品采集与检测

为了真实反映百姓日常饮用的茶叶中农药残留污染状况，本次所有检测样品均由检验人员于2019年1月期间，从石家庄市所属8个采样点，包括6个茶叶专营店2个超市，以随机购买方式采集，总计8批110例样品，从中检出农药48种，657频次。采样及监测概况见图11-1及表11-1，样品及采样点明细见表11-2及表11-3(侦测原始数据见附表1)。

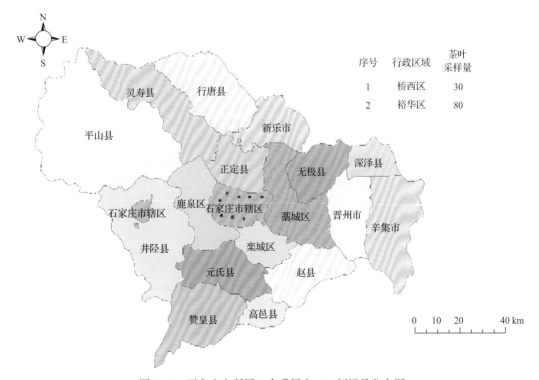

序号	行政区域	茶叶采样量
1	桥西区	30
2	裕华区	80

图11-1 石家庄市所属8个采样点110例样品分布图

表 11-1 农药残留监测总体概况

采样地区	石家庄市所属 2 个区
采样点(茶叶专营店+超市)	8
样本总数	110
检出农药品种/频次	48/657
各采样点样本农药残留检出率范围	96.7% ~ 100.0%

表 11-2 样品分类及数量

样品分类	样品名称(数量)	数量小计
1. 茶叶		110
1)发酵类茶叶	黑茶(10),红茶(20),乌龙茶(20)	50
2)未发酵类茶叶	花茶(20),绿茶(40)	60
合计	1.茶叶 5 种	110

表 11-3 石家庄市采样点信息

采样点序号	行政区域	采样点
茶叶专营店(6)		
1	裕华区	***茶庄
2	裕华区	***茶庄(万达店)
3	裕华区	***茶庄
4	裕华区	***茶叶店
5	裕华区	***茶叶店
6	裕华区	***茶庄
超市(2)		
1	桥西区	***超市(新百店)
2	裕华区	***超市(建华大街店)

11.1.2 检测结果

这次使用的检测方法是庞国芳院士团队最新研发的不需使用标准品对照，而以高分辨精确质量数(0.0001 m/z)为基准的 GC-Q-TOF/MS 检测技术，对于 110 例样品，每个样品均侦测了 684 种农药化学污染物的残留现状。通过本次侦测，在 110 例样品中共计检出农药化学污染物 48 种，检出 657 频次。

11.1.2.1 各采样点样品检出情况

统计分析发现 8 个采样点中，被测样品的农药检出率范围为 96.7% ~ 100.0%。其中，有 7 个采样点样品的检出率最高，达到了 100.0%，分别是：***超市(建华大街店)、***茶庄、***茶庄(万达店)、***茶庄、***茶叶店、***茶叶店、***茶庄和***超市(新百店)

的检出率最低，为 96.7%，见图 11-2。

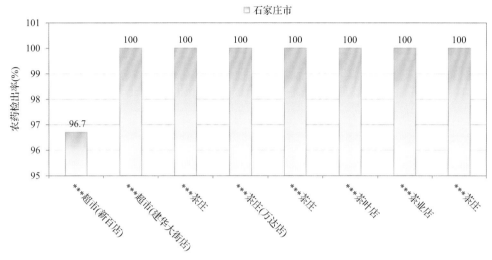

图 11-2　各采样点样品中的农药检出率

11.1.2.2　检出农药的品种总数与频次

统计分析发现，对于 110 例样品中 684 种农药化学污染物的侦测，共检出农药 657 频次，涉及农药 48 种，结果如图 11-3 所示。其中炔丙菊酯检出频次最高，共检出 103 次。检出频次排名前 10 的农药如下：①炔丙菊酯(103)，②甲醚菊酯(92)，③联苯菊酯(69)，④猛杀威(67)，⑤唑虫酰胺(42)，⑥棉铃威(36)，⑦残杀威(30)，⑧丁香酚(21)，⑨2,6-二硝基-3-甲氧基-4-叔丁基甲苯(20)，⑩二苯胺(18)。

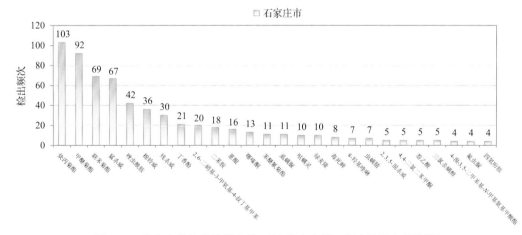

图 11-3　检出农药品种及频次(仅列出检出农药 4 频次及以上的数据)

由图 11-4 可见，绿茶、花茶和红茶这 3 种茶叶样品中检出的农药品种数较高，均超过 25 种，其中，绿茶检出农药品种最多，为 34 种。由图 11-5 可见，绿茶、花茶和红茶这 3 种茶叶样品中的农药检出频次较高，均超过 100 次，其中，绿茶检出农药频次最高，为 246 次。

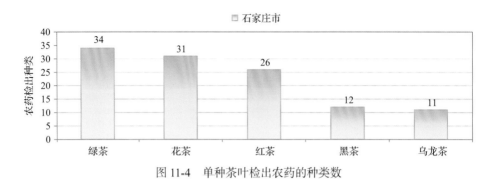

图 11-4　单种茶叶检出农药的种类数

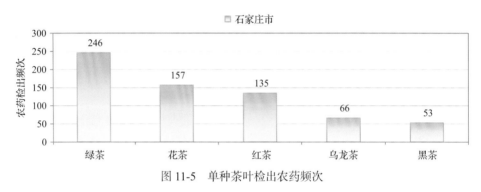

图 11-5　单种茶叶检出农药频次

11.1.2.3　单例样品农药检出种类与占比

对单例样品检出农药种类和频次进行统计发现,未检出农药的样品占总样品数的 0.9%,检出 2 ~ 5 种农药的样品占总样品数的 45.5%,检出 6 ~ 10 种农药的样品占总样品数的 49.1%,检出大于 10 种农药的样品占总样品数的 4.5%。每例样品中平均检出农药为 6.0 种,数据见表 11-4 及图 11-6。

11.1.2.4　检出农药类别与占比

所有检出农药按功能分类,包括杀虫剂、杀菌剂、除草剂、杀螨剂、植物生长调节剂、灭鼠剂、驱避剂和其他共 8 类。其中杀虫剂与杀菌剂为主要检出的农药类别,分别占总数的 47.9% 和 18.8%,见表 11-5 及图 11-7。

表 11-4　单例样品检出农药品种占比

检出农药品种数	样品数量/占比(%)
未检出	1/0.9
2 ~ 5 种	50/45.5
6 ~ 10 种	54/49.1
大于 10 种	5/4.5
单例样品平均检出农药品种	6.0 种

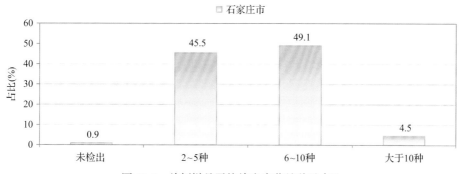

图 11-6　单例样品平均检出农药品种及占比

表 11-5　检出农药所属类别/占比

农药类别	数量/占比(%)
杀虫剂	23/47.9
杀菌剂	9/18.8
除草剂	5/10.4
杀螨剂	3/6.3
植物生长调节剂	3/6.3
灭鼠剂	1/2.1
驱避剂	1/2.1
其他	3/6.3

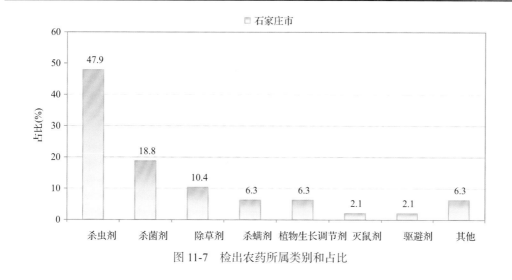

图 11-7　检出农药所属类别和占比

11.1.2.5　检出农药的残留水平

按检出农药残留水平进行统计, 残留水平在 1~5 μg/kg(含)的农药占总数的 11.0%, 在 5~10 μg/kg(含)的农药占总数的 9.9%, 在 10~100 μg/kg(含)的农药占总数的 40.6%, 在 100~1000 μg/kg(含)的农药占总数的 38.1%, 在 >1000 μg/kg 的农药占总数的 0.5%。

由此可见，这次检测的 8 批 110 例茶叶样品中农药多数处于中高残留水平。结果见表 11-6 及图 11-8，数据见附表 2。

表 11-6 　农药残留水平/占比

残留水平(μg/kg)	检出频次数/占比(%)
1～5(含)	72/11.0
5～10(含)	65/9.9
10～100(含)	267/40.6
100～1000(含)	250/38.1
>1000	3/0.5

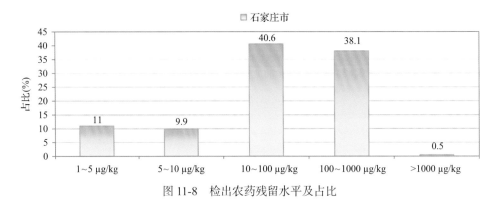

图 11-8 　检出农药残留水平及占比

11.1.2.6 　检出农药的毒性类别、检出频次和超标频次及占比

对这次检出的 48 种 657 频次的农药，按剧毒、高毒、中毒、低毒和微毒这五个毒性类别进行分类，从中可以看出，石家庄市目前普遍使用的农药为中低微毒农药，品种占 95.8%，频次占 99.7%。结果见表 11-7 及图 11-9。

11.1.2.7 　检出剧毒/高毒类农药的品种和频次

值得特别关注的是，在此次侦测的 110 例样品中有 1 种茶叶的 2 例样品检出了 2 种 2 频次的剧毒和高毒农药，占样品总量的 1.8%，详见图 11-10、表 11-8 及表 11-9。

表 11-7 　检出农药毒性类别/占比

毒性分类	农药品种/占比(%)	检出频次/占比(%)	超标频次/超标率(%)
剧毒农药	0/0	0/0.0	0/0.0
高毒农药	2/4.2	2/0.3	0/0.0
中毒农药	22/45.8	362/55.1	0/0.0
低毒农药	21/43.8	266/40.5	0/0.0
微毒农药	3/6.3	27/4.1	0/0.0

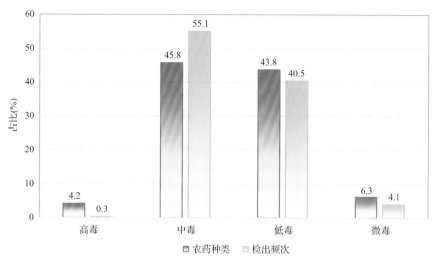

图 11-9　检出农药的毒性分类和占比

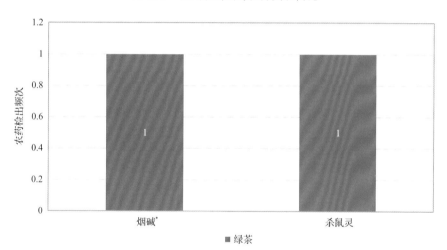

图 11-10　检出剧毒/高毒农药的样品情况

*表示允许在茶叶上使用的农药

表 11-8　剧毒农药检出情况

序号	农药名称	检出频次	超标频次	超标率
		茶叶中未检出剧毒农药		
	合计	0	0	超标率: 0.0%

表 11-9　高毒农药检出情况

序号	农药名称	检出频次	超标频次	超标率
		从 1 种茶叶中检出 2 种高毒农药, 共计检出 2 次		
1	杀鼠灵	1	0	0.0%
2	烟碱	1	0	0.0%
	合计	2	0	超标率: 0.0%

在检出的剧毒和高毒农药中，有 1 种是我国早已禁止在茶叶上使用的：杀鼠灵。禁用农药的检出情况见表 11-10。

表 11-10　禁用农药检出情况

序号	农药名称	检出频次	超标频次	超标率
从 4 种茶叶中检出 4 种禁用农药，共计检出 16 次				
1	毒死蜱	8	0	0.0%
2	三氯杀螨醇	5	0	0.0%
3	硫丹	2	0	0.0%
4	杀鼠灵	1	0	0.0%
	合计	16	0	超标率：0.0%

注：表中*为剧毒农药；超标结果参考 MRL 中国国家标准计算

此次抽检的茶叶样品中，没有检出剧毒农药。

样品中检出剧毒和高毒农药残留水平没有超过 MRL 中国国家标准，但本次检出结果仍表明，高毒、剧毒农药的使用现象依旧存在。详见表 11-11。

表 11-11　各样本中检出剧毒/高毒农药情况

样品名称	农药名称	检出频次	超标频次	检出浓度(μg/kg)
茶叶 1 种				
绿茶	杀鼠灵▲	1	0	30.6
绿茶	烟碱	1	0	34.3
	合计	2	0	超标率：0.0%

注：表中*为剧毒农药；▲为禁用农药；a 为超标结果(参考 MRL 中国国家标准)

11.2　农药残留检出水平与最大残留限量标准对比分析

我国于 2016 年 12 月 18 日正式颁布并于 2017 年 6 月 18 日正式实施食品农药残留限量国家标准《食品中农药最大残留限量》(GB 2763—2016)。该标准包括 417 个农药条目，涉及最大残留限量(MRL)标准 4140 项。将 657 频次检出农药的浓度水平与 4140 项国家 MRL 标准进行核对，其中只有 108 频次的结果找到了对应的 MRL 标准，占 16.4%，还有 549 频次的结果则无相关 MRL 标准供参考，占 83.6%。

将此次侦测结果与国际上现行 MRL 标准对比发现，在 657 频次的检出结果中有 657 频次的结果找到了对应的 MRL 欧盟标准，占 100.0%；其中，226 频次的结果有明确对应的 MRL 标准，占 34.4%，其余 431 频次按照欧盟一律标准判定，占 65.6%；有 657 频次的结果找到了对应的 MRL 日本标准，占 100.0%；其中，260 频次的结果有明确对应的 MRL 标准，占 39.6%，其余 397 频次按照日本一律标准判定，占 60.4%；有 104 频次的结果找到了对应的 MRL 中国香港标准，占 15.8%；有 143 频次的结果找到了对应的

MRL 美国标准,占 21.8%;有 113 频次的结果找到了对应的 MRL CAC 标准,占 17.2%(见图 11-11 和图 11-12,数据见附表 3 至附表 8)。

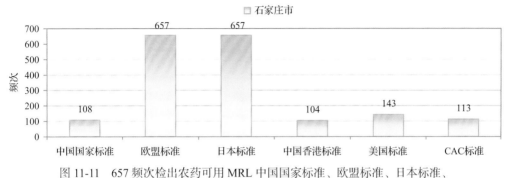

图 11-11　657 频次检出农药可用 MRL 中国国家标准、欧盟标准、日本标准、
中国香港标准、美国标准、CAC 标准判定衡量的数量

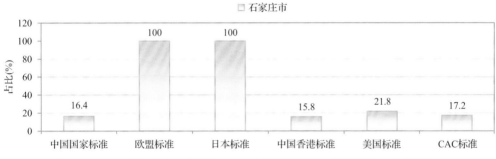

图 11-12　657 频次检出农药可用 MRL 中国国家标准、欧盟标准、日本标准、
中国香港标准、美国标准、CAC 标准衡量的占比

11.2.1　超标农药样品分析

本次侦测的 110 例样品中,1 例样品未检出任何残留农药,占样品总量的 0.9%,109 例样品检出不同水平、不同种类的残留农药,占样品总量的 99.1%。在此,我们将本次侦测的农残检出情况与 MRL 中国国家标准、欧盟标准、日本标准、中国香港标准、美国标准和 CAC 标准这 6 大国际主流 MRL 标准进行对比分析,样品农残检出与超标情况见表 11-12、图 11-13 和图 11-14,详细数据见附表 9 至附表 14。

表 11-12　各 MRL 标准下样本农残检出与超标数量及占比

	中国国家标准 数量/占比(%)	欧盟标准 数量/占比(%)	日本标准 数量/占比(%)	中国香港标准 数量/占比(%)	美国标准 数量/占比(%)	CAC 标准 数量/占比(%)
未检出	1/0.9	1/0.9	1/0.9	1/0.9	1/0.9	1/0.9
检出未超标	109/99.1	0/0.0	0/0.0	109/99.1	109/99.1	109/99.1
检出超标	0/0.0	109/99.1	109/99.1	0/0.0	0/0.0	0/0.0

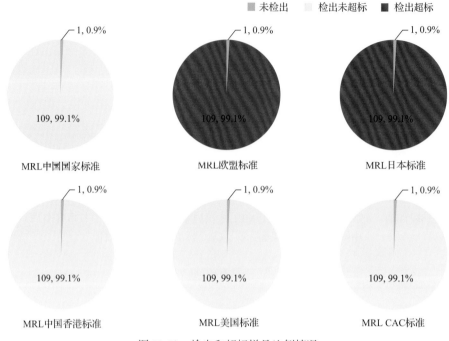

图 11-13　检出和超标样品比例情况

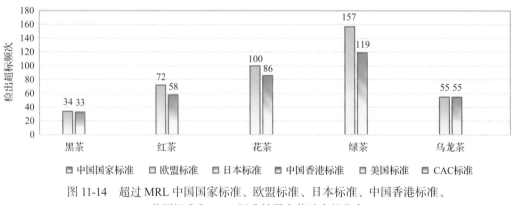

图 11-14　超过 MRL 中国国家标准、欧盟标准、日本标准、中国香港标准、
美国标准和 CAC 标准结果在茶叶中的分布

11.2.2　超标农药种类分析

按照 MRL 中国国家标准、欧盟标准、日本标准、中国香港标准、美国标准和 CAC 标准这 6 大国际主流 MRL 标准衡量,本次侦测检出的农药超标品种及频次情况见表 11-13。

表 11-13　各 MRL 标准下超标农药品种及频次

	中国国家标准	欧盟标准	日本标准	中国香港标准	美国标准	CAC 标准
超标农药品种	0	28	26	0	0	0
超标农药频次	0	418	351	0	0	0

11.2.2.1　按 MRL 中国国家标准衡量

按 MRL 中国国家标准衡量，无样品检出超标农药残留。

11.2.2.2　按 MRL 欧盟标准衡量

按 MRL 欧盟标准衡量，共有 28 种农药超标，检出 418 频次，分别为高毒农药杀鼠灵、中毒农药异丁子香酚、棉铃威、2,3,5-混杀威、唑虫酰胺、苯醚氰菊酯、哒螨灵、炔丙菊酯、3,4,5-混杀威、哌草丹和丁香酚，低毒农药 2,6-二硝基-3-甲氧基-4-叔丁基甲苯、芬螨酯、1,4-二甲基萘、8-羟基喹啉、联苯、猛杀威、呋菌胺、噻嗪酮、甲醚菊酯、新燕灵、四氢吩胺、威杀灵、虱螨脲、4,4-二氯二苯甲酮和萘乙酸，微毒农药吡喃草酮和蒽醌。

按超标程度比较，红茶中炔丙菊酯超标 147.3 倍，红茶中甲醚菊酯超标 109.8 倍，乌龙茶中炔丙菊酯超标 97.0 倍，乌龙茶中甲醚菊酯超标 96.3 倍，绿茶中甲醚菊酯超标 70.7 倍。检测结果见图 11-15 和附表 16。

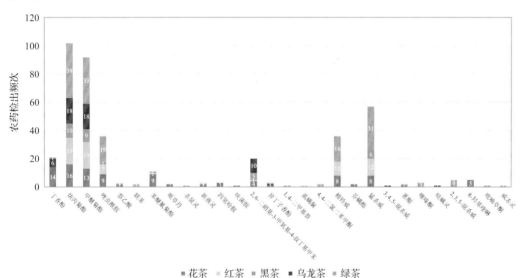

图 11-15　超过 MRL 欧盟标准农药品种及频次

11.2.2.3　按 MRL 日本标准衡量

按 MRL 日本标准衡量，共有 26 种农药超标，检出 351 频次，分别为高毒农药杀鼠灵和烟碱，中毒农药异丁子香酚、2,3,5-混杀威、苯醚氰菊酯、炔丙菊酯、3,4,5-混杀威、哌草丹和丁香酚，低毒农药 2,6-二硝基-3-甲氧基-4-叔丁基甲苯、芬螨酯、1,4-二甲基萘、猛杀威、呋菌胺、8-羟基喹啉、联苯、甲醚菊酯、新燕灵、四氢吩胺、威杀灵、己唑醇、4,4-二氯二苯甲酮和萘乙酸，微毒农药绿麦隆、吡喃草酮和蒽醌。

按超标程度比较，红茶中炔丙菊酯超标 147.3 倍，红茶中甲醚菊酯超标 109.8 倍，乌龙茶中炔丙菊酯超标 97.0 倍，乌龙茶中甲醚菊酯超标 96.3 倍，绿茶中甲醚菊酯超标 70.7 倍。检测结果见图 11-16 和附表 17。

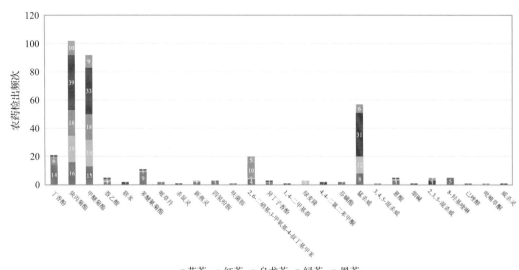

图 11-16　超过 MRL 日本标准农药品种及频次

11.2.2.4　按 MRL 中国香港标准衡量

按 MRL 中国香港标准衡量，无样品检出超标农药残留。

11.2.2.5　按 MRL 美国标准衡量

按 MRL 美国标准衡量，无样品检出超标农药残留。

11.2.2.6　按 MRL CAC 标准衡量

按 MRL CAC 标准衡量，无样品检出超标农药残留。

11.2.3　8 个采样点超标情况分析

11.2.3.1　按 MRL 中国国家标准衡量

按 MRL 中国国家标准衡量，所有采样点的样品均未检出超标农药残留。

11.2.3.2　按 MRL 欧盟标准衡量

按 MRL 欧盟标准衡量，所有采样点的样品存在不同程度的超标农药检出，其中***超市(建华大街店)、***茶叶店、***茶庄、***茶庄、***茶庄、***茶叶店和***茶庄(万达店)的超标率最高，为 100.0%，如表 11-14 和图 11-17 所示。

11.2.3.3　按 MRL 日本标准衡量

按 MRL 日本标准衡量，所有采样点的样品存在不同程度的超标农药检出，其中***超市(建华大街店)、***茶叶店、***茶庄、***茶庄、***茶庄、***茶叶店和***茶庄(万达店)的超标率最高，为 100.0%，如表 11-15 和图 11-18 所示。

表 11-14　超过 MRL 欧盟标准茶叶在不同采样点分布

序号	采样点	样品总数	超标数量	超标率(%)	行政区域
1	***超市(新百店)	30	29	96.7	桥西区
2	***超市(建华大街店)	21	21	100.0	裕华区
3	***茶叶店	14	14	100.0	裕华区
4	***茶庄	12	12	100.0	裕华区
5	***茶庄	12	12	100.0	裕华区
6	***茶庄	7	7	100.0	裕华区
7	***茶叶店	7	7	100.0	裕华区
8	***茶庄(万达店)	7	7	100.0	裕华区

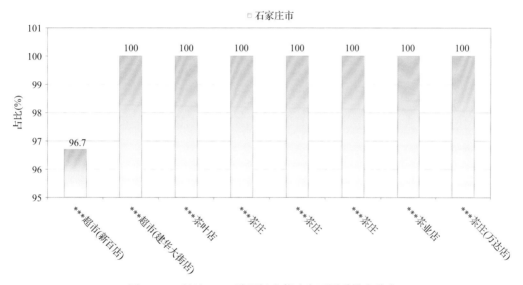

图 11-17　超过 MRL 欧盟标准茶叶在不同采样点分布

表 11-15　超过 MRL 日本标准茶叶在不同采样点分布

序号	采样点	样品总数	超标数量	超标率(%)	行政区域
1	***超市(新百店)	30	29	96.7	桥西区
2	***超市(建华大街店)	21	21	100.0	裕华区
3	***茶叶店	14	14	100.0	裕华区
4	***茶庄	12	12	100.0	裕华区
5	***茶庄	12	12	100.0	裕华区
6	***茶庄	7	7	100.0	裕华区
7	***茶叶店	7	7	100.0	裕华区
8	***茶庄(万达店)	7	7	100.0	裕华区

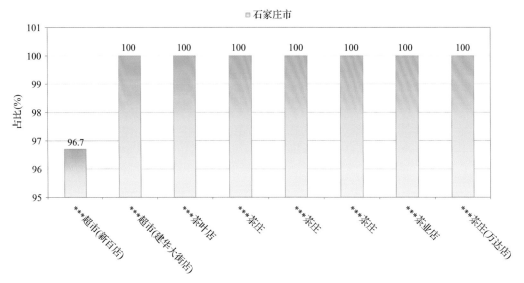

图 11-18　超过 MRL 日本标准茶叶在不同采样点分布

11.2.3.4　按 MRL 中国香港标准衡量

按 MRL 中国香港标准衡量，所有采样点的样品均未检出超标农药残留。

11.2.3.5　按 MRL 美国标准衡量

按 MRL 美国标准衡量，所有采样点的样品均未检出超标农药残留。

11.2.3.6　按 MRL CAC 标准衡量

按 MRL CAC 标准衡量，所有采样点的样品均未检出超标农药残留。

11.3　茶叶中农药残留分布

11.3.1　茶叶按检出农药品种和频次排名

本次残留侦测的茶叶共 5 种，包括黑茶、红茶、乌龙茶、花茶和绿茶。

根据检出农药品种及频次进行排名，将各项排名茶叶样品检出情况列表说明，详见表 11-16。

表 11-16　茶叶按检出农药品种和频次排名

按检出农药品种排名(品种)	①绿茶(34)，②花茶(31)，③红茶(26)，④黑茶(12)，⑤乌龙茶(11)
按检出农药频次排名(频次)	①绿茶(246)，②花茶(157)，③红茶(135)，④乌龙茶(66)，⑤黑茶(53)
按检出禁用、高毒及剧毒农药品种排名(品种)	①绿茶(5)，②红茶(3)，③花茶(2)，④黑茶(1)
按检出禁用、高毒及剧毒农药频次排名(频次)	①绿茶(9)，②花茶(4)，③红茶(3)，④黑茶(1)

11.3.2　茶叶按超标农药品种和频次排名

鉴于 MRL 欧盟标准和日本标准制定比较全面且覆盖率较高，我们参照 MRL 中国国家标准、欧盟标准和日本标准衡量茶叶样品中农残检出情况，将超标农药品种及频次排名前 10 的茶叶列表说明，详见表 11-17。

表 11-17　茶叶按超标农药品种和频次排名

	MRL 中国国家标准	
按超标农药品种排名 （农药品种数）	MRL 欧盟标准	①花茶(17)、②绿茶(16)、③红茶(10)、④黑茶(7)、⑤乌龙茶(7)
	MRL 日本标准	①花茶(16)、②绿茶(15)、③红茶(9)、④乌龙茶(7)、⑤黑茶(6)
按超标农药频次排名 （农药频次数）	MRL 中国国家标准	
	MRL 欧盟标准	①绿茶(157)、②花茶(100)、③红茶(72)、④乌龙茶(55)、⑤黑茶(34)
	MRL 日本标准	①绿茶(119)、②花茶(86)、③红茶(58)、④乌龙茶(55)、⑤黑茶(33)

通过对各品种茶叶样本总数及检出率进行综合分析发现，绿茶、花茶和红茶的残留污染最为严重，在此，我们参照 MRL 中国国家标准、欧盟标准和日本标准对这 3 种茶叶的农残检出情况进行进一步分析。

11.3.3　农药残留检出率较高的茶叶样品分析

11.3.3.1　绿茶

这次共检测 40 例绿茶样品，全部检出了农药残留，检出率为 100.0%，检出农药共计 34 种。其中炔丙菊酯、猛杀威、甲醚菊酯、联苯菊酯和残杀威检出频次较高，分别检出了 39、35、33、28 和 20 次。绿茶中农药检出品种和频次见图 11-19，超标农药见图 11-20 和表 11-18。

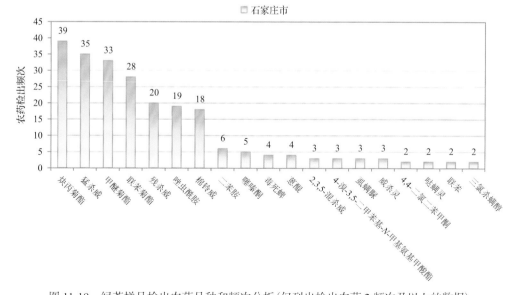

图 11-19　绿茶样品检出农药品种和频次分析(仅列出检出农药 2 频次及以上的数据)

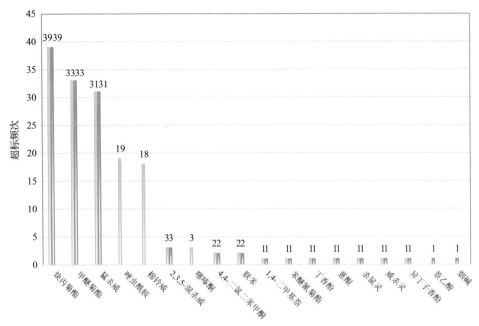

图 11-20　绿茶样品中超标农药分析

表 11-18　绿茶中农药残留超标情况明细表

样品总数		检出农药样品数	样品检出率(%)	检出农药品种总数
40		40	100	34

	超标农药品种	超标农药频次	按照 MRL 中国国家标准、欧盟标准和日本标准衡量超标农药名称及频次
中国国家标准	0	0	
欧盟标准	16	157	炔丙菊酯(39), 甲醚菊酯(33), 猛杀威(31), 唑虫酰胺(19), 棉铃威(18), 2,3,5-混杀威(3), 噻嗪酮(3), 4,4-二氯二苯甲酮(2), 联苯(2), 1,4-二甲基萘(1), 苯醚氰菊酯(1), 丁香酚(1), 蒽醌(1), 杀鼠灵(1), 威杀灵(1), 异丁子香酚(1)
日本标准	15	119	炔丙菊酯(39), 甲醚菊酯(33), 猛杀威(31), 2,3,5-混杀威(3), 4,4-二氯二苯甲酮(2), 联苯(2), 1,4-二甲基萘(1), 苯醚氰菊酯(1), 丁香酚(1), 蒽醌(1), 萘乙酸(1), 杀鼠灵(1), 威杀灵(1), 烟碱(1), 异丁子香酚(1)

11.3.3.2　花茶

　　这次共检测 20 例花茶样品，全部检出了农药残留，检出率为 100.0%，检出农药共计 31 种。其中联苯菊酯、炔丙菊酯、丁香酚、甲醚菊酯和猛杀威检出频次较高，分别检出了 17、16、14、13 和 13 次。花茶中农药检出品种和频次见图 11-21，超标农药见图 11-22和表 11-19。

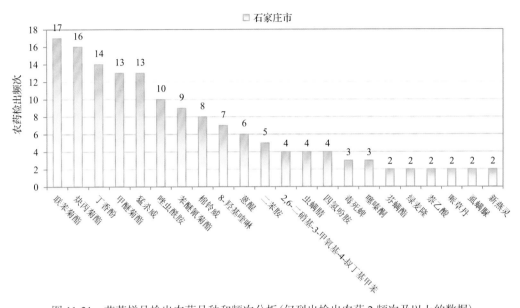

图 11-21　花茶样品检出农药品种和频次分析(仅列出检出农药 2 频次及以上的数据)

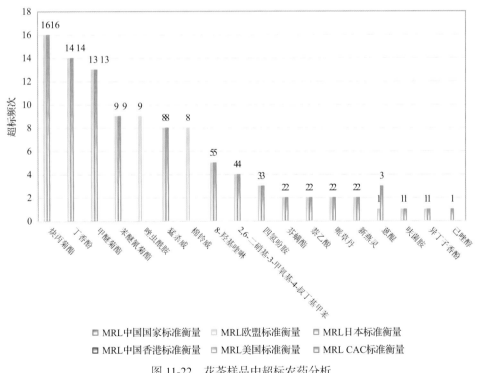

图 11-22　花茶样品中超标农药分析

表 11-19　花茶中农药残留超标情况明细表

样品总数		检出农药样品数	样品检出率(%)	检出农药品种总数
20		20	100	31

	超标农药品种	超标农药频次	按照 MRL 中国国家标准、欧盟标准和日本标准衡量超标农药名称及频次
中国国家标准	0	0	
欧盟标准	17	100	炔丙菊酯(16)、丁香酚(14)、甲醚菊酯(13)、苯醚氰菊酯(9)、唑虫酰胺(9)、猛杀威(8)、棉铃威(8)、8-羟基喹啉(5)、2,6-二硝基-3-甲氧基-4-叔丁基甲苯(4)、四氢呋胺(3)、芬螨酯(2)、萘乙酸(2)、哌草丹(2)、新燕灵(2)、蒽醌(1)、呋菌胺(1)、异丁子香酚(1)
日本标准	16	86	炔丙菊酯(16)、丁香酚(14)、甲醚菊酯(13)、苯醚氰菊酯(9)、猛杀威(8)、8-羟基喹啉(5)、2,6-二硝基-3-甲氧基-4-叔丁基甲苯(4)、蒽醌(3)、四氢呋胺(3)、芬螨酯(2)、萘乙酸(2)、哌草丹(2)、新燕灵(2)、呋菌胺(1)、已唑醇(1)、异丁子香酚(1)

11.3.3.3　红茶

这次共检测 20 例红茶样品，全部检出了农药残留，检出率为 100.0%，检出农药共计 26 种。其中炔丙菊酯、甲醚菊酯、联苯菊酯、猛杀威和唑虫酰胺检出频次较高，分别检出了 20、19、17、13 和 12 次。红茶中农药检出品种和频次见图 11-23，超标农药见图 11-24 和表 11-20。

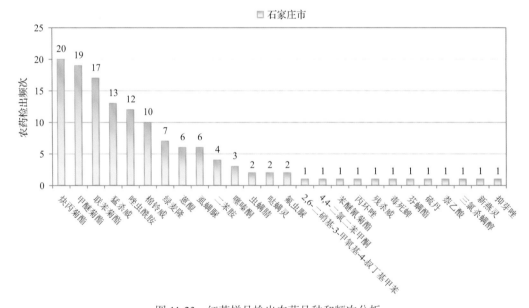

图 11-23　红茶样品检出农药品种和频次分析

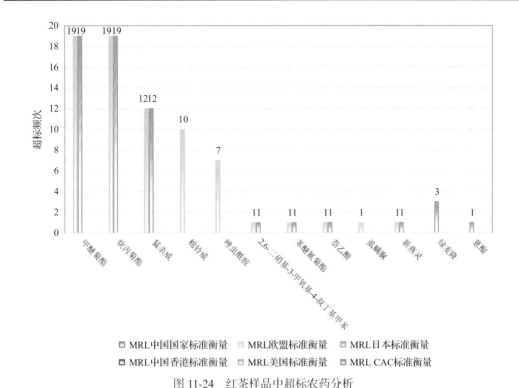

图 11-24 红茶样品中超标农药分析

表 11-20 红茶中农药残留超标情况明细表

样品总数			检出农药样品数	样品检出率(%)	检出农药品种总数
20			20	100	26

	超标农药品种	超标农药频次	按照 MRL 中国国家标准、欧盟标准和日本标准衡量超标农药名称及频次
中国国家标准	0	0	
欧盟标准	10	72	甲醚菊酯(19)，炔丙菊酯(19)，猛杀威(12)，棉铃威(10)，唑虫酰胺(7)，2,6-二硝基-3-甲氧基-4-叔丁基甲苯(1)，苯醚氰菊酯(1)，萘乙酸(1)，虱螨脲(1)，新燕灵(1)
日本标准	9	58	甲醚菊酯(19)，炔丙菊酯(19)，猛杀威(12)，绿麦隆(3)，2,6-二硝基-3-甲氧基-4-叔丁基甲苯(1)，苯醚氰菊酯(1)，蒽醌(1)，萘乙酸(1)，新燕灵(1)

11.4 初 步 结 论

11.4.1 石家庄市市售茶叶按 MRL 中国国家标准和国际主要 MRL 标准衡量的合格率

本次侦测的 110 例样品中，1 例样品未检出任何残留农药，占样品总量的 0.9%，109

例样品检出不同水平、不同种类的残留农药，占样品总量的 99.1%。在这 109 例检出农药残留的样品中：

按照 MRL 中国国家标准衡量，有 109 例样品检出残留农药但含量没有超标，占样品总数的 99.1%，无检出残留农药超标的样品。

按照 MRL 欧盟标准衡量，无检出残留农药但未超标的样品，有 109 例样品检出了超标农药，占样品总数的 99.1%。

按照 MRL 日本标准衡量，无检出残留农药但未超标的样品，有 109 例样品检出了超标农药，占样品总数的 99.1%。

按照 MRL 中国香港标准衡量，有 109 例样品检出残留农药但含量没有超标，占样品总数的 99.1%，无检出残留农药超标的样品。

按照 MRL 美国标准衡量，有 109 例样品检出残留农药但含量没有超标，占样品总数的 99.1%，无检出残留农药超标的样品。

按照 MRL CAC 标准衡量，有 109 例样品检出残留农药但含量没有超标，占样品总数的 99.1%，无检出残留农药超标的样品。

11.4.2　石家庄市市售茶叶中检出农药以中低微毒农药为主，占市场主体的 95.8%

这次侦测的 110 例茶叶样品共检出了 48 种农药，检出农药的毒性以中低微毒为主，详见表 11-21。

表 11-21　市场主体农药毒性分布

毒性	检出品种	占比	检出频次	占比
高毒农药	2	4.2%	2	0.3%
中毒农药	22	45.8%	362	55.1%
低毒农药	21	43.8%	266	40.5%
微毒农药	3	6.2%	27	4.1%

中低微毒农药，品种占比 95.8%，频次占比 99.7%

11.4.3　检出剧毒、高毒和禁用农药现象应该警醒

在此次侦测的 110 例样品中有 4 种茶叶的 15 例样品检出了 5 种 17 频次的剧毒和高毒或禁用农药，占样品总量的 13.6%。其中高毒农药杀鼠灵和烟碱检出频次较高。

按 MRL 中国国家标准衡量，高毒农药按超标程度比较未超标。

剧毒、高毒或禁用农药的检出情况及按照 MRL 中国国家标准衡量的超标情况见表 11-22。

这些剧毒和高毒农药都是中国政府早有规定禁止在茶叶中使用的，为什么还屡次被检出，应该引起警惕。

表 11-22　剧毒、高毒或禁用农药的检出及超标明细

序号	农药名称	样品名称	检出频次	超标频次	最大超标倍数	超标率
1.1	杀鼠灵◊▲	绿茶	1	0	0	0.0%
2.1	烟碱◊	绿茶	1	0	0	0.0%
3.1	毒死蜱▲	绿茶	4	0	0	0.0%
3.2	毒死蜱▲	花茶	3	0	0	0.0%
3.3	毒死蜱▲	红茶	1	0	0	0.0%
4.1	硫丹▲	红茶	1	0	0	0.0%
4.2	硫丹▲	绿茶	1	0	0	0.0%
5.1	三氯杀螨醇▲	绿茶	2	0	0	0.0%
5.2	三氯杀螨醇▲	黑茶	1	0	0	0.0%
5.3	三氯杀螨醇▲	红茶	1	0	0	0.0%
5.4	三氯杀螨醇▲	花茶	1	0	0	0.0%
合计			17	0		0.0%

注：表中*为剧毒农药；◊为高毒农药；▲为禁用农药；超标倍数参照 MRL 中国国家标准衡量

11.4.4　残留限量标准与先进国家或地区差距较大

657 频次的检出结果与我国公布的《食品中农药最大残留限量》（GB 2763—2016）对比，有 108 频次能找到对应的 MRL 中国国家标准，占 16.4%；还有 549 频次的侦测数据无相关 MRL 标准供参考，占 83.6%。

与国际上现行 MRL 标准对比发现：

有 657 频次能找到对应的 MRL 欧盟标准，占 100.0%；

有 657 频次能找到对应的 MRL 日本标准，占 100.0%；

有 104 频次能找到对应的 MRL 中国香港标准，占 15.8%；

有 143 频次能找到对应的 MRL 美国标准，占 21.8%；

有 113 频次能找到对应的 MRL CAC 标准，占 17.2%。

由上可见，MRL 中国国家标准与先进国家或地区标准还有很大差距，我们无标准，境外有标准，这就会导致我们在国际贸易中，处于受制于人的被动地位。

11.4.5　茶叶单种样品检出 26~34 种农药残留，拷问农药使用的科学性

通过此次监测发现，绿茶、花茶和红茶是检出农药品种最多的 3 种茶叶，从中检出农药品种及频次详见表 11-23。

上述 3 种茶叶，检出农药 26～34 种，是多种农药综合防治，还是未严格实施农业良好管理规范（GAP），抑或根本就是乱施药，值得我们思考。

表 11-23　单种样品检出农药品种及频次

样品名称	样品总数	检出农药样品数	检出率	检出农药品种数	检出农药(频次)
绿茶	40	40	100.0%	34	炔丙菊酯(39)、猛杀威(35)、甲醚菊酯(33)、联苯菊酯(28)、残杀威(20)、唑虫酰胺(19)、棉铃威(18)、二苯胺(6)、噻嗪酮(5)、毒死蜱(4)、蒽醌(4)、2,3,5-混杀威(3)、4-溴-3,5-二甲苯基-N-甲基氨基甲酸酯(3)、虱螨脲(3)、威杀灵(3)、4,4-二氯二苯甲酮(2)、哒螨灵(2)、联苯(2)、三氯杀螨醇(2)、1,4-二甲基萘(1)、苯醚甲环唑(1)、苯醚氰菊酯(1)、虫螨腈(1)、稻瘟灵(1)、丁香酚(1)、氟虫脲(1)、硫丹(1)、绿麦隆(1)、萘乙酸(1)、哌草丹(1)、杀鼠灵(1)、戊唑醇(1)、烟碱(1)、异丁子香酚(1)
花茶	20	20	100.0%	31	联苯菊酯(17)、炔丙菊酯(16)、丁香酚(14)、甲醚菊酯(13)、猛杀威(13)、唑虫酰胺(10)、苯醚氰菊酯(9)、棉铃威(8)、8-羟基喹啉(7)、蒽醌(6)、二苯胺(5)、2,6-二硝基-3-甲氧基-4-叔丁基甲苯(4)、虫螨腈(4)、四氢吩胺(4)、毒死蜱(3)、噻嗪酮(3)、芬螨酯(2)、绿麦隆(2)、萘乙酸(2)、哌草丹(2)、虱螨脲(2)、新燕灵(2)、4,4-二氯二苯甲酮(1)、哒螨灵(1)、呋菌胺(1)、己唑醇(1)、扑灭通(1)、三氯杀螨醇(1)、速灭威(1)、溴氰菊酯(1)、异丁子香酚(1)
红茶	20	20	100.0%	26	炔丙菊酯(20)、甲醚菊酯(19)、联苯菊酯(17)、猛杀威(13)、唑虫酰胺(12)、棉铃威(10)、绿麦隆(7)、蒽醌(6)、虱螨脲(6)、二苯胺(4)、噻嗪酮(3)、虫螨腈(2)、哒螨灵(2)、氟虫脲(2)、2,6-二硝基-3-甲氧基-4-叔丁基甲苯(1)、4,4-二氯二苯甲酮(1)、苯醚氰菊酯(1)、丙环唑(1)、残杀威(1)、毒死蜱(1)、芬螨酯(1)、硫丹(1)、萘乙酸(1)、三氯杀螨醇(1)、新燕灵(1)、抑芽唑(1)

第12章 GC-Q-TOF/MS 侦测石家庄市市售茶叶农药残留膳食暴露风险与预警风险评估

12.1 农药残留风险评估方法

12.1.1 石家庄市农药残留侦测数据分析与统计

庞国芳院士科研团队建立的农药残留高通量侦测技术以高分辨精确质量数(0.0001 *m/z* 为基准)为识别标准，采用 GC-Q-TOF/MS 技术对 684 种农药化学污染物进行侦测。

科研团队于 2019 年 1 月期间在石家庄市 8 个采样点，随机采集了 110 例茶叶样品，具体位置如图 12-1 所示。

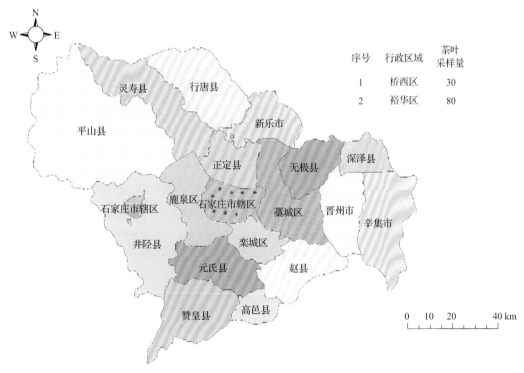

图 12-1 GC-Q-TOF/MS 侦测石家庄市 8 个采样点 110 例样品分布示意图

利用 GC-Q-TOF/MS 技术对 110 例样品中的农药进行侦测，侦测出残留农药 48 种，657 频次。侦测出农药残留水平如表 12-1 和图 12-2 所示。检出频次最高的前 10 种农药如表 12-2 所示。从检测结果中可以看出，在茶叶中农药残留普遍存在，且有些茶叶存在高浓度的农药残留，这些可能存在膳食暴露风险，对人体健康产生危害，因此，为了定量地评价茶叶中农药残留的风险程度，有必要对其进行风险评价。

表 12-1 侦测出农药的不同残留水平及其所占比例列表

残留水平(μg/kg)	检出频次	占比(%)
1~5(含)	72	11.0
5~10(含)	65	9.9
10~100(含)	267	40.6
100~1000(含)	250	38.1
>1000	3	0.5
合计	657	100.1

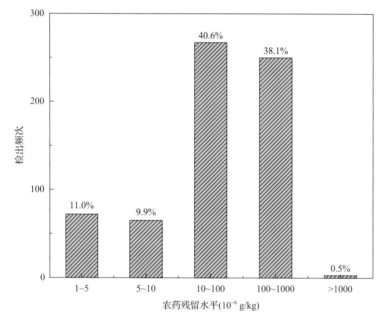

图 12-2 残留农药检出浓度频数分布图

表 12-2 检出频次最高的前 10 种农药列表

序号	农药	检出频次
1	炔丙菊酯	103
2	甲醚菊酯	92
3	联苯菊酯	69
4	猛杀威	67
5	唑虫酰胺	42
6	棉铃威	36
7	残杀威	30
8	丁香酚	21
9	2,6-二硝基-3-甲氧基-4-叔丁基甲苯	20
10	二苯胺	18

12.1.2　农药残留风险评价模型

对石家庄市茶叶中农药残留分别开展暴露风险评估和预警风险评估。膳食暴露风险评估利用食品安全指数模型对茶叶中的残留农药对人体可能产生的危害程度进行评价，该模型结合残留监测和膳食暴露评估评价化学污染物的危害；预警风险评价模型运用风险系数（risk index，R），风险系数综合考虑了危害物的超标率、施检频率及其本身敏感性的影响，能直观而全面地反映出危害物在一段时间内的风险程度。

12.1.2.1　食品安全指数模型

为了加强食品安全管理，《中华人民共和国食品安全法》第二章第十七条规定"国家建立食品安全风险评估制度，运用科学方法，根据食品安全风险监测信息、科学数据以及有关信息，对食品、食品添加剂、食品相关产品中生物性、化学性和物理性危害因素进行风险评估"[1]，膳食暴露评估是食品危险度评估的重要组成部分，也是膳食安全性的衡量标准[2]。国际上最早研究膳食暴露风险评估的机构主要是 JMPR（FAO、WHO农药残留联合会议），该组织自 1995 年就已制定了急性毒性物质的风险评估急性毒性农药残留摄入量的预测。1960 年美国规定食品中不得加入致癌物质进而提出零阈值理论，渐渐零阈值理论发展成在一定概率条件下可接受风险的概念[3]，后衍变为食品中每日允许最大摄入量（ADI），而国际食品农药残留法典委员会（CCPR）认为 ADI 不是独立风险评估的唯一标准[4]，1995 年 JMPR 开始研究农药急性膳食暴露风险评估，并对食品国际短期摄入量的计算方法进行了修正，亦对膳食暴露评估准则及评估方法进行了修正[5]，2002 年，在对世界上现行的食品安全评价方法，尤其是国际公认的 CAC 评价方法、全球环境监测系统/食品污染监测和评估规划（WHO GEMS/Food）及 FAO、WHO 食品添加剂联合专家委员会（JECFA）和 JMPR 对食品安全风险评估工作研究的基础之上，检验检疫食品安全管理的研究人员提出了结合残留监控和膳食暴露评估，以食品安全指数 IFS 计算食品中各种化学污染物对消费者的健康危害程度[6]。IFS 是表示食品安全状态的新方法，可有效地评价某种农药的安全性，进而评价食品中各种农药化学污染物对消费者健康的整体危害程度[7,8]。从理论上分析，IFS 可指出食品中的污染物 c 对消费者健康是否存在危害及危害的程度[9]。其优点在于操作简单且结果容易被接受和理解，不需要大量的数据来对结果进行验证，使用默认的标准假设或者模型即可[10,11]。

1）IFS_c 的计算

IFS_c 计算公式如下：

$$IFS_c = \frac{EDI_c \times f}{SI_c \times bw} \tag{12-1}$$

式中，c 为所研究的农药；EDI_c 为农药 c 的实际日摄入量估算值，等于 $\sum (R_i \times F_i \times E_i \times P_i)$（i 为食品种类；$R_i$ 为食品 i 中农药 c 的残留水平，mg/kg；F_i 为食品 i 的估计日消费量，g/(人·天)；E_i 为食品 i 的可食用部分因子；P_i 为食品 i 的加工处理因子）；SI_c 为安全摄入量，可采用每日允许最大摄入量 ADI；bw 为人平均体重，kg；f 为校正因子，如果安全摄入量采用 ADI，则 f 取 1。

IFS$_c$≪1，农药 c 对食品安全没有影响；IFS$_c$≤1，农药 c 对食品安全的影响可以接受；IFS$_c$>1，农药 c 对食品安全的影响不可接受。

本次评价中：

IFS$_c$≤0.1，农药 c 对茶叶安全没有影响；

0.1<IFS$_c$≤1，农药 c 对茶叶安全的影响可以接受；

IFS$_c$>1，农药 c 对茶叶安全的影响不可接受。

本次评价中残留水平 R_i 取值为中国检验检疫科学研究院庞国芳院士课题组利用以高分辨精确质量数(0.0001 m/z)为基准的 GC-Q-TOF/MS 侦测技术于 2019 年 1 月期间对石家庄市茶叶农药残留的侦测结果，估计日消费量 F_i 取值 0.0047kg/(人·天)，E_i=1，P_i=1，f=1，SI$_C$ 采用《食品安全国家标准　食品中农药最大残留限量》(GB 2763—2016)中 ADI 值(具体数值见表 12-3)，人平均体重(bw)取值 60 kg。

表 12-3　石家庄市茶叶中侦测出农药的 ADI 值

序号	农药	ADI	序号	农药	ADI	序号	农药	ADI
1	烟碱	0.0008	17	氟虫脲	0.04	33	蒽醌	—
2	哌草丹	0.001	18	绿麦隆	0.04	34	芬螨酯	—
3	三氯杀螨醇	0.002	19	丙环唑	0.07	35	呋菌胺	—
4	己唑醇	0.005	20	二苯胺	0.08	36	甲醚菊酯	—
5	硫丹	0.006	21	萘乙酸	0.15	37	联苯	—
6	唑虫酰胺	0.006	22	1,4-二甲基萘	—	38	猛杀威	—
7	噻嗪酮	0.009	23	2,3,5-混杀威	—	39	棉铃威	—
8	苯醚甲环唑	0.01	24	2,6-二硝基-3-甲氧基-4-叔丁基甲苯	—	40	扑灭通	—
9	哒螨灵	0.01	25	3,4,5-混杀威	—	41	炔丙菊酯	—
10	毒死蜱	0.01	26	4,4-二氯二苯甲酮	—	42	杀鼠灵	—
11	联苯菊酯	0.01	27	4-溴-3,5-二甲苯基-N-甲基氨基甲酸酯	—	43	四氢吩胺	—
12	溴氰菊酯	0.01	28	8-羟基喹啉	—	44	速灭威	—
13	虱螨脲	0.015	29	苯醚氰菊酯	—	45	威杀灵	—
14	稻瘟灵	0.016	30	吡喃草酮	—	46	新燕灵	—
15	虫螨腈	0.03	31	残杀威	—	47	异丁子香酚	—
16	戊唑醇	0.03	32	丁香酚	—	48	抑芽唑	—

注："—"表示为国家标准中无 ADI 值规定；ADI 值单位为 mg/kg bw

2)计算 IFS$_c$ 的平均值 $\overline{\text{IFS}}$，评价农药对食品安全的影响程度

以 $\overline{\text{IFS}}$ 评价各种农药对人体健康危害的总程度，评价模型见公式(12-2)。

$$\overline{\mathrm{IFS}} = \frac{\sum_{i=1}^{n} \mathrm{IFS_c}}{n} \tag{12-2}$$

$\overline{\mathrm{IFS}} \ll 1$，所研究消费者人群的食品安全状态很好；$\overline{\mathrm{IFS}} \leqslant 1$，所研究消费者人群的食品安全状态可以接受；$\overline{\mathrm{IFS}} > 1$，所研究消费者人群的食品安全状态不可接受。

本次评价中：

$\overline{\mathrm{IFS}} \leqslant 0.1$，所研究消费者人群的茶叶安全状态很好；

$0.1 < \overline{\mathrm{IFS}} \leqslant 1$，所研究消费者人群的茶叶安全状态可以接受；

$\overline{\mathrm{IFS}} > 1$，所研究消费者人群的茶叶安全状态不可接受。

12.1.2.2　预警风险评估模型

2003 年，我国检验检疫食品安全管理的研究人员根据 WTO 的有关原则和我国的具体规定，结合危害物本身的敏感性、风险程度及其相应的施检频率，首次提出了食品中危害物风险系数 R 的概念[12]。R 是衡量一个危害物的风险程度大小最直观的参数，即在一定时期内其超标率或阳性检出率的高低，但受其施检频率的高低及其本身的敏感性(受关注程度)影响。该模型综合考察了农药在茶叶中的超标率、施检频率及其本身敏感性，能直观而全面地反映出农药在一段时间内的风险程度[13]。

1) R 计算方法

危害物的风险系数综合考虑了危害物的超标率或阳性检出率、施检频率和其本身的敏感性影响，并能直观而全面地反映出危害物在一段时间内的风险程度。风险系数 R 的计算公式如式(12-3)：

$$R = aP + \frac{b}{F} + S \tag{12-3}$$

式中，P 为该种危害物的超标率；F 为危害物的施检频率；S 为危害物的敏感因子；a, b 分别为相应的权重系数。

本次评价中 $F=1$；$S=1$；$a=100$；$b=0.1$，对参数 P 进行计算，计算时首先判断是否为禁用农药，如果为非禁用农药，$P=$超标的样品数(侦测出的含量高于食品最大残留限量标准值，即 MRL)除以总样品数(包括超标、不超标、未侦测出)；如果为禁用农药，则侦测出即为超标，$P=$能侦测出的样品数除以总样品数。判断石家庄市茶叶农药残留是否超标的标准限值 MRL 分别以 MRL 中国国家标准[14]和 MRL 欧盟标准作为对照，具体值列于本报告附表一中。

2) 评价风险程度

$R \leqslant 1.5$，受检农药处于低度风险；

$1.5 < R \leqslant 2.5$，受检农药处于中度风险；

$R > 2.5$，受检农药处于高度风险。

12.1.2.3　食品膳食暴露风险和预警风险评估应用程序的开发

1)应用程序开发的步骤

为成功开发膳食暴露风险和预警风险评估应用程序,与软件工程师多次沟通讨论,逐步提出并描述清楚计算需求,开发了初步应用程序。为明确出不同茶叶、不同农药、不同地域的风险水平,向软件工程师提出不同的计算需求,软件工程师对计算需求进行逐一分析,经过反复的细节沟通,需求分析得到明确后,开始进行解决方案的设计,在保证需求的完整性、一致性的前提下,编写出程序代码,最后设计出满足需求的风险评估专用计算软件,并通过一系列的软件测试和改进,完成专用程序的开发。软件开发基本步骤见图 12-3。

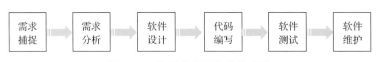

图 12-3　专用程序开发总体步骤

2)膳食暴露风险评估专业程序开发的基本要求

首先直接利用公式(12-1),分别计算 LC-Q-TOF/MS 和 GC-Q-TOF/MS 仪器侦测出的各茶叶样品中每种农药 IFS_c,将结果列出。为考察超标农药和禁用农药的使用安全性,分别以我国《食品安全国家标准　食品中农药最大残留限量》(GB 2763—2016)和欧盟食品中农药最大残留限量(以下简称 MRL 中国国家标准和 MRL 欧盟标准)为标准,对侦测出的禁用农药和超标的非禁用农药 IFS_c 单独进行评价;按 IFS_c 大小列表,并找出 IFS_c 值排名前 20 的样本重点关注。

对不同茶叶 i 中每一种侦测出的农药 c 的安全指数进行计算,多个样品时求平均值。按农药种类,计算整个监测时间段内每种农药的 IFS_c,不区分茶叶种类。

3)预警风险评估专业程序开发的基本要求

分别以 MRL 中国国家标准和 MRL 欧盟标准,按公式(12-3)逐个计算不同茶叶、不同农药的风险系数,禁用农药和非禁用农药分别列表。

为清楚了解各种农药的预警风险,不分时间,不分茶叶,按禁用农药和非禁用农药分类,分别计算各种侦测出农药全部检测时段内风险系数。由于有 MRL 中国国家标准的农药种类太少,无法计算超标数,非禁用农药的风险系数只以 MRL 欧盟标准为标准,进行计算。

4)风险程度评价专业应用程序的开发方法

采用 Python 计算机程序设计语言,Python 是一个高层次地结合了解释性、编译性、互动性和面向对象的脚本语言。风险评价专用程序主要功能包括:分别读入每例样品 GC-Q-TOF/MS 和 LC-Q-TOF/MS 农药残留检测数据,根据风险评价工作要求,依次对不同农药、不同食品、不同时间、不同采样点的 IFS_c 值和 R 值分别进行数据计算,筛选出禁用农药、超标农药(分别与 MRL 中国国家标准、MRL 欧盟标准限值进行对比)单独重点分析，再分别对各农药、各茶叶种类分类处理，设计出计算和排序程序，编写计算机代码，最后将生成的膳食暴露风险评估和超标风险评估定量计算结果列入设计好的各个表格中，并定性判断风险对目标的影响程度，直接用文字描述风险发生的高低，如"不可接受"、"可以接受"、"没有影响"、"高度风险"、"中度风险"、"低度风险"。

12.2　GC-Q-TOF/MS 侦测石家庄市市售茶叶农药残留膳食暴露风险评估

12.2.1　每例茶叶样品中农药残留安全指数分析

基于 2019 年 1 月的农药残留侦测数据，发现在 110 例样品中侦测出农药 657 频次，计算样品中每种残留农药的安全指数 IFS_c，并分析农药对样品安全的影响程度，结果详见附表二，农药残留对茶叶样品安全的影响程度频次分布情况如图 12-4 所示。

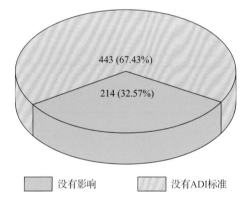

图 12-4　农药残留对茶叶样品安全的影响程度频次分布图

由图 12-4 可以看出，农药残留对样品安全的没有影响的频次为 214，占 32.57%。

部分样品侦测出禁用农药 4 种 16 频次，为了明确残留的禁用农药对样品安全的影响，分析侦测出禁用农药残留的样品安全指数，禁用农药残留对茶叶样品安全的影响程度频次分布情况如图 12-5 所示，农药残留对样品安全没有影响的频次为 15，占 93.75%。

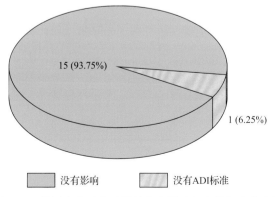

图 12-5　禁用农药对茶叶样品安全影响程度的频次分布图

此外，本次侦测发现部分样品中非禁用农药残留量超过了 MRL 欧盟标准，为了明确超标的非禁用农药对样品安全的影响，分析了非禁用农药残留超标的样品安全指数。

残留量超过 MRL 欧盟标准的非禁用农药对茶叶样品安全的影响程度频次分布情况如图 12-6 所示。可以看出超过 MRL 欧盟标准的非禁用农药共 417 频次，其中农药没有 ADI 的频次为 371，占 88.97%；农药残留对样品安全没有影响的频次为 46，占 11.03%。

表 12-4 为茶叶样品中安全指数排名前 10 的残留超标非禁用农药列表。

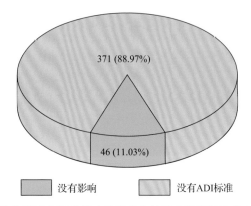

图 12-6　残留超标的非禁用农药对茶叶样品安全的影响程度频次分布图(MRL 欧盟标准)

表 12-4　茶叶样品中安全指数排名前 10 的残留超标非禁用农药列表(MRL 欧盟标准)

序号	样品编号	采样点	基质	农药	含量(mg/kg)	欧盟标准	IFS_c	影响程度
1	20190107-130100-QHDCIQ-FT-01H	***超市(新百店)	花茶	哌草丹	0.4278	0.01	$3.35×10^{-2}$	没有影响
2	20190108-130100-QHDCIQ-GT-05A	***茶庄	绿茶	唑虫酰胺	0.7148	0.01	$9.33×10^{-3}$	没有影响
3	20190107-130100-QHDCIQ-GT-01B	***超市(新百店)	绿茶	唑虫酰胺	0.5157	0.01	$6.73×10^{-3}$	没有影响
4	20190107-130100-QHDCIQ-FT-01D	***超市(新百店)	花茶	唑虫酰胺	0.4655	0.01	$6.08×10^{-3}$	没有影响
5	20190108-130100-QHDCIQ-GT-02D	***超市(建华大街店)	绿茶	唑虫酰胺	0.4511	0.01	$5.89×10^{-3}$	没有影响
6	20190107-130100-QHDCIQ-GT-01C	***超市(新百店)	绿茶	唑虫酰胺	0.4425	0.01	$5.78×10^{-3}$	没有影响
7	20190108-130100-QHDCIQ-FT-02B	***超市(建华大街店)	花茶	唑虫酰胺	0.4179	0.01	$5.46×10^{-3}$	没有影响
8	20190107-130100-QHDCIQ-GT-01D	***超市(新百店)	绿茶	唑虫酰胺	0.3674	0.01	$4.80×10^{-3}$	没有影响
9	20190108-130100-QHDCIQ-FT-04A	***茗茶庄(万达店)	花茶	唑虫酰胺	0.3574	0.01	$4.67×10^{-3}$	没有影响
10	20190108-130100-QHDCIQ-FT-02A	***超市(建华大街店)	花茶	唑虫酰胺	0.3076	0.01	$4.02×10^{-3}$	没有影响

12.2.2　单种茶叶中农药残留安全指数分析

本次 5 种茶叶侦测 48 种农药，检出频次为 657 次，其中 27 种农药没有 ADI，21 种农药存在 ADI 标准。5 种茶叶按不同种类分别计算侦测出的具有 ADI 标准的各种农药的 IFS_c 值，农药残留对茶叶的安全指数分布图如图 12-7 所示。

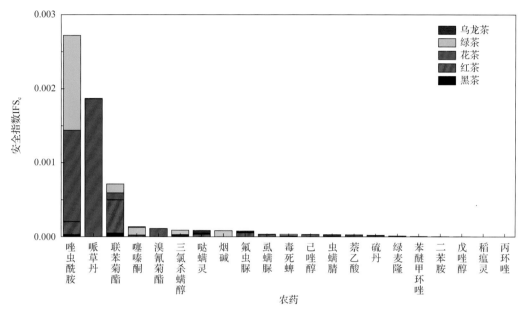

图 12-7　5 种茶叶中 21 种残留农药的安全指数分布图

本次侦测中，5 种茶叶和 48 种残留农药(包括没有 ADI)共涉及 114 个分析样本，农药对单种茶叶安全的影响程度分布情况如图 12-8 所示。可以看出，47.37%的样本中农药对茶叶安全没有影响。

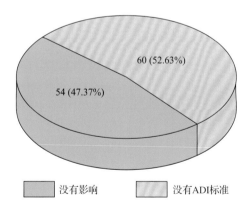

图 12-8　114 个分析样本的影响程度频次分布图

12.2.3　所有茶叶中农药残留安全指数分析

计算所有茶叶中 21 种农药的 IFS_c 值，结果如图 12-9 及表 12-5 所示。

分析发现，所有农药对茶叶安全的影响程度均为没有影响，说明茶叶中残留的农药不会对茶叶的安全造成影响。

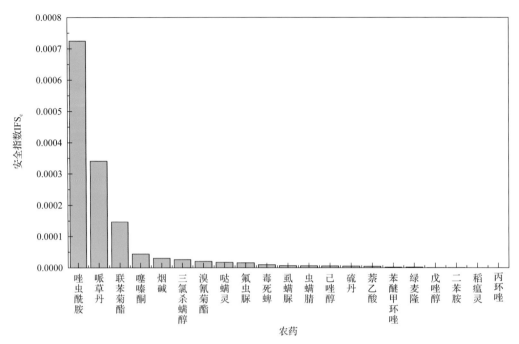

图 12-9 21 种残留农药对茶叶的安全影响程度统计图

表 12-5 茶叶中 21 种农药残留的安全指数表

序号	农药	检出频次	检出率(%)	IFS_c	影响程度	序号	农药	检出频次	检出率(%)	IFS_c	影响程度
1	唑虫酰胺	42	38.18	7.25×10^{-4}	没有影响	12	虫螨腈	7	6.36	6.07×10^{-6}	没有影响
2	哌草丹	3	2.73	3.41×10^{-4}	没有影响	13	己唑醇	1	0.91	5.78×10^{-6}	没有影响
3	联苯菊酯	69	62.73	1.47×10^{-4}	没有影响	14	硫丹	2	1.82	5.14×10^{-6}	没有影响
4	噻嗪酮	13	11.82	4.41×10^{-5}	没有影响	15	萘乙酸	5	4.55	4.79×10^{-6}	没有影响
5	烟碱	1	0.91	3.05×10^{-5}	没有影响	16	苯醚甲环唑	1	0.91	2.02×10^{-6}	没有影响
6	三氯杀螨醇	5	4.55	2.62×10^{-5}	没有影响	17	绿麦隆	10	9.09	1.90×10^{-6}	没有影响
7	溴氰菊酯	1	0.91	2.06×10^{-5}	没有影响	18	戊唑醇	1	0.91	6.98×10^{-7}	没有影响
8	哒螨灵	10	9.09	1.72×10^{-5}	没有影响	19	二苯胺	18	16.36	6.93×10^{-7}	没有影响
9	氟虫脲	4	3.64	1.57×10^{-5}	没有影响	20	稻瘟灵	1	0.91	1.29×10^{-7}	没有影响
10	毒死蜱	8	7.27	9.58×10^{-6}	没有影响	21	丙环唑	1	0.91	5.80×10^{-8}	没有影响
11	虱螨脲	11	10.00	6.63×10^{-6}	没有影响						

12.3 GC-Q-TOF/MS 侦测石家庄市市售茶叶农药残留预警风险评估

基于石家庄市茶叶样品中农药残留 GC-Q-TOF/MS 侦测数据，分析禁用农药的检出率，同时参照中华人民共和国国家标准 GB 2763—2016 和欧盟农药最大残留限量(MRL)

标准分析非禁用农药残留的超标率，并计算农药残留风险系数。分析单种茶叶中农药残留以及所有茶叶中农药残留的风险程度。

12.3.1　单种茶叶中农药残留风险系数分析

12.3.1.1　单种茶叶中禁用农药残留风险系数分析

侦测出的 48 种残留农药中有 4 种为禁用农药，且它们分布在 4 种茶叶禁用农药，计算 4 种茶叶中禁用农药的超标率，根据超标率计算风险系数 R，进而分析茶叶中禁用农药的风险程度，结果如图 12-10 与表 12-6 所示。分析发现 4 种禁用农药在 4 种茶叶中的残留处均于高度风险。

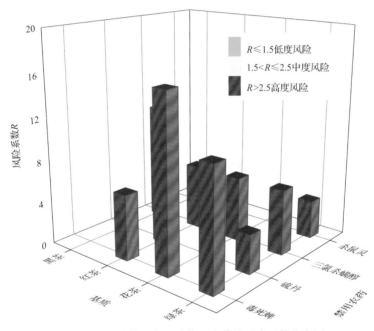

图 12-10　4 种茶叶中 4 种禁用农药的风险系数分布图

表 12-6　4 种茶叶中 4 种禁用农药的风险系数列表

序号	基质	农药	检出频次	检出率(%)	风险系数 R	风险程度
1	红茶	三氯杀螨醇	1	5.00	6.1	高度风险
2	红茶	毒死蜱	1	5.00	6.1	高度风险
3	红茶	硫丹	1	5.00	6.1	高度风险
4	绿茶	三氯杀螨醇	2	5.00	6.1	高度风险
5	绿茶	杀鼠灵	1	2.50	3.6	高度风险
6	绿茶	毒死蜱	4	10.00	11.1	高度风险
7	绿茶	硫丹	1	2.50	3.6	高度风险
8	花茶	三氯杀螨醇	1	5.00	6.1	高度风险
9	花茶	毒死蜱	3	15.00	16.1	高度风险
10	黑茶	三氯杀螨醇	1	10.00	11.1	高度风险

12.3.1.2 基于 MRL 中国国家标准的单种茶叶中非禁用农药残留风险系数分析

参照中华人民共和国国家标准 GB 2763—2016 中农药残留限量计算每种茶叶中每种非禁用农药的超标率，进而计算其风险系数，根据风险系数大小判断残留农药的预警风险程度，茶叶中非禁用农药残留风险程度分布情况如图 12-11 所示。

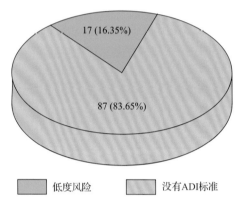

图 12-11　茶叶中非禁用农药风险程度的频次分布图(MRL 中国国家标准)

本次分析中，发现在 5 种茶叶检出 44 种残留非禁用农药，涉及样本 104 个，在 104 个样本中，16.35%处于低度风险，此外发现有 87 个样本没有 MRL 中国国家标准值，无法判断其风险程度，有 MRL 中国国家标准值的 17 个样本涉及 5 种茶叶中的 6 种非禁用农药，其风险系数 R 值如图 12-12 所示。

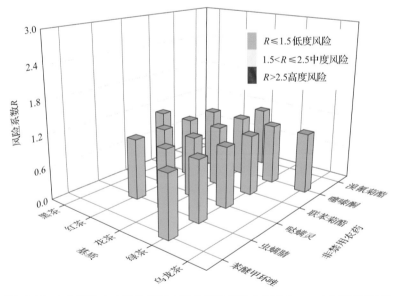

图 12-12　5 种茶叶中 6 种非禁用农药的风险系数分布图(MRL 中国国家标准)

12.3.1.3　基于 MRL 欧盟标准的单种茶叶中非禁用农药残留风险系数分析

参照 MRL 欧盟标准计算每种茶叶中每种非禁用农药的超标率，进而计算其风险系数，根据风险系数大小判断农药残留的预警风险程度，茶叶中非禁用农药残留风险程度分布情况如图 12-13 所示。

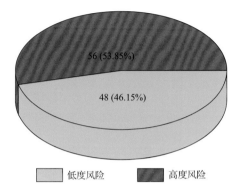

图 12-13　茶叶中非禁用农药的风险程度的频次分布图（MRL 欧盟标准）

本次分析中，发现在 5 种茶叶中共侦测出 44 种非禁用农药，涉及样本 104 个，其中，53.85%处于高度风险，涉及 5 种茶叶和 27 种农药；46.15%处于低度风险，涉及 5 种茶叶和 25 种农药。单种茶叶中的非禁用农药风险系数分布图如图 12-14 所示。单种茶叶中处于高度风险的非禁用农药风险系数如图 12-15 和表 12-7 所示。

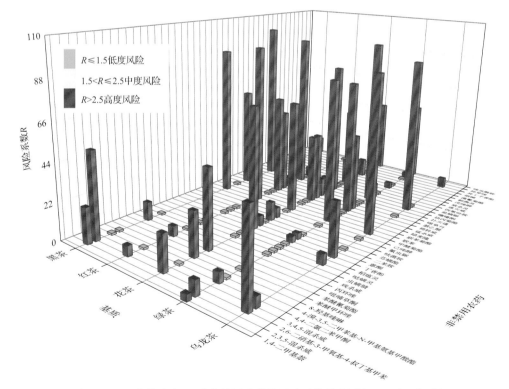

图 12-14　5 种茶叶中 44 种非禁用农药的风险系数分布图（MRL 欧盟标准）

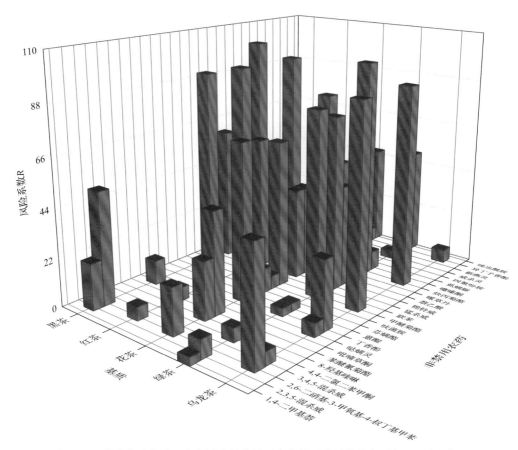

图 12-15　单种茶叶中处于高度风险的非禁用农药的风险系数分布图(MRL 欧盟标准)

表 12-7　单种茶叶中处于高度风险的非禁用农药的风险系数表(**MRL 欧盟标准**)

序号	基质	农药	超标频次	超标率 $P(\%)$	风险系数 R
1	乌龙茶	2,6-二硝基-3-甲氧基-4-叔丁基甲苯	10	50.00	51.10
2	乌龙茶	3,4,5-混杀威	1	5.00	6.10
3	乌龙茶	丁香酚	6	30.00	31.10
4	乌龙茶	哒螨灵	1	5.00	6.10
5	乌龙茶	异丁子香酚	1	5.00	6.10
6	乌龙茶	炔丙菊酯	18	90.00	91.10
7	乌龙茶	甲醚菊酯	18	90.00	91.10
8	红茶	2,6-二硝基-3-甲氧基-4-叔丁基甲苯	1	5.00	6.10
9	红茶	唑虫酰胺	7	35.00	36.10
10	红茶	新燕灵	1	5.00	6.10
11	红茶	棉铃威	10	50.00	51.10
12	红茶	炔丙菊酯	19	95.00	96.10

续表

序号	基质	农药	超标频次	超标率 $P(\%)$	风险系数 R
13	红茶	猛杀威	12	60.00	61.10
14	红茶	甲醚菊酯	19	95.00	96.10
15	红茶	苯醚氰菊酯	1	5.00	6.10
16	红茶	萘乙酸	1	5.00	6.10
17	红茶	虱螨脲	1	5.00	6.10
18	绿茶	1,4-二甲基萘	1	2.50	3.60
19	绿茶	2,3,5-混杀威	3	7.50	8.60
20	绿茶	4,4-二氯二苯甲酮	2	5.00	6.10
21	绿茶	丁香酚	1	2.50	3.60
22	绿茶	唑虫酰胺	19	47.50	48.60
23	绿茶	噻嗪酮	3	7.50	8.60
24	绿茶	威杀灵	1	2.50	3.60
25	绿茶	异丁子香酚	1	2.50	3.60
26	绿茶	棉铃威	18	45.00	46.10
27	绿茶	炔丙菊酯	39	97.50	98.60
28	绿茶	猛杀威	31	77.50	78.60
29	绿茶	甲醚菊酯	33	82.50	83.60
30	绿茶	联苯	2	5.00	6.10
31	绿茶	苯醚氰菊酯	1	2.50	3.60
32	绿茶	蒽醌	1	2.50	3.60
33	花茶	2,6-二硝基-3-甲氧基-4-叔丁基甲苯	4	20.00	21.10
34	花茶	8-羟基喹啉	5	25.00	26.10
35	花茶	丁香酚	14	70.00	71.10
36	花茶	呋菌胺	1	5.00	6.10
37	花茶	哌草丹	2	10.00	11.10
38	花茶	唑虫酰胺	9	45.00	46.10
39	花茶	四氢吩胺	3	15.00	16.10
40	花茶	异丁子香酚	1	5.00	6.10
41	花茶	新燕灵	2	10.00	11.10
42	花茶	棉铃威	8	40.00	41.10
43	花茶	炔丙菊酯	16	80.00	81.10

续表

序号	基质	农药	超标频次	超标率 P(%)	风险系数 R
44	花茶	猛杀威	8	40.00	41.10
45	花茶	甲醚菊酯	13	65.00	66.10
46	花茶	芬螨酯	2	10.00	11.10
47	花茶	苯醚氰菊酯	9	45.00	46.10
48	花茶	萘乙酸	2	10.00	11.10
49	花茶	蒽醌	1	5.00	6.10
50	黑茶	2,3,5-混杀威	2	20.00	21.10
51	黑茶	2,6-二硝基-3-甲氧基-4-叔丁基甲苯	5	50.00	51.10
52	黑茶	吡喃草酮	1	10.00	11.10
53	黑茶	唑虫酰胺	1	10.00	11.10
54	黑茶	炔丙菊酯	10	100.00	101.10
55	黑茶	猛杀威	6	60.00	61.10
56	黑茶	甲醚菊酯	9	90.00	91.10

12.3.2　所有茶叶中农药残留风险系数分析

12.3.2.1　所有茶叶中禁用农药残留风险系数分析

在侦测出的 48 种农药中有 4 种为禁用农药，计算所有茶叶中禁用农药的风险系数，结果如表 12-8 所示。禁用农药毒死蜱、三氯杀螨醇和硫丹处于高度风险，杀鼠灵处于中度风险。

表 12-8　茶叶中 4 种禁用农药的风险系数表

序号	农药	检出频次	检出率(%)	风险系数 R	风险程度
1	毒死蜱	8	7.27	8.37	高度风险
2	三氯杀螨醇	5	4.55	5.65	高度风险
3	硫丹	2	1.82	2.92	高度风险
4	杀鼠灵	1	0.91	2.01	中度风险

12.3.2.2　所有茶叶中非禁用农药残留风险系数分析

参照 MRL 欧盟标准计算所有茶叶中每种非禁用农药残留的风险系数，如图 12-16 与表 12-9 所示。在侦测出的 44 种非禁用农药中，20 种农药(45.4%)残留处于高度风险，7 种农药(16.0%)残留处于中度风险，17 种农药(38.6%)残留处于低度风险。

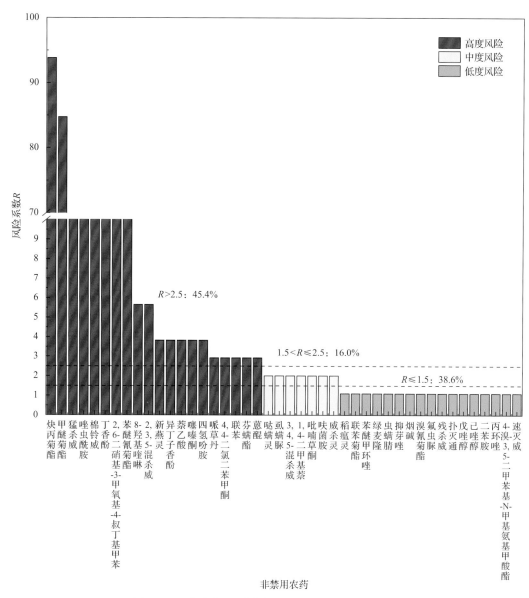

图 12-16　茶叶中 44 种非禁用农药的风险程度统计图

表 12-9　茶叶中 44 种非禁用农药的风险系数表

序号	农药	超标频次	超标率 P(%)	风险系数 R	风险程度
1	炔丙菊酯	102	92.73	93.83	高度风险
2	甲醚菊酯	92	83.64	84.74	高度风险
3	猛杀威	57	51.82	52.92	高度风险
4	唑虫酰胺	36	32.73	33.83	高度风险
5	棉铃威	36	32.73	33.83	高度风险
6	丁香酚	21	19.09	20.19	高度风险

序号	农药	超标频次	超标率 P(%)	风险系数 R	风险程度
7	2,6-二硝基-3-甲氧基-4-叔丁基甲苯	20	18.18	19.28	高度风险
8	苯醚氰菊酯	11	10.00	11.10	高度风险
9	8-羟基喹啉	5	4.55	5.65	高度风险
10	2,3,5-混杀威	5	4.55	5.65	高度风险
11	新燕灵	3	2.73	3.83	高度风险
12	异丁子香酚	3	2.73	3.83	高度风险
13	萘乙酸	3	2.73	3.83	高度风险
14	噻嗪酮	3	2.73	3.83	高度风险
15	四氢吩胺	3	2.73	3.83	高度风险
16	哌草丹	2	1.82	2.92	高度风险
17	4,4-二氯二苯甲酮	2	1.82	2.92	高度风险
18	联苯	2	1.82	2.92	高度风险
19	芬螨酯	2	1.82	2.92	高度风险
20	蒽醌	2	1.82	2.92	高度风险
21	哒螨灵	1	0.91	2.01	中度风险
22	虱螨脲	1	0.91	2.01	中度风险
23	3,4,5-混杀威	1	0.91	2.01	中度风险
24	1,4-二甲基萘	1	0.91	2.01	中度风险
25	吡喃草酮	1	0.91	2.01	中度风险
26	呋菌胺	1	0.91	2.01	中度风险
27	威杀灵	1	0.91	2.01	中度风险
28	稻瘟灵	0	0.00	1.10	低度风险
29	联苯菊酯	0	0.00	1.10	低度风险
30	苯醚甲环唑	0	0.00	1.10	低度风险
31	绿麦隆	0	0.00	1.10	低度风险
32	虫螨腈	0	0.00	1.10	低度风险
33	抑芽唑	0	0.00	1.10	低度风险
34	烟碱	0	0.00	1.10	低度风险
35	溴氰菊酯	0	0.00	1.10	低度风险
36	氟虫脲	0	0.00	1.10	低度风险
37	残杀威	0	0.00	1.10	低度风险
38	扑灭通	0	0.00	1.10	低度风险
39	戊唑醇	0	0.00	1.10	低度风险
40	己唑醇	0	0.00	1.10	低度风险

续表

序号	农药	超标频次	超标率 $P(\%)$	风险系数 R	风险程度
41	二苯胺	0	0.00	1.10	低度风险
42	丙环唑	0	0.00	1.10	低度风险
43	4-溴-3,5-二甲苯基-N-甲基氨基甲酸酯	0	0.00	1.10	低度风险
44	速灭威	0	0.00	1.10	低度风险

12.4　GC-Q-TOF/MS 侦测石家庄市市售茶叶农药残留风险评估结论与建议

农药残留是影响茶叶安全和质量的主要因素，也是我国食品安全领域备受关注的敏感话题和亟待解决的重大问题之一[15,16]。各种茶叶均存在不同程度的农药残留现象，本研究主要针对石家庄市各类茶叶存在的农药残留问题，基于 2019 年 1 月对石家庄市 110 例茶叶样品中农药残留侦测得出的 657 个侦测结果，分别采用食品安全指数模型和风险系数模型，开展茶叶中农药残留的膳食暴露风险和预警风险评估。茶叶样品取自超市和茶叶专营店，符合大众的膳食来源，风险评价时更具有代表性和可信度。

本研究力求通用简单地反映食品安全中的主要问题，且为管理部门和大众容易接受，为政府及相关管理机构建立科学的食品安全信息发布和预警体系提供科学的规律与方法，加强对农药残留的预警和食品安全重大事件的预防，控制食品风险。

12.4.1　石家庄市茶叶中农药残留膳食暴露风险评价结论

1)茶叶样品中农药残留安全状态评价结论

采用食品安全指数模型，对 2019 年 1 月期间石家庄市茶叶食品农药残留膳食暴露风险进行评价，根据 $\mathrm{IFS_c}$ 的计算结果发现，茶叶中农药的 $\overline{\mathrm{IFS}}$ 为 6.72×10^{-5}，说明石家庄市茶叶总体处于可以接受的安全状态，但部分禁用农药、高残留农药在茶叶中仍有侦测出，导致膳食暴露风险的存在，成为不安全因素。

2)禁用农药膳食暴露风险评价

本次检测发现部分茶叶样品中有禁用农药侦测出，侦测出禁用农药 4 种，侦测出频次为 16，茶叶样品中的禁用农药 $\mathrm{IFS_c}$ 计算结果表明，禁用农药残留膳食暴露风险均没有影响。

12.4.2　石家庄市茶叶中农药残留预警风险评价结论

1)单种茶叶中禁用农药残留的预警风险评价结论

本次检测过程中，在 4 种茶叶中检测出 4 种禁用农药，禁用农药为：三氯杀螨醇、毒死蜱、硫丹、杀鼠灵，茶叶为：花茶、红茶、绿茶、黑茶，茶叶中禁用农药的风险系数分析结果显示，4 种禁用农药在 4 种茶叶中的残留均处于高度风险。

2)单种茶叶中非禁用农药残留的预警风险评价结论

以 MRL 中国国家标准为标准，计算茶叶中非禁用农药风险系数情况下，104 个样本中，17 个处于低度风险(16.35%)，87 个样本没有 MRL 中国国家标准(83.65%)。以 MRL 欧盟标准为标准，计算茶叶中非禁用农药风险系数情况下，发现有 56 个处于高度风险(53.85%)，48 个处于低度风险(46.15%)。基于两种 MRL 标准，评价的结果差异显著，可以看出 MRL 欧盟标准比中国国家标准更加严格和完善，过于宽松的 MRL 中国标准值能否有效保障人体的健康有待研究。

12.4.3　加强石家庄市茶叶食品安全建议

我国食品安全风险评价体系仍不够健全，相关制度不够完善，多年来，由于农药用药次数多、用药量大或用药间隔时间短，产品残留量大，农药残留所造成的食品安全问题日益严峻，给人体健康带来了直接或间接的危害。据估计，美国与农药有关的癌症患者数约占全国癌症患者总数的 50%，中国更高。同样，农药对其他生物也会形成直接杀伤和慢性危害，植物中的农药可经过食物链逐级传递并不断蓄积，对人和动物构成潜在威胁，并影响生态系统。

基于本次农药残留侦测数据的风险评价结果，提出以下几点建议：

1)加快食品安全标准制定步伐

我国食品标准中对农药每日允许最大摄入量 ADI 的数据严重缺乏，在本次评价所涉及的 48 种农药中，仅有 43.75% 的农药具有 ADI 值，而 56.25% 的农药中国尚未规定相应的 ADI 值，亟待完善。

我国食品中农药最大残留限量值的规定严重缺乏，对评估涉及的不同茶叶中不同农药 114 个 MRL 限值进行统计来看，我国仅制定出 106 个标准，我国标准完整率仅为 20.18%，欧盟的完整率达到 100%(表 12-10)。因此，中国更应加快 MRL 的制定步伐。

表 12-10　我国国家食品标准农药的 ADI、MRL 值与欧盟标准的数量差异

分类		中国 ADI	MRL 中国国家标准	MRL 欧盟标准
标准限值(个)	有	21	23	114
	无	27	91	0
总数(个)		48	114	114
无标准限值比例(%)		56.25	79.82	0

此外，MRL 中国国家标准限值普遍高于欧盟标准限值，这些标准中共有 10 个高于欧盟。过高的 MRL 值难以保障人体健康，建议继续加强对限值基准和标准的科学研究，将农产品中的危险性减少到尽可能低的水平。

2)加强农药的源头控制和分类监管

在石家庄市某些茶叶中仍有禁用农药残留，利用 GC-Q-TOF/MS 技术侦测出 4 种禁

用农药，检出频次为 16 次，残留禁用农药均存在较大的膳食暴露风险和预警风险。早已列入黑名单的禁用农药在我国并未真正退出，有些药物由于价格便宜、工艺简单，此类高毒农药一直生产和使用。建议在我国采取严格有效的控制措施，从源头控制禁用农药。

对于非禁用农药，在我国作为"田间地头"最典型单位的县级茶叶产地中，农药残留的检测几乎缺失。建议根据农药的毒性，对高毒、剧毒、中毒农药实现分类管理，减少使用高毒和剧毒高残留农药，进行分类监管。

3）加强农药生物基准和降解技术研究

市售茶叶中残留农药的品种多、频次高、禁用农药多次检出这一现状，说明了我国的田间土壤和水体因农药长期、频繁、不合理的使用而遭到严重污染。为此，建议中国相关部门出台相关政策，鼓励高校及科研院所积极开展分子生物学、酶学等研究，加强土壤、水体中残留农药的生物修复及降解新技术研究，切实加大农药监管力度，以控制农药的面源污染问题。

综上所述，在本工作基础上，根据茶叶残留危害，可进一步针对其成因提出和采取严格管理、大力推广无公害茶叶种植与生产、健全食品安全控制技术体系、加强茶叶质量检测体系建设和积极推行茶叶质量追溯制度等相应对策。建立和完善食品安全综合评价指数与风险监测预警系统，对食品安全进行实时、全面的监控与分析，为我国的食品安全科学监管与决策提供新的技术支持，可实现各类检验数据的信息化系统管理，降低食品安全事故的发生。

太　原　市

第13章 LC-Q-TOF/MS 侦测太原市 50 例市售茶叶样品农药残留报告

从太原市所属 1 个区，随机采集了 50 例茶叶样品，使用液相色谱-四极杆飞行时间质谱(LC-Q-TOF/MS)对 825 种农药化学污染物示范侦测(7 种负离子模式 ESI⁻ 未涉及)。

13.1 样品种类、数量与来源

13.1.1 样品采集与检测

为了真实反映百姓日常饮用的茶叶中农药残留污染状况，本次所有检测样品均由检验人员于 2019 年 1 月期间，从太原市所属 5 个采样点，包括 1 个茶叶专营店 4 个超市，以随机购买方式采集，总计 5 批 50 例样品，从中检出农药 33 种，205 频次。采样及监测概况见图 13-1 及表 13-1，样品及采样点明细见表 13-2 及表 13-3(侦测原始数据见附表 1)。

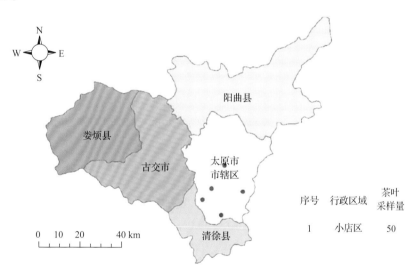

图 13-1 太原市所属 5 个采样点 50 例样品分布图

表 13-1 农药残留监测总体概况

采样地区	太原市所属 1 个区
采样点(茶叶专营店+超市)	5
样本总数	50
检出农药品种/频次	33/205
各采样点样本农药残留检出率范围	95.8%~100.0%

表 13-2　样品分类及数量

样品分类	样品名称(数量)	数量小计
1. 茶叶		50
1)发酵类茶叶	黑茶(10),红茶(10),乌龙茶(10)	30
2)未发酵类茶叶	绿茶(20)	20
合计	1. 茶叶 4 种	50

表 13-3　太原市采样点信息

采样点序号	行政区域	采样点
茶叶专营店(1)		
1	小店区	***茶庄(和信时尚商城店)
超市(4)		
1	小店区	***超市(亲贤店)
2	小店区	***超市(百盛购物中心店)
3	小店区	***超市(太原长风店)
4	小店区	***超市(和信时尚商城店)

13.1.2　检测结果

这次使用的检测方法是庞国芳院士团队最新研发的不需使用标准品对照，而以高分辨精确质量数(0.0001 *m/z*)为基准的 LC-Q-TOF/MS 检测技术，对于 50 例样品，每个样品均侦测了 825 种农药化学污染物的残留现状。通过本次侦测，在 50 例样品中共计检出农药化学污染物 33 种，检出 205 频次。

13.1.2.1　各采样点样品检出情况

统计分析发现 5 个采样点中，被测样品的农药检出率范围为 95.8%~100.0%。其中，有 4 个采样点样品的检出率最高，达到了 100.0%，分别是：***超市(亲贤店)、***生活超市(百盛购物中心店)、***超市(太原长风店)和***茶庄(和信时尚商城店)。***超市(和信时尚商城店)的检出率最低，为 95.8%，见图 13-2。

13.1.2.2　检出农药的品种总数与频次

统计分析发现，对于 50 例样品中 825 种农药化学污染物的侦测，共检出农药 205 频次，涉及农药 33 种，结果如图 13-3 所示。其中避蚊胺检出频次最高，共检出 48 次。检出频次排名前 10 的农药如下：①避蚊胺(48)，②噻嗪酮(25)，③哒螨灵(23)，④啶虫脒(20)，⑤三唑磷(13)，⑥戊唑醇(7)，⑦苯醚甲环唑(6)，⑧毒死蜱(6)，⑨稻瘟灵(5)，⑩甲哌(5)。

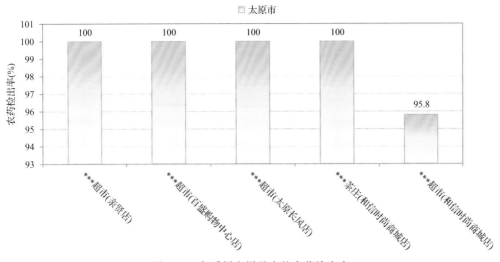

图 13-2　各采样点样品中的农药检出率

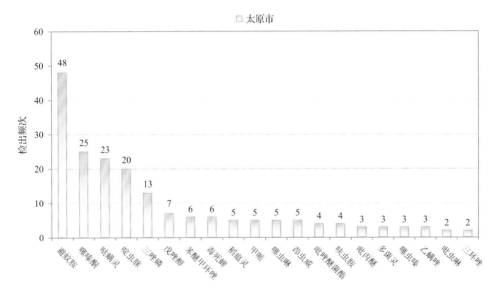

图 13-3　检出农药品种及频次(仅列出检出农药 2 频次及以上的数据)

由图 13-4 可见，绿茶、乌龙茶、红茶和黑茶这 4 种茶叶样品中检出的农药品种数较高，均超过 5 种，其中，绿茶检出农药品种最多，为 31 种。由图 13-5 可见，绿茶、乌

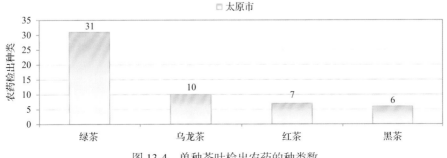

图 13-4　单种茶叶检出农药的种类数

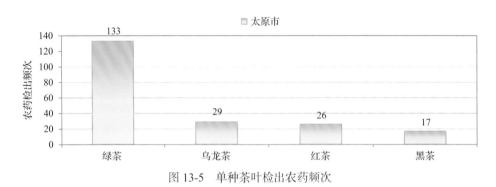

图 13-5　单种茶叶检出农药频次

龙茶和红茶这 3 种茶叶样品中的农药检出频次较高, 均超过 20 次, 其中, 绿茶检出农药频次最高, 为 133 次。

13.1.2.3　单例样品农药检出种类与占比

对单例样品检出农药种类和频次进行统计发现, 未检出农药的样品占总样品数的 2.0%, 检出 1 种农药的样品占总样品数的 20.0%, 检出 2~5 种农药的样品占总样品数的 50.0%, 检出 6~10 种农药的样品占总样品数的 20.0%, 检出大于 10 种农药的样品占总样品数的 8.0%。每例样品中平均检出农药为 4.1 种, 数据见表 13-4 及图 13-6。

表 13-4　单例样品检出农药品种占比

检出农药品种数	样品数量/占比(%)
未检出	1/2.0
1 种	10/20.0
2~5 种	25/50.0
6~10 种	10/20.0
大于 10 种	4/8.0
单例样品平均检出农药品种	4.1 种

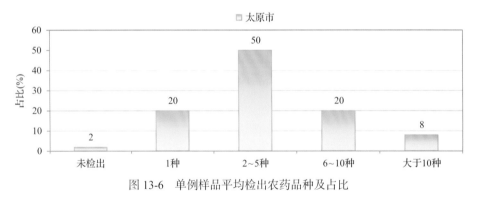

图 13-6　单例样品平均检出农药品种及占比

13.1.2.4　检出农药类别与占比

所有检出农药按功能分类, 包括杀虫剂、杀菌剂、杀螨剂、驱避剂、增效剂、植物生长调节剂共 6 类。其中杀虫剂与杀菌剂为主要检出的农药类别，分别占总数的 48.5% 和 33.3%，见表 13-5 及图 13-7。

表 13-5　检出农药所属类别/占比

农药类别	数量/占比(%)
杀虫剂	16/48.5
杀菌剂	11/33.3
杀螨剂	3/9.1
驱避剂	1/3.0
增效剂	1/3.0
植物生长调节剂	1/3.0

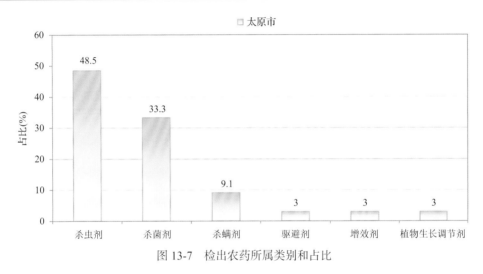

图 13-7　检出农药所属类别和占比

13.1.2.5　检出农药的残留水平

按检出农药残留水平进行统计，残留水平在 1~5 μg/kg（含）的农药占总数的 33.7%，在 5~10 μg/kg（含）的农药占总数的 22.4%，在 10~100 μg/kg（含）的农药占总数的 40.5%，在 100~1000 μg/kg 的农药占总数的 3.4%。

由此可见，这次检测的 5 批 50 例茶叶样品中农药多数处于较低残留水平。结果见表 13-6 及图 13-8，数据见附表 2。

表 13-6　农药残留水平/占比

残留水平（μg/kg）	检出频次数/占比(%)
1~5（含）	69/33.7
5~10（含）	46/22.4
10~100（含）	83/40.5
100~1000	7/3.4

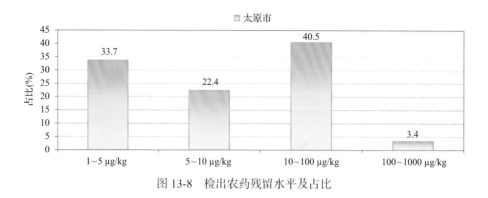

图 13-8　检出农药残留水平及占比

13.1.2.6　检出农药的毒性类别、检出频次和超标频次及占比

对这次检出的 33 种 205 频次的农药,按剧毒、高毒、中毒、低毒和微毒这五个毒性类别进行分类,从中可以看出,太原市目前普遍使用的农药为中低微毒农药,品种占 90.9%,频次占 92.7%。结果见表 13-7 及图 13-9。

表 13-7　检出农药毒性类别/占比

毒性分类	农药品种/占比(%)	检出频次/占比(%)	超标频次/超标率(%)
剧毒农药	0/0	0/0.0	0/0.0
高毒农药	3/9.1	15/7.3	1/6.7
中毒农药	18/54.5	96/46.8	1/1.0
低毒农药	6/18.2	82/40.0	0/0.0
微毒农药	6/18.2	12/5.9	0/0.0

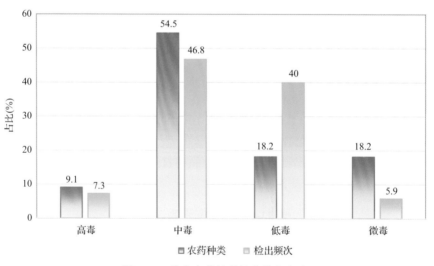

图 13-9　检出农药的毒性分类和占比

13.1.2.7　检出剧毒/高毒类农药的品种和频次

值得特别关注的是,在此次侦测的 50 例样品中有 2 种茶叶的 14 例样品检出了 3 种

15 频次的剧毒和高毒农药，占样品总量的 28.0%，详见图 13-10、表 13-8 及表 13-9。

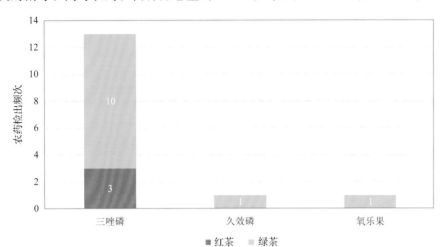

图 13-10　检出剧毒/高毒农药的样品情况

表 13-8　剧毒农药检出情况

序号	农药名称	检出频次	超标频次	超标率
茶叶中未检出剧毒农药				
合计		0	0	超标率：0.0%

表 13-9　高毒农药检出情况

序号	农药名称	检出频次	超标频次	超标率
从 2 种茶叶中检出 3 种高毒农药，共计检出 15 次				
1	三唑磷	13	0	0.0%
2	久效磷	1	0	0.0%
3	氧乐果	1	1	100.0%
合计		15	1	超标率：6.7%

　　在检出的剧毒和高毒农药中，有 3 种是我国早已禁止在茶叶上使用的，分别是：氧乐果、三唑磷和久效磷。禁用农药的检出情况见表 13-10。

表 13-10　禁用农药检出情况

序号	农药名称	检出频次	超标频次	超标率
从 2 种茶叶中检出 5 种禁用农药，共计检出 22 次				
1	三唑磷	13	0	0.0%
2	毒死蜱	6	0	0.0%
3	久效磷	1	0	0.0%
4	氧乐果	1	1	100.0%
5	乙酰甲胺磷	1	1	100.0%
合计		22	2	超标率：9.1%

注：超标结果参考 MRL 中国国家标准计算

此次抽检的茶叶样品中，没有检出剧毒农药。

样品中检出剧毒和高毒农药残留水平超过 MRL 中国国家标准的频次为 1 次，其中：绿茶检出氧乐果超标 1 次。本次检出结果表明，高毒、剧毒农药的使用现象依旧存在。详见表 13-11。

表 13-11　各样本中检出剧毒/高毒农药情况

样品名称	农药名称	检出频次	超标频次	检出浓度(μg/kg)
茶叶 2 种				
红茶	三唑磷▲	3	0	3.4, 17.9, 3.7
绿茶	三唑磷▲	10	0	20.3, 5.2, 54.3, 20.7, 73.8, 5.6, 18.5, 15.8, 10.7, 75.6
绿茶	氧乐果▲	1	1	239.0[a]
绿茶	久效磷▲	1	0	137.3
合计		15	1	超标率: 6.7%

13.2　农药残留检出水平与最大残留限量标准对比分析

我国于 2016 年 12 月 18 日正式颁布并于 2017 年 6 月 18 日正式实施食品农药残留限量国家标准《食品中农药最大残留限量》(GB 2763—2016)。该标准包括 417 个农药条目，涉及最大残留限量(MRL)标准 4140 项。将 205 频次检出农药的浓度水平与 4140 项国家 MRL 标准进行核对，其中只有 90 频次的结果找到了对应的 MRL，占 43.9%，还有 115 频次的结果则无相关 MRL 标准供参考，占 56.1%。

将此次侦测结果与国际上现行 MRL 对比发现，在 205 频次的检出结果中有 205 频次的结果找到了对应的 MRL 欧盟标准，占 100.0%；其中，152 频次的结果有明确对应的 MRL，占 74.1%，其余 53 频次按照欧盟一律标准判定，占 25.9%；有 205 频次的结果找到了对应的 MRL 日本标准，占 100.0%；其中，126 频次的结果有明确对应的 MRL，占 61.5%，其余 79 频次按照日本一律标准判定，占 38.5%；有 89 频次的结果找到了对应的 MRL 中国香港标准，占 43.4%；有 61 频次的结果找到了对应的 MRL 美国标准，占 29.8%；有 37 频次的结果找到了对应的 MRL CAC 标准，占 18.0%(见图 13-11 和图 13-12，数据见附表 3 至附表 8)。

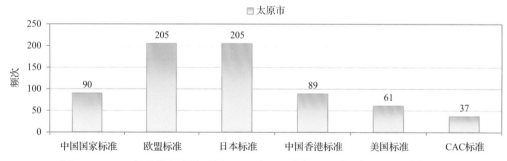

图 13-11　205 频次检出农药可用 MRL 中国国家标准、欧盟标准、日本标准、中国香港标准、美国标准、CAC 标准判定衡量的数量

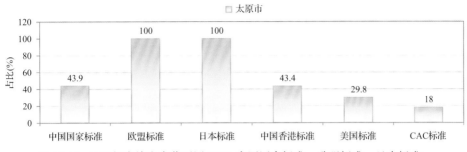

图 13-12 205 频次检出农药可用 MRL 中国国家标准、欧盟标准、日本标准、
中国香港标准、美国标准、CAC 标准衡量的占比

13.2.1 超标农药样品分析

本次侦测的 50 例样品中, 1 例样品未检出任何残留农药, 占样品总量的 2.0%, 49
例样品检出不同水平、不同种类的残留农药, 占样品总量的 98.0%。在此, 我们将本次
侦测的农残检出情况与 MRL 中国国家标准、欧盟标准、日本标准、中国香港标准、美
国标准、CAC 标准这 6 大国际主流 MRL 标准进行对比分析, 样品农残检出与超标情况
见表 13-12、图 13-13 和图 13-14, 详细数据见附表 9 至附表 14。

表 13-12 各 MRL 标准下样本农残检出与超标数量及占比

	中国国家标准 数量/占比(%)	欧盟标准 数量/占比(%)	日本标准 数量/占比(%)	中国香港标准 数量/占比(%)	美国标准 数量/占比(%)	CAC 标准 数量/占比(%)
未检出	1/2.0	1/2.0	1/2.0	1/2.0	1/2.0	1/2.0
检出未超标	47/94.0	36/72.0	33/66.0	48/96.0	49/98.0	49/98.0
检出超标	2/4.0	13/26.0	16/32.0	1/2.0	0/0.0	0/0.0

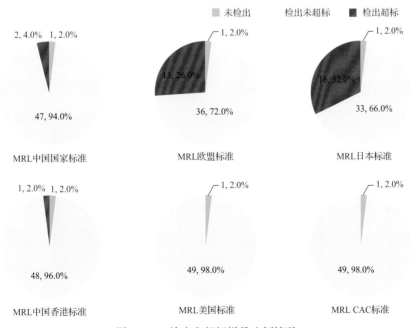

图 13-13 检出和超标样品比例情况

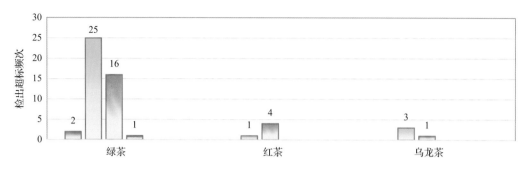

图 13-14　超过 MRL 中国国家标准、欧盟标准、日本标准、中国香港标准、
美国标准、CAC 标准结果在茶叶中的分布

13.2.2　超标农药种类分析

按照 MRL 中国国家标准、欧盟标准、日本标准、中国香港标准、美国标准和 CAC 标准这 6 大国际主流 MRL 标准衡量,本次侦测检出的农药超标品种及频次情况见表 13-13。

表 13-13　各 MRL 标准下超标农药品种及频次

	中国国家标准	欧盟标准	日本标准	中国香港标准	美国标准	CAC 标准
超标农药品种	2	15	8	1	0	0
超标农药频次	2	29	21	1	0	0

13.2.2.1　按 MRL 中国国家标准衡量

按 MRL 中国国家标准衡量,共有 2 种农药超标,检出 2 频次,分别为高毒农药氧乐果,中毒农药乙酰甲胺磷。

按超标程度比较,绿茶中氧乐果超标 3.8 倍,绿茶中乙酰甲胺磷超标 0.9 倍。检测结果见图 13-15 和附表 15。

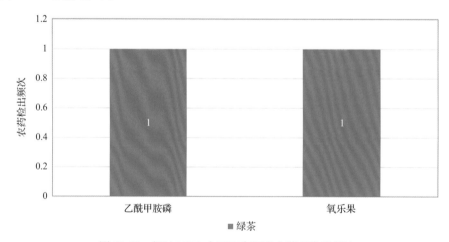

图 13-15　超过 MRL 中国国家标准农药品种及频次

13.2.2.2　按 MRL 欧盟标准衡量

按 MRL 欧盟标准衡量，共有 15 种农药超标，检出 29 频次，分别为高毒农药三唑磷、氧乐果和久效磷，中毒农药苯醚甲环唑、稻瘟灵、吡虫啉、啶虫脒、三环唑、三唑醇、乙酰甲胺磷、戊唑醇和哒螨灵，低毒农药避蚊胺、噻嗪酮和呋虫胺。

按超标程度比较，绿茶中呋虫胺超标 5.1 倍，绿茶中稻瘟灵超标 4.4 倍，绿茶中氧乐果超标 3.8 倍，绿茶中噻嗪酮超标 2.9 倍，绿茶中三唑磷超标 2.8 倍。检测结果见图 13-16 和附表 16。

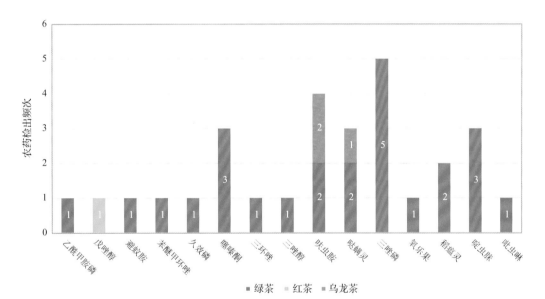

图 13-16　超过 MRL 欧盟标准农药品种及频次

13.2.2.3　按 MRL 日本标准衡量

按 MRL 日本标准衡量，共有 8 种农药超标，检出 21 频次，分别为高毒农药三唑磷和久效磷，中毒农药甲哌、稻瘟灵、三环唑和茚虫威，低毒农药避蚊胺和马拉硫磷。

按超标程度比较，绿茶中三环唑超标 9.3 倍，乌龙茶中茚虫威超标 7.5 倍，绿茶中三唑磷超标 6.6 倍，绿茶中稻瘟灵超标 4.4 倍，绿茶中茚虫威超标 2.0 倍。检测结果见图 13-17 和附表 17。

13.2.2.4　按 MRL 中国香港标准衡量

按 MRL 中国香港标准衡量，有 1 种农药超标，检出 1 频次，为中毒农药乙酰甲胺磷。

按超标程度比较，绿茶中乙酰甲胺磷超标 0.9 倍。检测结果见图 13-18 和附表 18。

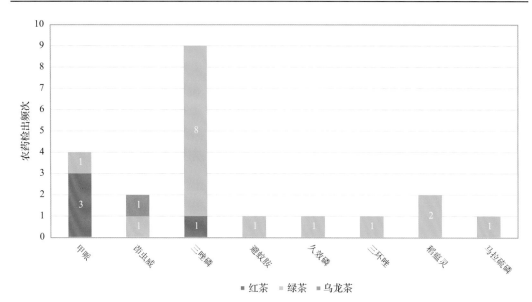

图 13-17　超过 MRL 日本标准农药品种及频次

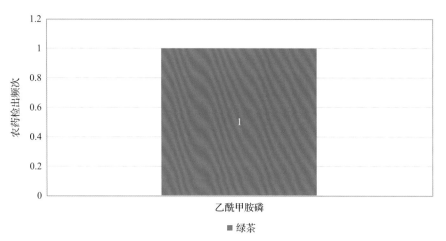

图 13-18　超过 MRL 中国香港标准农药品种及频次

13.2.2.5　按 MRL 美国标准衡量

按 MRL 美国标准衡量，无样品检出超标农药残留。

13.2.2.6　按 MRL CAC 标准衡量

按 MRL CAC 标准衡量，无样品检出超标农药残留。

13.2.3　5 个采样点超标情况分析

13.2.3.1　按 MRL 中国国家标准衡量

按 MRL 中国国家标准衡量，有 2 个采样点的样品存在不同程度的超标农药检出，其中***超市(亲贤店)的超标率最高，为 100.0%，如表 13-14 和图 13-19 所示。

表 13-14　超过 MRL 中国国家标准茶叶在不同采样点分布

序号	采样点	样品总数	超标数量	超标率(%)	行政区域
1	***超市(和信时尚商城店)	24	1	4.2	小店区
2	***超市(亲贤店)	1	1	100.0	小店区

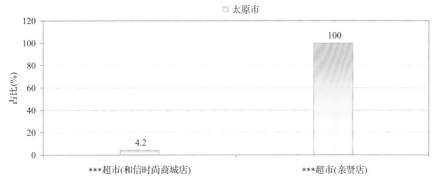

图 13-19　超过 MRL 中国国家标准茶叶在不同采样点分布

13.2.3.2　按 MRL 欧盟标准衡量

按 MRL 欧盟标准衡量，所有采样点的样品存在不同程度的超标农药检出，其中***超市(亲贤店)的超标率最高，为 100.0%，如表 13-15 和图 13-20 所示。

表 13-15　超过 MRL 欧盟标准茶叶在不同采样点分布

序号	采样点	样品总数	超标数量	超标率(%)	行政区域
1	***超市(和信时尚商城店)	24	8	33.3	小店区
2	***茶庄(和信时尚商城店)	15	2	13.3	小店区
3	***超市(百盛购物中心店)	6	1	16.7	小店区
4	***超市(太原长风店)	4	1	25.0	小店区
5	***超市(亲贤店)	1	1	100.0	小店区

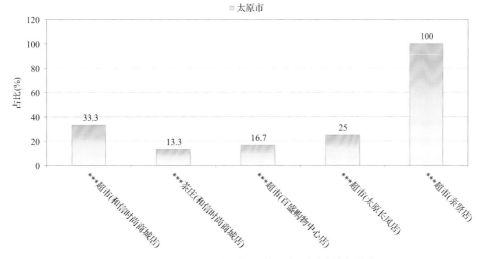

图 13-20　超过 MRL 欧盟标准茶叶在不同采样点分布

13.2.3.3　按 MRL 日本标准衡量

按 MRL 日本标准衡量，所有采样点的样品存在不同程度的超标农药检出，其中***超市(亲贤店)的超标率最高，为 100.0%，如表 13-16 和图 13-21 所示。

表 13-16　超过 MRL 日本标准茶叶在不同采样点分布

序号	采样点	样品总数	超标数量	超标率(%)	行政区域
1	***超市(和信时尚商城店)	24	7	29.2	小店区
2	***茶庄(和信时尚商城店)	15	4	26.7	小店区
3	***超市(百盛购物中心店)	6	2	33.3	小店区
4	***超市(太原长风店)	4	2	50.0	小店区
5	***超市(亲贤店)	1	1	100.0	小店区

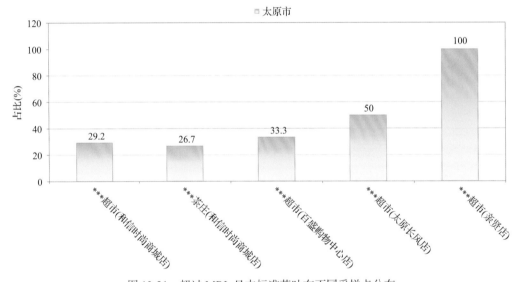

图 13-21　超过 MRL 日本标准茶叶在不同采样点分布

13.2.3.4　按 MRL 中国香港标准衡量

按 MRL 中国香港标准衡量，有 1 个采样点的样品存在超标农药检出，超标率为 4.2%，如表 13-17 和图 13-22 所示。

表 13-17　超过 MRL 中国香港标准茶叶在不同采样点分布

序号	采样点	样品总数	超标数量	超标率(%)	行政区域
1	***超市(和信时尚商城店)	24	1	4.2	小店区

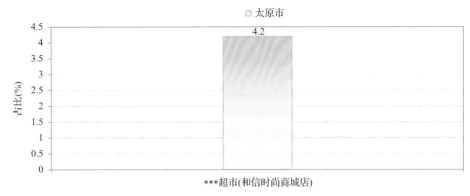

图 13-22　超过 MRL 中国香港标准茶叶在不同采样点分布

13.2.3.5　按 MRL 美国标准衡量

按 MRL 美国标准衡量，所有采样点的样品均未检出超标农药残留。

13.2.3.6　按 MRL CAC 标准衡量

按 MRL CAC 标准衡量，所有采样点的样品均未检出超标农药残留。

13.3　茶叶中农药残留分布

13.3.1　茶叶按检出农药品种和频次排名

本次残留侦测的茶叶共 4 种，包括黑茶、红茶、乌龙茶和绿茶。

根据检出农药品种及频次进行排名，将各项排名茶叶样品检出情况列表说明，详见表 13-18。

表 13-18　茶叶按检出农药品种和频次排名

按检出农药品种排名(品种)	①绿茶(31)，②乌龙茶(10)，③红茶(7)，④黑茶(6)
按检出农药频次排名(频次)	①绿茶(133)，②乌龙茶(29)，③红茶(26)，④黑茶(17)
按检出禁用、高毒及剧毒农药品种排名(品种)	①绿茶(5)，②红茶(1)
按检出禁用、高毒及剧毒农药频次排名(频次)	①绿茶(19)，②红茶(3)

13.3.2　茶叶按超标农药品种和频次排名

鉴于 MRL 欧盟标准和 MRL 日本标准制定比较全面且覆盖率较高，我们参照 MRL 中国国家标准、欧盟标准和日本标准衡量茶叶样品中农残检出情况，将茶叶按超标农药品种及频次排名列表说明，详见表 13-19。

表 13-19　茶叶按超标农药品种和频次排名

	MRL 中国国家标准	①绿茶(2)
按超标农药品种排名 （农药品种数）	MRL 欧盟标准	①绿茶(14)，②乌龙茶(2)，③红茶(1)
	MRL 日本标准	①绿茶(8)，②红茶(2)，③乌龙茶(1)
	MRL 中国国家标准	①绿茶(2)
按超标农药频次排名 （农药频次数）	MRL 欧盟标准	①绿茶(25)，②乌龙茶(3)，③红茶(1)
	MRL 日本标准	①绿茶(16)，②红茶(4)，③乌龙茶(1)

　　通过对各品种茶叶样本总数及检出率进行综合分析发现，绿茶、乌龙茶和红茶的残留污染最为严重，在此，我们参照 MRL 中国国家标准、欧盟标准和日本标准对这 3 种茶叶的农残检出情况进行进一步分析。

13.3.3　农药残留检出率较高的茶叶样品分析

13.3.3.1　绿茶

　　这次共检测 20 例绿茶样品，全部检出了农药残留，检出率为 100.0%，检出农药共计 31 种。其中避蚊胺、噻嗪酮、哒螨灵、啶虫脒和三唑磷检出频次较高，分别检出了 19、16、15、13 和 10 次。绿茶中农药检出品种和频次见图 13-23，超标农药见图 13-24 和表 13-20。

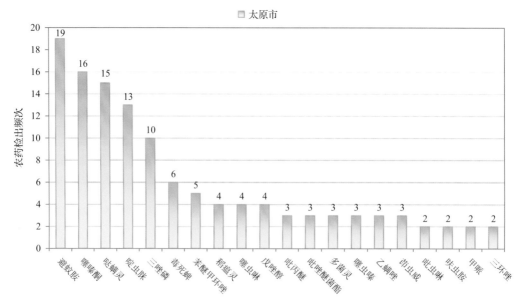

图 13-23　绿茶样品检出农药品种和频次分析(仅列出检出农药 2 频次及以上的数据)

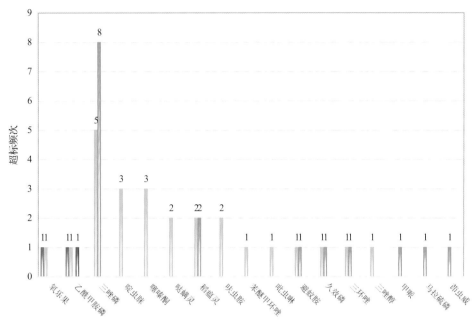

图 13-24　绿茶样品中超标农药分析

表 13-20　绿茶中农药残留超标情况明细表

样品总数		检出农药样品数	样品检出率(%)	检出农药品种总数
20		20	100	31
	超标农药品种	超标农药频次	按照 MRL 中国国家标准、欧盟标准和日本标准衡量超标农药名称及频次	
中国国家标准	2	2	氧乐果(1)、乙酰甲胺磷(1)	
欧盟标准	14	25	三唑磷(5)、啶虫脒(3)、噻嗪酮(3)、哒螨灵(2)、稻瘟灵(2)、呋虫胺(2)、苯醚甲环唑(1)、吡虫啉(1)、避蚊胺(1)、久效磷(1)、三环唑(1)、三唑醇(1)、氧乐果(1)、乙酰甲胺磷(1)	
日本标准	8	16	三唑磷(8)、稻瘟灵(2)、避蚊胺(1)、甲哌(1)、久效磷(1)、马拉硫磷(1)、三环唑(1)、茚虫威(1)	

13.3.3.2　乌龙茶

这次共检测 10 例乌龙茶样品，全部检出了农药残留，检出率为 100.0%，检出农药共计 10 种。其中避蚊胺、哒螨灵、啶虫脒、噻嗪酮和呋虫胺检出频次较高，分别检出了 10、5、3、3 和 2 次。乌龙茶中农药检出品种和频次见图 13-25，超标农药见图 13-26 和表 13-21。

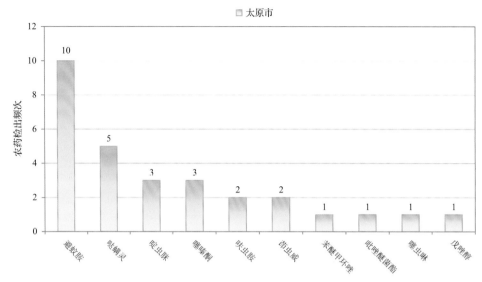

图 13-25 乌龙茶样品检出农药品种和频次分析

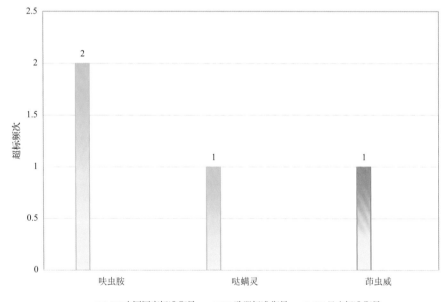

图 13-26 乌龙茶样品中超标农药分析

表 13-21 乌龙茶中农药残留超标情况明细表

样品总数		检出农药样品数	样品检出率(%)	检出农药品种总数
10		10	100	10
	超标农药品种	超标农药频次	按照 MRL 中国国家标准、欧盟标准和日本标准衡量超标农药名称及频次	
中国国家标准	0	0		
欧盟标准	2	3	呋虫胺(2)、哒螨灵(1)	
日本标准	1	1	茚虫威(1)	

13.3.3.3　红茶

这次共检测 10 例红茶样品，全部检出了农药残留，检出率为 100.0%，检出农药共计 7 种。其中避蚊胺、哒螨灵、甲哌、噻嗪酮和三唑磷检出频次较高，分别检出了 10、3、3、3 和 3 次。红茶中农药检出品种和频次见图 13-27，超标农药见图 13-28 和表 13-22。

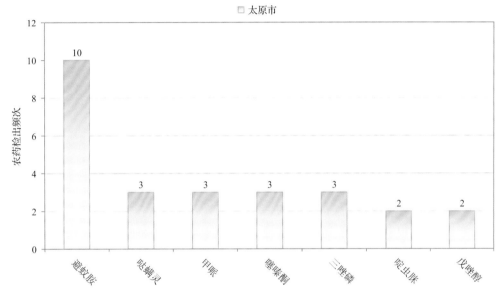

图 13-27　红茶样品检出农药品种和频次分析(仅列出 2 频次及以上的数据)

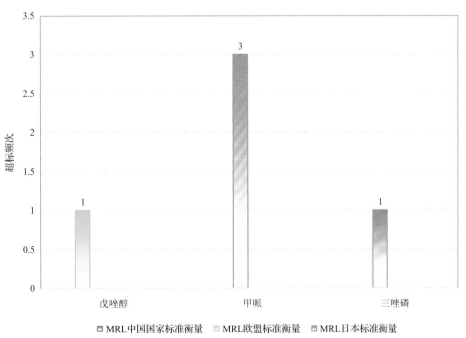

图 13-28　红茶样品中超标农药分析

表 13-22　　红茶中农药残留超标情况明细表

样品总数		检出农药样品数	样品检出率(%)	检出农药品种总数
10		10	100	7

	超标农药品种	超标农药频次	按照 MRL 中国国家标准、欧盟标准和日本标准衡量超标农药名称及频次
中国国家标准	0	0	
欧盟标准	1	1	戊唑醇(1)
日本标准	2	4	甲哌(3),三唑磷(1)

13.4　初 步 结 论

13.4.1　太原市市售茶叶按 MRL 中国国家标准和国际主要 MRL 标准衡量的合格率

本次侦测的 50 例样品中,1 例样品未检出任何残留农药,占样品总量的 2.0%,49 例样品检出不同水平、不同种类的残留农药,占样品总量的 98.0%。在这 49 例检出农药残留的样品中:

按照 MRL 中国国家标准衡量,有 47 例样品检出残留农药但含量没有超标,占样品总数的 94.0%,有 2 例样品检出了超标农药,占样品总数的 4.0%。

按照 MRL 欧盟标准衡量,有 36 例样品检出残留农药但含量没有超标,占样品总数的 72.0%,有 13 例样品检出了超标农药,占样品总数的 26.0%。

按照 MRL 日本标准衡量,有 33 例样品检出残留农药但含量没有超标,占样品总数的 66.0%,有 16 例样品检出了超标农药,占样品总数的 32.0%。

按照 MRL 中国香港标准衡量,有 48 例样品检出残留农药但含量没有超标,占样品总数的 96.0%,有 1 例样品检出了超标农药,占样品总数的 2.0%。

按照 MRL 美国标准衡量,有 49 例样品检出残留农药但含量没有超标,占样品总数的 98.0%,无检出残留农药超标的样品。

按照 MRL CAC 标准衡量,有 49 例样品检出残留农药但含量没有超标,占样品总数的 98.0%,无检出残留农药超标的样品。

13.4.2　太原市市售茶叶中检出农药以中低微毒农药为主,占市场主体的 90.9%

这次侦测的 50 例茶叶样品共检出了 33 种农药,检出农药的毒性以中低微毒为主,详见表 13-23。

表 13-23　市场主体农药毒性分布

毒性	检出品种	占比	检出频次	占比
高毒农药	3	9.1%	15	7.3%
中毒农药	18	54.5%	96	46.8%
低毒农药	6	18.2%	82	40.0%
微毒农药	6	18.2%	12	5.9%
中低微毒农药，品种占比 90.9%，频次占比 92.7%				

13.4.3　检出剧毒、高毒和禁用农药现象应该警醒

在此次侦测的 50 例样品中有 2 种茶叶的 16 例样品检出了 5 种 22 频次的剧毒和高毒或禁用农药，占样品总量的 32.0%。其中高毒农药三唑磷、久效磷和氧乐果检出频次较高。

按 MRL 中国国家标准衡量，高毒农药氧乐果，检出 1 次，超标 1 次；按超标程度比较，绿茶中氧乐果超标 3.8 倍。

剧毒、高毒或禁用农药的检出情况及按照 MRL 中国国家标准衡量的超标情况见表 13-24。

表 13-24　剧毒、高毒或禁用农药的检出及超标明细

序号	农药名称	样品名称	检出频次	超标频次	最大超标倍数	超标率
1.1	久效磷◇▲	绿茶	1	0	0	0.0%
2.1	三唑磷◇▲	绿茶	10	0	0	0.0%
2.2	三唑磷◇▲	红茶	3	0	0	0.0%
3.1	氧乐果◇▲	绿茶	1	1	3.78	100.0%
4.1	毒死蜱▲	绿茶	6	0	0	0.0%
5.1	乙酰甲胺磷▲	绿茶	1	1	0.851	100.0%
合计			22	2		9.1%

注：超标倍数参照 MRL 中国国家标准衡量

这些剧毒和高毒农药都是中国政府早有规定禁止在茶叶中使用的，为什么还屡次被检出，应该引起警惕。

13.4.4　残留限量标准与先进国家或地区差距较大

205 频次的检出结果与我国公布的《食品中农药最大残留限量》（GB 2763—2016）对比，有 90 频次能找到对应的 MRL 中国国家标准，占 43.9%；还有 115 频次的侦测数据无相关 MRL 标准供参考，占 56.1%。

与国际上现行 MRL 对比发现：

有 205 频次能找到对应的 MRL 欧盟标准，占 100.0%；

有 205 频次能找到对应的 MRL 日本标准，占 100.0%；

有 89 频次能找到对应的 MRL 中国香港标准，占 43.4%；

有 61 频次能找到对应的 MRL 美国标准，占 29.8%；

有 37 频次能找到对应的 MRL CAC 标准，占 18.0%。

由上可见，MRL 中国国家标准与先进国家或地区标准还有很大差距，我们无标准，境外有标准，这就会导致我们在国际贸易中，处于受制于人的被动地位。

13.4.5　茶叶单种样品检出 7~31 种农药残留，拷问农药使用的科学性

通过此次监测发现，绿茶、乌龙茶和红茶是检出农药品种最多的 3 种茶叶，从中检出农药品种及频次详见表 13-25。

表 13-25　单种样品检出农药品种及频次

样品名称	样品总数	检出农药样品数	检出率	检出农药品种数	检出农药(频次)
绿茶	20	20	100.0%	31	避蚊胺(19),噻嗪酮(16),哒螨灵(15),啶虫脒(13),三唑磷(10),毒死蜱(6),苯醚甲环唑(5),稻瘟灵(4),噻虫啉(4),戊唑醇(4),吡丙醚(3),吡唑醚菌酯(3),多菌灵(3),噻虫嗪(3),乙螨唑(3),茚虫威(3),吡虫啉(2),呋虫胺(2),甲哌(2),三环唑(2),虫酰肼(1),甲氰菊酯(1),腈菌唑(1),久效磷(1),马拉硫磷(1),咪鲜胺(1),嘧菌酯(1),嘧霉胺(1),三唑醇(1),氧乐果(1),乙酰甲胺磷(1)
乌龙茶	10	10	100.0%	10	避蚊胺(10),哒螨灵(5),啶虫脒(3),噻嗪酮(3),呋虫胺(2),茚虫威(2),苯醚甲环唑(1),吡唑醚菌酯(1),噻虫啉(1),戊唑醇(1)
红茶	10	10	100.0%	7	避蚊胺(10),哒螨灵(3),甲哌(3),噻嗪酮(3),三唑磷(3),啶虫脒(2),戊唑醇(2)

上述 3 种茶叶，检出农药 7~31 种，是多种农药综合防治，还是未严格实施农业良好管理规范(GAP)，抑或根本就是乱施药，值得我们思考。

第14章 LC-Q-TOF/MS 侦测太原市市售茶叶农药残留膳食暴露风险与预警风险评估

14.1 农药残留风险评估方法

14.1.1 太原市农药残留侦测数据分析与统计

庞国芳院士科研团队建立的农药残留高通量侦测技术以高分辨精确质量数 (0.0001 m/z 为基准)为识别标准,采用 LC-Q-TOF/MS 技术对 825 种农药化学污染物进行侦测。

科研团队于 2019 年 1 月期间在太原市 5 个采样点,随机采集了 50 例茶叶样品,具体位置如图 14-1 所示。

序号	行政区域	茶叶采样量
1	小店区	50

图 14-1 LC-Q-TOF/MS 侦测太原市 5 个采样点 50 例样品分布示意图

利用 LC-Q-TOF/MS 技术对 50 例样品中的农药进行侦测,侦测出残留农药 33 种,205 频次。侦测出农药残留水平如表 14-1 和图 14-2 所示。检出频次最高的前 10 种农药如表 14-2 所示。从检测结果中可以看出,在茶叶中农药残留普遍存在,且有些茶叶存在高浓度的农药残留,这些可能存在膳食暴露风险,对人体健康产生危害,因此,为了定量地评价茶叶中农药残留的风险程度,有必要对其进行风险评价。

表 14-1 侦测出农药的不同残留水平及其所占比例列表

残留水平(μg/kg)	检出频次	占比(%)
1~5(含)	69	33.7
5~10(含)	46	22.4
10~100(含)	83	40.5
100~1000	7	3.4
合计	205	100

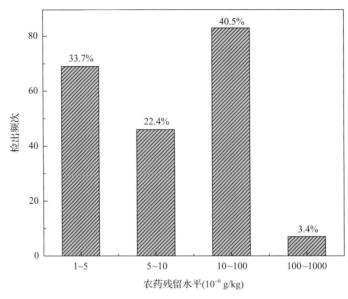

图 14-2　残留农药检出浓度频数分布图

表 14-2　检出频次最高的前 10 种农药列表

序号	农药	检出频次
1	避蚊胺	48
2	噻嗪酮	25
3	哒螨灵	23
4	啶虫脒	20
5	三唑磷	13
6	戊唑醇	7
7	苯醚甲环唑	6
8	毒死蜱	6
9	稻瘟灵	5
10	甲哌	5

14.1.2　农药残留风险评价模型

对太原市茶叶中农药残留分别开展暴露风险评估和预警风险评估。膳食暴露风险评估利用食品安全指数模型对茶叶中的残留农药对人体可能产生的危害程度进行评价,该模型结合残留监测和膳食暴露评估评价化学污染物的危害;预警风险评价模型运用风险系数(risk index,R),风险系数综合考虑了危害物的超标率、施检频率及其本身敏感性的影响,能直观而全面地反映出危害物在一段时间内的风险程度。

14.1.2.1　食品安全指数模型

为了加强食品安全管理,《中华人民共和国食品安全法》第二章第十七条规定"国家建立食品安全风险评估制度，运用科学方法，根据食品安全风险监测信息、科学数据以及有关信息，对食品、食品添加剂、食品相关产品中生物性、化学性和物理性危害因素进行风险评估"[1]，膳食暴露评估是食品危险度评估的重要组成部分，也是膳食安全性的衡量标准[2]。国际上最早研究膳食暴露风险评估的机构主要是 JMPR（FAO、WHO农药残留联合会议），该组织自 1995 年就已制定了急性毒性物质的风险评估急性毒性农药残留摄入量的预测。1960 年美国规定食品中不得加入致癌物质进而提出零阈值理论，渐渐零阈值理论发展成在一定概率条件下可接受风险的概念[3]，后衍变为食品中每日允许最大摄入量（ADI），而国际食品农药残留法典委员会（CCPR）认为 ADI 不是独立风险评估的唯一标准[4]，1995 年 JMPR 开始研究农药急性膳食暴露风险评估，并对食品国际短期摄入量的计算方法进行了修正，亦对膳食暴露评估准则及评估方法进行了修正[5]，2002 年，在对世界上现行的食品安全评价方法，尤其是国际公认的 CAC 评价方法、全球环境监测系统/食品污染监测和评估规划（WHO GEMS/Food）及 FAO、WHO 食品添加剂联合专家委员会（JECFA）和 JMPR 对食品安全风险评估工作研究的基础之上，检验检疫食品安全管理的研究人员提出了结合残留监控和膳食暴露评估，以食品安全指数 IFS计算食品中各种化学污染物对消费者的健康危害程度[6]。IFS 是表示食品安全状态的新方法，可有效地评价某种农药的安全性，进而评价食品中各种农药化学污染物对消费者健康的整体危害程度[7, 8]。从理论上分析，IFS_c 可指出食品中的污染物 c 对消费者健康是否存在危害及危害的程度[9]。其优点在于操作简单且结果容易被接受和理解，不需要大量的数据来对结果进行验证，使用默认的标准假设或者模型即可[10, 11]。

1）IFS_c 的计算

IFS_c 计算公式如下：

$$IFS_c = \frac{EDI_c \times f}{SI_c \times bw} \tag{14-1}$$

式中，c 为所研究的农药；EDI_c 为农药 c 的实际日摄入量估算值，等于 $\Sigma(R_i \times F_i \times E_i \times P_i)$（$i$ 为食品种类；R_i 为食品 i 中农药 c 的残留水平，mg/kg；F_i 为食品 i 的估计日消费量，g/（人·天）；E_i 为食品 i 的可食用部分因子；P_i 为食品 i 的加工处理因子）；SI_c 为安全摄入量，可采用每日允许最大摄入量 ADI；bw 为人平均体重，kg；f 为校正因子，如果安全摄入量采用 ADI，则 f 取 1。

$IFS_c \ll 1$，农药 c 对食品安全没有影响；$IFS_c \leqslant 1$，农药 c 对食品安全的影响可以接受；$IFS_c > 1$，农药 c 对食品安全的影响不可接受。

本次评价中：

$IFS_c \leqslant 0.1$，农药 c 对茶叶安全没有影响；

$0.1 < IFS_c \leqslant 1$，农药 c 对茶叶安全的影响可以接受；

$IFS_c > 1$，农药 c 对茶叶安全的影响不可接受。

本次评价中残留水平 R_i 取值为中国检验检疫科学研究院庞国芳院士课题组利用以高分辨精确质量数（0.0001 m/z）为基准的 LC-Q-TOF/MS 侦测技术于 2019 年 1 月期间对太原市茶叶农药残留的侦测结果，估计日消费量 F_i 取值 0.0047 kg/（人·天），E_i=1，P_i=1，

$f=1$，SI_c 采用《食品安全国家标准　食品中农药最大残留限量》(GB 2763—2016)中 ADI 值(具体数值见表 14-3)，人平均体重(bw)取值 60 kg。

表 14-3　太原市茶叶中侦测出农药的 ADI 值

序号	农药	ADI	序号	农药	ADI	序号	农药	ADI
1	苯醚甲环唑	0.01	12	甲氰菊酯	0.03	23	三唑醇	0.03
2	吡丙醚	0.1	13	腈菌唑	0.03	24	三唑磷	0.001
3	吡虫啉	0.06	14	久效磷	0.0006	25	戊唑醇	0.03
4	吡唑醚菌酯	0.03	15	马拉硫磷	0.3	26	氧乐果	0.0003
5	虫酰肼	0.02	16	咪鲜胺	0.01	27	乙螨唑	0.05
6	哒螨灵	0.01	17	嘧菌酯	0.2	28	乙酰甲胺磷	0.03
7	稻瘟灵	0.016	18	嘧霉胺	0.2	29	茚虫威	0.01
8	啶虫脒	0.07	19	噻虫啉	0.01	30	增效醚	0.2
9	毒死蜱	0.01	20	噻虫嗪	0.08	31	唑螨酯	0.01
10	多菌灵	0.03	21	噻嗪酮	0.009	32	避蚊胺	—
11	呋虫胺	0.2	22	三环唑	0.04	33	甲哌	—

注："—"表示为国家标准中无 ADI 值规定；ADI 值单位为 mg/kg bw

2)计算 IFS_c 的平均值 $\overline{IFS}$，评价农药对食品安全的影响程度

以 $\overline{IFS}$ 评价各种农药对人体健康危害的总程度，评价模型见公式(14-2)。

$$\overline{IFS} = \frac{\sum_{i=1}^{n} IFS_c}{n} \tag{14-2}$$

$\overline{IFS} \ll 1$，所研究消费者人群的食品安全状态很好；$\overline{IFS} \leqslant 1$，所研究消费者人群的食品安全状态可以接受；$\overline{IFS} > 1$，所研究消费者人群的食品安全状态不可接受。

本次评价中：

$\overline{IFS} \leqslant 0.1$，所研究消费者人群的茶叶安全状态很好；

$0.1 < \overline{IFS} \leqslant 1$，所研究消费者人群的茶叶安全状态可以接受；

$\overline{IFS} > 1$，所研究消费者人群的茶叶安全状态不可接受。

14.1.2.2　预警风险评估模型

2003 年，我国检验检疫食品安全管理的研究人员根据 WTO 的有关原则和我国的具体规定，结合危害物本身的敏感性、风险程度及其相应的施检频率，首次提出了食品中危害物风险系数 R 的概念[12]。R 是衡量一个危害物的风险程度大小最直观的参数，即在一定时期内其超标率或阳性检出率的高低,但受其施检频率的高低及其本身的敏感性(受关注程度)影响。该模型综合考察了农药在茶叶中的超标率、施检频率及其本身敏感性，能直观而全面地反映出农药在一段时间内的风险程度[13]。

1) R 计算方法

危害物的风险系数综合考虑了危害物的超标率或阳性检出率、施检频率和其本身的敏感性影响，并能直观而全面地反映出危害物在一段时间内的风险程度。风险系数 R 的计算公式如式 (14-3)：

$$R = aP + \frac{b}{F} + S \qquad (14-3)$$

式中，P 为该种危害物的超标率；F 为危害物的施检频率；S 为危害物的敏感因子；a, b 分别为相应的权重系数。

本次评价中 $F = 1$；$S = 1$；$a = 100$；$b = 0.1$，对参数 P 进行计算，计算时首先判断是否为禁用农药，如果为非禁用农药，$P =$ 超标的样品数 (侦测出的含量高于食品最大残留限量标准值，即 MRL) 除以总样品数 (包括超标、不超标、未侦测出)；如果为禁用农药，则侦测出即为超标，$P=$ 能侦测出的样品数除以总样品数。判断太原市茶叶农药残留是否超标的标准限值 MRL 分别以 MRL 中国国家标准[14]和 MRL 欧盟标准作为对照，具体值列于本报告附表一中。

2) 评价风险程度

$R \leqslant 1.5$，受检农药处于低度风险；

$1.5 < R \leqslant 2.5$，受检农药处于中度风险；

$R > 2.5$，受检农药处于高度风险。

14.1.2.3　食品膳食暴露风险和预警风险评估应用程序的开发

1) 应用程序开发的步骤

为成功开发膳食暴露风险和预警风险评估应用程序，与软件工程师多次沟通讨论，逐步提出并描述清楚计算需求，开发了初步应用程序。为明确出不同茶叶、不同农药、不同地域的风险水平，向软件工程师提出不同的计算需求，软件工程师对计算需求进行逐一分析，经过反复的细节沟通，需求分析得到明确后，开始进行解决方案的设计，在保证需求的完整性、一致性的前提下，编写出程序代码，最后设计出满足需求的风险评估专用计算软件，并通过一系列的软件测试和改进，完成专用程序的开发。软件开发基本步骤见图 14-3。

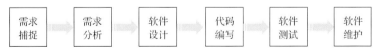

图 14-3　专用程序开发总体步骤

2) 膳食暴露风险评估专业程序开发的基本要求

首先直接利用公式 (14-1)，分别计算 LC-Q-TOF/MS 和 GC-Q-TOF/MS 仪器侦测出的各茶叶样品中每种农药 IFS$_c$，将结果列出。为考察超标农药和禁用农药的使用安全性，分别以我国《食品安全国家标准　食品中农药最大残留限量》(GB 2763—2016) 和欧盟食品中农药最大残留限量(以下简称 MRL 中国国家标准和 MRL 欧盟标准)为标准,对侦测出的禁用农药和超标的非禁用农药 IFS_c 单独进行评价;按 IFS_c 大小列表,并找出 IFS_c 值排名前 20 的样本重点关注。

对不同茶叶 i 中每一种侦测出的农药 c 的安全指数进行计算,多个样品时求平均值。按农药种类,计算整个监测时间段内每种农药的 IFS_c,不区分茶叶种类。

3) 预警风险评估专业程序开发的基本要求

分别以 MRL 中国国家标准和 MRL 欧盟标准,按公式(14-3)逐个计算不同茶叶、不同农药的风险系数,禁用农药和非禁用农药分别列表。

为清楚了解各种农药的预警风险,不分时间,不分茶叶,按禁用农药和非禁用农药分类,分别计算各种侦测出农药全部检测时段内风险系数。由于有 MRL 中国国家标准的农药种类太少,无法计算超标数,非禁用农药的风险系数只以 MRL 欧盟标准为标准,进行计算。

4) 风险程度评价专业应用程序的开发方法

采用 Python 计算机程序设计语言,Python 是一个高层次地结合了解释性、编译性、互动性和面向对象的脚本语言。风险评价专用程序主要功能包括:分别读入每例样品 LC-Q-TOF/MS 和 GC-Q-TOF/MS 农药残留检测数据,根据风险评价工作要求,依次对不同农药、不同食品、不同时间、不同采样点的 IFS_c 值和 R 值分别进行数据计算,筛选出禁用农药、超标农药(分别与 MRL 中国国家标准、MRL 欧盟标准限值进行对比)单独重点分析,再分别对各农药、各茶叶种类分类处理,设计出计算和排序程序,编写计算机代码,最后将生成的膳食暴露风险评估和超标风险评估定量计算结果列入设计好的各个表格中,并定性判断风险对目标的影响程度,直接用文字描述风险发生的高低,如"不可接受"、"可以接受"、"没有影响"、"高度风险"、"中度风险"、"低度风险"。

14.2　LC-Q-TOF/MS 侦测太原市市售茶叶农药
残留膳食暴露风险评估

14.2.1　每例茶叶样品中农药残留安全指数分析

基于 2019 年 1 月的农药残留侦测数据,发现在 50 例样品中侦测出农药 205 频次,计算样品中每种残留农药的安全指数 IFS_c,并分析农药对样品安全的影响程度,结果详见附表二,农药残留对茶叶样品安全的影响程度频次分布情况如图 14-4 所示。

由图 14-4 可以看出,农药残留对样品安全的没有影响的频次为 152,占 74.15%。

部分样品侦测出禁用农药 5 种 5 频次,为了明确残留的禁用农药对样品安全的影响,分析侦测出禁用农药残留的样品安全指数,禁用农药残留对茶叶样品安全的影响程度频次分布情况如图 14-5 所示,农药残留对样品安全没有影响的频次为 22,占 100%。

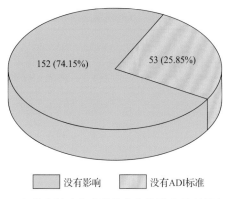

图 14-4　农药残留对茶叶样品安全的影响程度频次分布图

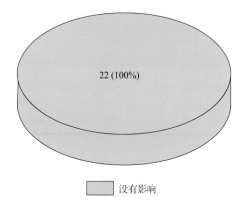

图 14-5　禁用农药对茶叶样品安全影响程度的频次分布图

　　此外，本次侦测发现部分样品中非禁用农药残留量超过了 MRL 中国国家标准和欧盟标准，为了明确超标的非禁用农药对样品安全的影响，分析了非禁用农药残留超标的样品安全指数。

　　残留量超过 MRL 欧盟标准的非禁用农药对茶叶样品安全的影响程度频次分布情况如图 14-6 所示。可以看出超过 MRL 欧盟标准的非禁用农药共 27 频次，其中农药没有 ADI 的频次为 1，占 3.7%；农药残留对样品安全没有影响的频次为 26，占 96.3%。表 14-4 为茶叶样品中安全指数排名前 10 的残留超标非禁用农药列表。

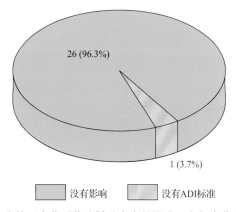

图 14-6　残留超标的非禁用农药对茶叶样品安全的影响程度频次分布图（MRL 欧盟标准）

表 14-4   茶叶样品中安全指数排名前 10 的残留超标非禁用农药列表(MRL 欧盟标准)

序号	样品编号	采样点	基质	农药	含量(mg/kg)	欧盟标准	IFS_c	影响程度
1	20190107-140100-Q HDCIQ-GT-05A	***超市(亲贤店)	绿茶	三唑磷	0.0756	0.02	1.71×10^{-3}	没有影响
2	20190106-140100-Q HDCIQ-GT-01B	***超市(和信时尚商城店)	绿茶	三唑磷	0.0738	0.02	6.61×10^{-4}	没有影响
3	20190106-140100-Q HDCIQ-GT-01G	***超市(和信时尚商城店)	绿茶	三唑磷	0.0543	0.02	6.51×10^{-4}	没有影响
4	20190106-140100-Q HDCIQ-GT-01C	***超市(和信时尚商城店)	绿茶	噻嗪酮	0.196	0.05	6.10×10^{-4}	没有影响
5	20190106-140100-Q HDCIQ-GT-01D	***超市(和信时尚商城店)	绿茶	三唑磷	0.0207	0.02	5.79×10^{-4}	没有影响
6	20190106-140100-Q HDCIQ-GT-04A	***超市(太原长风店)	绿茶	三唑磷	0.0203	0.02	5.73×10^{-4}	没有影响
7	20190107-140100-Q HDCIQ-GT-05A	***超市(亲贤店)	绿茶	噻嗪酮	0.076	0.05	4.47×10^{-4}	没有影响
8	20190106-140100-Q HDCIQ-GT-01B	***超市(和信时尚商城店)	绿茶	噻嗪酮	0.0748	0.05	2.62×10^{-4}	没有影响
9	20190106-140100-Q HDCIQ-GT-02B	***超市(百盛购物中心店)	绿茶	哒螨灵	0.0779	0.05	2.01×10^{-4}	没有影响
10	20190107-140100-Q HDCIQ-GT-05A	***超市(亲贤店)	绿茶	哒螨灵	0.0739	0.05	1.83×10^{-4}	没有影响

14.2.2   单种茶叶中农药残留安全指数分析

本次 4 种茶叶侦测 33 种农药,检出频次为 205 次,其中 2 种农药没有 ADI,31 种农药存在 ADI 标准。4 种茶叶按不同种类分别计算侦测出的具有 ADI 标准的各种农药的 IFS_c 值,农药残留对茶叶的安全指数分布图如图 14-7 所示。

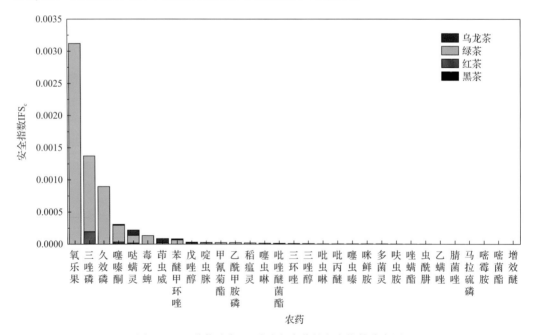

图 14-7   4 种茶叶中 31 种残留农药的安全指数分布图

本次侦测中，4 种茶叶和 33 种残留农药(包括没有 ADI)共涉及 54 个分析样本，农药对单种茶叶安全的影响程度分布情况如图 14-8 所示。可以看出，88.89%的样本中农药对茶叶安全没有影响。

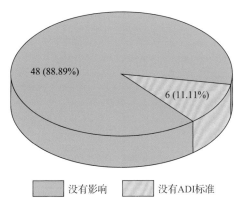

图 14-8　54 个分析样本的影响程度频次分布图

14.2.3　所有茶叶中农药残留安全指数分析

计算所有茶叶中 31 种农药的 IFS_c 值，结果如图 14-9 及表 14-5 所示。

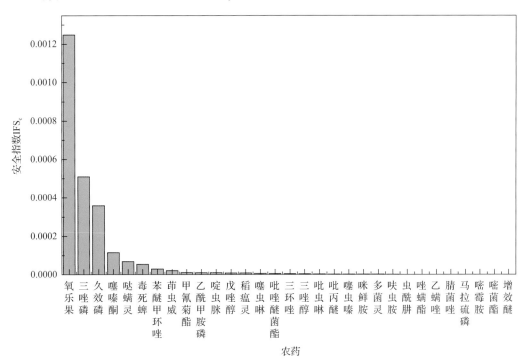

图 14-9　31 种残留农药对茶叶的安全影响程度统计图

分析发现，所有农药对茶叶安全的影响程度均为没有影响。说明茶叶中残留的农药不会对茶叶安全造成影响。

表 14-5　茶叶中 31 种农药残留的安全指数表

序号	农药	检出频次	检出率(%)	IFS$_c$	影响程度	序号	农药	检出频次	检出率(%)	IFS$_c$	影响程度
1	氧乐果	1	2	1.25×10^{-3}	没有影响	17	三唑醇	1	2	3.39×10^{-6}	没有影响
2	三唑磷	13	26	5.10×10^{-4}	没有影响	18	吡虫啉	2	4	2.80×10^{-6}	没有影响
3	久效磷	1	2	3.59×10^{-4}	没有影响	19	吡丙醚	3	6	1.88×10^{-6}	没有影响
4	噻嗪酮	25	50	1.14×10^{-4}	没有影响	20	噻虫嗪	3	6	1.84×10^{-6}	没有影响
5	哒螨灵	23	46	6.87×10^{-5}	没有影响	21	咪鲜胺	1	2	1.72×10^{-6}	没有影响
6	毒死蜱	6	12	5.41×10^{-5}	没有影响	22	多菌灵	3	6	1.66×10^{-6}	没有影响
7	苯醚甲环唑	6	12	2.93×10^{-5}	没有影响	23	呋虫胺	4	8	9.76×10^{-7}	没有影响
8	茚虫威	5	10	2.60×10^{-5}	没有影响	24	虫酰肼	1	2	3.13×10^{-7}	没有影响
9	甲氰菊酯	1	2	9.94×10^{-6}	没有影响	25	唑螨酯	1	2	2.19×10^{-7}	没有影响
10	乙酰甲胺磷	1	2	9.67×10^{-6}	没有影响	26	乙螨唑	3	6	1.97×10^{-7}	没有影响
11	啶虫脒	20	40	9.11×10^{-6}	没有影响	27	腈菌唑	1	2	1.51×10^{-7}	没有影响
12	戊唑醇	7	14	8.40×10^{-6}	没有影响	28	马拉硫磷	1	2	1.28×10^{-7}	没有影响
13	稻瘟灵	5	10	7.58×10^{-6}	没有影响	29	嘧霉胺	1	2	7.83×10^{-8}	没有影响
14	噻虫啉	5	10	5.64×10^{-6}	没有影响	30	嘧菌酯	1	2	7.44×10^{-8}	没有影响
15	吡唑醚菌酯	4	8	4.84×10^{-6}	没有影响	31	增效醚	1	2	1.10×10^{-8}	没有影响
16	三环唑	2	4	4.70×10^{-6}	没有影响						

14.3　LC-Q-TOF/MS 侦测太原市市售茶叶农药残留预警风险评估

　　基于太原市茶叶样品中农药残留 LC-Q-TOF/MS 侦测数据,分析禁用农药的检出率,同时参照中华人民共和国国家标准 GB 2763—2016 和欧盟农药最大残留限量(MRL)标准分析非禁用农药残留的超标率,并计算农药残留风险系数。分析单种茶叶中农药残留以及所有茶叶中农药残留的风险程度。

14.3.1　单种茶叶中农药残留风险系数分析

14.3.1.1　单种茶叶中禁用农药残留风险系数分析

　　侦测出的 33 种残留农药中有 5 种为禁用农药,且它们分布在 2 种茶叶中,计算 2 种茶叶中禁用农药的检出率,根据检出率计算风险系数 R,进而分析茶叶中禁用农药的风险程度,结果如图 14-10 与表 14-6 所示。分析发现 5 种禁用农药在 2 种茶叶中的残留处均于高度风险。

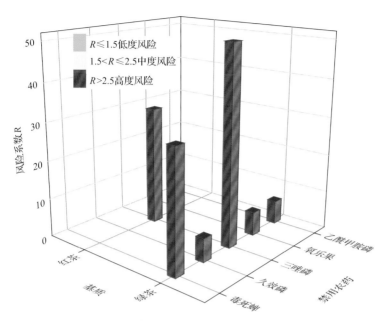

图 14-10　2 种茶叶中 5 种禁用农药残留的风险系数

表 14-6　2 种茶叶中 5 种禁用农药残留的风险系数表

序号	基质	农药	检出频次	检出率(%)	风险系数 R	风险程度
1	绿茶	三唑磷	10	50	51.1	高度风险
2	红茶	三唑磷	3	30	31.1	高度风险
3	绿茶	毒死蜱	6	30	31.1	高度风险
4	绿茶	久效磷	1	5	6.1	高度风险
5	绿茶	乙酰甲胺磷	1	5	6.1	高度风险
6	绿茶	氧乐果	1	5	6.1	高度风险

14.3.1.2　基于 MRL 中国国家标准的单种茶叶中非禁用农药残留风险系数分析

参照中华人民共和国国家标准 GB2763—2016 中农药残留限量计算每种茶叶中每种非禁用农药的超标率,进而计算其风险系数,根据风险系数大小判断残留农药的预警风险程度,茶叶中非禁用农药残留风险程度分布情况如图 14-11 所示。

本次分析中,发现在 4 种茶叶检出 28 种残留非禁用农药,涉及样本 48 个,在 48 个样本中,39.58%处于低度风险,此外发现有 29 个样本没有 MRL 中国国家标准值,无法判断其风险程度,有 MRL 中国国家标准值的 19 个样本涉及 4 种茶叶中的 9 种非禁用农药，其风险系数 *R* 值如图 14-12 所示。

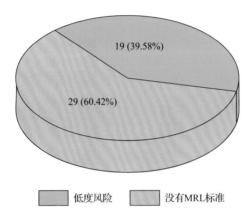

图 14-11　茶叶中非禁用农药残留的风险程度分布图(MRL 中国国家标准)

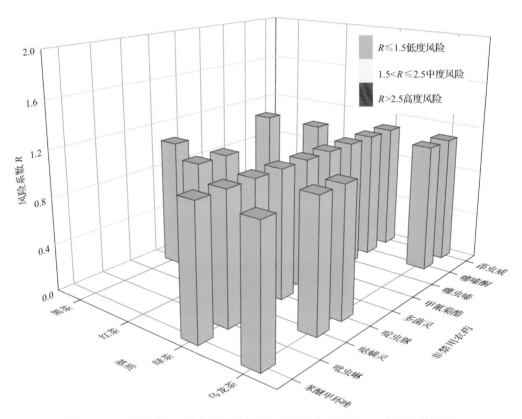

图 14-12　4 种茶叶中 9 种非禁用农药的风险系数分布图(MRL 中国国家标准)

14.3.1.3　基于 MRL 欧盟标准的单种茶叶中非禁用农药残留风险系数分析

　　参照 MRL 欧盟标准计算每种茶叶中每种非禁用农药的超标率，进而计算其风险系数，根据风险系数大小判断农药残留的预警风险程度，茶叶中非禁用农药残留风险程度分布情况如图 14-13 所示。

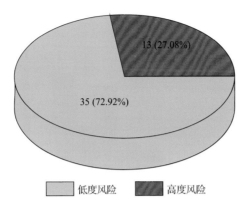

图 14-13　茶叶中非禁用农药残留的风险程度分布图(MRL 欧盟标准)

本次分析中，发现在 4 种茶叶中共侦测出 28 种非禁用农药，涉及样本 48 个，其中，27.08%处于高度风险，涉及 3 种茶叶和 11 种农药；72.92%处于低度风险，涉及 4 种茶叶和 24 种农药。单种茶叶中的非禁用农药风险系数分布图如图 14-14 所示。单种茶叶中处于高度风险的非禁用农药风险系数如图 14-15 和表 14-7 所示。

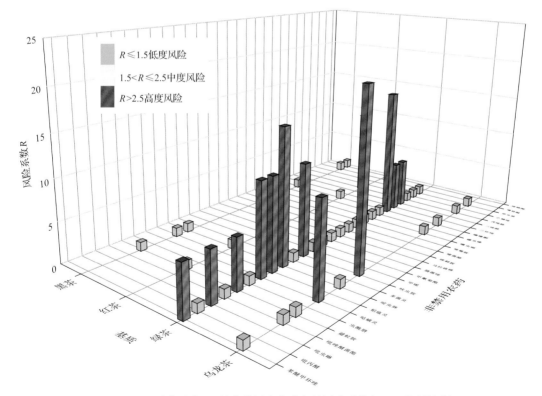

图 14-14　4 种茶叶中 28 种非禁用农药残留的风险系数(MRL 欧盟标准)

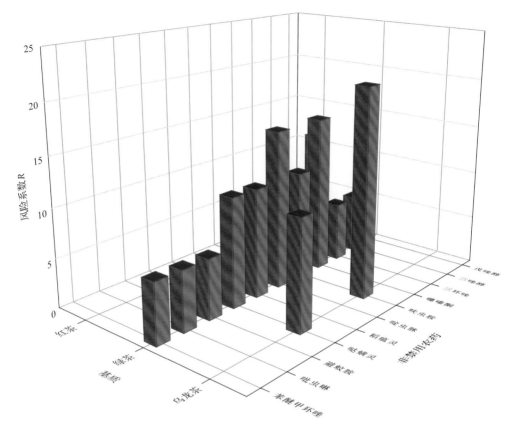

图 14-15　单种茶叶中处于高度风险的非禁用农药的风险系数(MRL 欧盟标准)

表 14-7　单种茶叶中处于高度风险的非禁用农药残留的风险系数表(**MRL** 欧盟标准)

序号	基质	农药	超标频次	超标率 P(%)	风险系数 R
1	乌龙茶	呋虫胺	2	20	21.1
2	绿茶	啶虫脒	3	15	16.1
3	绿茶	噻嗪酮	3	15	16.1
4	乌龙茶	哒螨灵	1	10	11.1
5	红茶	戊唑醇	1	10	11.1
6	绿茶	呋虫胺	2	10	11.1
7	绿茶	哒螨灵	2	10	11.1
8	绿茶	稻瘟灵	2	10	11.1
9	绿茶	三唑醇	1	5	6.1
10	绿茶	三环唑	1	5	6.1
11	绿茶	吡虫啉	1	5	6.1
12	绿茶	苯醚甲环唑	1	5	6.1
13	绿茶	避蚊胺	1	5	6.1

14.3.2　所有茶叶中农药残留风险系数分析

14.3.2.1　所有茶叶中禁用农药残留风险系数分析

在侦测出的 33 种农药中有 5 种为禁用农药，计算所有茶叶中禁用农药的风险系数，结果如表 14-8 所示。在 5 种禁用农药中，5 种农药残留全部处于高度风险。

表 14-8　茶叶中 5 种禁用农药的风险系数表

序号	农药	检出频次	检出率(%)	风险系数 R	风险程度
1	三唑磷	13	26.00	27.10	高度风险
2	毒死蜱	6	12.00	13.10	高度风险
3	久效磷	1	2.00	3.10	高度风险
4	乙酰甲胺磷	1	2.00	3.10	高度风险
5	氧乐果	1	2.00	3.10	高度风险

14.3.2.2　所有茶叶中非禁用农药残留风险系数分析

参照 MRL 欧盟标准计算所有茶叶中每种非禁用农药残留的风险系数，如图 14-16 与表 14-9 所示。在侦测出的 28 种非禁用农药中，11 种农药(39.29%)残留处于高度风险，17 种农药(60.71%)残留处于低度风险。

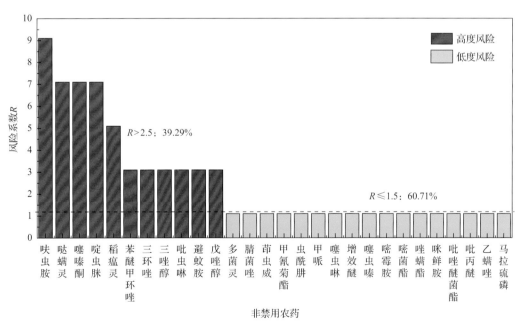

图 14-16　茶叶中 28 种非禁用农药的风险程度统计图

表 14-9　茶叶中 28 种非禁用农药的风险系数表

序号	农药	超标频次	超标率 $P(\%)$	风险系数 R	风险程度
1	呋虫胺	4	8.00	9.10	高度风险
2	哒螨灵	3	6.00	7.10	高度风险
3	噻嗪酮	3	6.00	7.10	高度风险
4	啶虫脒	3	6.00	7.10	高度风险
5	稻瘟灵	2	4.00	5.10	高度风险
6	苯醚甲环唑	1	2.00	3.10	高度风险
7	三环唑	1	2.00	3.10	高度风险
8	三唑醇	1	2.00	3.10	高度风险
9	吡虫啉	1	2.00	3.10	高度风险
10	避蚊胺	1	2.00	3.10	高度风险
11	戊唑醇	1	2.00	3.10	高度风险
12	多菌灵	0	0	1.10	低度风险
13	腈菌唑	0	0	1.10	低度风险
14	茚虫威	0	0	1.10	低度风险
15	甲氰菊酯	0	0	1.10	低度风险
16	虫酰肼	0	0	1.10	低度风险
17	甲哌	0	0	1.10	低度风险
18	噻虫啉	0	0	1.10	低度风险
19	增效醚	0	0	1.10	低度风险
20	噻虫嗪	0	0	1.10	低度风险
21	嘧霉胺	0	0	1.10	低度风险
22	嘧菌酯	0	0	1.10	低度风险
23	唑螨酯	0	0	1.10	低度风险
24	咪鲜胺	0	0	1.10	低度风险
25	吡唑醚菌酯	0	0	1.10	低度风险
26	吡丙醚	0	0	1.10	低度风险
27	乙螨唑	0	0	1.10	低度风险
28	马拉硫磷	0	0	1.10	低度风险

14.4　LC-Q-TOF/MS 侦测太原市市售茶叶农药残留风险评估结论与建议

农药残留是影响茶叶安全和质量的主要因素，也是我国食品安全领域备受关注的敏感话题和亟待解决的重大问题之一[15,16]。各种茶叶均存在不同程度的农药残留现象，本研究主要针对太原市各类茶叶存在的农药残留问题，基于 2019 年 1 月对太原市 50 例茶叶样品中农药残留侦测得出的 205 个侦测结果，分别采用食品安全指数模型和风险系数模型，开展茶叶中农药残留的膳食暴露风险和预警风险评估。茶叶样品取自超市和茶叶专营店，符合大众的膳食来源，风险评价时更具有代表性和可信度。

本研究力求通用简单地反映食品安全中的主要问题，且为管理部门和大众容易接受，为政府及相关管理机构建立科学的食品安全信息发布和预警体系提供科学的规律与方法，加强对农药残留的预警和食品安全重大事件的预防，控制食品风险。

14.4.1　太原市茶叶中农药残留膳食暴露风险评价结论

1) 茶叶样品中农药残留安全状态评价结论

采用食品安全指数模型，对 2019 年 1 月期间太原市茶叶食品农药残留膳食暴露风险进行评价，根据 IFS_c 的计算结果发现，茶叶中农药的 $\overline{IFS}$ 为 7.99×10^{-5}，说明太原市茶叶总体处于可以接受的安全状态，但部分禁用农药、高残留农药在茶叶中仍有侦测出，导致膳食暴露风险的存在，成为不安全因素。

2) 禁用农药膳食暴露风险评价

本次检测发现部分茶叶样品中有禁用农药侦测出，侦测出禁用农药 5 种，侦测出频次为 22，茶叶样品中的禁用农药 IFS_c 计算结果表明，禁用农药残留膳食暴露风险没有影响的频次为 22，占 100%。

14.4.2　太原市茶叶中农药残留预警风险评价结论

1) 单种茶叶中禁用农药残留的预警风险评价结论

本次检测过程中，在 2 种茶叶中检测出 5 种禁用农药，禁用农药为：三唑磷、久效磷、乙酰甲胺磷、毒死蜱、氧乐果，茶叶为：红茶、绿茶，茶叶中禁用农药的风险系数分析结果显示，5 种禁用农药在 2 种茶叶中的残留均处于高度风险，说明在单种茶叶中禁用农药的残留会导致较高的预警风险。

2) 单种茶叶中非禁用农药残留的预警风险评价结论

以 MRL 中国国家标准为标准，计算茶叶中非禁用农药风险系数情况下，48 个样本中，19 个处于低度风险(39.58%)，29 个样本没有 MRL 中国国家标准(60.42%)。以 MRL 欧盟标准为标准，计算茶叶中非禁用农药风险系数情况下，发现有 13 个处于高度风险(27.08%)，35 个处于低度风险(72.92%)。基于两种 MRL 标准，评价的结果差异显著，可以看出 MRL 欧盟标准比中国国家标准更加严格和完善，过于宽松的 MRL 中国国家标准值能否有效保障人体的健康有待研究。

14.4.3　加强太原市茶叶食品安全建议

我国食品安全风险评价体系仍不够健全，相关制度不够完善，多年来，由于农药用药次数多、用药量大或用药间隔时间短，产品残留量大，农药残留所造成的食品安全问题日益严峻，给人体健康带来了直接或间接的危害。据估计，美国与农药有关的癌症患者数约占全国癌症患者总数的 50%，中国更高。同样，农药对其他生物也会形成直接杀伤和慢性危害，植物中的农药可经过食物链逐级传递并不断蓄积，对人和动物构成潜在威胁，并影响生态系统。

基于本次农药残留侦测数据的风险评价结果，提出以下几点建议：

1) 加快食品安全标准制定步伐

我国食品标准中对农药每日允许最大摄入量 ADI 的数据严重缺乏，在本次评价所涉及的 33 种农药中，仅有 93.9% 的农药具有 ADI 值，而 6.1% 的农药中国尚未规定相应的 ADI 值，亟待完善。

我国食品中农药最大残留限量值的规定严重缺乏，对评估涉及的不同茶叶中不同农药 100 个 MRL 限值进行统计来看，我国仅制定出 17 个标准，我国标准完整率仅为 17%，欧盟的完整率达到 100%(表 14-10)。因此，中国更应加快 MRL 的制定步伐。

表 14-10　我国国家食品标准农药的 ADI、MRL 值与欧盟标准的数量差异

分类		中国 ADI	MRL 中国国家标准	MRL 欧盟标准
标准限值(个)	有	31	17	100
	无	2	83	0
总数(个)		33	100	100
无标准限值比例(%)		6.1	83	0

此外，MRL 中国国家标准限值普遍高于欧盟标准限值，这些标准中共有 8 个高于欧盟。过高的 MRL 值难以保障人体健康，建议继续加强对限值基准和标准的科学研究，将农产品中的危险性减少到尽可能低的水平。

2) 加强农药的源头控制和分类监管

在太原市某些茶叶中仍有禁用农药残留，利用 LC-Q-TOF/MS 技术侦测出 5 种禁用农药，检出频次为 22 次，残留禁用农药均存在较大的膳食暴露风险和预警风险。早已列入黑名单的禁用农药在我国并未真正退出，有些药物由于价格便宜、工艺简单，此类高毒农药一直生产和使用。建议在我国采取严格有效的控制措施，从源头控制禁用农药。

对于非禁用农药，在我国作为"田间地头"最典型单位的县级茶叶产地中，农药残留的检测几乎缺失。建议根据农药的毒性，对高毒、剧毒、中毒农药实现分类管理，减少使用高毒和剧毒高残留农药，进行分类监管。

3) 加强农药生物基准和降解技术研究

从市售茶叶中残留农药的品种多、频次高、禁用农药多次检出这一现状，说明了我国的田间土壤和水体因农药长期、频繁、不合理的使用而遭到严重污染。为此，建议中国相关部门出台相关政策，鼓励高校及科研院所积极开展分子生物学、酶学等研究，加强土壤、水体中残留农药的生物修复及降解新技术研究，切实加大农药监管力度，以控制农药的面源污染问题。

　　综上所述，在本工作基础上，根据茶叶残留危害，可进一步针对其成因提出和采取严格管理、大力推广无公害茶叶种植与生产、健全食品安全控制技术体系、加强茶叶质量检测体系建设和积极推行茶叶质量追溯制度等相应对策。建立和完善食品安全综合评价指数与风险监测预警系统，对食品安全进行实时、全面的监控与分析，为我国的食品安全科学监管与决策提供新的技术支持，可实现各类检验数据的信息化系统管理，降低食品安全事故的发生。

第15章 GC-Q-TOF/MS 侦测太原市 50 例市售茶叶样品农药残留报告

从太原市所属 1 个区，随机采集了 50 例茶叶样品，使用气相色谱-四极杆飞行时间质谱(GC-Q-TOF/MS)对 684 种农药化学污染物示范侦测。

15.1 样品种类、数量与来源

15.1.1 样品采集与检测

为了真实反映百姓日常饮用的茶叶中农药残留污染状况，本次所有检测样品均由检验人员于 2019 年 1 月期间，从太原市所属 5 个采样点，包括 1 个茶叶专营店 4 个超市，以随机购买方式采集，总计 5 批 50 例样品，从中检出农药 51 种，367 频次。采样及监测概况见图 15-1 及表 15-1，样品及采样点明细见表 15-2 及表 15-3(侦测原始数据见附表 1)。

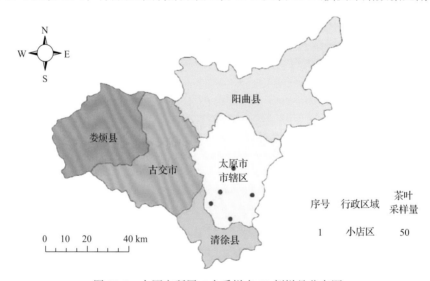

图 15-1 太原市所属 5 个采样点 50 例样品分布图

表 15-1 农药残留监测总体概况

采样地区	太原市所属 1 个区
采样点(茶叶专营店+超市)	5
样本总数	50
检出农药品种/频次	51/367
各采样点样本农药残留检出率范围	100.0%

表 15-2　样品分类及数量

样品分类	样品名称(数量)	数量小计
1. 茶叶		50
1)发酵类茶叶	黑茶(10),红茶(10),乌龙茶(10)	30
2)未发酵类茶叶	绿茶(20)	20
合计	1. 茶叶 4 种	50

表 15-3　太原市采样点信息

采样点序号	行政区域	采样点
茶叶专营店(1)		
1	小店区	***茶庄(和信时尚商城店)
超市(4)		
1	小店区	***超市(亲贤店)
2	小店区	***超市(百盛购物中心店)
3	小店区	***超市(太原长风店)
4	小店区	***超市(和信时尚商城店)

15.1.2　检测结果

这次使用的检测方法是庞国芳院士团队最新研发的不需使用标准品对照,而以高分辨精确质量数(0.0001 m/z)为基准的 GC-Q-TOF/MS 检测技术,对于 50 例样品,每个样品均侦测了 684 种农药化学污染物的残留现状。通过本次侦测,在 50 例样品中共计检出农药化学污染物 51 种,检出 367 频次。

15.1.2.1　各采样点样品检出情况

统计分析发现 5 个采样点中,被测样品的农药检出率范围为 100.0%。其中,统计分析发现 5 个采样点中,被测样品的农药检出率均为 100.0%,见图 15-2。

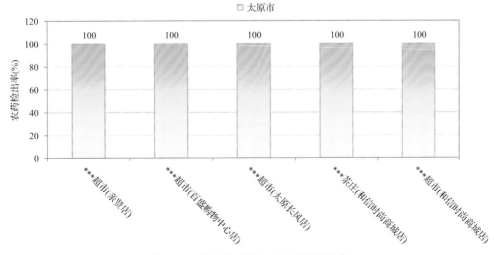

图 15-2　各采样点样品中的农药检出率

15.1.2.2　检出农药的品种总数与频次

统计分析发现，对于 50 例样品中 684 种农药化学污染物的侦测，共检出农药 367 频次，涉及农药 51 种，结果如图 15-3 所示。其中联苯菊酯检出频次最高，共检出 36 次。检出频次排名前 10 的农药如下：①联苯菊酯(36)，②三异丁基磷酸盐(30)，③残杀威(26)，④烯虫酯(21)，⑤烟碱(21)，⑥草完隆(19)，⑦唑虫酰胺(19)，⑧甲醚菊酯(18)，⑨炔丙菊酯(16)，⑩毒死蜱(10)。

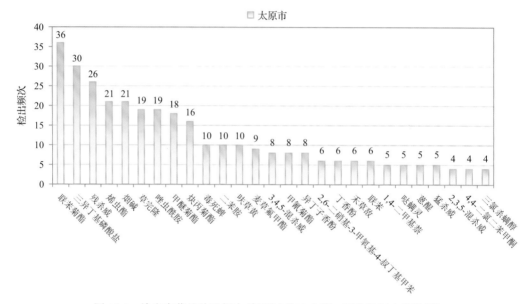

图 15-3　检出农药品种及频次(仅列出检出农药 4 频次及以上的数据)

由图 15-4 可见，绿茶、乌龙茶和红茶这 3 种茶叶样品中检出的农药品种数较高，均超过 15 种，其中，绿茶检出农药品种最多，为 43 种。由图 15-5 可见，绿茶、乌龙茶和红茶这 3 种茶叶样品中的农药检出频次较高，均超过 60 次，其中，绿茶检出农药频次最高，为 194 次。

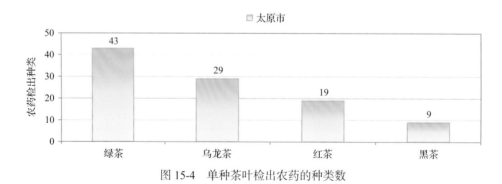

图 15-4　单种茶叶检出农药的种类数

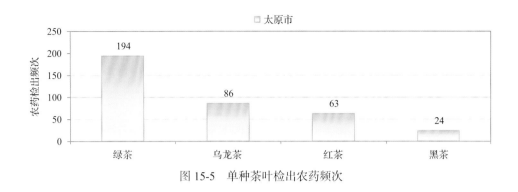

图 15-5 单种茶叶检出农药频次

15.1.2.3 单例样品农药检出种类与占比

对单例样品检出农药种类和频次进行统计发现，检出 1 种农药的样品占总样品数的 4.0%，检出 2~5 种农药的样品占总样品数的 30.0%，检出 6~10 种农药的样品占总样品数的 46.0%，检出大于 10 种的样品占总样品数的 20.0%。每例样品中平均检出农药为 7.3 种，数据见表 15-4 及图 15-6。

表 15-4 单例样品检出农药品种占比

检出农药品种数	样品数量/占比(%)
1 种	2/4.0
2~5 种	15/30.0
6~10 种	23/46.0
大于 10 种	10/20.0
单例样品平均检出农药品种	7.3 种

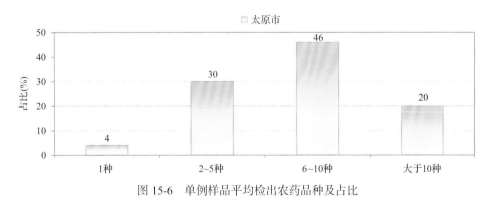

图 15-6 单例样品平均检出农药品种及占比

15.1.2.4 检出农药类别与占比

所有检出农药按功能分类，包括杀虫剂、除草剂、杀菌剂、杀螨剂、驱避剂、植物生长调节剂和其他共 7 类。其中杀虫剂与除草剂为主要检出的农药类别，分别占总数的 51.0% 和 17.6%，见表 15-5 及图 15-7。

表 15-5　检出农药所属类别/占比

农药类别	数量/占比(%)
杀虫剂	26/51.0
除草剂	9/17.6
杀菌剂	7/13.7
杀螨剂	4/7.8
驱避剂	1/2.0
植物生长调节剂	1/2.0
其他	3/5.9

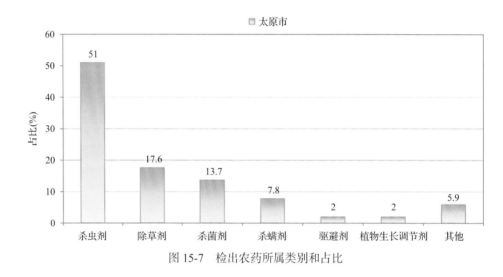

图 15-7　检出农药所属类别和占比

15.1.2.5　检出农药的残留水平

按检出农药残留水平进行统计，残留水平在 1~5 μg/kg(含)的农药占总数的 11.7%，在 5~10 μg/kg(含)的农药占总数的 10.9%，在 10~100 μg/kg(含)的农药占总数的 57.5%，在 100~1000 μg/kg 的农药占总数的 19.9%。

由此可见，这次检测的 5 批 50 例茶叶样品中农药多数处于中高残留水平。结果见表 15-6 及图 15-8，数据见附表 2。

表 15-6　农药残留水平/占比

残留水平(μg/kg)	检出频次数/占比(%)
1~5(含)	43/11.7
5~10(含)	40/10.9
10~100(含)	211/57.5
100~1000	73/19.9

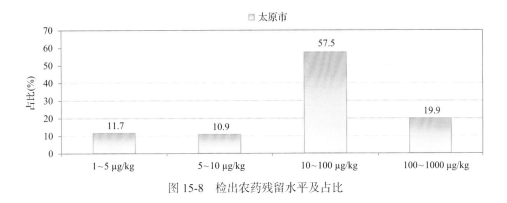

图 15-8　检出农药残留水平及占比

15.1.2.6　检出农药的毒性类别、检出频次和超标频次及占比

对这次检出的 51 种 367 频次的农药，按剧毒、高毒、中毒、低毒和微毒这五个毒性类别进行分类，从中可以看出，太原市目前普遍使用的农药为中低微毒农药，品种占90.2%，频次占 92.9%。结果见表 15-7 及图 15-9。

表 15-7　检出农药毒性类别/占比

毒性分类	农药品种/占比(%)	检出频次/占比(%)	超标频次/超标率(%)
剧毒农药	0/0	0/0.0	0/0.0
高毒农药	5/9.8	26/7.1	1/3.8
中毒农药	26/51.0	198/54.0	0/0.0
低毒农药	16/31.4	113/30.8	0/0.0
微毒农药	4/7.8	30/8.2	0/0.0

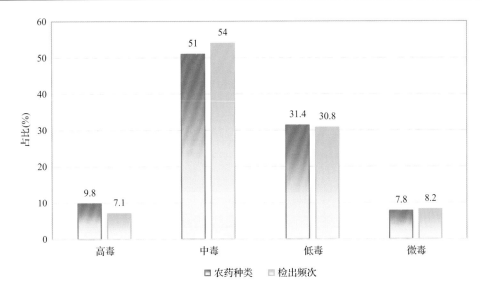

图 15-9　检出农药的毒性分类和占比

15.1.2.7　检出剧毒/高毒类农药的品种和频次

值得特别关注的是，在此次侦测的 50 例样品中有 3 种茶叶的 23 例样品检出了 5 种 26 频次的剧毒和高毒农药，占样品总量的 46.0%，详见图 15-10、表 15-8 及表 15-9。

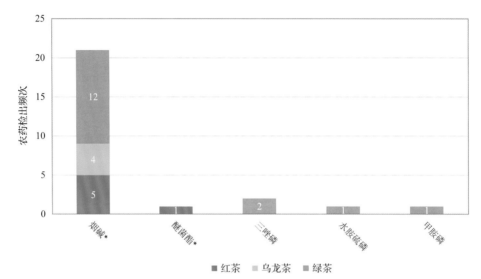

图 15-10　检出剧毒/高毒农药的样品情况

表 15-8　剧毒农药检出情况

序号	农药名称	检出频次	超标频次	超标率
		茶叶中未检出剧毒农药		
	合计	0	0	超标率：0.0%

表 15-9　高毒农药检出情况

序号	农药名称	检出频次	超标频次	超标率
		从 3 种茶叶中检出 5 种高毒农药，共计检出 26 次		
1	烟碱	21	0	0.0%
2	三唑磷	2	0	0.0%
3	甲胺磷	1	0	0.0%
4	醚菌酯	1	0	0.0%
5	水胺硫磷	1	1	100.0%
	合计	26	1	超标率：3.8%

在检出的剧毒和高毒农药中，有 3 种是我国早已禁止在茶叶上使用的，分别是：三唑磷、水胺硫磷和甲胺磷。禁用农药的检出情况见表 15-10。

表 15-10　禁用农药检出情况

序号	农药名称	检出频次	超标频次	超标率
从 3 种茶叶中检出 5 种禁用农药，共计检出 18 次				
1	毒死蜱	10	0	0.0%
2	三氯杀螨醇	4	0	0.0%
3	三唑磷	2	0	0.0%
4	甲胺磷	1	0	0.0%
5	水胺硫磷	1	1	100.0%
	合计	18	1	超标率：5.6%

注：超标结果参考 MRL 中国国家标准计算

此次抽检的茶叶样品中，没有检出剧毒农药。

样品中检出剧毒和高毒农药残留水平超过 MRL 中国国家标准的频次为 1 次，其中：绿茶检出水胺硫磷超标 1 次。本次检出结果表明，高毒、剧毒农药的使用现象依旧存在。详见表 15-11。

表 15-11　各样本中检出剧毒/高毒农药情况

样品名称	农药名称	检出频次	超标频次	检出浓度（μg/kg）
茶叶 3 种				
红茶	烟碱	5	0	30.8, 12.7, 5.6, 6.6, 9.9
红茶	醚菌酯	1	0	39.2
绿茶	烟碱	12	0	48.2, 49.8, 227.8, 122.6, 265.0, 53.2, 125.8, 169.2, 131.4, 154.5, 183.5, 65.0
绿茶	三唑磷▲	2	0	5.0, 4.3
绿茶	水胺硫磷▲	1	1	57.5[a]
绿茶	甲胺磷▲	1	0	6.4
乌龙茶	烟碱	4	0	40.4, 23.2, 20.4, 26.3
	合计	26	1	超标率：3.8%

15.2　农药残留检出水平与最大残留限量标准对比分析

我国于 2016 年 12 月 18 日正式颁布并于 2017 年 06 月 18 日正式实施食品农药残留限量国家标准《食品中农药最大残留限量》（GB 2763—2016）。该标准包括 417 个农药条目，涉及最大残留限量（MRL）标准 4140 项。将 367 频次检出农药的浓度水平与 4140 项国家 MRL 标准进行核对，其中只有 62 频次的结果找到了对应的 MRL，占 16.9%，还有 305 频次的结果则无相关 MRL 标准供参考，占 83.1%。

将此次侦测结果与国际上现行 MRL 对比发现，在 367 频次的检出结果中有 367 频次的结果找到了对应的 MRL 欧盟标准，占 100.0%；其中，185 频次的结果有明确对应的 MRL，占 50.4%，其余 182 频次按照欧盟一律标准判定，占 49.6%；有 367 频次的结果找到了对应的 MRL 日本标准，占 100.0%；其中，143 频次的结果有明确对应的 MRL，占 39.0%，其余 224 频次按照日本一律标准判定，占 61.0%；有 67 频次的结果找到了对应的 MRL 中国香港标准，占 18.3%；有 74 频次的结果找到了对应的 MRL 美国标准，占 20.2%；有 76 频次的结果找到了对应的 MRL CAC 标准，占 20.7%(见图 15-11 和图 15-12，数据见附表 3 至附表 8)。

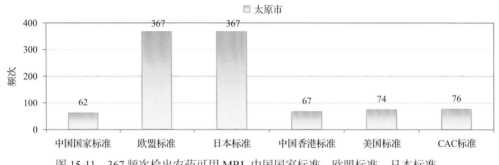

图 15-11　367 频次检出农药可用 MRL 中国国家标准、欧盟标准、日本标准、
中国香港标准、美国标准、CAC 标准判定衡量的数量

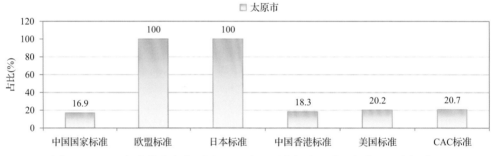

图 15-12　367 频次检出农药可用 MRL 中国国家标准、欧盟标准、日本标准、
中国香港标准、美国标准、CAC 标准衡量的占比

15.2.1 · 超标农药样品分析

本次侦测的 50 例样品中，全部样品检出不同水平、不同种类的残留农药，占样品总量的 100.0%。在此，我们将本次侦测的农残检出情况与 MRL 中国国家标准、欧盟标准、日本标准、中国香港标准、美国标准、CAC 标准这 6 大国际主流 MRL 标准进行对比分析，样品农残检出与超标情况见表 15-12、图 15-13 和图 15-14，详细数据见附表 9 至附表 14。

表 15-12　各 MRL 标准下样本农残检出与超标数量及占比

| | 中国国家标准 | 欧盟标准 | 日本标准 | 中国香港标准 | 美国标准 | CAC 标准 |
	数量/占比(%)	数量/占比(%)	数量/占比(%)	数量/占比(%)	数量/占比(%)	数量/占比(%)
未检出	0/0.0	0/0.0	0/0.0	0/0.0	0/0.0	0/0.0
检出未超标	49/98.0	3/6.0	4/8.0	50/100.0	50/100.0	50/100.0
检出超标	1/2.0	47/94.0	46/92.0	0/0.0	0/0.0	0/0.0

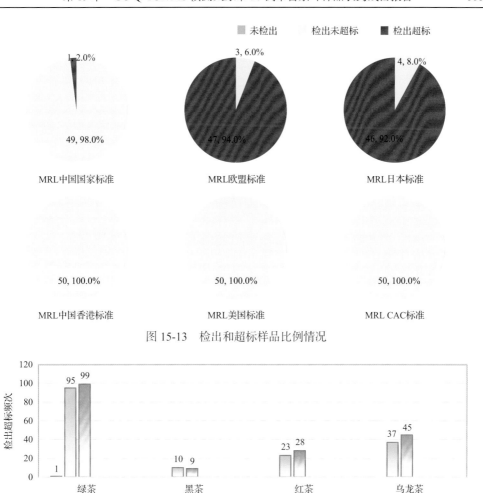

图 15-13　检出和超标样品比例情况

图 15-14　超过 MRL 中国国家标准、欧盟标准、日本标准、中国香港标准、
美国标准、CAC 标准结果在茶叶中的分布

15.2.2　超标农药种类分析

按照 MRL 中国国家标准、欧盟标准、日本标准、中国香港标准、美国标准和 CAC 标准这 6 大国际主流 MRL 标准衡量，本次侦测检出的农药超标品种及频次情况见表 15-13。

表 15-13　各 MRL 标准下超标农药品种及频次

	中国国家标准	欧盟标准	日本标准	中国香港标准	美国标准	CAC 标准
超标农药品种	1	30	30	0	0	0
超标农药频次	1	165	181	0	0	0

15.2.2.1　按 MRL 中国国家标准衡量

按 MRL 中国国家标准衡量，有 1 种农药超标，检出 1 频次，为高毒农药水胺硫磷。按超标程度比较，绿茶中水胺硫磷超标 0.1 倍。检测结果见图 15-15 和附表 15。

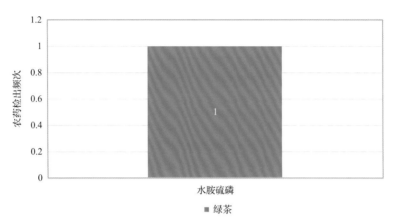

图 15-15　超过 MRL 中国国家标准农药品种及频次

15.2.2.2　按 MRL 欧盟标准衡量

按 MRL 欧盟标准衡量，共有 30 种农药超标，检出 165 频次，分别为高毒农药水胺硫磷、中毒农药稻瘟灵、禾草敌、氯氟氰菊酯、草完隆、邻二氯苯、异丁子香酚、棉铃威、唑虫酰胺、2,3,5-混杀威、仲丁威、苯醚氰菊酯、哒螨灵、炔丙菊酯、3,4,5-混杀威和丁香酚，低毒农药 2,6-二硝基-3-甲氧基-4-叔丁基甲苯、1,4-二甲基萘、呋草黄、联苯、三异丁基磷酸盐、猛杀威、噻嗪酮、甲醚菊酯、麦草氟甲酯、威杀灵、4,4-二氯二苯甲酮和二苯胺，微毒农药环莠隆和仲草丹。

按超标程度比较，绿茶中唑虫酰胺超标 60.6 倍，乌龙茶中 2,6-二硝基-3-甲氧基-4-叔丁基甲苯超标 54.4 倍，乌龙茶中呋草黄超标 47.9 倍，黑茶中 2,6-二硝基-3-甲氧基-4-叔丁基甲苯超标 47.1 倍，黑茶中甲醚菊酯超标 31.6 倍。检测结果见图 15-16 和附表 16。

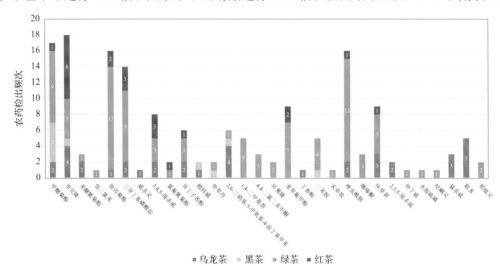

图 15-16　超过 MRL 欧盟标准农药品种及频次

15.2.2.3　按 MRL 日本标准衡量

按 MRL 日本标准衡量，共有 30 种农药超标，检出 181 频次，分别为高毒农药水胺硫磷和烟碱，中毒农药噻节因、稻瘟灵、禾草敌、草完隆、邻二氯苯、异丁子香酚、2,3,5-混杀威、仲丁威、苯醚氰菊酯、炔丙菊酯、3,4,5-混杀威和丁香酚，低毒农药 2,6-二硝基-3-甲氧基-4-叔丁基甲苯、1,4-二甲基萘、嘧霉胺、呋草黄、三异丁基磷酸盐、联苯、猛杀威、甲醚菊酯、麦草氟甲酯、威杀灵、4,4-二氯二苯甲酮和二苯胺，微毒农药烯虫酯、环莠隆、蒽醌和仲草丹。

　　按超标程度比较，乌龙茶中联苯超标 97.8 倍，乌龙茶中 2,6-二硝基-3-甲氧基-4-叔丁基甲苯超标 54.4 倍，乌龙茶中呋草黄超标 47.9 倍，黑茶中 2,6-二硝基-3-甲氧基-4-叔丁基甲苯超标 47.1 倍，黑茶中甲醚菊酯超标 31.6 倍。检测结果见图 15-17 和附表 17。

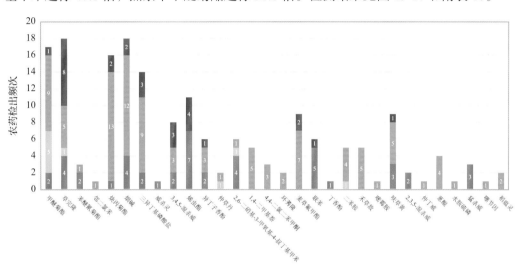

图 15-17　超过 MRL 日本标准农药品种及频次

15.2.2.4　按 MRL 中国香港标准衡量

按 MRL 中国香港标准衡量，无样品检出超标农药残留。

15.2.2.5　按 MRL 美国标准衡量

按 MRL 美国标准衡量，无样品检出超标农药残留。

15.2.2.6　按 MRL CAC 标准衡量

按 MRL CAC 标准衡量，无样品检出超标农药残留。

15.2.3　5 个采样点超标情况分析

15.2.3.1　按 MRL 中国国家标准衡量

按 MRL 中国国家标准衡量，有 1 个采样点的样品存在超标农药检出，超标率为 4.2%，如表 15-14 和图 15-18 所示。

表 15-14　超过 MRL 中国国家标准茶叶在不同采样点分布

序号	采样点	样品总数	超标数量	超标率(%)	行政区域
1	***超市(和信时尚商城店)	24	1	4.2	小店区

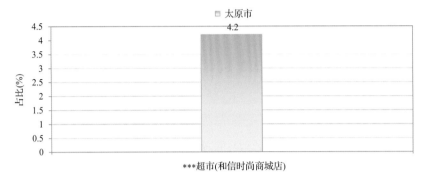

图 15-18　超过 MRL 中国国家标准茶叶在不同采样点分布

15.2.3.2　按 MRL 欧盟标准衡量

按 MRL 欧盟标准衡量，所有采样点的样品存在不同程度的超标农药检出，其中***超市(百盛购物中心店)、***超市(太原长风店)和***超市(亲贤店)的超标率最高，为 100.0%，如表 15-15 和图 15-19 所示。

表 15-15　超过 MRL 欧盟标准茶叶在不同采样点分布

序号	采样点	样品总数	超标数量	超标率(%)	行政区域
1	***超市(和信时尚商城店)	24	23	95.8	小店区
2	***茶庄(和信时尚商城店)	15	13	86.7	小店区
3	***超市(百盛购物中心店)	6	6	100.0	小店区
4	***超市(太原长风店)	4	4	100.0	小店区
5	***超市(亲贤店)	1	1	100.0	小店区

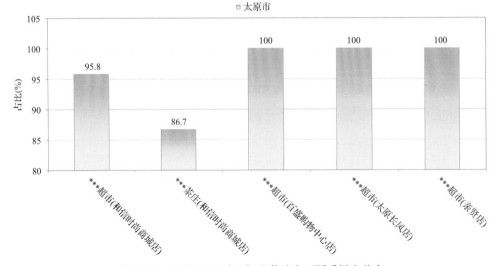

图 15-19　超过 MRL 欧盟标准茶叶在不同采样点分布

15.2.3.3 按 MRL 日本标准衡量

按 MRL 日本标准衡量,所有采样点的样品存在不同程度的超标农药检出,其中***超市(百盛购物中心店)、***超市(太原长风店)和***超市(亲贤店)的超标率最高,为100.0%,如表 15-16 和图 15-20 所示。

表 15-16 超过 MRL 日本标准茶叶在不同采样点分布

序号	采样点	样品总数	超标数量	超标率(%)	行政区域
1	***超市(和信时尚商城店)	24	22	91.7	小店区
2	***茶庄(和信时尚商城店)	15	13	86.7	小店区
3	***超市(百盛购物中心店)	6	6	100.0	小店区
4	***超市(太原长风店)	4	4	100.0	小店区
5	***超市(亲贤店)	1	1	100.0	小店区

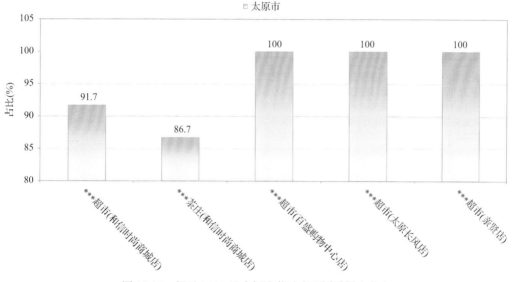

图 15-20 超过 MRL 日本标准茶叶在不同采样点分布

15.2.3.4 按 MRL 中国香港标准衡量

按 MRL 中国香港标准衡量,所有采样点的样品均未检出超标农药残留。

15.2.3.5 按 MRL 美国标准衡量

按 MRL 美国标准衡量,所有采样点的样品均未检出超标农药残留。

15.2.3.6 按 MRL CAC 标准衡量

按 MRL CAC 标准衡量,所有采样点的样品均未检出超标农药残留。

15.3　茶叶中农药残留分布

15.3.1　茶叶按检出农药品种和频次排名

本次残留侦测的茶叶共 4 种，包括黑茶、红茶、乌龙茶和绿茶。

根据检出农药品种及频次进行排名，将各项排名茶叶样品检出情况列表说明，详见表 15-17。

表 15-17　茶叶按检出农药品种和频次排名

按检出农药品种排名(品种)	①绿茶(43)，②乌龙茶(29)，③红茶(19)，④黑茶(9)
按检出农药频次排名(频次)	①绿茶(194)，②乌龙茶(86)，③红茶(63)，④黑茶(24)
按检出禁用、高毒及剧毒农药品种排名(品种)	①绿茶(6)，②红茶(3)，③乌龙茶(3)
按检出禁用、高毒及剧毒农药频次排名(频次)	①绿茶(26)，②红茶(7)，③乌龙茶(7)

15.3.2　茶叶按超标农药品种和频次排名

鉴于 MRL 欧盟标准和日本标准制定比较全面且覆盖率较高，我们参照 MRL 中国国家标准、欧盟标准和日本标准衡量茶叶样品中农残检出情况，将茶叶按超标农药品种及频次排名列表说明，详见表 15-18。

表 15-18　茶叶按超标农药品种和频次排名

按超标农药品种排名 (农药品种数)	MRL 中国国家标准	①绿茶(1)
	MRL 欧盟标准	①绿茶(24)，②乌龙茶(16)，③红茶(10)，④黑茶(6)
	MRL 日本标准	①绿茶(24)，②乌龙茶(16)，③红茶(11)，④黑茶(5)
按超标农药频次排名 (农药频次数)	MRL 中国国家标准	①绿茶(1)
	MRL 欧盟标准	①绿茶(95)，②乌龙茶(37)，③红茶(23)，④黑茶(10)
	MRL 日本标准	①绿茶(99)，②乌龙茶(45)，③红茶(28)，④黑茶(9)

通过对各品种茶叶样本总数及检出率进行综合分析发现，绿茶、乌龙茶和红茶的残留污染最为严重，在此，我们参照 MRL 中国国家标准、欧盟标准和日本标准对这 3 种茶叶的农残检出情况进行进一步分析。

15.3.3　农药残留检出率较高的茶叶样品分析

15.3.3.1　绿茶

这次共检测 20 例绿茶样品，全部检出了农药残留，检出率为 100.0%，检出农药共计 43 种。其中联苯菊酯、残杀威、炔丙菊酯、唑虫酰胺和烟碱检出频次较高，分别检出了 18、14、13、13 和 12 次。绿茶中农药检出品种和频次见图 15-21，超标农药见图 15-22 和表 15-19。

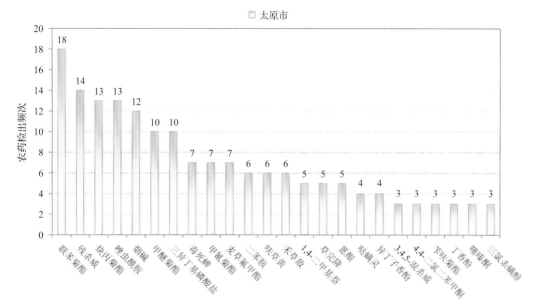

图 15-21　绿茶样品检出农药品种和频次分析(仅列出检出农药 3 频次及以上的数据)

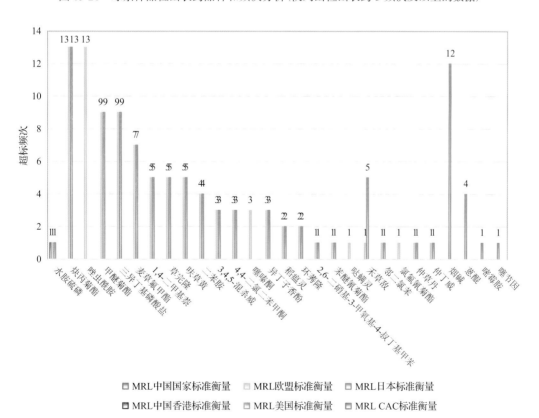

图 15-22　绿茶样品中超标农药分析

表 15-19　绿茶中农药残留超标情况明细表

样品总数		检出农药样品数	样品检出率(%)	检出农药品种总数
20		20	100	43
	超标农药品种	超标农药频次	按照 MRL 中国国家标准、欧盟标准和日本标准衡量超标农药名称及频次	
中国国家标准	1	1	水胺硫磷(1)	
欧盟标准	24	95	炔丙菊酯(13),唑虫酰胺(13),甲醚菊酯(9),三异丁基磷酸盐(9),麦草氟甲酯(7),1,4-二甲基萘(5),草完隆(5),呋草黄(5),二苯胺(4),3,4,5-混杀威(3),4,4-二氯二苯甲酮(3),噻嗪酮(3),异丁子香酚(3),稻瘟灵(2),环莠隆(2),2,6-二硝基-3-甲氧基-4-叔丁基甲苯(1),苯醚氰菊酯(1),哒螨灵(1),禾草敌(1),邻二氯苯(1),氯氟氰菊酯(1),水胺硫磷(1),仲草丹(1),仲丁威(1)	
日本标准	24	99	炔丙菊酯(13),烟碱(12),甲醚菊酯(9),三异丁基磷酸盐(9),麦草氟甲酯(7),1,4-二甲基萘(5),草完隆(5),呋草黄(5),禾草敌(5),蒽醌(4),二苯胺(4),3,4,5-混杀威(3),4,4-二氯二苯甲酮(3),异丁子香酚(3),稻瘟灵(2),环莠隆(2),2,6-二硝基-3-甲氧基-4-叔丁基甲苯(1),苯醚氰菊酯(1),邻二氯苯(1),嘧霉胺(1),噻节因(1),水胺硫磷(1),仲草丹(1),仲丁威(1)	

15.3.3.2　乌龙茶

这次共检测 10 例乌龙茶样品，全部检出了农药残留，检出率为 100.0%，检出农药共计 29 种。其中三异丁基磷酸盐、联苯菊酯、烯虫酯、草完隆和联苯检出频次较高，分别检出了 9、8、7、5 和 5 次。乌龙茶中农药检出品种和频次见图 15-23，超标农药见图 15-24 和表 15-20。

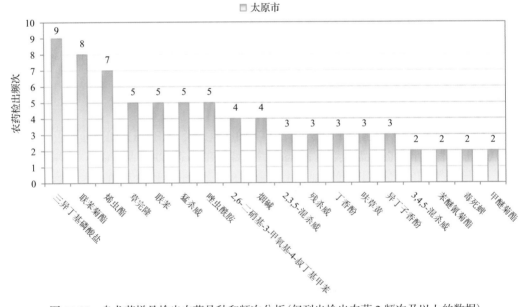

图 15-23　乌龙茶样品检出农药品种和频次分析(仅列出检出农药 2 频次及以上的数据)

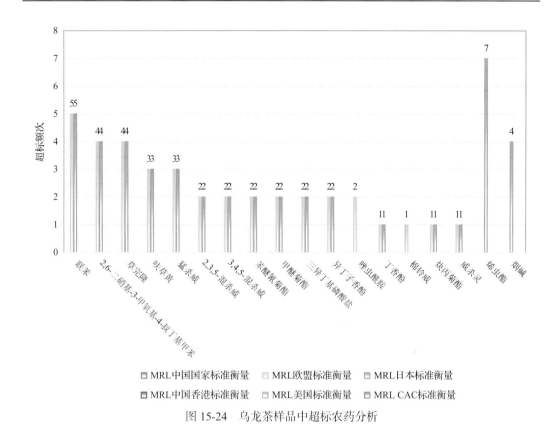

图 15-24　乌龙茶样品中超标农药分析

表 15-20　乌龙茶中农药残留超标情况明细表

样品总数		检出农药样品数	样品检出率(%)	检出农药品种总数
10		10	100	29
	超标农药品种	超标农药频次	按照 MRL 中国国家标准、欧盟标准和日本标准衡量超标农药名称及频次	
中国国家标准	0	0		
欧盟标准	16	37	联苯(5),2,6-二硝基-3-甲氧基-4-叔丁基甲苯(4),草完隆(4),呋草黄(3),猛杀威(3),2,3,5-混杀威(2),3,4,5-混杀威(2),苯醚氰菊酯(2),甲醚菊酯(2),三异丁基磷酸盐(2),异丁子香酚(2),唑虫酰胺(2),丁香酚(1),棉铃威(1),炔丙菊酯(1),威杀灵(1)	
日本标准	16	45	烯虫酯(7),联苯(5),2,6-二硝基-3-甲氧基-4-叔丁基甲苯(4),草完隆(4),烟碱(4),呋草黄(3),猛杀威(3),2,3,5-混杀威(2),3,4,5-混杀威(2),苯醚氰菊酯(2),甲醚菊酯(2),三异丁基磷酸盐(2),异丁子香酚(2),丁香酚(1),炔丙菊酯(1),威杀灵(1)	

15.3.3.3　红茶

这次共检测 10 例红茶样品，全部检出了农药残留，检出率为 100.0%，检出农药共计 19 种。其中残杀威、联苯菊酯、三异丁基磷酸盐、草完隆和烯虫酯检出频次较高，分别检出了 9、9、9、8 和 6 次。红茶中农药检出品种和频次见图 15-25，超标农药见图 15-26

和表 15-21。

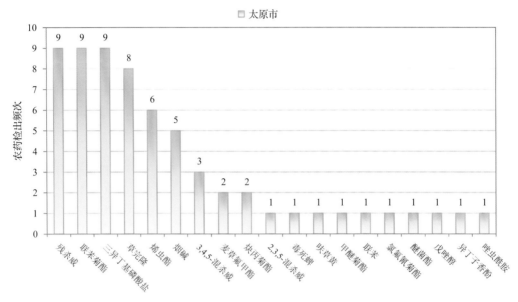

图 15-25　红茶样品检出农药品种和频次分析

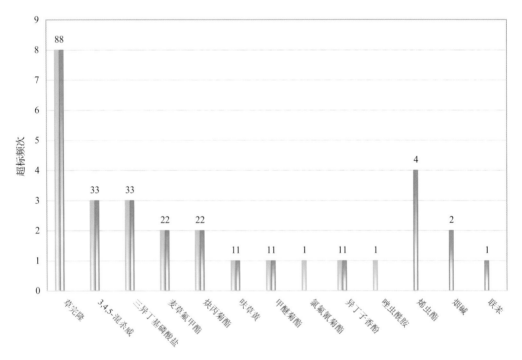

图 15-26　红茶样品中超标农药分析

表 15-21　红茶中农药残留超标情况明细表

样品总数		检出农药样品数	样品检出率(%)	检出农药品种总数
10		10	100	19
	超标农药品种	超标农药频次	按照 MRL 中国国家标准、欧盟标准和日本标准衡量超标农药名称及频次	
中国国家标准	0	0		
欧盟标准	10	23	草完隆(8)、3,4,5-混杀威(3)、三异丁基磷酸盐(3)、麦草氟甲酯(2)、炔丙菊酯(2)、呋草黄(1)、甲醚菊酯(1)、氯氟氰菊酯(1)、异丁子香酚(1)、唑虫酰胺(1)	
日本标准	11	28	草完隆(8)、烯虫酯(4)、3,4,5-混杀威(3)、三异丁基磷酸盐(3)、麦草氟甲酯(2)、炔丙菊酯(2)、烟碱(2)、呋草黄(1)、甲醚菊酯(1)、联苯(1)、异丁子香酚(1)	

15.4　初　步　结　论

15.4.1　太原市市售茶叶按 MRL 中国国家标准和国际主要 MRL 标准衡量的合格率

本次侦测的 50 例样品中，全部样品检出不同水平、不同种类的残留农药，占样品总量的 100.0%。在这 50 例检出农药残留的样品中：

按照 MRL 中国国家标准衡量，有 49 例样品检出残留农药但含量没有超标，占样品总数的 98.0%，有 1 例样品检出了超标农药，占样品总数的 2.0%。

按照 MRL 欧盟标准衡量，有 3 例样品检出残留农药但含量没有超标，占样品总数的 6.0%，有 47 例样品检出了超标农药，占样品总数的 94.0%。

按照 MRL 日本标准衡量，有 4 例样品检出残留农药但含量没有超标，占样品总数的 8.0%，有 46 例样品检出了超标农药，占样品总数的 92.0%。

按照 MRL 中国香港标准衡量，有 50 例样品检出残留农药但含量没有超标，占样品总数的 100.0%，无检出残留农药超标的样品。

按照 MRL 美国标准衡量，有 50 例样品检出残留农药但含量没有超标，占样品总数的 100.0%，无检出残留农药超标的样品。

按照 MRL CAC 标准衡量，有 50 例样品检出残留农药但含量没有超标，占样品总数的 100.0%，无检出残留农药超标的样品。

15.4.2　太原市市售茶叶中检出农药以中低微毒农药为主，占市场主体的90.2%

这次侦测的 50 例茶叶样品共检出了 51 种农药，检出农药的毒性以中低微毒为主，详见表 15-22。

表 15-22　市场主体农药毒性分布

毒性	检出品种	占比	检出频次	占比
高毒农药	5	9.8%	26	7.1%
中毒农药	26	51.0%	198	54.0%
低毒农药	16	31.4%	113	30.8%
微毒农药	4	7.8%	30	8.2%
中低微毒农药，品种占比 90.2%，频次占比 92.9%				

15.4.3　检出剧毒、高毒和禁用农药现象应该警醒

在此次侦测的 50 例样品中有 3 种茶叶的 30 例样品检出了 7 种 40 频次的剧毒和高毒或禁用农药，占样品总量的 60.0%。其中高毒农药烟碱、三唑磷和甲胺磷检出频次较高。

按 MRL 中国国家标准衡量，高毒农药按超标程度比较，绿茶中水胺硫磷超标 0.1 倍。

剧毒、高毒或禁用农药的检出情况及按照 MRL 中国国家标准衡量的超标情况见表 15-23。

表 15-23　剧毒、高毒或禁用农药的检出及超标明细

序号	农药名称	样品名称	检出频次	超标频次	最大超标倍数	超标率
1.1	甲胺磷◇▲	绿茶	1	0	0	0.0%
2.1	醚菌酯◇	红茶	1	0	0	0.0%
3.1	三唑磷◇▲	绿茶	2	0	0	0.0%
4.1	水胺硫磷◇▲	绿茶	1	1	0.15	100.0%
5.1	烟碱◇	绿茶	12	0	0	0.0%
5.2	烟碱◇	红茶	5	0	0	0.0%
5.3	烟碱◇	乌龙茶	4	0	0	0.0%
6.1	毒死蜱▲	绿茶	7	0	0	0.0%
6.2	毒死蜱▲	乌龙茶	2	0	0	0.0%
6.3	毒死蜱▲	红茶	1	0	0	0.0%
7.1	三氯杀螨醇▲	绿茶	3	0	0	0.0%
7.2	三氯杀螨醇▲	乌龙茶	1	0	0	0.0%
合计			40	1		2.5%

注：超标倍数参照 MRL 中国国家标准衡量

这些剧毒和高毒农药都是中国政府早有规定禁止在茶叶中使用的，为什么还屡次被检出，应该引起警惕。

15.4.4　残留限量标准与先进国家或地区差距较大

367 频次的检出结果与我国公布的《食品中农药最大残留限量》(GB 2763—2016)对比，有 62 频次能找到对应的 MRL 中国国家标准，占 16.9%；还有 305 频次的侦测数据无相关 MRL 标准供参考，占 83.1%。

与国际上现行 MRL 对比发现：

有 367 频次能找到对应的 MRL 欧盟标准，占 100.0%；

有 367 频次能找到对应的 MRL 日本标准，占 100.0%；

有 67 频次能找到对应的 MRL 中国香港标准，占 18.3%；

有 74 频次能找到对应的 MRL 美国标准，占 20.2%；

有 76 频次能找到对应的 MRL CAC 标准，占 20.7%。

由上可见，MRL 中国国家标准与先进国家或地区标准还有很大差距，我们无标准，境外有标准，这就会导致我们在国际贸易中，处于受制于人的被动地位。

15.4.5　茶叶单种样品检出 19~43 种农药残留，拷问农药使用的科学性

通过此次监测发现，绿茶、乌龙茶和红茶是检出农药品种最多的 3 种茶叶，从中检出农药品种及频次详见表 15-24。

表 15-24　单种样品检出农药品种及频次

样品名称	样品总数	检出农药样品数	检出率	检出农药品种数	检出农药(频次)
绿茶	20	20	100.0%	43	联苯菊酯(18),残杀威(14),炔丙菊酯(13),唑虫酰胺(13),烟碱(12),甲醚菊酯(10),三异丁基磷酸盐(10),毒死蜱(7),甲氰菊酯(7),麦草氟甲酯(7),二苯胺(6),呋草黄(6),禾草敌(6),1,4-二甲基萘(5),草完隆(5),蒽醌(5),哒螨灵(4),异丁子香酚(4),3,4,5-混杀威(3),4,4-二氯二苯甲酮(3),苄呋菊酯(3),丁香酚(3),噻嗪酮(3),三氯杀螨醇(3),稻瘟灵(2),环莠隆(2),甲萘威(2),三唑醇(2),三唑磷(2),2,6-二硝基-3-甲氧基-4-叔丁基甲苯(1),苯醚氰菊酯(1),虫螨腈(1),氟虫脲(1),甲胺磷(1),邻二氯苯(1),氯氟氰菊酯(1),嘧霉胺(1),炔螨特(1),噻节因(1),水胺硫磷(1),戊唑醇(1),仲草丹(1),仲丁威(1)
乌龙茶	10	10	100.0%	29	三异丁基磷酸盐(9),联苯菊酯(8),烯虫酯(7),草完隆(5),联苯(5),猛杀威(5),唑虫酰胺(5),2,6-二硝基-3-甲氧基-4-叔丁基甲苯(4),烟碱(4),2,3,5-混杀威(3),残杀威(3),丁香酚(3),呋草黄(3),异丁子香酚(3),3,4,5-混杀威(2),苯醚氰菊酯(2),毒死蜱(2),甲醚菊酯(2),4,4-二氯二苯甲酮(1),虫螨腈(1),哒螨灵(1),丁噻隆(1),甲氰菊酯(1),棉铃威(1),炔丙菊酯(1),三氯杀螨醇(1),威杀灵(1),戊唑醇(1),仲丁威(1)
红茶	10	10	100.0%	19	残杀威(9),联苯菊酯(9),三异丁基磷酸盐(9),草完隆(8),烯虫酯(6),烟碱(5),3,4,5-混杀威(3),麦草氟甲酯(2),炔丙菊酯(2),2,3,5-混杀威(1),毒死蜱(1),呋草黄(1),甲醚菊酯(1),联苯(1),氯氟氰菊酯(1),醚菌酯(1),戊唑醇(1),异丁子香酚(1),唑虫酰胺(1)

上述 3 种茶叶，检出农药 19~43 种，是多种农药综合防治，还是未严格实施农业良好管理规范(GAP)，抑或根本就是乱施药，值得我们思考。

第16章 GC-Q-TOF/MS 侦测太原市市售茶叶农药残留膳食暴露风险与预警风险评估

16.1 农药残留风险评估方法

16.1.1 太原市农药残留侦测数据分析与统计

庞国芳院士科研团队建立的农药残留高通量侦测技术以高分辨精确质量数(0.0001 *m/z* 为基准)为识别标准,采用 GC-Q-TOF/MS 技术对 684 种农药化学污染物进行侦测。

科研团队于 2019 年 1 月期间在太原市 5 个采样点,随机采集了 50 例茶叶样品,具体位置如图 16-1 所示。

图 16-1 GC-Q-TOF/MS 侦测太原市 5 个采样点 50 例样品分布示意图

利用 GC-Q-TOF/MS 技术对 50 例样品中的农药进行侦测,侦测出残留农药 51 种,367 频次。侦测出农药残留水平如表 16-1 和图 16-2 所示。检出频次最高的前 10 种农药如表 16-2 所示。从检测结果中可以看出,在茶叶中农药残留普遍存在,且有些茶叶存在

表 16-1 侦测出农药的不同残留水平及其所占比例列表

残留水平(μg/kg)	检出频次	占比(%)
1~5(含)	43	11.7
5~10(含)	40	10.9
10~100(含)	211	57.5
100~1000	73	19.9
合计	367	100

高浓度的农药残留，这些可能存在膳食暴露风险，对人体健康产生危害，因此，为了定量地评价茶叶中农药残留的风险程度，有必要对其进行风险评价。

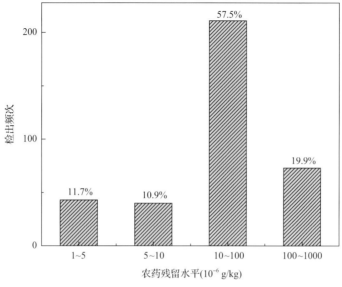

图 16-2　残留农药检出浓度频数分布图

表 16-2　检出频次最高的前 10 种农药列表

序号	农药	检出频次
1	联苯菊酯	36
2	三异丁基磷酸盐	30
3	残杀威	26
4	烯虫酯	21
5	烟碱	21
6	草完隆	19
7	唑虫酰胺	19
8	甲醚菊酯	18
9	炔丙菊酯	16
10	毒死蜱	10

16.1.2　农药残留风险评价模型

对太原市茶叶中农药残留分别开展暴露风险评估和预警风险评估。膳食暴露风险评估利用食品安全指数模型对茶叶中的残留农药对人体可能产生的危害程度进行评价，该模型结合残留监测和膳食暴露评估评价化学污染物的危害；预警风险评价模型运用风险系数(risk index，R)，风险系数综合考虑了危害物的超标率、施检频率及其本身敏感性的影响，能直观而全面地反映出危害物在一段时间内的风险程度。

16.1.2.1　食品安全指数模型

为了加强食品安全管理,《中华人民共和国食品安全法》第二章第十七条规定"国家建立食品安全风险评估制度,运用科学方法,根据食品安全风险监测信息、科学数据以及有关信息,对食品、食品添加剂、食品相关产品中生物性、化学性和物理性危害因素进行风险评估"[1],膳食暴露评估是食品危险度评估的重要组成部分,也是膳食安全性的衡量标准[2]。国际上最早研究膳食暴露风险评估的机构主要是 JMPR(FAO、WHO 农药残留联合会议),该组织自 1995 年就已制定了急性毒性物质的风险评估急性毒性农药残留摄入量的预测。1960 年美国规定食品中不得加入致癌物质进而提出零阈值理论,渐渐零阈值理论发展成在一定概率条件下可接受风险的概念[3],后衍变为食品中每日允许最大摄入量(ADI),而国际食品农药残留法典委员会(CCPR)认为 ADI 不是独立风险评估的唯一标准[4],1995 年 JMPR 开始研究农药急性膳食暴露风险评估,并对食品国际短期摄入量的计算方法进行了修正,亦对膳食暴露评估准则及评估方法进行了修正[5],2002年,在对世界上现行的食品安全评价方法,尤其是国际公认的 CAC 评价方法、全球环境监测系统/食品污染监测和评估规划(WHO GEMS/Food)及 FAO、WHO 食品添加剂联合专家委员会(JECFA)和 JMPR 对食品安全风险评估工作研究的基础之上,检验检疫食品安全管理的研究人员提出了结合残留监控和膳食暴露评估,以食品安全指数 IFS 计算食品中各种化学污染物对消费者的健康危害程度[6]。IFS 是表示食品安全状态的新方法,可有效地评价某种农药的安全性,进而评价食品中各种农药化学污染物对消费者健康的整体危害程度[7, 8]。从理论上分析,IFS_c 可指出食品中的污染物 c 对消费者健康是否存在危害及危害的程度[9]。其优点在于操作简单且结果容易被接受和理解,不需要大量的数据来对结果进行验证,使用默认的标准假设或者模型即可[10, 11]。

1)IFS_c 的计算

IFS_c 计算公式如下:

$$IFS_c = \frac{EDI_c \times f}{SI_c \times bw} \tag{16-1}$$

式中,c 为所研究的农药;EDI_c 为农药 c 的实际日摄入量估算值,等于 $\Sigma(R_i \times F_i \times E_i \times P_i)$($i$ 为食品种类;R_i 为食品 i 中农药 c 的残留水平, mg/kg;F_i 为食品 i 的估计日消费量, g/(人·天);E_i 为食品 i 的可食用部分因子;P_i 为食品 i 的加工处理因子);SI_c 为安全摄入量,可采用每日允许最大摄入量 ADI;bw 为人平均体重, kg;f 为校正因子,如果安全摄入量采用 ADI, 则 f 取 1。

$IFS_c \ll 1$, 农药 c 对食品安全没有影响;$IFS_c \leqslant 1$, 农药 c 对食品安全的影响可以接受;$IFS_c > 1$, 农药 c 对食品安全的影响不可接受。

本次评价中:

$IFS_c \leqslant 0.1$, 农药 c 对茶叶安全没有影响;

$0.1 < IFS_c \leqslant 1$, 农药 c 对茶叶安全的影响可以接受;

$IFS_c > 1$, 农药 c 对茶叶安全的影响不可接受。

　　本次评价中残留水平 R_i 取值为中国检验检疫科学研究院庞国芳院士课题组利用以高分辨精确质量数 (0.0001 m/z) 为基准的 GC-Q-TOF/MS 侦测技术于 2019 年 1 月期间对太原市茶叶农药残留的侦测结果，估计日消费量 F_i 取值 0.0047 kg/(人·天)，$E_i=1$，$P_i=1$，$f=1$，SI_c 采用《食品安全国家标准　食品中农药最大残留限量》(GB 2763—2016) 中 ADI 值 (具体数值见表 16-3)，人平均体重 (bw) 取值 60 kg。

表 16-3　太原市茶叶中侦测出农药的 ADI 值

序号	农药	ADI	序号	农药	ADI	序号	农药	ADI
1	虫螨腈	0.03	18	三氯杀螨醇	0.002	35	丁噻隆	—
2	哒螨灵	0.01	19	三唑醇	0.03	36	丁香酚	—
3	稻瘟灵	0.016	20	三唑磷	0.001	37	蒽醌	—
4	毒死蜱	0.01	21	水胺硫磷	0.003	38	呋草黄	—
5	二苯胺	0.08	22	戊唑醇	0.03	39	环莠隆	—
6	氟虫脲	0.04	23	烟碱	0.0008	40	甲醚菊酯	—
7	禾草敌	0.001	24	仲丁威	0.06	41	联苯	—
8	甲胺磷	0.004	25	唑虫酰胺	0.006	42	邻二氯苯	—
9	甲萘威	0.008	26	1,4-二甲基萘	—	43	麦草氟甲酯	—
10	甲氰菊酯	0.03	27	2,3,5-混杀威	—	44	猛杀威	—
11	联苯菊酯	0.01	28	2,6-二硝基-3-甲氧基-4-叔丁基甲苯	—	45	棉铃威	—
12	氯氟氰菊酯	0.02	29	3,4,5-混杀威	—	46	炔丙菊酯	—
13	醚菌酯	0.4	30	4,4-二氯二苯甲酮	—	47	三异丁基磷酸盐	—
14	嘧霉胺	0.2	31	苯醚氰菊酯	—	48	威杀灵	—
15	炔螨特	0.01	32	苄呋菊酯	—	49	烯虫酯	—
16	噻节因	0.02	33	残杀威	—	50	异丁子香酚	—
17	噻嗪酮	0.009	34	草完隆	—	51	仲草丹	—

注："—"表示为国家标准中无 ADI 值规定；ADI 值单位为 mg/kg bw

　　2) 计算 IFS_c 的平均值 $\overline{IFS}$，评价农药对食品安全的影响程度

以 $\overline{IFS}$ 评价各种农药对人体健康危害的总程度，评价模型见公式 (16-2)。

$$\overline{IFS} = \frac{\sum_{i=1}^{n} IFS_c}{n} \tag{16-2}$$

　　$\overline{IFS} \ll 1$，所研究消费者人群的食品安全状态很好；$\overline{IFS} \leqslant 1$，所研究消费者人群的食品安全状态可以接受；$\overline{IFS} > 1$，所研究消费者人群的食品安全状态不可接受。

本次评价中：

$\overline{\text{IFS}}$≤0.1，所研究消费者人群的茶叶安全状态很好；

0.1<$\overline{\text{IFS}}$≤1，所研究消费者人群的茶叶安全状态可以接受；

$\overline{\text{IFS}}$>1，所研究消费者人群的茶叶安全状态不可接受。

16.1.2.2　预警风险评估模型

2003 年，我国检验检疫食品安全管理的研究人员根据 WTO 的有关原则和我国的具体规定，结合危害物本身的敏感性、风险程度及其相应的施检频率，首次提出了食品中危害物风险系数 R 的概念[12]。R 是衡量一个危害物的风险程度大小最直观的参数，即在一定时期内其超标率或阳性检出率的高低，但受其施检频率的高低及其本身的敏感性(受关注程度)影响。该模型综合考察了农药在茶叶中的超标率、施检频率及其本身敏感性，能直观而全面地反映出农药在一段时间内的风险程度[13]。

1)R 计算方法

危害物的风险系数综合考虑了危害物的超标率或阳性检出率、施检频率和其本身的敏感性影响，并能直观而全面地反映出危害物在一段时间内的风险程度。风险系数 R 的计算公式如式(116-3)：

$$R = aP + \frac{b}{F} + S \tag{16-3}$$

式中，P 为该种危害物的超标率；F 为危害物的施检频率；S 为危害物的敏感因子；a, b 分别为相应的权重系数。

本次评价中 F=1；S=1；a =100；b =0.1，对参数 P 进行计算，计算时首先判断是否为禁用农药，如果为非禁用农药，P=超标的样品数(侦测出的含量高于食品最大残留限量标准值，即 MRL)除以总样品数(包括超标、不超标、未侦测出)；如果为禁用农药，则侦测出即为超标，P=能侦测出的样品数除以总样品数。判断太原市茶叶农药残留是否超标的标准限值 MRL 分别以 MRL 中国国家标准[14]和 MRL 欧盟标准作为对照，具体值列于本报告附表一中。

2)评价风险程度

R≤1.5，受检农药处于低度风险；

1.5<R≤2.5，受检农药处于中度风险；

R>2.5，受检农药处于高度风险。

16.1.2.3　食品膳食暴露风险和预警风险评估应用程序的开发

1)应用程序开发的步骤

为成功开发膳食暴露风险和预警风险评估应用程序，与软件工程师多次沟通讨论，逐步提出并描述清楚计算需求，开发了初步应用程序。为明确出不同茶叶、不同农药、不同地域的风险水平，向软件工程师提出不同的计算需求，软件工程师对计算需求进行逐一分析，经过反复的细节沟通，需求分析得到明确后，开始进行解决方案的设计，在保证需求的完整性、一致性的前提下，编写出程序代码，最后设计出满足需求的风险评估专用计算软件，并通过一系列的软件测试和改进，完成专用程序的开发。软件开发基本步骤见图 16-3。

图 16-3　专用程序开发总体步骤

2) 膳食暴露风险评估专业程序开发的基本要求

首先直接利用公式(16-1)，分别计算 LC-Q-TOF/MS 和 GC-Q-TOF/MS 仪器侦测出的各茶叶样品中每种农药 IFS_c，将结果列出。为考察超标农药和禁用农药的使用安全性，分别以我国《食品安全国家标准　食品中农药最大残留限量》(GB 2763—2016)和欧盟食品中农药最大残留限量(以下简称 MRL 中国国家标准和 MRL 欧盟标准)为标准，对侦测出的禁用农药和超标的非禁用农药 IFS_c 单独进行评价；按 IFS_c 大小列表，并找出 IFS_c 值排名前 20 的样本重点关注。

对不同茶叶 i 中每一种侦测出的农药 c 的安全指数进行计算，多个样品时求平均值。按农药种类，计算整个监测时间段内每种农药的 IFS_c，不区分茶叶种类。

3) 预警风险评估专业程序开发的基本要求

分别以 MRL 中国国家标准和 MRL 欧盟标准，按公式(16-3)逐个计算不同茶叶、不同农药的风险系数，禁用农药和非禁用农药分别列表。

为清楚了解各种农药的预警风险，不分时间，不分茶叶，按禁用农药和非禁用农药分类，分别计算各种侦测出农药全部检测时段内风险系数。由于有 MRL 中国国家标准的农药种类太少，无法计算超标数，非禁用农药的风险系数只以 MRL 欧盟标准为标准，进行计算。

4) 风险程度评价专业应用程序的开发方法

采用 Python 计算机程序设计语言，Python 是一个高层次地结合了解释性、编译性、互动性和面向对象的脚本语言。风险评价专用程序主要功能包括：分别读入每例样品 LC-Q-TOF/MS 和 GC-Q-TOF/MS 农药残留检测数据，根据风险评价工作要求，依次对不同农药、不同食品、不同时间、不同采样点的 IFS_c 值和 R 值分别进行数据计算，筛选出禁用农药、超标农药(分别与 MRL 中国国家标准、MRL 欧盟标准限值进行对比)单独重点分析，再分别对各农药、各茶叶种类分类处理，设计出计算和排序程序，编写计算机代码，最后将生成的膳食暴露风险评估和超标风险评估定量计算结果列入设计好的各个表格中，并定性判断风险对目标的影响程度，直接用文字描述风险发生的高低，如"不可接受"、"可以接受"、"没有影响"、"高度风险"、"中度风险"、"低度风险"。

16.2　GC-Q-TOF/MS 侦测太原市市售茶叶农药残留膳食暴露风险评估

16.2.1　每例茶叶样品中农药残留安全指数分析

基于 2019 年 1 月的农药残留侦测数据，发现在 50 例样品中侦测出农药 367 频次，计算样品中每种残留农药的安全指数 IFS_c，并分析农药对样品安全的影响程度，结果详见附表二，农药残留对茶叶样品安全的影响程度频次分布情况如图 16-4 所示。

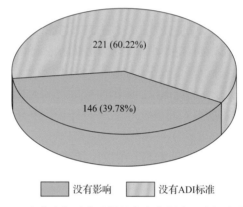

图 16-4　农药残留对茶叶样品安全的影响程度频次分布图

由图 16-4 可以看出，农药残留对样品安全的没有影响的频次为 146，占 39.78%。

部分样品侦测出禁用农药 5 种 18 频次，为了明确残留的禁用农药对样品安全的影响，分析侦测出禁用农药残留的样品安全指数，禁用农药残留对茶叶样品安全的影响程度频次分布情况如图 16-5 所示，农药残留对样品安全没有影响的频次为 18，占 100%。

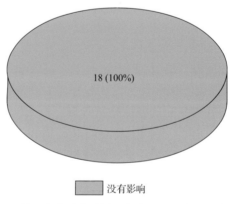

图 16-5　禁用农药对茶叶样品安全影响程度的频次分布图

此外，本次侦测发现部分样品中非禁用农药残留量超过了 MRL 欧盟标准，为了明确超标的非禁用农药对样品安全的影响，分析了非禁用农药残留超标的样品安全指数。残留量超过 MRL 欧盟标准的非禁用农药对茶叶样品安全的影响程度频次分布情况如图 16-6 所示。可以看出超过 MRL 欧盟标准的非禁用农药共 164 频次，其中农药没有 ADI 的频次为 31，占 18.9%；农药残留对样品安全没有影响的频次为 133，占 81.1%。表 16-4 为茶叶样品中安全指数排名前 10 的残留超标非禁用农药列表。

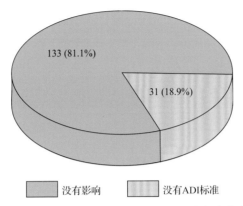

图 16-6　残留超标的非禁用农药对茶叶样品安全的影响程度频次分布图（MRL 欧盟标准）

表 16-4　茶叶样品中安全指数排名前 10 的残留超标非禁用农药列表（MRL 欧盟标准）

序号	样品编号	采样点	基质	农药	含量 (mg/kg)	欧盟标准	IFSc	影响程度
1	20190106-140100-QHDCIQ-GT-01C	***超市（和信时尚商城店）	绿茶	唑虫酰胺	0.6157	0.01	8.04×10^{-3}	没有影响
2	20190106-140100-QHDCIQ-GT-01B	***超市（和信时尚商城店）	绿茶	唑虫酰胺	0.5255	0.01	6.86×10^{-3}	没有影响
3	20190106-140100-QHDCIQ-GT-01G	***超市（和信时尚商城店）	绿茶	禾草敌	0.073	0.05	5.72×10^{-3}	没有影响
4	20190106-140100-QHDCIQ-GT-01E	***超市（和信时尚商城店）	绿茶	唑虫酰胺	0.4338	0.01	5.66×10^{-3}	没有影响
5	20190106-140100-QHDCIQ-GT-02B	***超市（百盛购物中心店）	绿茶	唑虫酰胺	0.426	0.01	5.56×10^{-3}	没有影响
6	20190107-140100-QHDCIQ-GT-05A	***超市（亲贤店）	绿茶	唑虫酰胺	0.4022	0.01	5.25×10^{-3}	没有影响
7	20190106-140100-QHDCIQ-GT-01C	***超市（和信时尚商城店）	绿茶	噻嗪酮	0.4244	0.05	3.69×10^{-3}	没有影响
8	20190106-140100-QHDCIQ-GT-02A	***超市（百盛购物中心店）	绿茶	唑虫酰胺	0.1987	0.01	2.59×10^{-3}	没有影响
9	20190106-140100-QHDCIQ-BT-01E	***超市（和信时尚商城店）	红茶	唑虫酰胺	0.1442	0.01	1.88×10^{-3}	没有影响
10	20190106-140100-QHDCIQ-GT-01A	***超市（和信时尚商城店）	绿茶	唑虫酰胺	0.1405	0.01	1.83×10^{-3}	没有影响

16.2.2　单种茶叶中农药残留安全指数分析

本次 4 种茶叶侦测 51 种农药，检出频次为 367 次，其中 26 种农药没有 ADI，25 种农药存在 ADI 标准。4 种茶叶按不同种类分别计算侦测出的具有 ADI 标准的各种农药的

IFS$_c$值，农药残留对茶叶的安全指数分布图如图 16-7 所示。

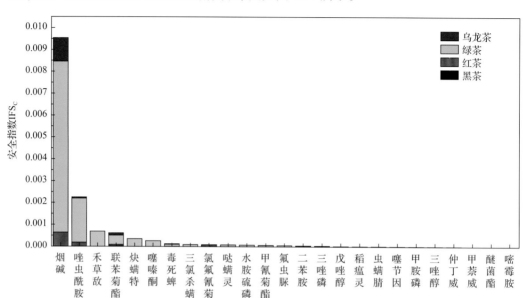

图 16-7　5 种茶叶中 25 种残留农药的安全指数分布图

本次侦测中，4 种茶叶和 51 种残留农药(包括没有 ADI)共涉及 100 个分析样本，农药对单种茶叶安全的影响程度分布情况如图 16-8 所示。可以看出，43%的样本中农药对茶叶安全没有影响。

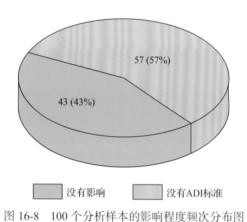

图 16-8　100 个分析样本的影响程度频次分布图

16.2.3　所有茶叶中农药残留安全指数分析

计算所有茶叶中 25 种农药的 IFS$_c$ 值，结果如图 16-9 及表 16-5 所示。

分析发现，所有农药对茶叶安全的影响程度均为没有影响。说明茶叶中残留的农药不会对茶叶安全造成影响。

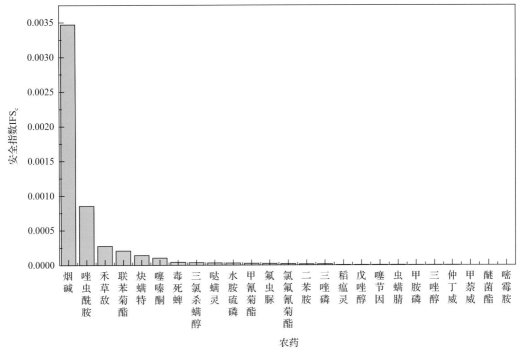

图 16-9　25 种残留农药对茶叶的安全影响程度统计图

表 16-5　茶叶中 25 种农药残留的安全指数表

序号	农药	检出频次	检出率(%)	IFS$_c$	影响程度	序号	农药	检出频次	检出率(%)	IFS$_c$	影响程度
1	烟碱	21	42	3.47×10^{-3}	没有影响	14	二苯胺	10	20	1.56×10^{-5}	没有影响
2	唑虫酰胺	19	38	8.53×10^{-4}	没有影响	15	三唑磷	2	4	1.46×10^{-5}	没有影响
3	禾草敌	6	12	2.76×10^{-4}	没有影响	16	稻瘟灵	2	4	4.97×10^{-6}	没有影响
4	联苯菊酯	36	72	2.07×10^{-4}	没有影响	17	戊唑醇	3	6	3.92×10^{-6}	没有影响
5	炔螨特	1	2	1.43×10^{-4}	没有影响	18	噻节因	1	2	3.87×10^{-6}	没有影响
6	噻嗪酮	3	6	1.05×10^{-4}	没有影响	19	虫螨腈	2	4	3.30×10^{-6}	没有影响
7	毒死蜱	10	20	4.44×10^{-5}	没有影响	20	甲胺磷	1	2	2.51×10^{-6}	没有影响
8	三氯杀螨醇	4	8	3.70×10^{-5}	没有影响	21	三唑醇	2	4	1.74×10^{-6}	没有影响
9	哒螨灵	5	10	3.29×10^{-5}	没有影响	22	仲丁威	2	4	1.20×10^{-6}	没有影响
10	水胺硫磷	1	2	3.00×10^{-5}	没有影响	23	甲萘威	2	4	7.25×10^{-7}	没有影响
11	甲氰菊酯	8	16	2.58×10^{-5}	没有影响	24	醚菌酯	1	2	1.54×10^{-7}	没有影响
12	氟虫脲	1	2	2.40×10^{-5}	没有影响	25	嘧霉胺	1	2	9.17×10^{-8}	没有影响
13	氯氟氰菊酯	2	4	2.06×10^{-5}	没有影响						

16.3 GC-Q-TOF/MS 侦测太原市市售茶叶 农药残留预警风险评估

基于太原市茶叶样品中农药残留 GC-Q-TOF/MS 侦测数据,分析禁用农药的检出率,同时参照中华人民共和国国家标准 GB2763—2016 和欧盟农药最大残留限量(MRL)标准分析非禁用农药残留的超标率,并计算农药残留风险系数。分析单种茶叶中农药残留以及所有茶叶中农药残留的风险程度。

16.3.1 单种茶叶中农药残留风险系数分析

16.3.1.1 单种茶叶中禁用农药残留风险系数分析

侦测出的 51 种残留农药中有 5 种为禁用农药,且它们分布在 3 种茶叶中,计算 3 种茶叶中禁用农药的检出率,根据检出率计算风险系数 R,进而分析茶叶中禁用农药的风险程度,结果如图 16-10 与表 16-6 所示。分析发现 5 种禁用农药在 3 种茶叶中的残留处均于高度风险。

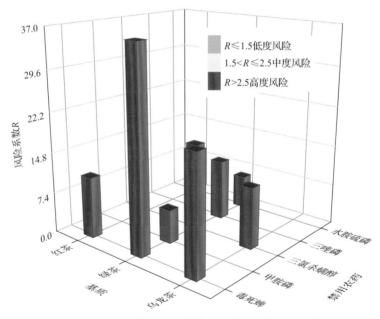

图 16-10 3 种茶叶中 5 种禁用农药残留的风险系数

表 16-6 3 种茶叶中 5 种禁用农药残留的风险系数表

序号	基质	农药	检出频次	检出率(%)	风险系数 R	风险程度
1	绿茶	毒死蜱	7	35	36.1	高度风险
2	乌龙茶	毒死蜱	2	20	21.1	高度风险

续表

序号	基质	农药	检出频次	检出率(%)	风险系数 R	风险程度
3	绿茶	三氯杀螨醇	3	15	16.1	高度风险
4	乌龙茶	三氯杀螨醇	1	10	11.1	高度风险
5	红茶	毒死蜱	1	10	11.1	高度风险
6	绿茶	三唑磷	2	10	11.1	高度风险
7	绿茶	水胺硫磷	1	5	6.1	高度风险
8	绿茶	甲胺磷	1	5	6.1	高度风险

16.3.1.2　基于 MRL 中国国家标准的单种茶叶中非禁用农药残留风险系数分析

参照中华人民共和国国家标准 GB 2763—2016 中农药残留限量计算每种茶叶中每种非禁用农药的超标率, 进而计算其风险系数, 根据风险系数大小判断残留农药的预警风险程度, 茶叶中非禁用农药残留风险程度分布情况如图 16-11 所示。

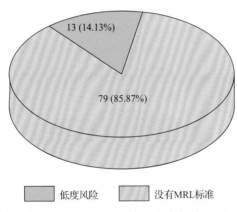

图 16-11　茶叶中非禁用农药残留的风险程度分布图(MRL 中国国家标准)

本次分析中, 发现在 4 种茶叶检出 46 种残留非禁用农药, 涉及样本 92 个, 在 92 个样本中, 14.13%处于低度风险, 此外发现有 79 个样本没有 MRL 中国国家标准值, 无法判断其风险程度, 有 MRL 中国国家标准值的 13 个样本涉及 4 种茶叶中的 6 种非禁用农药, 其风险系数 R 值如图 16-12 所示。

16.3.1.3　基于 MRL 欧盟标准的单种茶叶中非禁用农药残留风险系数分析

参照 MRL 欧盟标准计算每种茶叶中每种非禁用农药的超标率, 进而计算其风险系数, 根据风险系数大小判断农药残留的预警风险程度, 茶叶中非禁用农药残留风险程度分布情况如图 16-13 所示。

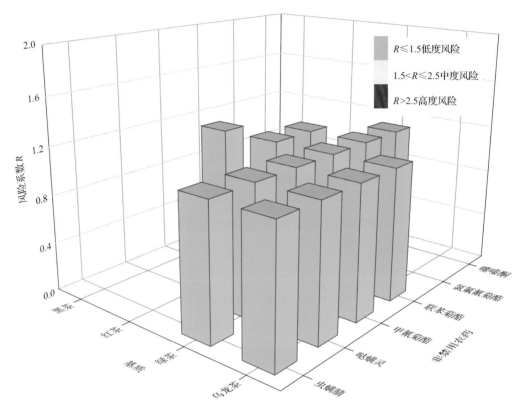

图 16-12　4 种茶叶中 6 种非禁用农药残留的风险程度分布图（MRL 中国国家标准）

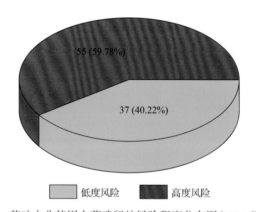

图 16-13　茶叶中非禁用农药残留的风险程度分布图（MRL 欧盟标准）

　　本次分析中，发现在 4 种茶叶中共侦测出 46 种非禁用农药，涉及样本 92 个，其中，59.78%处于高度风险，涉及 4 种茶叶和 24 种农药；40.22%处于低度风险，涉及 4 种茶叶和 29 种农药。单种茶叶中的非禁用农药风险系数分布图如图 16-14 所示。单种茶叶中处于高度风险的非禁用农药风险系数如图 16-15 和表 16-7 所示。

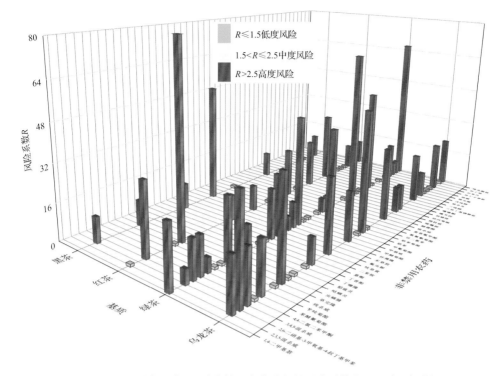

图 16-14　4 种茶叶中 46 种非禁用农药残留的风险系数（MRL 欧盟标准）

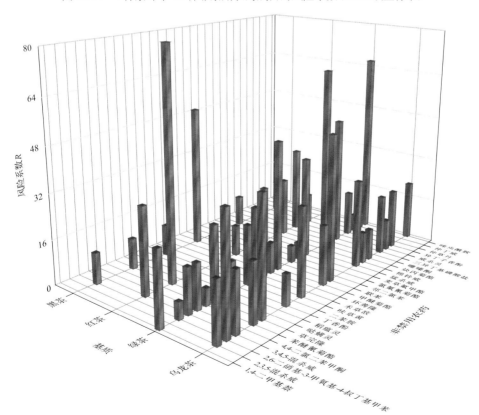

图 16-15　单种茶叶中处于高度风险的非禁用农药的风险系数（MRL 欧盟标准）

表 16-7 单种茶叶中处于高度风险的非禁用农药残留的风险系数表(MRL 欧盟标准)

序号	基质	农药	超标频次	超标率 $P(\%)$	风险系数 R
1	红茶	草完隆	8	80	81.1
2	绿茶	唑虫酰胺	13	65	66.1
3	绿茶	炔丙菊酯	13	65	66.1
4	乌龙茶	联苯	5	50	51.1
5	黑茶	甲醚菊酯	5	50	51.1
6	绿茶	三异丁基磷酸盐	9	45	46.1
7	绿茶	甲醚菊酯	9	45	46.1
8	乌龙茶	2,6-二硝基-3-甲氧基-4-叔丁基甲苯	4	40	41.1
9	乌龙茶	草完隆	4	40	41.1
10	绿茶	麦草氟甲酯	7	35	36.1
11	乌龙茶	呋草黄	3	30	31.1
12	乌龙茶	猛杀威	3	30	31.1
13	红茶	3,4,5-混杀威	3	30	31.1
14	红茶	三异丁基磷酸盐	3	30	31.1
15	绿茶	1,4-二甲基萘	5	25	26.1
16	绿茶	呋草黄	5	25	26.1
17	绿茶	草完隆	5	25	26.1
18	乌龙茶	2,3,5-混杀威	2	20	21.1
19	乌龙茶	3,4,5-混杀威	2	20	21.1
20	乌龙茶	三异丁基磷酸盐	2	20	21.1
21	乌龙茶	唑虫酰胺	2	20	21.1
22	乌龙茶	异丁子香酚	2	20	21.1
23	乌龙茶	甲醚菊酯	2	20	21.1
24	乌龙茶	苯醚氰菊酯	2	20	21.1
25	红茶	炔丙菊酯	2	20	21.1
26	红茶	麦草氟甲酯	2	20	21.1
27	绿茶	二苯胺	4	20	21.1
28	绿茶	3,4,5-混杀威	3	15	16.1
29	绿茶	4,4-二氯二苯甲酮	3	15	16.1
30	绿茶	噻嗪酮	3	15	16.1
31	绿茶	异丁子香酚	3	15	16.1
32	乌龙茶	丁香酚	1	10	11.1
33	乌龙茶	威杀灵	1	10	11.1

续表

序号	基质	农药	超标频次	超标率 $P(\%)$	风险系数 R
34	乌龙茶	棉铃威	1	10	11.1
35	乌龙茶	炔丙菊酯	1	10	11.1
36	红茶	呋草黄	1	10	11.1
37	红茶	唑虫酰胺	1	10	11.1
38	红茶	异丁子香酚	1	10	11.1
39	红茶	氯氟氰菊酯	1	10	11.1
40	红茶	甲醚菊酯	1	10	11.1
41	绿茶	环莠隆	2	10	11.1
42	绿茶	稻瘟灵	2	10	11.1
43	黑茶	2,6-二硝基-3-甲氧基-4-叔丁基甲苯	1	10	11.1
44	黑茶	二苯胺	1	10	11.1
45	黑茶	仲草丹	1	10	11.1
46	黑茶	棉铃威	1	10	11.1
47	黑茶	草完隆	1	10	11.1
48	绿茶	2,6-二硝基-3-甲氧基-4-叔丁基甲苯	1	5	6.1
49	绿茶	仲丁威	1	5	6.1
50	绿茶	仲草丹	1	5	6.1
51	绿茶	哒螨灵	1	5	6.1
52	绿茶	氯氟氰菊酯	1	5	6.1
53	绿茶	禾草敌	1	5	6.1
54	绿茶	苯醚氰菊酯	1	5	6.1
55	绿茶	邻二氯苯	1	5	6.1

16.3.2　所有茶叶中农药残留风险系数分析

16.3.2.1　所有茶叶中禁用农药残留风险系数分析

在侦测出的 51 种农药中有 5 种为禁用农药，计算所有茶叶中禁用农药的风险系数，结果如表 16-8 所示。在 5 种禁用农药中，5 种农药残留全部处于高度风险。

表 16-8　茶叶中 5 种禁用农药的风险系数表

序号	农药	检出频次	检出率(%)	风险系数 R	风险程度
1	毒死蜱	10	20.00	21.10	高度风险
2	三氯杀螨醇	4	8.00	9.10	高度风险
3	三唑磷	2	4.00	5.10	高度风险
4	水胺硫磷	1	2.00	3.10	高度风险
5	甲胺磷	1	2.00	3.10	高度风险

16.3.2.2　所有茶叶中非禁用农药残留风险系数分析

参照 MRL 欧盟标准计算所有茶叶中每种非禁用农药残留的风险系数，如图 16-16 与表 16-9 所示。在侦测出的 46 种非禁用农药中，29 种农药(63.04%)残留处于高度风险，17 种农药(36.96%)残留处于低度风险。

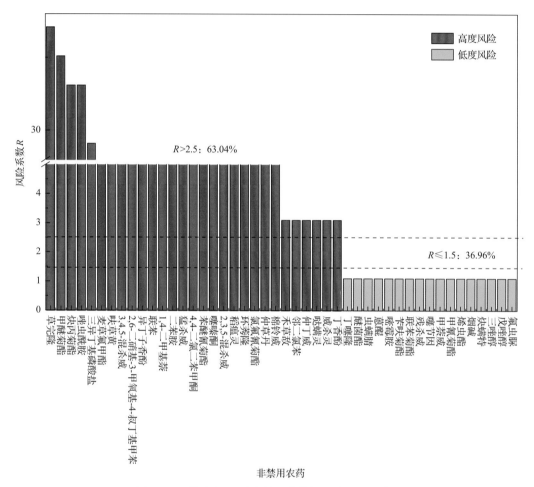

图 16-16　茶叶中 46 种非禁用农药的风险程度统计图

表 16-9　茶叶中 46 种非禁用农药的风险系数表

序号	农药	超标频次	超标率 $P(\%)$	风险系数 R	风险程度
1	草完隆	18	36.00	37.10	高度风险
2	甲醚菊酯	17	34.00	35.10	高度风险
3	炔丙菊酯	16	32.00	33.10	高度风险
4	唑虫酰胺	16	32.00	33.10	高度风险
5	三异丁基磷酸盐	14	28.00	29.10	高度风险

续表

序号	农药	超标频次	超标率 P(%)	风险系数 R	风险程度
6	麦草氟甲酯	9	18.00	19.10	高度风险
7	呋草黄	9	18.00	19.10	高度风险
8	3,4,5-混杀威	8	16.00	17.10	高度风险
9	2,6-二硝基-3-甲氧基-4-叔丁基甲苯	6	12.00	13.10	高度风险
10	异丁子香酚	6	12.00	13.10	高度风险
11	联苯	5	10.00	11.10	高度风险
12	1,4-二甲基萘	5	10.00	11.10	高度风险
13	二苯胺	5	10.00	11.10	高度风险
14	猛杀威	3	6.00	7.10	高度风险
15	4,4-二氯二苯甲酮	3	6.00	7.10	高度风险
16	苯醚氰菊酯	3	6.00	7.10	高度风险
17	噻嗪酮	3	6.00	7.10	高度风险
18	2,3,5-混杀威	2	4.00	5.10	高度风险
19	稻瘟灵	2	4.00	5.10	高度风险
20	环莠隆	2	4.00	5.10	高度风险
21	氯氟氰菊酯	2	4.00	5.10	高度风险
22	仲草丹	2	4.00	5.10	高度风险
23	棉铃威	2	4.00	5.10	高度风险
24	禾草敌	1	2.00	3.10	高度风险
25	邻二氯苯	1	2.00	3.10	高度风险
26	仲丁威	1	2.00	3.10	高度风险
27	哒螨灵	1	2.00	3.10	高度风险
28	威杀灵	1	2.00	3.10	高度风险
29	丁香酚	1	2.00	3.10	高度风险
30	丁噻隆	0	0	1.10	低度风险
31	醚菌酯	0	0	1.10	低度风险
32	虫螨腈	0	0	1.10	低度风险
33	蒽醌	0	0	1.10	低度风险
34	嘧霉胺	0	0	1.10	低度风险
35	苄呋菊酯	0	0	1.10	低度风险
36	联苯菊酯	0	0	1.10	低度风险
37	残杀威	0	0	1.10	低度风险
38	噻节因	0	0	1.10	低度风险

序号	农药	超标频次	超标率 $P(\%)$	风险系数 R	风险程度
39	甲萘威	0	0	1.10	低度风险
40	甲氰菊酯	0	0	1.10	低度风险
41	烯虫酯	0	0	1.10	低度风险
42	烟碱	0	0	1.10	低度风险
43	炔螨特	0	0	1.10	低度风险
44	三唑醇	0	0	1.10	低度风险
45	戊唑醇	0	0	1.10	低度风险
46	氟虫脲	0	0	1.10	低度风险

16.4　GC-Q-TOF/MS 侦测太原市市售茶叶
农药残留风险评估结论与建议

　　农药残留是影响茶叶安全和质量的主要因素，也是我国食品安全领域备受关注的敏感话题和亟待解决的重大问题之一[15,16]。各种茶叶均存在不同程度的农药残留现象，本研究主要针对太原市各类茶叶存在的农药残留问题，基于 2019 年 1 月对太原市 50 例茶叶样品中农药残留侦测得出的 367 个侦测结果，分别采用食品安全指数模型和风险系数模型，开展茶叶中农药残留的膳食暴露风险和预警风险评估。茶叶样品取自超市和茶叶专营店，符合大众的膳食来源，风险评价时更具有代表性和可信度。

　　本研究力求通用简单地反映食品安全中的主要问题，且为管理部门和大众容易接受，为政府及相关管理机构建立科学的食品安全信息发布和预警体系提供科学的规律与方法，加强对农药残留的预警和食品安全重大事件的预防，控制食品风险。

16.4.1　太原市茶叶中农药残留膳食暴露风险评价结论

　　1)茶叶样品中农药残留安全状态评价结论

　　采用食品安全指数模型，对 2019 年 1 月期间太原市茶叶食品农药残留膳食暴露风险进行评价，根据 $\overline{IFS_c}$ 的计算结果发现，茶叶中农药的 $\overline{IFS}$ 为 2.13×10^{-4}，说明太原市茶叶总体处于可以接受的安全状态，但部分禁用农药、高残留农药在茶叶中仍有侦测出，导致膳食暴露风险的存在，成为不安全因素。

　　2)禁用农药膳食暴露风险评价

　　本次检测发现部分茶叶样品中有禁用农药侦测出，侦测出禁用农药 5 种，侦测出频次为 18，茶叶样品中的禁用农药 IFS_c 计算结果表明，禁用农药残留膳食暴露风险没有影响的频次为 18，占 100%。

16.4.2　太原市茶叶中农药残留预警风险评价结论

1)单种茶叶中禁用农药残留的预警风险评价结论

本次检测过程中，在 3 种茶叶中检测出 5 种禁用农药，禁用农药为：三氯杀螨醇、毒死蜱、三唑磷、水胺硫磷、甲胺磷，茶叶为：乌龙茶、红茶、绿茶，茶叶中禁用农药的风险系数分析结果显示，5 种禁用农药在 3 种茶叶中的残留均处于高度风险，说明在单种茶叶中禁用农药的残留会导致较高的预警风险。

2)单种茶叶中非禁用农药残留的预警风险评价结论

以 MRL 中国国家标准为标准，计算茶叶中非禁用农药风险系数情况下，92 个样本中，13 个处于低度风险(14.13%)，79 个样本没有 MRL 中国国家标准(85.87%)。以 MRL 欧盟标准为标准，计算茶叶中非禁用农药风险系数情况下，发现有 55 个处于高度风险(59.78%)，37 个处于低度风险(40.22%)。基于两种 MRL 标准，评价的结果差异显著，可以看出 MRL 欧盟标准比中国国家标准更加严格和完善，过于宽松的 MRL 中国国家标准值能否有效保障人体的健康有待研究。

16.4.3　加强太原市茶叶食品安全建议

我国食品安全风险评价体系仍不够健全，相关制度不够完善，多年来，由于农药用药次数多、用药量大或用药间隔时间短，产品残留量大，农药残留所造成的食品安全问题日益严峻，给人体健康带来了直接或间接的危害。据估计，美国与农药有关的癌症患者数约占全国癌症患者总数的 50%，中国更高。同样，农药对其他生物也会形成直接杀伤和慢性危害，植物中的农药可经过食物链逐级传递并不断蓄积，对人和动物构成潜在威胁，并影响生态系统。

基于本次农药残留侦测数据的风险评价结果，提出以下几点建议：

1)加快食品安全标准制定步伐

我国食品标准中对农药每日允许最大摄入量 ADI 的数据严重缺乏，在本次评价所涉及的 51 种农药中，仅有 49.02%的农药具有 ADI 值，而 50.98%的农药中国尚未规定相应的 ADI 值，亟待完善。

我国食品中农药最大残留限量值的规定严重缺乏，对评估涉及的不同茶叶中不同农药 100 个 MRL 限值进行统计来看，我国仅制定出 17 个标准，我国标准完整率仅为 17%，欧盟的完整率达到 100%(表 16-10)。因此，中国更应加快 MRL 的制定步伐。

表 16-10　我国国家食品标准农药的 ADI、MRL 值与欧盟标准的数量差异

分类		中国 ADI	MRL 中国国家标准	MRL 欧盟标准
标准限值(个)	有	25	17	100
	无	26	83	0
总数(个)		51	100	100
无标准限值比例(%)		50.98	83	0

此外，MRL 中国国家标准限值普遍高于欧盟标准限值，这些标准中共有 8 个高于欧盟。过高的 MRL 值难以保障人体健康，建议继续加强对限值基准和标准的科学研究，将农产品中的危险性减少到尽可能低的水平。

2）加强农药的源头控制和分类监管

在太原市某些茶叶中仍有禁用农药残留，利用 GC-Q-TOF/MS 技术侦测出 5 种禁用农药，检出频次为 18 次，残留禁用农药均存在较大的膳食暴露风险和预警风险。早已列入黑名单的禁用农药在我国并未真正退出，有些药物由于价格便宜、工艺简单，此类高毒农药一直生产和使用。建议在我国采取严格有效的控制措施，从源头控制禁用农药。

对于非禁用农药，在我国作为"田间地头"最典型单位的县级茶叶产地中，农药残留的检测几乎缺失。建议根据农药的毒性，对高毒、剧毒、中毒农药实现分类管理，减少使用高毒和剧毒高残留农药，进行分类监管。

3）加强农药生物基准和降解技术研究

从市售茶叶中残留农药的品种多、频次高、禁用农药多次检出这一现状，说明了我国的田间土壤和水体因农药长期、频繁、不合理的使用而遭到严重污染。为此，建议中国相关部门出台相关政策，鼓励高校及科研院所积极开展分子生物学、酶学等研究，加强土壤、水体中残留农药的生物修复及降解新技术研究，切实加大农药监管力度，以控制农药的面源污染问题。

综上所述，在本工作基础上，根据茶叶残留危害，可进一步针对其成因提出和采取严格管理、大力推广无公害茶叶种植与生产、健全食品安全控制技术体系、加强茶叶质量检测体系建设和积极推行茶叶质量追溯制度等相应对策。建立和完善食品安全综合评价指数与风险监测预警系统，对食品安全进行实时、全面的监控与分析，为我国的食品安全科学监管与决策提供新的技术支持，可实现各类检验数据的信息化系统管理，降低食品安全事故的发生。

呼和浩特市

第17章 LC-Q-TOF/MS 侦测呼和浩特市 40 例市售茶叶样品农药残留报告

从呼和浩特市所属 4 个区，随机采集了 40 例茶叶样品，使用液相色谱-四极杆飞行时间质谱(LC-Q-TOF/MS)对 825 种农药化学污染物示范侦测(7 种负离子模式 ESI 未涉及)。

17.1 样品种类、数量与来源

17.1.1 样品采集与检测

为了真实反映百姓日常饮用的茶叶中农药残留污染状况，本次所有检测样品均由检验人员于 2019 年 2 月期间，从呼和浩特市所属 8 个采样点，包括 8 个超市，以随机购买方式采集，总计 8 批 40 例样品，从中检出农药 21 种，159 频次。采样及监测概况见图 17-1 及表 17-1，样品及采样点明细见表 17-2 及表 17-3(侦测原始数据见附表 1)。

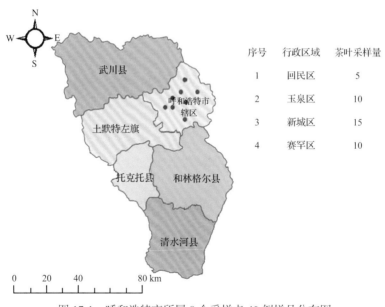

序号	行政区域	茶叶采样量
1	回民区	5
2	玉泉区	10
3	新城区	15
4	赛罕区	10

图 17-1 呼和浩特市所属 8 个采样点 40 例样品分布图

表 17-1 农药残留监测总体概况

采样地区	呼和浩特市所属 4 个区
采样点(超市)	8
样本总数	40
检出农药品种/频次	21/159
各采样点样本农药残留检出率范围	80.0%~100.0%

表 17-2　样品分类及数量

样品分类	样品名称(数量)	数量小计
1. 茶叶		40
1)发酵类茶叶	黑茶(21)、红茶(4)、乌龙茶(9)	34
2)未发酵类茶叶	花茶(1)、绿茶(5)	6
合计	茶叶 5 种	40

表 17-3　呼和浩特市采样点信息

采样点序号	行政区域	采样点
超市(8)		
1	回民区	***超市(***购物中心店)
2	赛罕区	***超市(呼和浩特万达广场店)
3	赛罕区	***超市(呼和浩特大学西街名都店)
4	新城区	***超市(金太店)
5	新城区	***超市(兴安店)
6	新城区	***超市(新华大街店)
7	玉泉区	***超市(七彩城店)
8	玉泉区	***超市(鄂尔多斯大街)

17.1.2　检测结果

这次使用的检测方法是庞国芳院士团队最新研发的不需使用标准品对照，而以高分辨精确质量数(0.0001 m/z)为基准的 LC-Q-TOF/MS 检测技术，对于 40 例样品，每个样品均侦测了 825 种农药化学污染物的残留现状。通过本次侦测，在 40 例样品中共计检出农药化学污染物 21 种，检出 159 频次。

17.1.2.1　各采样点样品检出情况

统计分析发现 8 个采样点中，被测样品的农药检出率范围为 80.0%~100.0%。其中，有 6 个采样点样品的检出率最高，达到了 100.0%，分别是：***超市(***购物中心店)、***超市(呼和浩特万达广场店)、***超市(呼和浩特大学西街名都店)、***超市(金太店)、***超市(兴安店)和***超市(七彩城店)。***超市(新华大街店)和***超市(鄂尔多斯大街)的检出率最低，均为 80.0%，见图 17-2。

17.1.2.2　检出农药的品种总数与频次

统计分析发现，对于 40 例样品中 825 种农药化学污染物的侦测，共检出农药 159

频次，涉及农药 21 种，结果如图 17-3 所示。其中啶虫脒检出频次最高，共检出 28 次。检出频次排名前 10 的农药如下：①啶虫脒(28)，②唑虫酰胺(27)，③哒螨灵(21)，④噻嗪酮(17)，⑤苯醚甲环唑(13)，⑥三唑磷(11)，⑦吡虫啉(9)，⑧吡唑醚菌酯(7)，⑨茚虫威(6)，⑩噻虫啉(4)。

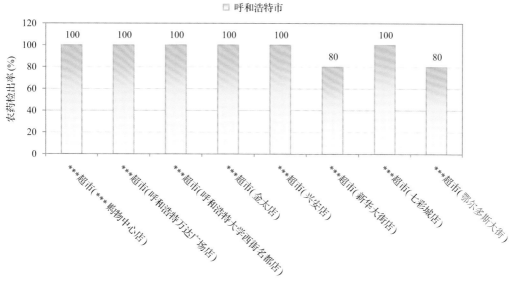

图 17-2　各采样点样品中的农药检出率

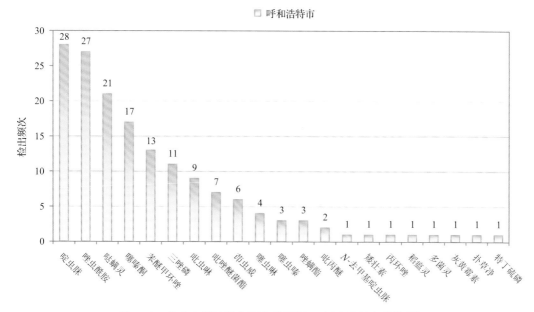

图 17-3　检出农药品种及频次(仅列出 1 频次及以上的数据)

由图 17-4 可见，黑茶、乌龙茶和绿茶这 3 种茶叶样品中检出的农药品种数较高，均超过 10 种，其中，黑茶检出农药品种最多，为 17 种。由图 17-5 可见，黑茶、乌龙茶和绿茶这 3 种茶叶样品中的农药检出频次较高，均超过 20 次，其中，黑茶检出农药频次最高，为 82 次。

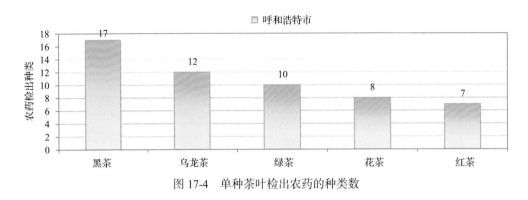

图 17-4　单种茶叶检出农药的种类数

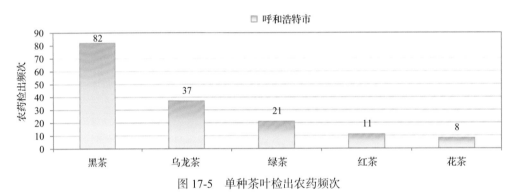

图 17-5　单种茶叶检出农药频次

17.1.2.3　单例样品农药检出种类与占比

对单例样品检出农药种类和频次进行统计发现，未检出农药的样品占总样品数的 5.0%，检出 1 种农药的样品占总样品数的 12.5%，检出 2~5 种农药的样品占总样品数的 55.0%，检出 6~10 种农药的样品占总样品数的 27.5%。每例样品中平均检出农药为 4.0 种，数据见表 17-4 及图 17-6。

表 17-4　单例样品检出农药品种占比

检出农药品种数	样品数量/占比(%)
未检出	2/5.0
1 种	5/12.5
2~5 种	22/55.0
6~10 种	11/27.5
单例样品平均检出农药品种	4.0 种

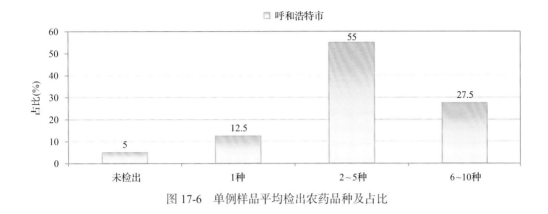

图 17-6　单例样品平均检出农药品种及占比

17.1.2.4　检出农药类别与占比

所有检出农药按功能分类，包括杀虫剂、杀菌剂、杀螨剂、除草剂、植物生长调节剂共 5 类。其中杀虫剂与杀菌剂为主要检出的农药类别，分别占总数的 52.4% 和 28.6%，见表 17-5 及图 17-7。

表 17-5　检出农药所属类别/占比

农药类别	数量/占比(%)
杀虫剂	11/52.4
杀菌剂	6/28.6
杀螨剂	2/9.5
除草剂	1/4.8
植物生长调节剂	1/4.8

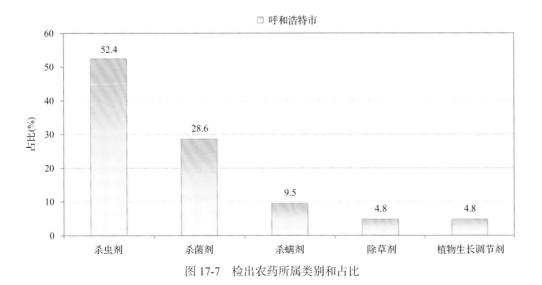

图 17-7　检出农药所属类别和占比

17.1.2.5　检出农药的残留水平

按检出农药残留水平进行统计，残留水平在 1~5 μg/kg(含)的农药占总数的 25.2%，在 5~10 μg/kg(含)的农药占总数的 17.6%，在 10~100 μg/kg(含)的农药占总数的 45.3%，在 100~1000 μg/kg(含)的农药占总数的 9.4%，在＞1000 μg/kg 的农药占总数的 2.5%。

由此可见，这次检测的 8 批 40 例茶叶样品中农药多数处于中高残留水平。结果见表 17-6 及图 17-8，数据见附表 2。

表 17-6　农药残留水平/占比

残留水平(μg/kg)	检出频次数/占比(%)
1~5(含)	40/25.2
5~10(含)	28/17.6
10~100(含)	72/45.3
100~1000(含)	15/9.4
＞1000	4/2.5

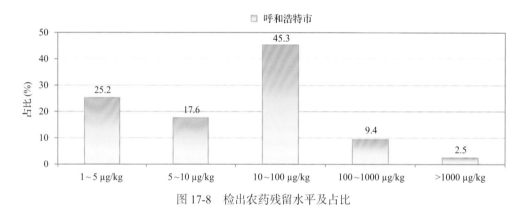

图 17-8　检出农药残留水平及占比

17.1.2.6　检出农药的毒性类别、检出频次和超标频次及占比

对这次检出的 21 种 159 频次的农药，按剧毒、高毒、中毒、低毒和微毒这五个毒性类别进行分类，从中可以看出，呼和浩特市目前普遍使用的农药为中低微毒农药，品种占 90.5%，频次占 92.5%。结果见表 17-7 及图 17-9。

表 17-7　检出农药毒性类别/占比

毒性分类	农药品种/占比(%)	检出频次/占比(%)	超标频次/超标率(%)
剧毒农药	1/4.8	1/0.6	0/0.0
高毒农药	1/4.8	11/6.9	0/0.0
中毒农药	13/61.9	122/76.7	0/0.0
低毒农药	3/14.3	21/13.2	0/0.0
微毒农药	3/14.3	4/2.5	0/0.0

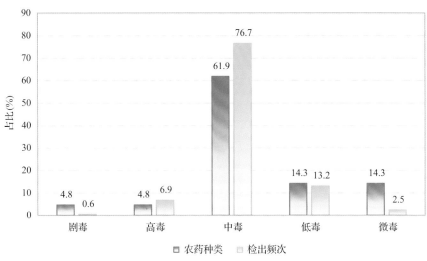

图 17-9 检出农药的毒性分类和占比

17.1.2.7 检出剧毒/高毒类农药的品种和频次

值得特别关注的是，在此次侦测的 40 例样品中有 5 种茶叶的 12 例样品检出了 2 种 12 频次的剧毒和高毒农药，占样品总量的 30.0%，详见图 17-10、表 17-8 及表 17-9。

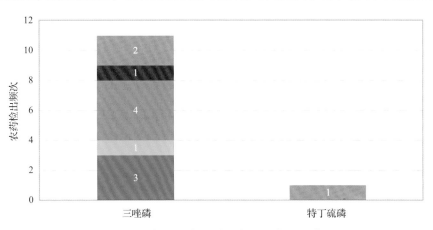

图 17-10 检出剧毒/高毒农药的样品情况

表 17-8 剧毒农药检出情况

序号	农药名称	检出频次	超标频次	超标率
		从 1 种茶叶中检出 1 种剧毒农药，共计检出 1 次		
1	特丁硫磷*	1	0	0.0%
	合计	1	0	超标率：0.0%

表 17-9　高毒农药检出情况

序号	农药名称	检出频次	超标频次	超标率
	从 5 种茶叶中检出 1 种高毒农药，共计检出 11 次			
1	三唑磷	11	0	0.0%
	合计	11	0	**超标率：0.0%**

在检出的剧毒和高毒农药中，有 2 种是我国早已禁止在茶叶上使用的，分别是：三唑磷和特丁硫磷。禁用农药的检出情况见表 17-10。

表 17-10　禁用农药检出情况

序号	农药名称	检出频次	超标频次	超标率
	从 5 种茶叶中检出 2 种禁用农药，共计检出 12 次			
1	三唑磷	11	0	0.0%
2	特丁硫磷*	1	0	0.0%
	合计	12	0	超标率：0.0%

注：表中*为剧毒农药；超标结果参考 MRL 中国国家标准计算

此次抽检的茶叶样品中，有 1 种茶叶检出了剧毒农药，为绿茶中检出特丁硫磷 1 次。

样品中检出剧毒和高毒农药残留水平没有超过 MRL 中国国家标准，但本次检出结果仍表明，高毒、剧毒农药的使用现象依旧存在。详见表 17-11。

表 17-11　各样本中检出剧毒/高毒农药情况

样品名称	农药名称	检出频次	超标频次	检出浓度($\mu g/kg$)
	茶叶 5 种			
黑茶	三唑磷▲	3	0	5.4, 6.5, 21.9
红茶	三唑磷▲	1	0	7.8
花茶	三唑磷▲	1	0	4.2
绿茶	特丁硫磷*▲	1	0	2.0
绿茶	三唑磷▲	2	0	74.4, 6.0
乌龙茶	三唑磷▲	4	0	24.4, 8.5, 6.0, 86.0
	合计	12	0	超标率：0.0%

注：表中*为剧毒农药；▲为禁用农药；a 为超标结果(参考 MRL 中国国家标准)

17.2　农药残留检出水平与最大残留限量标准对比分析

我国于 2016 年 12 月 18 日正式颁布并于 2017 年 6 月 18 日正式实施食品农药残留限量国家标准《食品中农药最大残留限量》(GB 2763—2016)。该标准包括 417 个农药条目，涉及最大残留限量（MRL）标准 4140 项。将 159 频次检出农药的浓度水平与 4140 项 MRL 中国国家标准进行核对，其中只有 99 频次的结果找到了对应的 MRL，占 62.3%，还有 60 频次的结果则无相关 MRL 标准供参考，占 37.7%。

　　将此次侦测结果与国际上现行 MRL 对比发现，在 159 频次的检出结果中有 159 频次的结果找到了对应的 MRL 欧盟标准，占 100.0%；其中，129 频次的结果有明确对应的 MRL，占 81.1%，其余 30 频次按照欧盟一律标准判定，占 18.9%；有 159 频次的结果找到了对应的 MRL 日本标准，占 100.0%；其中，137 频次的结果有明确对应的 MRL，占 86.2%，其余 22 频次按照日本一律标准判定，占 13.8%；有 68 频次的结果找到了对应的 MRL 中国香港标准，占 42.8%；有 81 频次的结果找到了对应的 MRL 美国标准，占 50.9%；有 26 频次的结果找到了对应的 MRL CAC 标准，占 16.4%（见图 17-11 和图 17-12，数据见附表 3 至附表 8）。

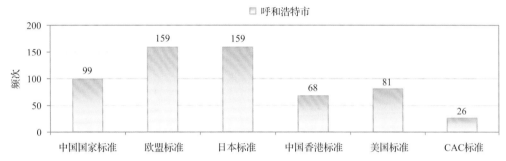

图 17-11　159 频次检出农药可用 MRL 中国国家标准、欧盟标准、日本标准、中国香港标准、美国标准、CAC 标准判定衡量的数量

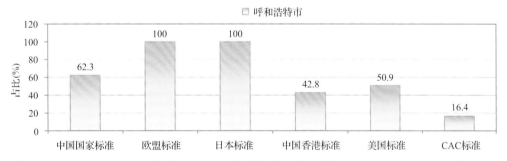

图 17-12　159 频次检出农药可用 MRL 中国国家标准、欧盟标准、日本标准、中国香港标准、美国标准、CAC 标准衡量的占比

17.2.1　超标农药样品分析

　　本次侦测的 40 例样品中，2 例样品未检出任何残留农药，占样品总量的 5.0%，38 例样品检出不同水平、不同种类的残留农药，占样品总量的 95.0%。在此，我们将本次侦测的农残检出情况与 MRL 中国国家标准、欧盟标准、日本标准、中国香港标准、美国标准和 CAC 标准这 6 大国际主流标准进行对比分析，样品农残检出与超标情况见表 17-12、图 17-13 和图 17-14，详细数据见附表 9 至附表 14。

表 17-12　各 MRL 标准下样本农残检出与超标数量及占比

	中国国家标准 数量/占比（%）	欧盟标准 数量/占比（%）	日本标准 数量/占比（%）	中国香港标准 数量/占比（%）	美国标准 数量/占比（%）	CAC 标准 数量/占比（%）
未检出	2/5.0	2/5.0	2/5.0	2/5.0	2/5.0	2/5.0
检出未超标	38/95.0	11/27.5	30/75.0	38/95.0	38/95.0	38/95.0
检出超标	0/0.0	27/67.5	8/20.0	0/0.0	0/0.0	0/0.0

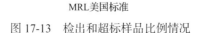

图 17-13　检出和超标样品比例情况

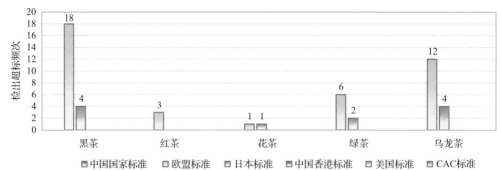

图 17-14　超过 MRL 中国国家标准、欧盟标准、日本标准、中国香港标准、
美国标准和 CAC 标准结果在茶叶中的分布

17.2.2　超标农药种类分析

按照 MRL 中国国家标准、欧盟标准、日本标准、中国香港标准、美国标准和 CAC

标准这 6 大国际主流标准衡量，本次侦测检出的农药超标品种及频次情况见表 17-13。

表 17-13　各 MRL 标准下超标农药品种及频次

	中国国家标准	欧盟标准	日本标准	中国香港标准	美国标准	CAC 标准
超标农药品种	0	7	3	0	0	0
超标农药频次	0	40	11	0	0	0

17.2.2.1　按 MRL 中国国家标准衡量

按 MRL 中国国家标准衡量，无样品检出超标农药残留。

17.2.2.2　按 MRL 欧盟标准衡量

按 MRL 欧盟标准衡量，共有 7 种农药超标，检出 40 频次，分别为高毒农药三唑磷，中毒农药苯醚甲环唑、啶虫脒、唑虫酰胺和哒螨灵，低毒农药噻嗪酮，微毒农药灰黄霉素。

按超标程度比较，乌龙茶中唑虫酰胺超标 137.7 倍，绿茶中唑虫酰胺超标 116.2 倍，黑茶中唑虫酰胺超标 107.3 倍，乌龙茶中噻嗪酮超标 28.8 倍，红茶中唑虫酰胺超标 10.4 倍。检测结果见图 17-15 和附表 16。

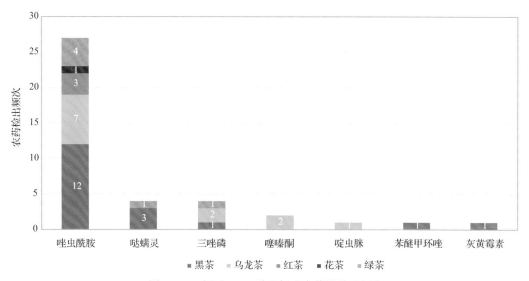

图 17-15　超过 MRL 欧盟标准农药品种及频次

17.2.2.3　按 MRL 日本标准衡量

按 MRL 日本标准衡量，共有 3 种农药超标，检出 11 频次，分别为高毒农药三唑磷，中毒农药茚虫威，微毒农药灰黄霉素。

按超标程度比较，乌龙茶中三唑磷超标 7.6 倍，黑茶中灰黄霉素超标 7.0 倍，绿茶中三唑磷超标 6.4 倍，乌龙茶中茚虫威超标 2.9 倍，黑茶中三唑磷超标 1.2 倍。检测结果见图 17-16 和附表 17。

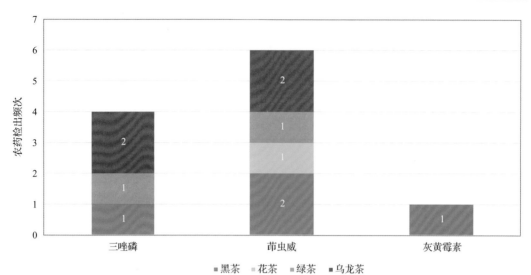

图 17-16　超过 MRL 日本标准农药品种及频次

17.2.2.4　按 MRL 中国香港标准衡量

按 MRL 中国香港标准衡量，无样品检出超标农药残留。

17.2.2.5　按 MRL 美国标准衡量

按 MRL 美国标准衡量，无样品检出超标农药残留。

17.2.2.6　按 MRL CAC 标准衡量

按 MRL CAC 标准衡量，无样品检出超标农药残留。

17.2.3　8 个采样点超标情况分析

17.2.3.1　按 MRL 中国国家标准衡量

按 MRL 中国国家标准衡量，所有采样点的样品均未检出超标农药残留。

17.2.3.2　按 MRL 欧盟标准衡量

按 MRL 欧盟标准衡量，所有采样点的样品存在不同程度的超标农药检出，其中***超市(呼和浩特大学西街名都店)和***超市(七彩城店)的超标率最高，为 100.0%，如表 17-14 和图 17-17 所示。

表 17-14　超过 MRL 欧盟标准茶叶在不同采样点分布

序号	采样点	样品总数	超标数量	超标率(%)	行政区域
1	***超市(呼和浩特大学西街名都店)	5	5	100.0	赛罕区
2	***超市(金太店)	5	3	60.0	新城区
3	***超市(兴安店)	5	4	80.0	新城区

续表

序号	采样点	样品总数	超标数量	超标率(%)	行政区域
4	***超市(七彩城店)	5	5	100.0	玉泉区
5	***超市(新华大街店)	5	3	60.0	新城区
6	***超市(鄂尔多斯大街)	5	2	40.0	玉泉区
7	***超市(呼和浩特万达广场店)	5	2	40.0	赛罕区
8	***超市(***购物中心店)	5	3	60.0	回民区

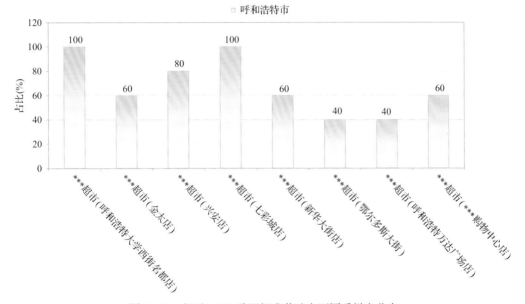

图 17-17　超过 MRL 欧盟标准茶叶在不同采样点分布

17.2.3.3　按 MRL 日本标准衡量

按 MRL 日本标准衡量，有 6 个采样点的样品存在不同程度的超标农药检出，其中 ***超市(七彩城店)的超标率最高，为 60.0%，如表 17-15 和图 17-18 所示。

表 17-15　超过 MRL 日本标准茶叶在不同采样点分布

序号	采样点	样品总数	超标数量	超标率(%)	行政区域
1	***超市(呼和浩特大学西街名都店)	5	1	20.0	赛罕区
2	***超市(金太店)	5	1	20.0	新城区
3	***超市(兴安店)	5	1	20.0	新城区
4	***超市(七彩城店)	5	3	60.0	玉泉区
5	***超市(新华大街店)	5	1	20.0	新城区
6	***超市(***购物中心店)	5	1	20.0	回民区

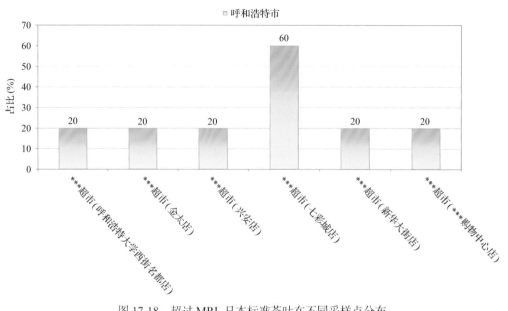

图 17-18　超过 MRL 日本标准茶叶在不同采样点分布

17.2.3.4　按 MRL 中国香港标准衡量

按 MRL 中国香港标准衡量，所有采样点的样品均未检出超标农药残留。

17.2.3.5　按 MRL 美国标准衡量

按 MRL 美国标准衡量，所有采样点的样品均未检出超标农药残留。

17.2.3.6　按 MRL CAC 标准衡量

按 MRL CAC 标准衡量，所有采样点的样品均未检出超标农药残留。

17.3　茶叶中农药残留分布

17.3.1　茶叶按检出农药品种和频次排名

本次残留侦测的茶叶共 5 种，包括黑茶、红茶、乌龙茶、花茶和绿茶。

根据检出农药品种及频次进行排名，将各项排名茶叶样品检出情况列表说明，详见表 17-16。

表 17-16　茶叶按检出农药品种和频次排名

按检出农药品种排名(品种)	①黑茶(17)，②乌龙茶(12)，③绿茶(10)，④花茶(8)，⑤红茶(7)
按检出农药频次排名(频次)	①黑茶(82)，②乌龙茶(37)，③绿茶(21)，④红茶(11)，⑤花茶(8)
按检出禁用、高毒及剧毒农药品种排名(品种)	①绿茶(2)，②黑茶(1)，③红茶(1)，④花茶(1)，⑤乌龙茶(1)
按检出禁用、高毒及剧毒农药频次排名(频次)	①乌龙茶(4)，②黑茶(3)，③绿茶(3)，④红茶(1)，⑤花茶(1)

17.3.2　茶叶按超标农药品种和频次排名

鉴于 MRL 欧盟标准和日本标准制定比较全面且覆盖率较高，我们参照 MRL 中国国家标准、欧盟标准和日本标准衡量茶叶样品中农残检出情况，茶叶按将超标农药品种及频次排名列表说明，详见表 17-17。

表 17-17　茶叶按超标农药品种和频次排名

按超标农药品种排名 （农药品种数）	MRL 中国国家标准	
	MRL 欧盟标准	①黑茶(5)、②乌龙茶(4)、③绿茶(3)、④红茶(1)、⑤花茶(1)
	MRL 日本标准	①黑茶(3)、②绿茶(2)、③乌龙茶(2)、④花茶(1)
按超标农药频次排名 （农药频次数）	MRL 中国国家标准	
	MRL 欧盟标准	①黑茶(18)、②乌龙茶(12)、③绿茶(6)、④红茶(3)、⑤花茶(1)
	MRL 日本标准	①黑茶(4)、②乌龙茶(4)、③绿茶(2)、④花茶(1)

通过对各品种茶叶样本总数及检出率进行综合分析发现，黑茶、乌龙茶和绿茶的残留污染最为严重，在此，我们参照 MRL 中国国家标准、欧盟标准和日本标准对这 3 种茶叶的农残检出情况进行进一步分析。

17.3.3　农药残留检出率较高的茶叶样品分析

17.3.3.1　黑茶

这次共检测 21 例黑茶样品，20 例样品中检出了农药残留，检出率为 95.2%，检出农药共计 17 种。其中啶虫脒、哒螨灵、唑虫酰胺、噻嗪酮和苯醚甲环唑检出频次较高，分别检出了 15、13、12、10 和 7 次。黑茶中农药检出品种和频次见图 17-19，超标农药见图 17-20 和表 17-18。

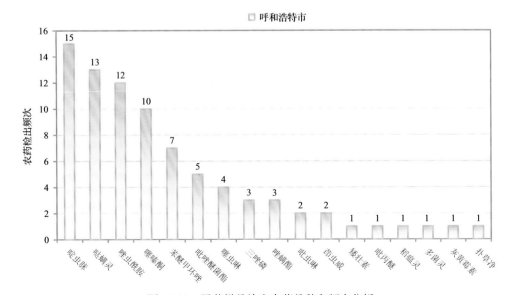

图 17-19　黑茶样品检出农药品种和频次分析

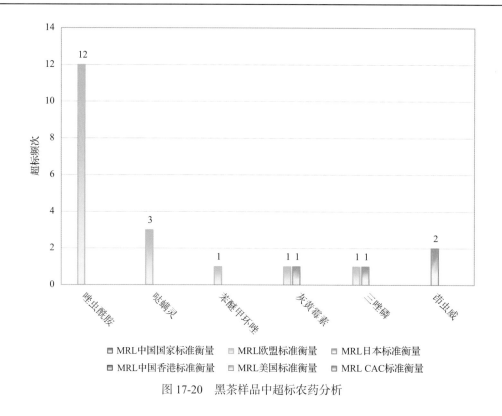

图 17-20　黑茶样品中超标农药分析

表 17-18　黑茶中农药残留超标情况明细表

样品总数		检出农药样品数	样品检出率(%)	检出农药品种总数
21		20	95.2	17
	超标农药品种	超标农药频次	按照 MRL 中国国家标准、欧盟标准和日本标准衡量超标农药名称及频次	
中国国家标准	0	0		
欧盟标准	5	18	唑虫酰胺(12)、哒螨灵(3)、苯醚甲环唑(1)、灰黄霉素(1)、三唑磷(1)	
日本标准	3	4	茚虫威(2)、灰黄霉素(1)、三唑磷(1)	

17.3.3.2　乌龙茶

这次共检测 9 例乌龙茶样品，8 例样品中检出了农药残留，检出率为 88.9%，检出农药共计 12 种。其中唑虫酰胺、吡虫啉、哒螨灵、啶虫脒和噻嗪酮检出频次较高，分别检出了 7、5、4、4 和 4 次。乌龙茶中农药检出品种和频次见图 17-21，超标农药见图 17-22 和表 17-19。

17.3.3.3　绿茶

这次共检测 5 例绿茶样品，全部检出了农药残留，检出率为 100.0%，检出农药共计 10 种。其中啶虫脒、唑虫酰胺、哒螨灵、吡虫啉和三唑磷检出频次较高，分别检出了 5、4、3、2 和 2 次。绿茶中农药检出品种和频次见图 17-23，超标农药见图 17-24 和表 17-20。

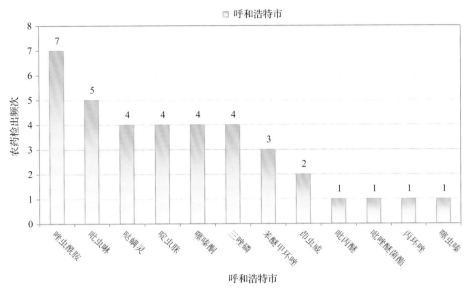

图 17-21　乌龙茶样品检出农药品种和频次分析

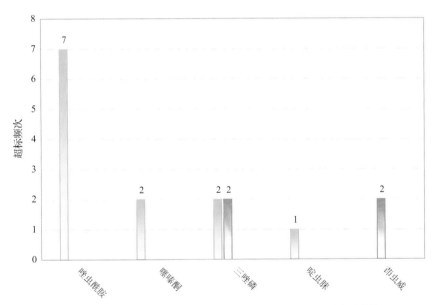

图 17-22　乌龙茶样品中超标农药分析

表 17-19　乌龙茶中农药残留超标情况明细表

样品总数		检出农药样品数	样品检出率(%)	检出农药品种总数
9		8	88.9	12
	超标农药品种	超标农药频次	按照 MRL 中国国家标准、欧盟标准和日本标准衡量超标农药名称及频次	
中国国家标准	0	0		
欧盟标准	4	12	唑虫酰胺(7)、噻嗪酮(2)、三唑磷(2)、啶虫脒(1)	
日本标准	2	4	三唑磷(2)、茚虫威(2)	

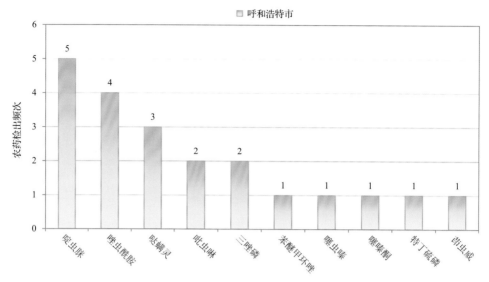

图 17-23　绿茶样品检出农药品种和频次分析

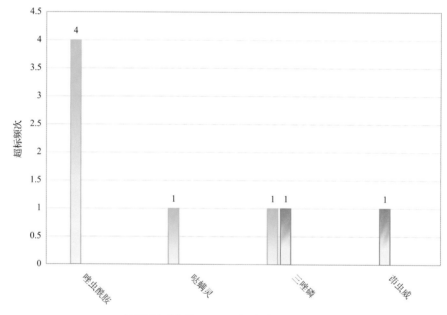

图 17-24　绿茶样品中超标农药分析

表 17-20　绿茶中农药残留超标情况明细表

样品总数		检出农药样品数	样品检出率(%)	检出农药品种总数
5		5	100	10
	超标农药品种	超标农药频次	按照 MRL 中国国家标准、欧盟标准和日本标准衡量超标农药名称及频次	
中国国家标准	0	0		
欧盟标准	3	6	唑虫酰胺(4)，哒螨灵(1)，三唑磷(1)	
日本标准	2	2	三唑磷(1)，茚虫威(1)	

17.4　初 步 结 论

17.4.1　呼和浩特市市售茶叶按 MRL 中国国家和国际主要标准衡量的合格率

本次侦测的 40 例样品中，2 例样品未检出任何残留农药，占样品总量的 5.0%，38 例样品检出不同水平、不同种类的残留农药，占样品总量的 95.0%。在这 38 例检出农药残留的样品中：

按照 MRL 中国国家标准衡量，有 38 例样品检出残留农药但含量没有超标，占样品总数的 95.0%，无检出残留农药超标的样品；

按照 MRL 欧盟标准衡量，有 11 例样品检出残留农药但含量没有超标，占样品总数的 27.5%，有 27 例样品检出了超标农药，占样品总数的 67.5%；

按照 MRL 日本标准衡量，有 30 例样品检出残留农药但含量没有超标，占样品总数的 75.0%，有 8 例样品检出了超标农药，占样品总数的 20.0%；

按照 MRL 中国香港标准衡量，有 38 例样品检出残留农药但含量没有超标，占样品总数的 95.0%，无检出残留农药超标的样品；

按照 MRL 美国标准衡量，有 38 例样品检出残留农药但含量没有超标，占样品总数的 95.0%，无检出残留农药超标的样品；

按照 MRL CAC 标准衡量，有 38 例样品检出残留农药但含量没有超标，占样品总数的 95.0%，无检出残留农药超标的样品。

17.4.2　呼和浩特市市售茶叶中检出农药以中低微毒农药为主，占市场主体的 90.5%

这次侦测的 40 例茶叶样品共检出了 21 种农药，检出农药的毒性以中低微毒为主，详见表 17-21。

表 17-21　市场主体农药毒性分布

毒性	检出品种	占比	检出频次	占比
剧毒农药		4.8%	1	0.6%
高毒农药	1	4.8%	11	6.9%
中毒农药	13	61.9%	122	76.7%
低毒农药	3	14.3%	21	13.2%
微毒农药	3	14.3%	4	2.5%

中低微毒农药，品种占比 90.5%，频次占比 92.5%

17.4.3　检出剧毒、高毒和禁用农药现象应该警醒

在此次侦测的 40 例样品中有 5 种茶叶的 12 例样品检出了 2 种 12 频次的剧毒和高

毒或禁用农药，占样品总量的 30.0%。其中剧毒农药特丁硫磷以及高毒农药三唑磷检出频次较高。

按 MRL 中国国家标准衡量，剧毒农药和高毒农药按超标程度比较均未超标。

剧毒、高毒或禁用农药的检出情况及按照 MRL 中国国家标准衡量的超标情况见表 17-22。

表 17-22　剧毒、高毒或禁用农药的检出及超标明细

序号	农药名称	样品名称	检出频次	超标频次	最大超标倍数	超标率
1.1	特丁硫磷*▲	绿茶	1	0	0	0.0%
2.1	三唑磷◇▲	乌龙茶	4	0	0	0.0%
2.2	三唑磷◇▲	黑茶	3	0	0	0.0%
2.3	三唑磷◇▲	绿茶	2	0	0	0.0%
2.4	三唑磷◇▲	红茶	1	0	0	0.0%
2.5	三唑磷◇▲	花茶	1	0	0	0.0%
合计			12	0		0.0%

注：表中*为剧毒农药；◇为高毒农药；▲为禁用农药；超标倍数参照 MRL 中国国家标准衡量

这些剧毒和高毒农药都是中国政府早有规定禁止在茶叶中使用的，为什么还屡次被检出，应该引起警惕。

17.4.4　残留限量标准与先进国家或地区差距较大

159 频次的检出结果与我国公布的《食品中农药最大残留限量》(GB 2763—2016)对比，有 99 频次能找到对应的 MRL 中国国家标准，占 62.3%；还有 60 频次的侦测数据无相关 MRL 标准供参考，占 37.7%。

与国际上现行 MRL 对比发现：

有 159 频次能找到对应的 MRL 欧盟标准，占 100.0%；

有 159 频次能找到对应的 MRL 日本标准，占 100.0%；

有 68 频次能找到对应的 MRL 中国香港标准，占 42.8%；

有 81 频次能找到对应的 MRL 美国标准，占 50.9%；

有 26 频次能找到对应的 MRL CAC 标准，占 16.4%。

由上可见，MRL 中国国家标准与先进国家或地区标准还有很大差距，我们无标准，境外有标准，这就会导致我们在国际贸易中，处于受制于人的被动地位。

17.4.5　茶叶单种样品检出 10~17 种农药残留，拷问农药使用的科学性

通过此次监测发现，黑茶、乌龙茶和绿茶是检出农药品种最多的 3 种茶叶，从中检出农药品种及频次详见表 17-23。

表 **17-23**　单种样品检出农药品种及频次

样品名称	样品总数	检出农药样品数	检出率	检出农药品种数	检出农药(频次)
黑茶	21	20	95.2%	17	啶虫脒(15)、哒螨灵(13)、唑虫酰胺(12)、噻嗪酮(10)、苯醚甲环唑(7)、吡唑醚菌酯(5)、噻虫啉(4)、三唑磷(3)、唑螨酯(3)、吡虫啉(2)、茚虫威(2)、矮壮素(1)、吡丙醚(1)、稻瘟灵(1)、多菌灵(1)、灰黄霉素(1)、扑草净(1)
乌龙茶	9	8	88.9%	12	唑虫酰胺(7)、吡虫啉(5)、哒螨灵(4)、啶虫脒(4)、噻嗪酮(4)、三唑磷(4)、苯醚甲环唑(3)、茚虫威(2)、吡丙醚(1)、吡唑醚菌酯(1)、丙环唑(1)、噻虫嗪(1)
绿茶	5	5	100.0%	10	啶虫脒(5)、唑虫酰胺(4)、哒螨灵(3)、吡虫啉(2)、三唑磷(2)、苯醚甲环唑(1)、噻虫嗪(1)、噻嗪酮(1)、特丁硫磷(1)、茚虫威(1)

　　上述 3 种茶叶，检出农药 10~17 种，是多种农药综合防治，还是未严格实施农业良好管理规范(GAP)，抑或根本就是乱施药，值得我们思考。

第18章 LC-Q-TOF/MS 侦测呼和浩特市市售茶叶农药残留膳食暴露风险与预警风险评估

18.1 农药残留风险评估方法

18.1.1 呼和浩特市农药残留侦测数据分析与统计

庞国芳院士科研团队建立的农药残留高通量侦测技术以高分辨精确质量数(0.0001 m/z 为基准)为识别标准,采用 LC-Q-TOF/MS 技术对 825 种农药化学污染物进行侦测。

科研团队于 2019 年 2 月期间在呼和浩特市 8 个采样点,随机采集了 40 例茶叶样品具体位置如图 18-1 所示。

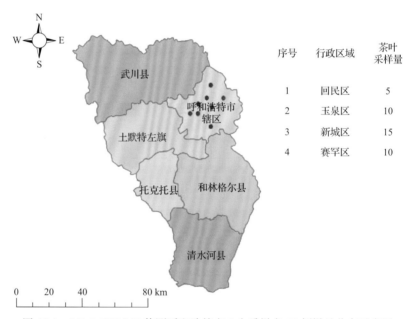

序号	行政区域	茶叶采样量
1	回民区	5
2	玉泉区	10
3	新城区	15
4	赛罕区	10

图 18-1 LC-Q-TOF/MS 侦测呼和浩特市 8 个采样点 40 例样品分布示意图

利用 LC-Q-TOF/MS 技术对 40 例样品中的农药进行侦测,侦测出残留农药 21 种,159 频次。侦测出农药残留水平如表 18-1 和图 18-2 所示。检出频次最高的前 10 种农药如表 18-2 所示。从检测结果中可以看出,在茶叶中农药残留普遍存在,且有些茶叶存在高浓度的农药残留,这些可能存在膳食暴露风险,对人体健康产生危害,因此,为了定量地评价茶叶中农药残留的风险程度,有必要对其进行风险评价。

表 18-1　侦测出农药的不同残留水平及其所占比例列表

残留水平(μg/kg)	检出频次	占比(%)
1~5(含)	40	25.2
5~10(含)	28	17.6
10~100(含)	72	45.3
100~1000(含)	15	9.4
>1000	4	2.5
合计	159	100

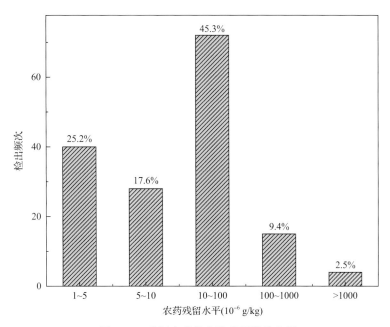

图 18-2　残留农药检出浓度频数分布图

表 18-2　检出频次最高的前 10 种农药列表

序号	农药	检出频次
1	啶虫脒	28
2	唑虫酰胺	27
3	哒螨灵	21
4	噻嗪酮	17
5	苯醚甲环唑	13
6	三唑磷	11
7	吡虫啉	9
8	吡唑醚菌酯	7
9	茚虫威	6
10	噻虫啉	4

18.1.2　农药残留风险评价模型

对呼和浩特市茶叶中农药残留分别开展暴露风险评估和预警风险评估。膳食暴露风险评估利用食品安全指数模型对茶叶中的残留农药对人体可能产生的危害程度进行评价，该模型结合残留监测和膳食暴露评估评价化学污染物的危害；预警风险评价模型运用风险系数(risk index，R)，风险系数综合考虑了危害物的超标率、施检频率及其本身敏感性的影响，能直观而全面地反映出危害物在一段时间内的风险程度。

18.1.2.1　食品安全指数模型

为了加强食品安全管理，《中华人民共和国食品安全法》第二章第十七条规定"国家建立食品安全风险评估制度，运用科学方法，根据食品安全风险监测信息、科学数据以及有关信息，对食品、食品添加剂、食品相关产品中生物性、化学性和物理性危害因素进行风险评估"[1]，膳食暴露评估是食品危险度评估的重要组成部分，也是膳食安全性的衡量标准[2]。国际上最早研究膳食暴露风险评估的机构主要是 JMPR(FAO、WHO 农药残留联合会议)，该组织自 1995 年就已制定了急性毒性物质的风险评估急性毒性农药残留摄入量的预测。1960 年美国规定食品中不得加入致癌物质进而提出零阈值理论，渐渐零阈值理论发展成在一定概率条件下可接受风险的概念[3]，后衍变为食品中每日允许最大摄入量(ADI)，而国际食品农药残留法典委员会(CCPR)认为 ADI 不是独立风险评估的唯一标准[4]，1995 年 JMPR 开始研究农药急性膳食暴露风险评估，并对食品国际短期摄入量的计算方法进行了修正，亦对膳食暴露评估准则及评估方法进行了修正[5]，2002 年，在对世界上现行的食品安全评价方法，尤其是国际公认的 CAC 评价方法、全球环境监测系统/食品污染监测和评估规划(WHO GEMS/Food)及 FAO、WHO 食品添加剂联合专家委员会(JECFA)和 JMPR 对食品安全风险评估工作研究的基础之上，检验检疫食品安全管理的研究人员提出了结合残留监控和膳食暴露评估，以食品安全指数 IFS 计算食品中各种化学污染物对消费者的健康危害程度[6]。IFS 是表示食品安全状态的新方法，可有效地评价某种农药的安全性，进而评价食品中各种农药化学污染物对消费者健康的整体危害程度[7, 8]。从理论上分析，IFS_c 可指出食品中的污染物 c 对消费者健康是否存在危害及危害的程度[9]。其优点在于操作简单且结果容易被接受和理解，不需要大量的数据来对结果进行验证，使用默认的标准假设或者模型即可[10, 11]。

1) IFS_c 的计算

IFS_c 计算公式如下：

$$IFS_c = \frac{EDI_c \times f}{SI_c \times bw} \tag{18-1}$$

式中，c 为所研究的农药；EDI_c 为农药 c 的实际日摄入量估算值，等于 $\sum (R_i \times F_i \times E_i \times P_i)$ (i 为食品种类；R_i 为食品 i 中农药 c 的残留水平，mg/kg；F_i 为食品 i 的估计日消费量，g/(人·天)；E_i 为食品 i 的可食用部分因子；P_i 为食品 i 的加工处理因子)；SI_c 为安全摄入量，可采用每日允许最大摄入量 ADI；bw 为人平均体重，kg；f 为校正因子，如果安全摄入量采用 ADI，则 f 取 1。

$IFS_c \ll 1$，农药 c 对食品安全没有影响；$IFS_c \leqslant 1$，农药 c 对食品安全的影响可以接受；$IFS_c > 1$，农药 c 对食品安全的影响不可接受。

本次评价中：

$IFS_c \leqslant 0.1$，农药 c 对茶叶安全没有影响；

$0.1 < IFS_c \leqslant 1$，农药 c 对茶叶安全的影响可以接受；

$IFS_c > 1$，农药 c 对茶叶安全的影响不可接受。

本次评价中残留水平 R_i 取值为中国检验检疫科学研究院庞国芳院士课题组利用以高分辨精确质量数(0.0001 m/z)为基准的 LC-Q-TOF/MS 侦测技术于 2019 年 2 月期间对呼和浩特市茶叶农药残留的侦测结果，估计日消费量 F_i 取值 0.0047 kg/(人·天)，$E_i=1$，$P_i=1$，$f=1$，SI_c 采用《食品安全国家标准　食品中农药最大残留限量》(GB 2763—2016) 中 ADI 值(具体数值见表 18-3)，人平均体重(bw)取值 60 kg。

表 18-3　呼和浩特市茶叶中侦测出农药的 ADI 值

序号	农药	ADI	序号	农药	ADI	序号	农药	ADI
1	唑虫酰胺	0.006	8	噻虫啉	0.01	15	丙环唑	0.07
2	三唑磷	0.001	9	特丁硫磷	0.0006	16	稻瘟灵	0.016
3	噻嗪酮	0.009	10	吡虫啉	0.06	17	矮壮素	0.05
4	哒螨灵	0.01	11	唑螨酯	0.01	18	扑草净	0.04
5	苯醚甲环唑	0.01	12	吡唑醚菌酯	0.03	19	多菌灵	0.03
6	茚虫威	0.01	13	噻虫嗪	0.08	20	N-去甲基啶虫脒	—
7	啶虫脒	0.07	14	吡丙醚	0.1	21	灰黄霉素	—

注："—" 表示为国家标准中无 ADI 值规定；ADI 值单位为 mg/kgbw

2) 计算 IFS_c 的平均值 $\overline{IFS}$，评价农药对食品安全的影响程度

以 $\overline{IFS}$ 评价各种农药对人体健康危害的总程度，评价模型见公式(18-2)。

$$\overline{IFS} \frac{\sum_{i=1}^{n} IFS_c}{n} \tag{18-2}$$

$\overline{IFS} \ll 1$，所研究消费者人群的食品安全状态很好；$\overline{IFS} \leqslant 1$，所研究消费者人群的食品安全状态可以接受；$\overline{IFS} > 1$，所研究消费者人群的食品安全状态不可接受。

本次评价中：

$\overline{IFS} \leqslant 0.1$，所研究消费者人群的茶叶安全状态很好；

$0.1 < \overline{IFS} \leqslant 1$，所研究消费者人群的茶叶安全状态可以接受；

$\overline{IFS} > 1$，所研究消费者人群的茶叶安全状态不可接受。

18.1.2.2　预警风险评估模型

2003 年，我国检验检疫食品安全管理的研究人员根据 WTO 的有关原则和我国的具

体规定，结合危害物本身的敏感性、风险程度及其相应的施检频率，首次提出了食品中危害物风险系数 R 的概念[12]。R 是衡量一个危害物的风险程度大小最直观的参数，即在一定时期内其超标率或阳性检出率的高低，但受其施检频率的高低及其本身的敏感性(受关注程度)影响。该模型综合考察了农药在茶叶中的超标率、施检频率及其本身敏感性，能直观而全面地反映出农药在一段时间内的风险程度[13]。

1) R 计算方法

危害物的风险系数综合考虑了危害物的超标率或阳性检出率、施检频率和其本身的敏感性影响，并能直观而全面地反映出危害物在一段时间内的风险程度。风险系数 R 的计算公式如式(18-3)：

$$R = aP + \frac{b}{F} + S \tag{18-3}$$

式中，P 为该种危害物的超标率；F 为危害物的施检频率；S 为危害物的敏感因子；a, b 分别为相应的权重系数。

本次评价中 F=1；S=1；a =100；b =0.1，对参数 P 进行计算，计算时首先判断是否为禁用农药，如果为非禁用农药，P=超标的样品数(侦测出的含量高于食品最大残留限量标准值，即 MRL)除以总样品数(包括超标、不超标、未侦测出)；如果为禁用农药，则侦测出即为超标，P=能侦测出的样品数除以总样品数。判断呼和浩特市茶叶农药残留是否超标的标准限值 MRL 分别以 MRL 中国国家标准[14]和 MRL 欧盟标准作为对照，具体值列于本报告附表一中。

2) 评价风险程度

R≤1.5，受检农药处于低度风险；

1.5<R≤2.5，受检农药处于中度风险；

R>2.5，受检农药处于高度风险。

18.1.2.3　食品膳食暴露风险和预警风险评估应用程序的开发

1) 应用程序开发的步骤

为成功开发膳食暴露风险和预警风险评估应用程序，与软件工程师多次沟通讨论，逐步提出并描述清楚计算需求，开发了初步应用程序。为明确出不同茶叶、不同农药、不同地域的风险水平，向软件工程师提出不同的计算需求，软件工程师对计算需求进行逐一地分析，经过反复的细节沟通，需求分析得到明确后，开始进行解决方案的设计，在保证需求的完整性、一致性的前提下，编写出程序代码，最后设计出满足需求的风险评估专用计算软件，并通过一系列的软件测试和改进，完成专用程序的开发。软件开发基本步骤见图 18-3。

需求捕捉　→　需求分析　→　软件设计　→　代码编写　→　软件测试　→　软件维护

图 18-3　专用程序开发总体步骤

2) 膳食暴露风险评估专业程序开发的基本要求

首先直接利用公式(18-1)，分别计算 LC-Q-TOF/MS 和 GC-Q-TOF/MS 仪器侦测出的各茶叶样品中每种农药 IFS$_c$，将结果列出。为考察超标农药和禁用农药的使用安全性，分别以我国《食品安全国家标准　食品中农药最大残留限量》(GB 2763—2016) 和欧盟食品中农药最大残留限量(以下简称 MRL 中国国家标准和 MRL 欧盟标准)为标准，对侦测出的禁用农药和超标的非禁用农药 IFS$_c$ 单独进行评价；按 IFS$_c$ 大小列表，并找出 IFS$_c$ 值排名前 20 的样本重点关注。

对不同茶叶 i 中每一种侦测出的农药 c 的安全指数进行计算，多个样品时求平均值。按农药种类，计算整个监测时间段内每种农药的 IFS$_c$，不区分茶叶。

3) 预警风险评估专业程序开发的基本要求

分别以 MRL 中国国家标准和 MRL 欧盟标准，按公式(18-3)逐个计算不同茶叶、不同农药的风险系数，禁用农药和非禁用农药分别列表。

为清楚了解各种农药的预警风险，不分时间，不分茶叶，按禁用农药和非禁用农药分类，分别计算各种侦测出农药全部检测时段内风险系数。由于有 MRL 中国国家标准的农药种类太少，无法计算超标数，非禁用农药的风险系数只以 MRL 欧盟标准为标准，进行计算。

4) 风险程度评价专业应用程序的开发方法

采用 Python 计算机程序设计语言，Python 是一个高层次地结合了解释性、编译性、互动性和面向对象的脚本语言。风险评价专用程序主要功能包括：分别读入每例样品 LC-Q-TOF/MS 和 GC-Q-TOF/MS 农药残留检测数据，根据风险评价工作要求，依次对不同农药、不同食品、不同时间、不同采样点的 IFS$_c$ 值和 R 值分别进行数据计算，筛选出禁用农药、超标农药(分别与 MRL 中国国家标准、MRL 欧盟标准限值进行对比)单独重点分析，再分别对各农药、各茶叶种类分类处理，设计出计算和排序程序，编写计算机代码，最后将生成的膳食暴露风险评估和超标风险评估定量计算结果列入设计好的各个表格中，并定性判断风险对目标的影响程度，直接用文字描述风险发生的高低，如"不可接受"、"可以接受"、"没有影响"、"高度风险"、"中度风险"、"低度风险"。

18.2　LC-Q-TOF/MS 侦测呼和浩特市市售茶叶农药残留膳食暴露风险评估

18.2.1　每例茶叶样品中农药残留安全指数分析

基于 2019 年 2 月的农药残留侦测数据，发现在 40 例样品中侦测出农药 159 频次，计算样品中每种残留农药的安全指数 IFS$_c$，并分析农药对样品安全的影响程度，结果详见附表二，农药残留对茶叶样品安全的影响程度频次分布情况如图 18-4 所示。

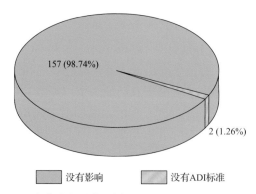

图 18-4　农药残留对茶叶样品安全的影响程度频次分布图

由图 18-4 可以看出，农药残留对样品安全的没有影响的频次为 157，占 98.74%。

部分样品侦测出禁用农药 2 种 12 频次，为了明确残留的禁用农药对样品安全的影响，分析侦测出禁用农药残留的样品安全指数，禁用农药残留对茶叶样品安全的影响程度频次分布情况如图 18-5 所示，农药残留对样品安全没有影响的频次为 12，占 100.00%。

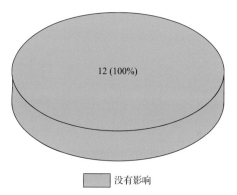

图 18-5　禁用农药对茶叶样品安全影响程度的频次分布图

残留量超过 MRL 欧盟标准的非禁用农药对茶叶样品安全的影响程度频次分布情况如图 18-6 所示。可以看出超过 MRL 欧盟标准的非禁用农药共 40 频次，其中农药没有 ADI 的频次为 1，占 2.5%；农药残留对样品安全没有影响的频次为 39，占 97.5%。表 18-4 为茶叶样品中安全指数排名前 10 的残留超标非禁用农药列表。

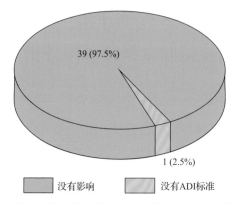

图 18-6　残留超标的非禁用农药对茶叶样品安全的影响程度频次分布图(MRL 欧盟标准)

表 18-4　茶叶样品中安全指数排名前 10 的残留超标非禁用农药列表（MRL 欧盟标准）

序号	样品编号	采样点	基质	农药	含量(mg/kg)	欧盟标准	IFS$_c$	影响程度
1	20190227-150100-USI-OT-06A	***超市(兴安店)	乌龙茶	唑虫酰胺	1.3867	0.01	1.57×10^{-3}	没有影响
2	20190227-150100-USI-GT-01A	***超市(***购物中心店)	绿茶	唑虫酰胺	1.1723	0.01	1.44×10^{-3}	没有影响
3	20190227-150100-USI-DT-04C	***超市(金太店)	黑茶	唑虫酰胺	1.0832	0.01	1.26×10^{-3}	没有影响
4	20190227-150100-USI-OT-06A	***超市(兴安店)	乌龙茶	噻嗪酮	1.4898	0.05	7.59×10^{-4}	没有影响
5	20190227-150100-USI-DT-01D	***超市(维多利购物中心店)	黑茶	唑虫酰胺	0.7488	0.01	7.03×10^{-4}	没有影响
6	20190227-150100-USI-OT-02A	***超市(七彩城店)	乌龙茶	唑虫酰胺	0.636	0.01	6.27×10^{-4}	没有影响
7	20190227-150100-USI-DT-08C	***超市(呼和浩特大学西街名都店)	黑茶	唑虫酰胺	0.6073	0.01	5.94×10^{-4}	没有影响
8	20190227-150100-USI-OT-06A	***超市(兴安店)	乌龙茶	三唑磷	0.086	0.02	5.21×10^{-4}	没有影响
9	20190227-150100-USI-OT-04A	***超市(金太店)	乌龙茶	唑虫酰胺	0.486	0.01	5.20×10^{-4}	没有影响
10	20190227-150100-USI-DT-02A	***超市(七彩城店)	黑茶	唑虫酰胺	0.4788	0.01	4.00×10^{-4}	没有影响

18.2.2　单种茶叶中农药残留安全指数分析

本次 5 种茶叶侦测 21 种农药，检出频次为 159 次，其中 2 种农药没有 ADI，19 种农药存在 ADI 标准。5 种茶叶按不同种类分别计算侦测出的具有 ADI 标准的各种农药的 IFS$_c$ 值，农药残留对茶叶的安全指数分布图如图 18-7 所示。

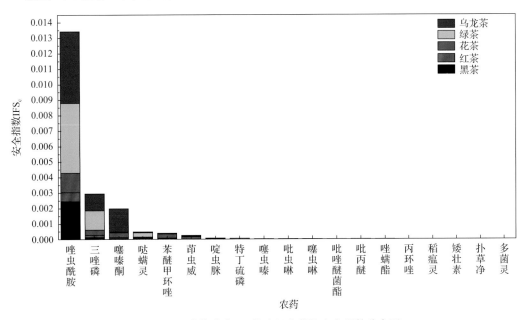

图 18-7　5 种茶叶中 19 种残留农药的安全指数分布图

本次侦测中，5 种茶叶和 21 种残留农药(包括没有 ADI)共涉及 54 个分析样本，农药对单种茶叶安全的影响程度分布情况如图 18-8 所示。可以看出，96.3%的样本中农药对茶叶安全没有影响。

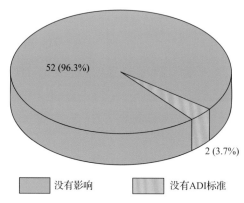

□ 没有影响   ▨ 没有ADI标准

图 18-8   54 个分析样本的影响程度频次分布图

18.2.3   所有茶叶中农药残留安全指数分析

计算所有茶叶中 19 种农药的 IFS_c 值，结果如图 18-9 及表 18-5 所示。

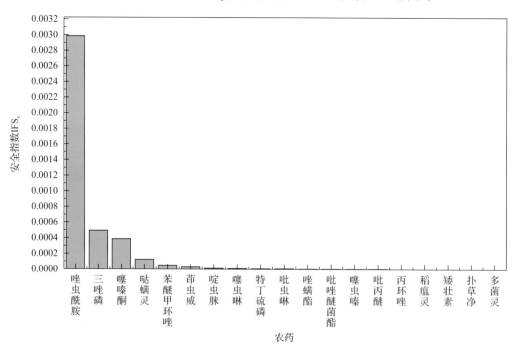

图 18-9   19 种残留农药对茶叶的安全影响程度统计图

分析发现，所有的农药对茶叶安全的影响程度均为没有影响，说明茶叶中残留的农药不会对茶叶安全造成影响。

表 18-5　茶叶中 19 种农药残留的安全指数表

序号	农药	检出频次	检出率(%)	IFS_c	影响程度	序号	农药	检出频次	检出率(%)	IFS_c	影响程度
1	唑虫酰胺	27	0.675	2.98×10^{-3}	没有影响	11	唑螨酯	3	0.075	2.37×10^{-6}	没有影响
2	三唑磷	11	0.275	4.92×10^{-4}	没有影响	12	吡唑醚菌酯	7	0.175	2.36×10^{-6}	没有影响
3	噻嗪酮	17	0.425	3.85×10^{-4}	没有影响	13	噻虫嗪	3	0.075	1.52×10^{-6}	没有影响
4	哒螨灵	21	0.525	1.23×10^{-4}	没有影响	14	吡丙醚	2	0.05	1.45×10^{-6}	没有影响
5	苯醚甲环唑	13	0.325	4.78×10^{-5}	没有影响	15	丙环唑	1	0.025	3.61×10^{-7}	没有影响
6	茚虫威	6	0.15	2.88×10^{-5}	没有影响	16	稻瘟灵	1	0.025	2.94×10^{-7}	没有影响
7	啶虫脒	28	0.7	1.19×10^{-5}	没有影响	17	矮壮素	1	0.025	2.86×10^{-7}	没有影响
8	噻虫啉	4	0.1	7.60×10^{-6}	没有影响	18	扑草净	1	0.025	2.11×10^{-7}	没有影响
9	特丁硫磷	1	0.025	6.53×10^{-6}	没有影响	19	多菌灵	1	0.025	1.37×10^{-7}	没有影响
10	吡虫啉	9	0.225	4.87×10^{-6}	没有影响						

18.3　LC-Q-TOF/MS 侦测呼和浩特市市售茶叶农药残留预警风险评估

基于呼和浩特市茶叶样品中农药残留 LC-Q-TOF/MS 侦测数据,分析禁用农药的检出率,同时参照中华人民共和国国家标准 GB 2763—2016 和欧盟农药最大残留限量(MRL)标准分析非禁用农药残留的超标率,并计算农药残留风险系数。分析单种茶叶中农药残留以及所有茶叶中农药残留的风险程度。

18.3.1　单种茶叶中农药残留风险系数分析

18.3.1.1　单种茶叶中禁用农药残留风险系数分析

侦测出的 21 种残留农药中有 2 种为禁用农药,且它们分布在 5 种茶叶中,计算 5 种茶叶中禁用农药的检出率,根据检出率计算风险系数 R,进而分析茶叶中禁用农药的风险程度,结果如表 18-6 与图 18-10 所示。分析发现 2 种禁用农药在 5 种茶叶中的残留处均于高度风险。

表 18-6　5 种茶叶中 2 种禁用农药残留的风险系数表

序号	基质	农药	检出频次	检出率(%)	风险系数 R	风险程度
1	乌龙茶	三唑磷	4	0.44	45.54	高度风险
2	红茶	三唑磷	1	0.25	26.10	高度风险
3	绿茶	三唑磷	2	0.40	41.10	高度风险
4	绿茶	特丁硫磷	1	0.20	21.10	高度风险
5	花茶	三唑磷	1	1.00	101.10	高度风险
6	黑茶	三唑磷	3	0.14	15.39	高度风险

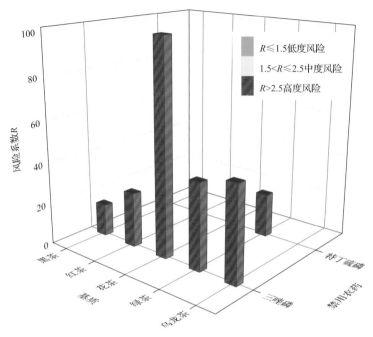

图 18-10　5 种茶叶中 2 种禁用农药残留的风险系数

18.3.1.2　基于 MRL 中国国家标准的单种茶叶中非禁用农药残留风险系数分析

参照中华人民共和国国家标准 GB 2763—2016 中农药残留限量计算每种茶叶中每种非禁用农药的超标率，进而计算其风险系数，根据风险系数大小判断残留农药的预警风险程度，茶叶中非禁用农药残留风险程度分布情况如图 18-11 所示。

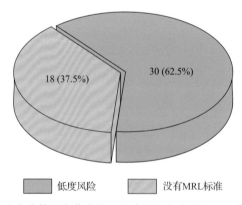

图 18-11　茶叶中非禁用农药残留的风险程度分布图(MRL 中国国家标准)

本次分析中，发现在 5 种茶叶检出 19 种残留非禁用农药，涉及样本 48 个，在 48 个样本中，62.50%处于低度风险，此外发现有 18 个样本没有 MRL 中国国家标准值，无法判断其风险程度，有 MRL 中国国家标准值的 30 个样本涉及 5 种茶叶中的 8 种非禁用农药，其风险系数 R 值如图 18-12 所示。

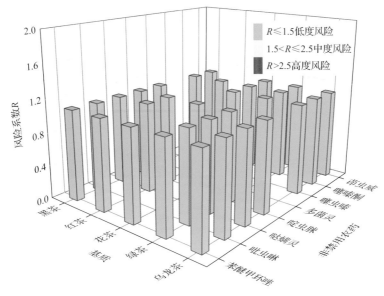

图 18-12　5 种茶叶中 8 种非禁用农药的风险系数分布图（MRL 中国国家标准）

18.3.1.3　基于 MRL 欧盟标准的单种茶叶中非禁用农药残留风险系数分析

参照 MRL 欧盟标准计算每种茶叶中每种非禁用农药的超标率，进而计算其风险系数，根据风险系数大小判断农药残留的预警风险程度，茶叶中非禁用农药残留风险程度分布情况如图 18-13 所示。

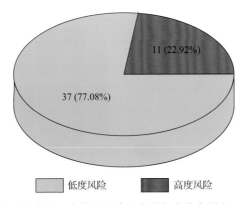

图 18-13　茶叶中非禁用农药的风险程度的频次分布图（MRL 欧盟标准）

本次分析中，发现在 5 种茶叶中共侦测出 19 种非禁用农药，涉及样本 48 个，其中，22.92%处于高度风险，涉及 5 种茶叶和 6 种农药；77.08%处于低度风险，涉及 5 种茶叶和 17 种农药。单种茶叶中的非禁用农药风险系数分布图如图 18-14 所示。单种茶叶中处于高度风险的非禁用农药风险系数如图 18-15 和表 18-7 所示。

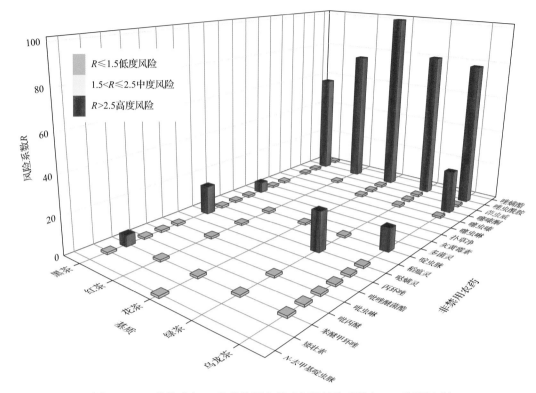

图 18-14 5 种茶叶中 19 种非禁用农药残留的风险系数(MRL 欧盟标准)

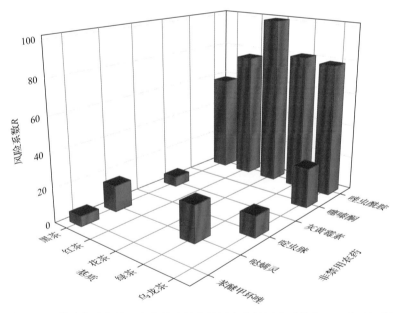

图 18-15 单种茶叶中处于高度风险的非禁用农药的风险系数(MRL 欧盟标准)

表 18-7　单种茶叶中处于高度风险的非禁用农药的风险系数表（MRL 欧盟标准）

序号	基质	农药	超标频次	超标率 P(%)	风险系数 R
1	花茶	唑虫酰胺	1	1.00	101.10
2	绿茶	唑虫酰胺	4	0.80	81.10
3	乌龙茶	唑虫酰胺	7	0.78	78.88
4	红茶	唑虫酰胺	3	0.75	76.10
5	黑茶	唑虫酰胺	12	0.57	58.24
6	乌龙茶	噻嗪酮	2	0.22	23.32
7	绿茶	哒螨灵	1	0.20	21.10
8	黑茶	哒螨灵	3	0.14	15.39
9	乌龙茶	啶虫脒	1	0.11	12.21
10	黑茶	灰黄霉素	1	0.05	5.86
11	黑茶	苯醚甲环唑	1	0.05	5.86

18.3.2　所有茶叶中农药残留风险系数分析

18.3.2.1　所有茶叶中禁用农药残留风险系数分析

在侦测出的 21 种农药中有 2 种为禁用农药，计算所有茶叶中禁用农药的风险系数，结果如表 18-8 所示。在 2 种禁用农药中，2 种农药残留处于高度风险。

表 18-8　茶叶中 2 种禁用农药的风险系数表

序号	农药	检出频次	检出率(%)	风险系数 R	风险程度
1	三唑磷	11	0.275	28.6	高度风险
2	特丁硫磷	1	0.025	3.6	高度风险

18.3.2.2　所有茶叶中非禁用农药残留风险系数分析

参照 MRL 欧盟标准计算所有茶叶中每种非禁用农药残留的风险系数，如图 18-16 与表 18-9 所示。在侦测出的 19 种非禁用农药中，6 种农药（31.58%）残留处于高度风险，13 种农药（68.42%）残留处于低度风险。

18.4　LC-Q-TOF/MS 侦测呼和浩特市市售茶叶农药残留风险评估结论与建议

农药残留是影响茶叶安全和质量的主要因素，也是我国食品安全领域备受关注的敏感话题和亟待解决的重大问题之一[15,16]。各种茶叶均存在不同程度的农药残留现象，本研究主要针对呼和浩特市各类茶叶存在的农药残留问题，基于 2019 年 2 月期间对呼和浩特市 40 例茶叶样品中农药残留侦测得出的 159 个侦测结果，分别采用食品安全指数模型和风险系数模型，开展茶叶中农药残留的膳食暴露风险和预警风险评估。茶叶样品取自超市和茶叶专营店，符合大众的膳食来源，风险评价时更具有代表性和可信度。

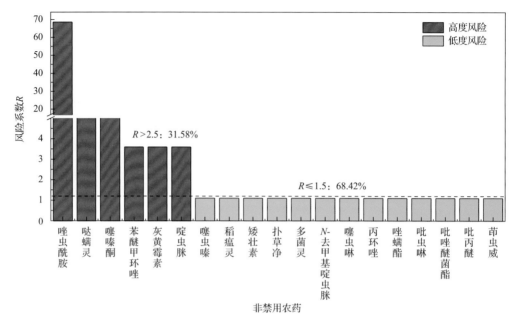

图 18-16　茶叶中 19 种非禁用农药的风险程度统计图

表 18-9　茶叶中 19 种非禁用农药的风险系数表

序号	农药	超标频次	超标率 P(%)	风险系数 R	风险程度
1	唑虫酰胺	27	0.68	68.60	高度风险
2	哒螨灵	4	0.10	11.10	高度风险
3	噻嗪酮	2	0.05	6.10	高度风险
4	苯醚甲环唑	1	0.03	3.60	高度风险
5	灰黄霉素	1	0.03	3.60	高度风险
6	啶虫脒	1	0.03	3.60	高度风险
7	噻虫嗪	0	0.00	1.10	低度风险
8	稻瘟灵	0	0.00	1.10	低度风险
9	矮壮素	0	0.00	1.10	低度风险
10	扑草净	0	0.00	1.10	低度风险
11	多菌灵	0	0.00	1.10	低度风险
12	N-去甲基啶虫脒	0	0.00	1.10	低度风险
13	噻虫啉	0	0.00	1.10	低度风险
14	丙环唑	0	0.00	1.10	低度风险
15	唑螨酯	0	0.00	1.10	低度风险
16	吡虫啉	0	0.00	1.10	低度风险
17	吡唑醚菌酯	0	0.00	1.10	低度风险
18	吡丙醚	0	0.00	1.10	低度风险
19	茚虫威	0	0.00	1.10	低度风险

本研究力求通用简单地反映食品安全中的主要问题，且为管理部门和大众容易接受，为政府及相关管理机构建立科学的食品安全信息发布和预警体系提供科学的规律与方法，加强对农药残留的预警和食品安全重大事件的预防，控制食品风险。

18.4.1　呼和浩特市茶叶中农药残留膳食暴露风险评价结论

1) 茶叶样品中农药残留安全状态评价结论

采用食品安全指数模型，对 2019 年 2 月期间呼和浩特市茶叶食品农药残留膳食暴露风险进行评价，根据 IFS_c 的计算结果发现，茶叶中农药的 $\overline{IFS}$ 为 0.00022，说明呼和浩特市茶叶总体处于可以接受的安全状态，但部分禁用农药、高残留农药在茶叶中中仍有侦测出，导致膳食暴露风险的存在，成为不安全因素。

2) 禁用农药膳食暴露风险评价

本次检测发现部分茶叶样品中有禁用农药侦测出，侦测出禁用农药 2 种，侦测出频次为 12，茶叶样品中的禁用农药 IFS_c 计算结果表明，没有影响的频次为 12，占 100.00%。

18.4.2　呼和浩特市茶叶中农药残留预警风险评价结论

1) 单种茶叶中禁用农药残留的预警风险评价结论

本次检测过程中，在 5 种茶叶中检测出 2 种禁用农药，禁用农药为：三唑磷、特丁硫磷，茶叶为：乌龙茶、红茶、绿茶、花茶、黑茶，茶叶中禁用农药的风险系数分析结果显示，5 种禁用农药在 2 种茶叶中的残留均处于高度风险，说明在单种茶叶中禁用农药的残留会导致较高的预警风险。

2) 单种茶叶中非禁用农药残留的预警风险评价结论

以 MRL 中国国家标准为标准，计算茶叶中非禁用农药风险系数情况下，48 个样本中，30 个处于低度风险（62.50%），18 个样本没有 MRL 中国国家标准（37.50%）。以 MRL 欧盟标准为标准，计算茶叶中非禁用农药风险系数情况下，发现有 11 个处于高度风险（22.92%），37 个处于低度风险（77.08%）。基于两种 MRL 标准，评价的结果差异显著，可以看出 MRL 欧盟标准比中国国家标准更加严格和完善，过于宽松的 MRL 中国国家标准值能否有效保障人体的健康有待研究。

18.4.3　加强呼和浩特市茶叶食品安全建议

我国食品安全风险评价体系仍不够健全，相关制度不够完善，多年来，由于农药用药次数多、用药量大或用药间隔时间短，产品残留量大，农药残留所造成的食品安全问题日益严峻，给人体健康带来了直接或间接的危害。据估计，美国与农药有关的癌症患者数约占全国癌症患者总数的 50%，中国更高。同样，农药对其它生物也会形成直接杀伤和慢性危害，植物中的农药可经过食物链逐级传递并不断蓄积，对人和动物构成潜在威胁，并影响生态系统。

基于本次农药残留侦测数据的风险评价结果，提出以下几点建议：

1) 加快食品安全标准制定步伐

我国食品标准中对农药每日允许最大摄入量 ADI 的数据严重缺乏，在本次评价所涉及的 21 种农药中，仅有 90.5 的农药具有 ADI 值，而 9.5%的农药中国尚未规定相应的 ADI 值，亟待完善。

我国食品中农药最大残留限量值的规定严重缺乏，对评估涉及的不同茶叶中不同农药 54 个 MRL 限值进行统计来看，我国仅制定出 31 个标准，我国标准完整率仅为 57.4%，欧盟的完整率达到 100%(表 18-10)。因此，中国更应加快 MRL 的制定步伐。

表 18-10　我国国家食品标准农药的 ADI、MRL 值与欧盟标准的数量差异

分类		中国 ADI	MRL 中国国家标准	MRL 欧盟标准
标准限值(个)	有	19	31	54
	无	2	23	0
总数(个)		21	54	54
无标准限值比例(%)		9.5	42.6	0

此外，MRL 中国国家标准限值普遍高于欧盟标准限值，这些标准中共有 23 个高于欧盟。过高的 MRL 值难以保障人体健康，建议继续加强对限值基准和标准的科学研究，将农产品中的危险性减少到尽可能低的水平。

2) 加强农药的源头控制和分类监管

在呼和浩特市某些茶叶中仍有禁用农药残留，利用 LC-Q-TOF/MS 技术侦测出 2 种禁用农药，检出频次为 12 次，残留禁用农药均存在较大的膳食暴露风险和预警风险。早已列入黑名单的禁用农药在我国并未真正退出，有些药物由于价格便宜、工艺简单，此类高毒农药一直生产和使用。建议在我国采取严格有效的控制措施，从源头控制禁用农药。

对于非禁用农药，在我国作为"田间地头"最典型单位的县级茶叶产地中，农药残留的检测几乎缺失。建议根据农药的毒性，对高毒、剧毒、中毒农药实现分类管理，减少使用高毒和剧毒高残留农药，进行分类监管。

3) 加强农药生物基准和降解技术研究

市售茶叶中残留农药的品种多、频次高、禁用农药多次检出这一现状，说明了我国的田间土壤和水体因农药长期、频繁、不合理的使用而遭到严重污染。为此，建议中国相关部门出台相关政策，鼓励高校及科研院所积极开展分子生物学、酶学等研究，加强土壤、水体中残留农药的生物修复及降解新技术研究，切实加大农药监管力度，以控制农药的面源污染问题。

综上所述，在本工作基础上，根据茶叶残留危害，可进一步针对其成因提出和采取严格管理、大力推广无公害茶叶种植与生产、健全食品安全控制技术体系、加强茶叶质量检测体系建设和积极推行茶叶质量追溯制度等相应对策。建立和完善食品安全综合评价指数与风险监测预警系统，对食品安全进行实时、全面的监控与分析，为我国的食品安全科学监管与决策提供新的技术支持，可实现各类检验数据的信息化系统管理，降低食品安全事故的发生。

第19章 GC-Q-TOF/MS 侦测呼和浩特市 40 例市售茶叶样品农药残留报告

从呼和浩特市所属 4 个区，随机采集了 40 例茶叶样品，使用气相色谱-四极杆飞行时间质谱(GC-Q-TOF/MS)对 684 种农药化学污染物示范侦测。

19.1 样品种类、数量与来源

19.1.1 样品采集与检测

为了真实反映百姓日常饮用的茶叶中农药残留污染状况，本次所有检测样品均由检验人员于 2019 年 2 月期间，从呼和浩特市所属 8 个采样点，包括 8 个超市，以随机购买方式采集，总计 8 批 40 例样品，从中检出农药 25 种，209 频次。采样及监测概况见图 19-1 及表 19-1，样品及采样点明细见表 19-2 及表 19-3(侦测原始数据见附表 1)。

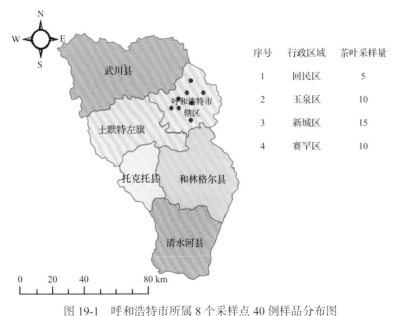

序号	行政区域	茶叶采样量
1	回民区	5
2	玉泉区	10
3	新城区	15
4	赛罕区	10

图 19-1 呼和浩特市所属 8 个采样点 40 例样品分布图

表 19-1 农药残留监测总体概况

采样地区	呼和浩特市所属 4 个区
采样点(超市)	8
样本总数	40
检出农药品种/频次	25/209
各采样点样本农药残留检出率范围	100.0%~100.0%

表 19-2 样品分类及数量

样品分类	样品名称(数量)	数量小计
1. 茶叶		40
1)发酵类茶叶	黑茶(21),红茶(4),乌龙茶(9)	34
2)未发酵类茶叶	花茶(1),绿茶(5)	6
合计	茶叶 5 种	40

表 19-3 呼和浩特市采样点信息

采样点序号	行政区域	采样点
超市(8)		
1	回民区	***超市(***购物中心店)
2	赛罕区	***超市(呼和浩特万达广场店)
3	赛罕区	***超市(呼和浩特大学西街名都店)
4	新城区	***超市(金太店)
5	新城区	***超市(兴安店)
6	新城区	***超市(新华大街店)
7	玉泉区	***超市(七彩城店)
8	玉泉区	***超市(鄂尔多斯大街)

19.1.2 检测结果

这次使用的检测方法是庞国芳院士团队最新研发的不需使用标准品对照,而以高分辨精确质量数(0.0001 m/z)为基准的 GC-Q-TOF/MS 检测技术,对于 40 例样品,每个样品均侦测了 684 种农药化学污染物的残留现状。通过本次侦测,在 40 例样品中共计检出农药化学污染物 25 种,检出 209 频次。

19.1.2.1 各采样点样品检出情况

统计分析发现 8 个采样点中,被测样品的农药检出率 100.0%。其中,统计分析发现 8 个采样点中,被测样品的农药检出率均为 100.0%,见图 19-2。

19.1.2.2 检出农药的品种总数与频次

统计分析发现,对于 40 例样品中 684 种农药化学污染物的侦测,共检出农药 209 频次,涉及农药 25 种,结果如图 19-3 所示。其中联苯菊酯检出频次最高,共检出 39 次。检出频次排名前 10 的农药如下:①联苯菊酯(39),②异丁子香酚(33),③唑虫酰胺(23),④硫丹(22),⑤丁香酚(15),⑥4,4-二氯二苯甲酮(11),⑦三氯杀螨醇(11),⑧哒螨灵(8),⑨氟虫腈(7),⑩虫螨腈(5)。

由图 19-4 可见,绿茶、黑茶和乌龙茶这 3 种茶叶样品中检出的农药品种数较高,均超过 15 种,其中,绿茶检出农药品种最多,为 18 种。由图 19-5 可见,黑茶、乌龙茶和绿茶这 3 种茶叶样品中的农药检出频次较高,均超过 30 次,其中,黑茶检出农药频次最高,为 104 次。

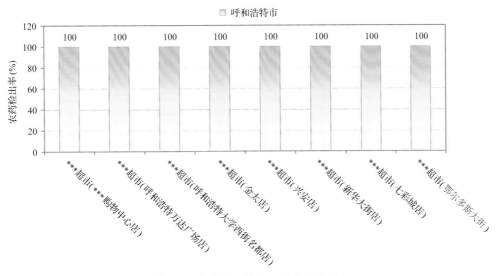

图 19-2　各采样点样品中的农药检出率

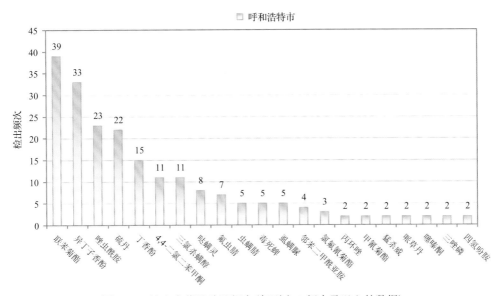

图 19-3　检出农药品种及频次（仅列出 2 频次及以上的数据）

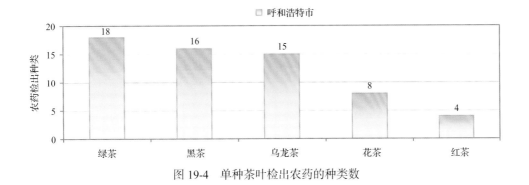

图 19-4　单种茶叶检出农药的种类数

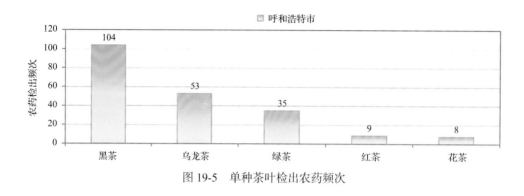

图 19-5　单种茶叶检出农药频次

19.1.2.3　单例样品农药检出种类与占比

对单例样品检出农药种类和频次进行统计发现，检出 1 种农药的样品占总样品数的 10.0%，检出 2~5 种农药的样品占总样品数的 52.5%，检出 6~10 种农药的样品占总样品数的 27.5%，检出大于 10 种农药的样品占总样品数的 10.0%。每例样品中平均检出农药为 5.2 种，数据见表 19-4 及图 19-6。

表 19-4　单例样品检出农药品种占比

检出农药品种数	样品数量/占比(%)
1 种	4/10.0
2~5 种	21/52.5
6~10 种	11/27.5
大于 10 种	4/10.0
单例样品平均检出农药品种	5.2 种

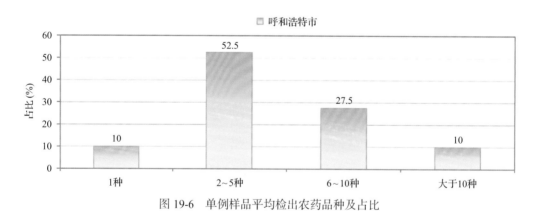

图 19-6　单例样品平均检出农药品种及占比

19.1.2.4　检出农药类别与占比

所有检出农药按功能分类，包括杀虫剂、杀菌剂、杀螨剂、除草剂和其他共 5 类。其中杀虫剂与杀菌剂为主要检出的农药类别，分别占总数的 56.0% 和 12.0%，见表 19-5 及图 19-7。

表 19-5　检出农药所属类别/占比

农药类别	数量/占比(%)
杀虫剂	14/56.0
杀菌剂	3/12.0
杀螨剂	3/12.0
除草剂	2/8.0
其他	3/12.0

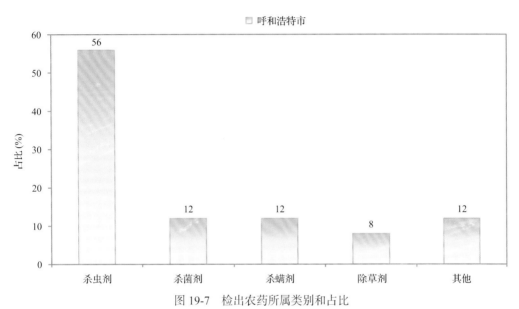

图 19-7　检出农药所属类别和占比

19.1.2.5　检出农药的残留水平

按检出农药残留水平进行统计，残留水平在 1~5 μg/kg(含)的农药占总数的 10.5%，在 5~10 μg/kg(含)的农药占总数的 9.1%，在 10~100 μg/kg(含)的农药占总数的 48.3%，在 100~1000 μg/kg(含)的农药占总数的 31.1%，在 >1000 μg/kg 的农药占总数的 1.0%。

由此可见，这次检测的 8 批 40 例茶叶样品中农药多数处于中高残留水平。结果见表 19-6 及图 19-8，数据见附表 2。

表 19-6　农药残留水平/占比

残留水平(μg/kg)	检出频次数/占比(%)
1~5(含)	22/10.5
5~10(含)	19/9.1
10~100(含)	101/48.3
100~1000(含)	65/31.1
>1000	2/1.0

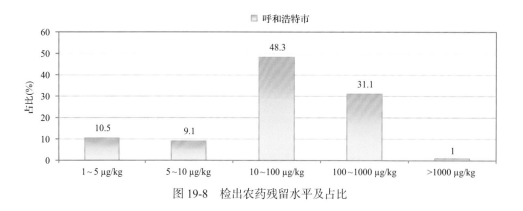

图 19-8　检出农药残留水平及占比

19.1.2.6　检出农药的毒性类别、检出频次和超标频次及占比

对这次检出的 25 种 209 频次的农药，按剧毒、高毒、中毒、低毒和微毒这五个毒性类别进行分类，从中可以看出，呼和浩特市目前普遍使用的农药为中低微毒农药，品种占 96.0%，频次占 99.0%。结果见表 19-7 及图 19-9。

表 19-7　检出农药毒性类别/占比

毒性分类	农药品种/占比(%)	检出频次/占比(%)	超标频次/超标率(%)
剧毒农药	0/0	0/0.0	0/0.0
高毒农药	1/4.0	2/1.0	0/0.0
中毒农药	14/56.0	177/84.7	0/0.0
低毒农药	7/28.0	27/12.9	0/0.0
微毒农药	3/12.0	3/1.4	0/0.0

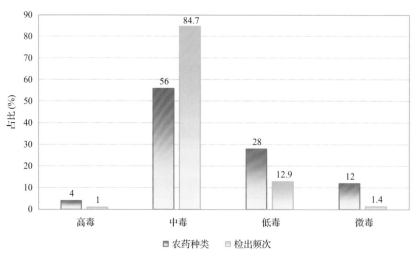

图 19-9　检出农药的毒性分类和占比

19.1.2.7　检出剧毒/高毒类农药的品种和频次

值得特别关注的是，在此次侦测的 40 例样品中有 2 种茶叶的 2 例样品检出了 1 种 2

频次的剧毒和高毒农药，占样品总量的 5.0%，详见图 19-10、表 19-8 及表 19-9。

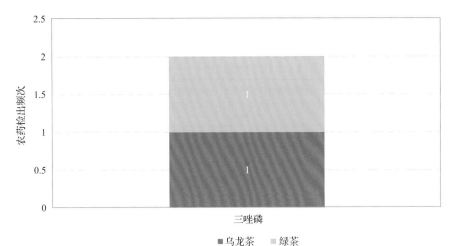

图 19-10　检出剧毒/高毒农药的样品情况

表 19-8　剧毒农药检出情况

序号	农药名称	检出频次	超标频次	超标率
	茶叶中未检出剧毒农药			
	合计	0	0	超标率：0.0%

表 19-9　高毒农药检出情况

序号	农药名称	检出频次	超标频次	超标率
	从 2 种茶叶中检出 1 种高毒农药，共计检出 2 次			
1	三唑磷	2	0	0.0%
	合计	2	0	**超标率：0.0%**

在检出的剧毒和高毒农药中，有 1 种是我国早已禁止在茶叶上使用的：三唑磷。禁用农药的检出情况见表 19-10。

表 19-10　禁用农药检出情况

序号	农药名称	检出频次	超标频次	超标率
	从 4 种茶叶中检出 5 种禁用农药，共计检出 47 次			
1	硫丹	22	0	0.0%
2	三氯杀螨醇	11	0	0.0%
3	氟虫腈	7	0	0.0%
4	毒死蜱	5	0	0.0%
5	三唑磷	2	0	0.0%
	合计	47	0	超标率：0.0%

注：表中*为剧毒农药；超标结果参考 MRL 中国国家标准计算

此次抽检的茶叶样品中，没有检出剧毒农药。

样品中检出剧毒和高毒农药残留水平没有超过 MRL 中国国家标准，但本次检出结果仍表明，高毒、剧毒农药的使用现象依旧存在。详见表 19-11。

表 19-11　各样本中检出剧毒/高毒农药情况

样品名称	农药名称	检出频次	超标频次	检出浓度(μg/kg)
茶叶 2 种				
绿茶	三唑磷▲	1	0	56.6
乌龙茶	三唑磷▲	1	0	69.0
合计		2	0	超标率：0.0%

注：表中*为剧毒农药；▲为禁用农药；a 为超标结果(参考 MRL 中国国家标准)

19.2　农药残留检出水平与最大残留限量标准对比分析

我国于 2016 年 12 月 18 日正式颁布并于 2017 年 6 月 18 日正式实施食品农药残留限量国家标准《食品中农药最大残留限量》(GB 2763—2016)。该标准包括 417 个农药条目，涉及最大残留限量(MRL)标准 4140 项。将 209 频次检出农药的浓度水平与 4140 项 MRL 中国国家标准进行核对，其中只有 92 频次的结果找到了对应的 MRL，占 44.0%，还有 117 频次的结果则无相关 MRL 标准供参考，占 56.0%。

将此次侦测结果与国际上现行 MRL 对比发现，在 209 频次的检出结果中有 209 频次的结果找到了对应的 MRL 欧盟标准，占 100.0%；其中，114 频次的结果有明确对应的 MRL，占 54.5%，其余 95 频次按照欧盟一律标准判定，占 45.5%；有 209 频次的结果找到了对应的 MRL 日本标准，占 100.0%；其中，135 频次的结果有明确对应的 MRL，占 64.6%，其余 74 频次按照日本一律标准判定，占 35.4%；有 82 频次的结果找到了对应的 MRL 中国香港标准，占 39.2%；有 107 频次的结果找到了对应的 MRL 美国标准，占 51.2%；有 82 频次的结果找到了对应的 MRL CAC 标准，占 39.2%(见图 19-11 和图 19-12，数据见附表 3 至附表 8)。

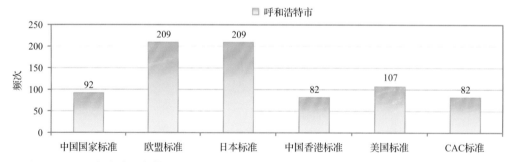

图 19-11　209 频次检出农药可用 MRL 中国国家标准、欧盟标准、日本标准、中国香港标准、美国标准、CAC 标准判定衡量的数量

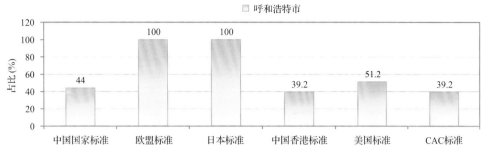

图 19-12　209 频次检出农药可用 MRL 中国国家标准、欧盟标准、日本标准、中国香港标准、
美国标准、CAC 标准衡量的占比

19.2.1　超标农药样品分析

本次侦测的 40 例样品中，全部样品检出不同水平、不同种类的残留农药，占样品总量的 100.0%。在此，我们将本次侦测的农残检出情况与 MRL 中国国家标准、欧盟标准、日本标准、中国香港标准、美国标准和 CAC 标准这 6 大国际主流标准进行对比分析，样品农残检出与超标情况见表 19-12、图 19-13 和图 19-14，详细数据见附表 9 至附表 14。

表 19-12　各 MRL 标准下样本农残检出与超标数量及占比

	中国国家标准 数量/占比(%)	欧盟标准 数量/占比(%)	日本标准 数量/占比(%)	中国香港标准 数量/占比(%)	美国标准 数量/占比(%)	CAC 标准 数量/占比(%)
未检出	0/0.0	0/0.0	0/0.0	0/0.0	0/0.0	0/0.0
检出未超标	40/100.0	3/7.5	4/10.0	40/100.0	40/100.0	40/100.0
检出超标	0/0.0	37/92.5	36/90.0	0/0.0	0/0.0	0/0.0

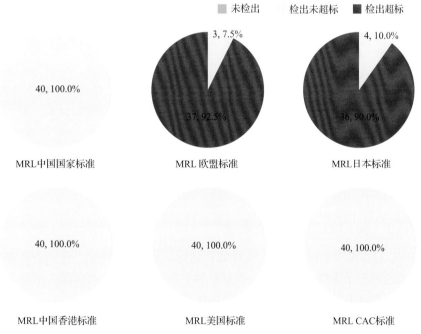

图 19-13　检出和超标样品比例情况

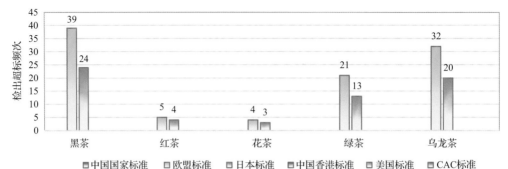

图 19-14 超过 MRL 中国国家标准、欧盟标准、日本标准、中国香港标准、美国标准和 CAC 标准结果在茶叶中的分布

19.2.2 超标农药种类分析

按照 MRL 中国国家标准、欧盟标准、日本标准、中国香港标准、美国标准和 CAC 标准这 6 大国际主流标准衡量，本次侦测检出的农药超标品种及频次情况见表 19-13。

表 19-13 各 MRL 标准下超标农药品种及频次

	中国国家标准	欧盟标准	日本标准	中国香港标准	美国标准	CAC 标准
超标农药品种	0	16	11	0	0	0
超标农药频次	0	101	64	0	0	0

19.2.2.1 按 MRL 中国国家标准衡量

按 MRL 中国国家标准衡量，无样品检出超标农药残留。

19.2.2.2 按 MRL 欧盟标准衡量

按 MRL 欧盟标准衡量，共有 16 种农药超标，检出 101 频次，分别为高毒农药三唑磷、中毒农药氯氟氰菊酯、异丁子香酚、氟虫腈、唑虫酰胺、哒螨灵、哌草丹和丁香酚，低毒农药邻苯二甲酰亚胺、猛杀威、噻嗪酮、四氢吩胺、虱螨脲和 4,4-二氯二苯甲酮，微毒农药灰黄霉素和解草嗪。

按超标程度比较，绿茶中唑虫酰胺超标 112.3 倍，绿茶中氯氟氰菊酯超标 106.4 倍，黑茶中唑虫酰胺超标 76.0 倍，花茶中唑虫酰胺超标 75.1 倍，乌龙茶中唑虫酰胺超标 72.7 倍。检测结果见图 19-15 和附表 16。

19.2.2.3 按 MRL 日本标准衡量

按 MRL 日本标准衡量，共有 11 种农药超标，检出 64 频次，分别为高毒农药三唑磷、中毒农药异丁子香酚、氟虫腈、哌草丹和丁香酚，低毒农药邻苯二甲酰亚胺、猛杀威、四氢吩胺和 4,4-二氯二苯甲酮，微毒农药灰黄霉素和解草嗪。

按超标程度比较，绿茶中异丁子香酚超标 31.6 倍，乌龙茶中异丁子香酚超标 23.1 倍，黑茶中异丁子香酚超标 22.7 倍，绿茶中丁香酚超标 18.8 倍，花茶中丁香酚超标 17.0

倍。检测结果见图 19-16 和附表 17。

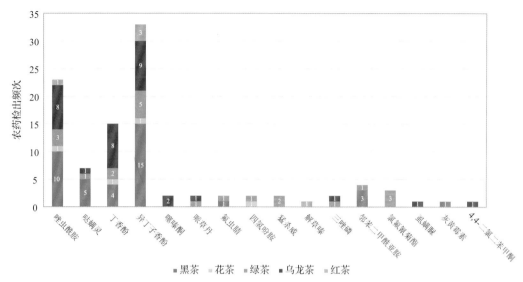

图 19-15　超过 MRL 欧盟标准农药品种及频次

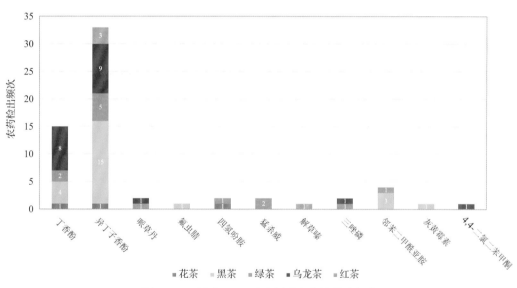

图 19-16　超过 MRL 日本标准农药品种及频次

19.2.2.4　按 MRL 中国香港标准衡量

按 MRL 中国香港标准衡量，无样品检出超标农药残留。

19.2.2.5　按 MRL 美国标准衡量

按 MRL 美国标准衡量，无样品检出超标农药残留。

19.2.2.6 按 MRL CAC 标准衡量

按 MRL CAC 标准衡量，无样品检出超标农药残留。

19.2.3 8 个采样点超标情况分析

19.2.3.1 按 MRL 中国国家标准衡量

按 MRL 中国国家标准衡量，所有采样点的样品均未检出超标农药残留。

19.2.3.2 按 MRL 欧盟标准衡量

按 MRL 欧盟标准衡量，所有采样点的样品存在不同程度的超标农药检出，其中***
超市(兴安店)、***超市(七彩城店)、***超市(新华大街店)、***超市(鄂尔多斯大街)
和***超市(呼和浩特万达广场店)的超标率最高，为 100.0%，如表 19-14 和图 19-17 所示。

表 19-14 超过 MRL 欧盟标准茶叶在不同采样点分布

序号	采样点	样品总数	超标数量	超标率(%)	行政区域
1	***超市(呼和浩特大学西街名都店)	5	4	80.0	赛罕区
2	***超市(金太店)	5	4	80.0	新城区
3	***超市(兴安店)	5	5	100.0	新城区
4	***超市(七彩城店)	5	5	100.0	玉泉区
5	***超市(新华大街店)	5	5	100.0	新城区
6	***超市(鄂尔多斯大街)	5	5	100.0	玉泉区
7	***超市(呼和浩特万达广场店)	5	5	100.0	赛罕区
8	***超市(***购物中心店)	5	4	80.0	回民区

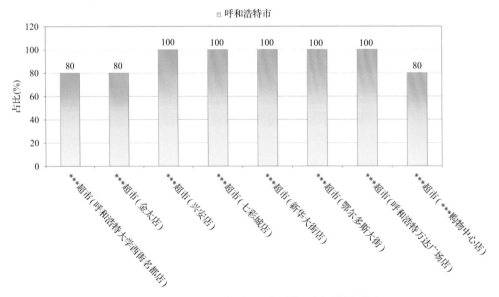

图 19-17 超过 MRL 欧盟标准茶叶在不同采样点分布

19.2.3.3　按 MRL 日本标准衡量

按 MRL 日本标准衡量，所有采样点的样品存在不同程度的超标农药检出，其中***超市(七彩城店)、***超市(新华大街店)、***超市(鄂尔多斯大街)和***超市(呼和浩特万达广场店)的超标率最高，为 100.0%，如表 19-15 和图 19-18 所示。

表 19-15　超过 MRL 日本标准茶叶在不同采样点分布

序号	采样点	样品总数	超标数量	超标率(%)	行政区域
1	***超市(呼和浩特大学西街名都店)	5	4	80.0	赛罕区
2	***超市(金太店)	5	4	80.0	新城区
3	***超市(兴安店)	5	4	80.0	新城区
4	***超市(七彩城店)	5	5	100.0	玉泉区
5	***超市(新华大街店)	5	5	100.0	新城区
6	***超市(鄂尔多斯大街)	5	5	100.0	玉泉区
7	***超市(呼和浩特万达广场店)	5	5	100.0	赛罕区
8	***超市(***购物中心店)	5	4	80.0	回民区

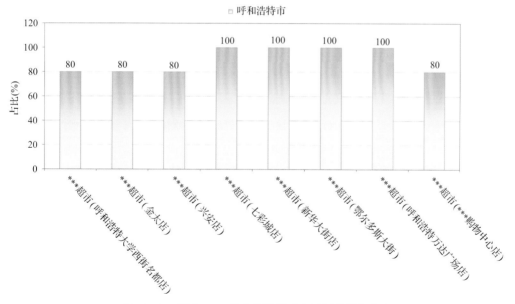

图 19-18　超过 MRL 日本标准茶叶在不同采样点分布

19.2.3.4　按 MRL 中国香港标准衡量

按 MRL 中国香港标准衡量，所有采样点的样品均未检出超标农药残留。

19.2.3.5　按 MRL 美国标准衡量

按 MRL 美国标准衡量，所有采样点的样品均未检出超标农药残留。

19.2.3.6　按 MRL CAC 标准衡量

按 MRL CAC 标准衡量，所有采样点的样品均未检出超标农药残留。

19.3　茶叶中农药残留分布

19.3.1　茶叶按检出农药品种和频次排名

本次残留侦测的茶叶共 5 种，包括黑茶、红茶、乌龙茶、花茶和绿茶。

根据检出农药品种及频次进行排名，将各项排名茶叶样品检出情况列表说明，详见表 19-16。

表 19-16　茶叶按检出农药品种和频次排名

按检出农药品种排名(品种)	①绿茶(18)、②黑茶(16)、③乌龙茶(15)、④花茶(8)、⑤红茶(4)
按检出农药频次排名(频次)	①黑茶(104)、②乌龙茶(53)、③绿茶(35)、④红茶(9)、⑤花茶(8)
按检出禁用、高毒及剧毒农药品种排名(品种)	①黑茶(4)、②绿茶(4)、③乌龙茶(4)、④花茶(1)
按检出禁用、高毒及剧毒农药频次排名(频次)	①黑茶(30)、②绿茶(8)、③乌龙茶(8)、④花茶(1)

19.3.2　茶叶按超标农药品种和频次排名

鉴于 MRL 欧盟标准和日本标准制定比较全面且覆盖率较高，我们参照 MRL 中国国家标准、欧盟标准和日本标准衡量茶叶样品中农残检出情况，将茶叶按超标农药品种及频次排名列表说明，详见表 19-17。

表 19-17　茶叶按超标农药品种和频次排名

按超标农药品种排名 (农药品种数)	MRL 中国国家标准	
	MRL 欧盟标准	①绿茶(11)、②乌龙茶(9)、③黑茶(7)、④花茶(4)、⑤红茶(3)
	MRL 日本标准	①绿茶(7)、②黑茶(5)、③乌龙茶(5)、④花茶(3)、⑤红茶(2)
按超标农药频次排名 (农药频次数)	MRL 中国国家标准	
	MRL 欧盟标准	①黑茶(39)、②乌龙茶(32)、③绿茶(21)、④红茶(5)、⑤花茶(4)
	MRL 日本标准	①黑茶(24)、②乌龙茶(20)、③绿茶(13)、④红茶(4)、⑤花茶(3)

通过对各品种茶叶样本总数及检出率进行综合分析发现，绿茶、黑茶和乌龙茶的残留污染最为严重，在此，我们参照 MRL 中国国家标准、欧盟标准和日本标准对这 3 种茶叶的农残检出情况进行进一步分析。

19.3.3　农药残留检出率较高的茶叶样品分析

19.3.3.1　绿茶

这次共检测 5 例绿茶样品，全部检出了农药残留，检出率为 100.0%，检出农药共计

18 种。其中异丁子香酚、联苯菊酯、硫丹、氯氟氰菊酯和唑虫酰胺检出频次较高，分别检出了 5、4、4、3 和 3 次。绿茶中农药检出品种和频次见图 19-19，超标农药见图 19-20 和表 19-18。

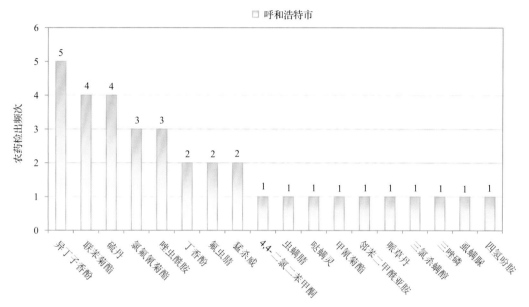

图 19-19　绿茶样品检出农药品种和频次分析

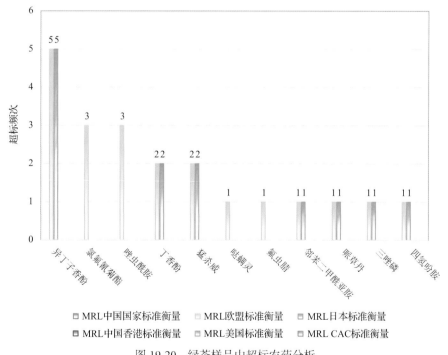

图 19-20　绿茶样品中超标农药分析

表 19-18　绿茶中农药残留超标情况明细表

样品总数		检出农药样品数	样品检出率(%)	检出农药品种总数
5		5	100	18
	超标农药品种	超标农药频次	按照 MRL 中国国家标准、欧盟标准和日本标准衡量超标农药名称及频次	
中国国家标准	0	0		
欧盟标准	11	21	异丁子香酚(5)、氯氟氰菊酯(3)、唑虫酰胺(3)、丁香酚(2)、猛杀威(2)、哒螨灵(1)、氟虫腈(1)、邻苯二甲酰亚胺(1)、哌草丹(1)、三唑磷(1)、四氢吩胺(1)	
日本标准	7	13	异丁子香酚(5)、丁香酚(2)、猛杀威(2)、邻苯二甲酰亚胺(1)、哌草丹(1)、三唑磷(1)、四氢吩胺(1)	

19.3.3.2　黑茶

这次共检测 21 例黑茶样品，全部检出了农药残留，检出率为 100.0%，检出农药共计 16 种。其中联苯菊酯、异丁子香酚、硫丹、唑虫酰胺和 4,4-二氯二苯甲酮检出频次较高，分别检出了 21、15、14、10 和 8 次。黑茶中农药检出品种和频次见图 19-21，超标农药见表 19-19 和图 19-22。

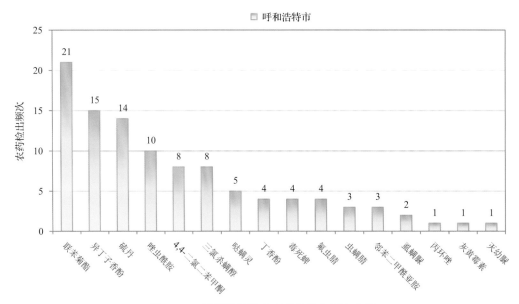

图 19-21　黑茶样品检出农药品种和频次分析

表 19-19　黑茶中农药残留超标情况明细表

样品总数		检出农药样品数	样品检出率(%)	检出农药品种总数
21		21	100	16
	超标农药品种	超标农药频次	按照 MRL 中国国家标准、欧盟标准和日本标准衡量超标农药名称及频次	
中国国家标准	0	0		
欧盟标准	7	39	异丁子香酚(15)、唑虫酰胺(10)、哒螨灵(5)、丁香酚(4)、邻苯二甲酰亚胺(3)、氟虫腈(1)、灰黄霉素(1)	
日本标准	5	24	异丁子香酚(15)、丁香酚(4)、邻苯二甲酰亚胺(3)、氟虫腈(1)、灰黄霉素(1)	

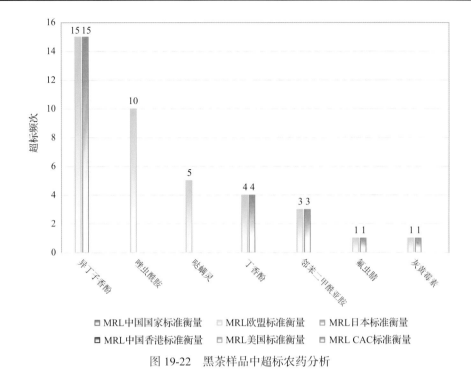

图 19-22　黑茶样品中超标农药分析

19.3.3.3　乌龙茶

这次共检测 9 例乌龙茶样品，全部检出了农药残留，检出率为 100.0%，检出农药共计 15 种。其中联苯菊酯、异丁子香酚、丁香酚、唑虫酰胺和硫丹检出频次较高，分别检出了 9、9、8、8 和 4 次。乌龙茶中农药检出品种和频次见图 19-23，超标农药见图 19-24 和表 19-20。

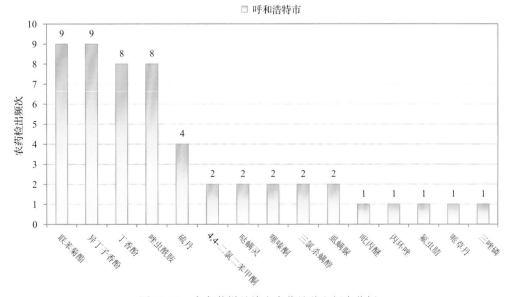

图 19-23　乌龙茶样品检出农药品种和频次分析

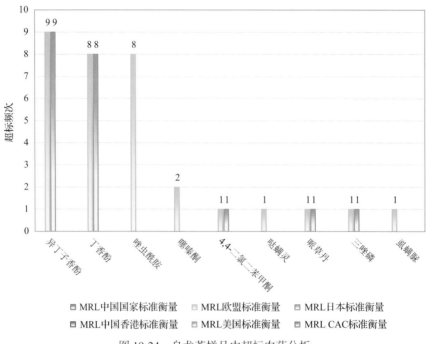

图 19-24　乌龙茶样品中超标农药分析

表 19-20　乌龙茶中农药残留超标情况明细表

样品总数		检出农药样品数	样品检出率(%)	检出农药品种总数
9		9	100	15

	超标农药品种	超标农药频次	按照 MRL 中国标准、欧盟标准和日本标准衡量超标农药名称及频次
中国国家标准	0	0	
欧盟标准	9	32	异丁子香酚(9), 丁香酚(8), 唑虫酰胺(8), 噻嗪酮(2), 4,4-二氯二苯甲酮(1), 哒螨灵(1), 哌草丹(1), 三唑磷(1), 虱螨脲(1)
日本标准	5	20	异丁子香酚(9), 丁香酚(8), 4,4-二氯二苯甲酮(1), 哌草丹(1), 三唑磷(1)

19.4　初 步 结 论

19.4.1　呼和浩特市市售茶叶按 MRL 中国国家标准和国际主要标准衡量的合格率

本次侦测的 40 例样品中，全部样品检出不同水平、不同种类的残留农药，占样品总量的 100.0%。在这 40 例检出农药残留的样品中：

按照 MRL 中国国家标准衡量，有 40 例样品检出残留农药但含量没有超标，占样品总数的 100.0%，无检出残留农药超标的样品；

按照 MRL 欧盟标准衡量，有 3 例样品检出残留农药但含量没有超标，占样品总数的 7.5%，有 37 例样品检出了超标农药，占样品总数的 92.5%；

按照 MRL 日本标准衡量，有 4 例样品检出残留农药但含量没有超标，占样品总数的 10.0%，有 36 例样品检出了超标农药，占样品总数的 90.0%；

按照 MRL 中国香港标准衡量，有 40 例样品检出残留农药但含量没有超标，占样品总数的 100.0%，无检出残留农药超标的样品；

按照 MRL 美国标准衡量，有 40 例样品检出残留农药但含量没有超标，占样品总数的 100.0%，无检出残留农药超标的样品；

按照 MRL CAC 标准衡量，有 40 例样品检出残留农药但含量没有超标，占样品总数的 100.0%，无检出残留农药超标的样品。

19.4.2　呼和浩特市市售茶叶中检出农药以中低微毒农药为主，占市场主体的 96.0%

这次侦测的 40 例茶叶样品共检出了 25 种农药，检出农药的毒性以中低微毒为主，详见表 19-21。

表 19-21　市场主体农药毒性分布

毒性	检出品种	占比	检出频次	占比
高毒农药	1	4.0%	2	1.0%
中毒农药	14	56.0%	177	84.7%
低毒农药	7	28.0%	27	12.9%
微毒农药	3	12.0%	3	1.4%
中低微毒农药，品种占比 96.0%，频次占比 99.0%				

19.4.3　检出剧毒、高毒和禁用农药现象应该警醒

在此次侦测的 40 例样品中有 4 种茶叶的 24 例样品检出了 5 种 47 频次的剧毒和高毒或禁用农药，占样品总量的 60.0%。其中高毒农药三唑磷检出频次较高。

按 MRL 中国国家标准衡量，高毒农药按超标程度比较未超标。

剧毒、高毒或禁用农药的检出情况及按照 MRL 中国国家标准衡量的超标情况见表 19-22。

表 19-22　剧毒、高毒或禁用农药的检出及超标明细

序号	农药名称	样品名称	检出频次	超标频次	最大超标倍数	超标率
1.1	三唑磷◊▲	绿茶	1	0	0	0.0%
1.2	三唑磷◊▲	乌龙茶	1	0	0	0.0%
2.1	毒死蜱▲	黑茶	4	0	0	0.0%
2.2	毒死蜱▲	花茶	1	0	0	0.0%
3.1	氟虫腈▲	黑茶	4	0	0	0.0%
3.2	氟虫腈▲	绿茶	2	0	0	0.0%

续表

序号	农药名称	样品名称	检出频次	超标频次	最大超标倍数	超标率
3.3	氟虫腈▲	乌龙茶	1	0	0	0.0%
4.1	硫丹▲	黑茶	14	0	0	0.0%
4.2	硫丹▲	绿茶	4	0	0	0.0%
4.3	硫丹▲	乌龙茶	4	0	0	0.0%
5.1	三氯杀螨醇▲	黑茶	8	0	0	0.0%
5.2	三氯杀螨醇▲	乌龙茶	2	0	0	0.0%
5.3	三氯杀螨醇▲	绿茶	1	0	0	0.0%
合计			47	0		0.0%

注：表中*为剧毒农药；◇为高毒农药；▲为禁用农药；超标倍数参照 MRL 中国国家标准衡量

这些剧毒和高毒农药都是中国政府早有规定禁止在茶叶中使用的，为什么还屡次被检出，应该引起警惕。

19.4.4　残留限量标准与先进国家或地区差距较大

209 频次的检出结果与我国公布的《食品中农药最大残留限量》(GB 2763—2016)对比，有 92 频次能找到对应的 MRL 中国国家标准，占 44.0%；还有 117 频次的侦测数据无相关 MRL 标准供参考，占 56.0%。

与国际上现行 MRL 对比发现：

有 209 频次能找到对应的 MRL 欧盟标准，占 100.0%；

有 209 频次能找到对应的 MRL 日本标准，占 100.0%；

有 82 频次能找到对应的 MRL 中国香港标准，占 39.2%；

有 107 频次能找到对应的 MRL 美国标准，占 51.2%；

有 82 频次能找到对应的 MRL CAC 标准，占 39.2%。

由上可见，MRL 中国国家标准与先进国家或地区标准还有很大差距，我们无标准，境外有标准，这就会导致我们在国际贸易中，处于受制于人的被动地位。

19.4.5　茶叶单种样品检出 15~18 种农药残留，拷问农药使用的科学性

通过此次监测发现，绿茶、黑茶和乌龙茶是检出农药品种最多的 3 种茶叶，从中检出农药品种及频次详见表 19-23。

表 19-23　单种样品检出农药品种及频次

样品名称	样品总数	检出农药样品数	检出率	检出农药品种数	检出农药(频次)
绿茶	5	5	100.0%	18	异丁子香酚(5)，联苯菊酯(4)，硫丹(4)，氯氟氰菊酯(3)，唑虫酰胺(3)，丁香酚(2)，氟虫腈(2)，猛杀威(2)，4,4-二氯二苯甲酮(1)，虫螨腈(1)，哒螨灵(1)，甲氰菊酯(1)，邻苯二甲酰亚胺(1)，哌草丹(1)，三氯杀螨醇(1)，三唑磷(1)，虫螨脲(1)，四氢吩胺(1)

续表

样品名称	样品总数	检出农药样品数	检出率	检出农药品种数	检出农药(频次)
黑茶	21	21	100.0%	16	联苯菊酯(21)，异丁子香酚(15)，硫丹(14)，唑虫酰胺(10)，4,4-二氯二苯甲酮(8)，三氯杀螨醇(8)，哒螨灵(5)，丁香酚(4)，毒死蜱(4)，氟虫腈(4)，虫螨腈(3)，邻苯二甲酰亚胺(3)，虱螨脲(2)，丙环唑(1)，灰黄霉素(1)，灭幼脲(1)
乌龙茶	9	9	100.0%	15	联苯菊酯(9)，异丁子香酚(9)，丁香酚(8)，唑虫酰胺(8)，硫丹(4)，4,4-二氯二苯甲酮(2)，哒螨灵(2)，噻嗪酮(2)，三氯杀螨醇(2)，虱螨脲(2)，吡丙醚(1)，丙环唑(1)，氟虫腈(1)，哌草丹(1)，三唑磷(1)

　　上述 3 种茶叶，检出农药 15~18 种，是多种农药综合防治，还是未严格实施农业良好管理规范(GAP)，抑或根本就是乱施药，值得我们思考。

第20章 GC-Q-TOF/MS 侦测呼和浩特市市售茶叶农药残留膳食暴露风险与预警风险评估

20.1 农药残留风险评估方法

20.1.1 呼和浩特市农药残留侦测数据分析与统计

庞国芳院士科研团队建立的农药残留高通量侦测技术以高分辨精确质量数（0.0001 m/z 为基准）为识别标准，采用 GC-Q-TOF/MS 技术对 684 种农药化学污染物进行侦测。

科研团队于 2019 年 2 月期间在呼和浩特市 8 个采样点，随机采集了 40 例茶叶样品，具体位置如图 20-1 所示。

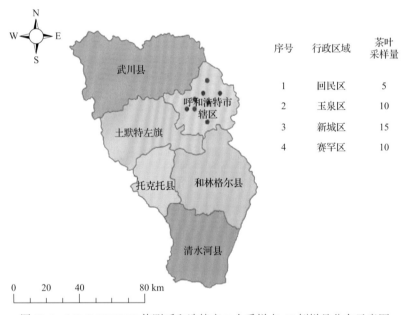

序号	行政区域	茶叶采样量
1	回民区	5
2	玉泉区	10
3	新城区	15
4	赛罕区	10

图 20-1　LC-Q-TOF/MS 侦测呼和浩特市 8 个采样点 40 例样品分布示意图

利用 GC-Q-TOF/MS 技术对 40 例样品中的农药进行侦测，侦测出残留农药 25 种，209 频次。侦测出农药残留水平如表 20-1 和图 20-2 所示。检出频次最高的前 10 种农药如表 20-2 所示。从检测结果中可以看出，在茶叶中农药残留普遍存在，且有些茶叶存在高浓度的农药残留，这些可能存在膳食暴露风险，对人体健康产生危害，因此，为了定量地评价茶叶中农药残留的风险程度，有必要对其进行风险评价。

表 20-1　侦测出农药的不同残留水平及其所占比例列表

残留水平(μg/kg)	检出频次	占比(%)
1~5(含)	22	10.5
5~10(含)	19	9.1
10~100(含)	101	48.3
100~1000(含)	65	31.1
>1000	2	1.0
合计	209	100

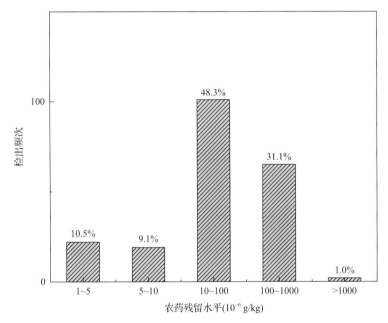

图 20-2　残留农药检出浓度频数分布图

表 20-2　检出频次最高的前 10 种农药列表

序号	农药	检出频次
1	联苯菊酯	39
2	异丁子香酚	33
3	唑虫酰胺	23
4	硫丹	22
5	丁香酚	15
6	4,4-二氯二苯甲酮	11
7	三氯杀螨醇	11
8	哒螨灵	8
9	氟虫腈	7
10	虫螨腈	5

20.1.2　农药残留风险评价模型

对呼和浩特市茶叶中农药残留分别开展暴露风险评估和预警风险评估。膳食暴露风险评估利用食品安全指数模型对茶叶中的残留农药对人体可能产生的危害程度进行评价,该模型结合残留监测和膳食暴露评估评价化学污染物的危害;预警风险评价模型运用风险系数(risk index, R),风险系数综合考虑了危害物的超标率、施检频率及其本身敏感性的影响,能直观而全面地反映出危害物在一段时间内的风险程度。

20.1.2.1　食品安全指数模型

为了加强食品安全管理,《中华人民共和国食品安全法》第二章第十七条规定"国家建立食品安全风险评估制度,运用科学方法,根据食品安全风险监测信息、科学数据以及有关信息,对食品、食品添加剂、食品相关产品中生物性、化学性和物理性危害因素进行风险评估"[1],膳食暴露评估是食品危险度评估的重要组成部分,也是膳食安全性的衡量标准[2]。国际上最早研究膳食暴露风险评估的机构主要是 JMPR(FAO、WHO农药残留联合会议),该组织自 1995 年就已制定了急性毒性物质的风险评估急性毒性农药残留摄入量的预测。1960 年美国规定食品中不得加入致癌物质进而提出零阈值理论,渐渐零阈值理论发展成在一定概率条件下可接受风险的概念[3],后衍变为食品中每日允许最大摄入量(ADI),而国际食品农药残留法典委员会(CCPR)认为 ADI 不是独立风险评估的唯一标准[4],1995 年 JMPR 开始研究农药急性膳食暴露风险评估,并对食品国际短期摄入量的计算方法进行了修正,亦对膳食暴露评估准则及评估方法进行了修正[5],2002 年,在对世界上现行的食品安全评价方法,尤其是国际公认的 CAC 评价方法、全球环境监测系统/食品污染监测和评估规划(WHO GEMS/Food)及 FAO、WHO 食品添加剂联合专家委员会(JECFA)和 JMPR 对食品安全风险评估工作研究的基础之上,检验检疫食品安全管理的研究人员提出了结合残留监控和膳食暴露评估,以食品安全指数 IFS计算食品中各种化学污染物对消费者的健康危害程度[6]。IFS 是表示食品安全状态的新方法,可有效地评价某种农药的安全性,进而评价食品中各种农药化学污染物对消费者健康的整体危害程度[7, 8]。从理论上分析,IFS_c 可指出食品中的污染物 c 对消费者健康是否存在危害及危害的程度[9]。其优点在于操作简单且结果容易被接受和理解,不需要大量的数据来对结果进行验证,使用默认的标准假设或者模型即可[10, 11]。

1)IFS_c 的计算

IFS_c 计算公式如下:

$$IFS_c = \frac{EDI_c \times f}{SI_c \times bw} \tag{20-1}$$

式中,c 为所研究的农药;EDI_c 为农药 c 的实际日摄入量估算值,等于 $\sum (R_i \times F_i \times E_i \times P_i)$(i 为食品种类;$R_i$ 为食品 i 中农药 c 的残留水平,mg/kg;F_i 为食品 i 的估计日消费量,g/(人·天);E_i 为食品 i 的可食用部分因子;P_i 为食品 i 的加工处理因子);SI_c 为安全摄入量,可采用每日允许最大摄入量 ADI;bw 为人平均体重,kg;f 为校正因子,如果安全摄入量采用 ADI,则 f 取 1。

　　$IFS_c \ll 1$，农药 c 对食品安全没有影响；$IFS_c \leqslant 1$，农药 c 对食品安全的影响可以接受；$IFS_c > 1$，农药 c 对食品安全的影响不可接受。

　　本次评价中：

　　$IFS_c \leqslant 0.1$，农药 c 对茶叶安全没有影响；

　　$0.1 < IFS_c \leqslant 1$，农药 c 对茶叶安全的影响可以接受；

　　$IFS_c > 1$，农药 c 对茶叶安全的影响不可接受。

　　本次评价中残留水平 R_i 取值为中国检验检疫科学研究院庞国芳院士课题组利用以高分辨精确质量数（0.0001 m/z）为基准的 GC-Q-TOF/MS 侦测技术于 2019 年 2 月期间对呼和浩特市茶叶农药残留的侦测结果，估计日消费量 F_i 取值 0.0047 kg/（人·天），$E_i = 1$，$P_i = 1$，$f = 1$，SI_c 采用《食品安全国家标准　食品中农药最大残留限量》（GB 2763—2016）中 ADI 值（具体数值见表 20-3），人平均体重（bw）取值 60 kg。

表 20-3　呼和浩特市茶叶中侦测出农药的 ADI 值

序号	农药	ADI	序号	农药	ADI	序号	农药	ADI
1	吡丙醚	0.1	10	氯氟氰菊酯	0.02	19	灰黄霉素	—
2	丙环唑	0.07	11	哌草丹	0.001	20	解草嗪	—
3	虫螨腈	0.03	12	噻嗪酮	0.009	21	邻苯二甲酰亚胺	—
4	哒螨灵	0.01	13	三氯杀螨醇	0.002	22	猛杀威	—
5	毒死蜱	0.01	14	三唑磷	0.001	23	灭幼脲	—
6	氟虫腈	0.0002	15	虱螨脲	0.015	24	四氢吩胺	—
7	甲氰菊酯	0.03	16	唑虫酰胺	0.006	25	异丁子香酚	—
8	联苯菊酯	0.01	17	4,4-二氯二苯甲酮	—			
9	硫丹	0.006	18	丁香酚	—			

注："—"表示为国家标准中无 ADI 值规定；ADI 值单位为 mg/kg bw

　　2）计算 IFS_c 的平均值 $\overline{IFS}$，评价农药对食品安全的影响程度

　　以 $\overline{IFS}$ 评价各种农药对人体健康危害的总程度，评价模型见公式（20-2）。

$$\overline{IFS} = \frac{\sum_{i=1}^{n} IFS_c}{n} \tag{20-2}$$

　　$\overline{IFS} \ll 1$，所研究消费者人群的食品安全状态很好；$\overline{IFS} \leqslant 1$，所研究消费者人群的食品安全状态可以接受；$\overline{IFS} > 1$，所研究消费者人群的食品安全状态不可接受。

　　本次评价中：

　　$\overline{IFS} \leqslant 0.1$，所研究消费者人群的茶叶安全状态很好；

　　$0.1 < \overline{IFS} \leqslant 1$，所研究消费者人群的茶叶安全状态可以接受；

　　$\overline{IFS} > 1$，所研究消费者人群的茶叶安全状态不可接受。

20.1.2.2　预警风险评估模型

　　2003 年，我国检验检疫食品安全管理的研究人员根据 WTO 的有关原则和我国的具

体规定，结合危害物本身的敏感性、风险程度及其相应的施检频率，首次提出了食品中危害物风险系数 R 的概念[12]。R 是衡量一个危害物的风险程度大小最直观的参数，即在一定时期内其超标率或阳性检出率的高低，但受其施检频率的高低及其本身的敏感性(受关注程度)影响。该模型综合考察了农药在茶叶中的超标率、施检频率及其本身敏感性，能直观而全面地反映出农药在一段时间内的风险程度[13]。

1)R 计算方法

危害物的风险系数综合考虑了危害物的超标率或阳性检出率、施检频率和其本身的敏感性影响，并能直观而全面地反映出危害物在一段时间内的风险程度。风险系数 R 的计算公式如式(20-3)：

$$R = aP + \frac{b}{F} + S \qquad (20\text{-}3)$$

式中，P 为该种危害物的超标率；F 为危害物的施检频率；S 为危害物的敏感因子；a, b 分别为相应的权重系数。

本次评价中 $F=1$；$S=1$；$a=100$；$b=0.1$，对参数 P 进行计算，计算时首先判断是否为禁用农药，如果为非禁用农药，$P=$超标的样品数(侦测出的含量高于食品最大残留限量标准值，即 MRL)除以总样品数(包括超标、不超标、未侦测出)；如果为禁用农药，则侦测出即为超标，$P=$能侦测出的样品数除以总样品数。判断呼和浩特市茶叶农药残留是否超标的标准限值 MRL 分别以 MRL 中国国家标准[14]和 MRL 欧盟标准作为对照，具体值列于本报告附表一中。

2)评价风险程度

$R \leqslant 1.5$，受检农药处于低度风险；

$1.5 < R \leqslant 2.5$，受检农药处于中度风险；

$R > 2.5$，受检农药处于高度风险。

20.1.2.3　食品膳食暴露风险和预警风险评估应用程序的开发

1)应用程序开发的步骤

为成功开发膳食暴露风险和预警风险评估应用程序，与软件工程师多次沟通讨论，逐步提出并描述清楚计算需求，开发了初步应用程序。为明确出不同茶叶、不同农药、不同地域的风险水平，向软件工程师提出不同的计算需求，软件工程师对计算需求进行逐一分析，经过反复的细节沟通，需求分析得到明确后，开始进行解决方案的设计，在保证需求的完整性、一致性的前提下，编写出程序代码，最后设计出满足需求的风险评估专用计算软件，并通过一系列的软件测试和改进，完成专用程序的开发。软件开发基本步骤见图 20-3。

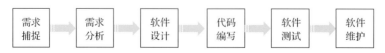

图 20-3　专用程序开发总体步骤

2) 膳食暴露风险评估专业程序开发的基本要求

首先直接利用公式(20-1)，分别计算 LC-Q-TOF/MS 和 GC-Q-TOF/MS 仪器侦测出的各茶叶样品中每种农药 IFS_c，将结果列出。为考察超标农药和禁用农药的使用安全性，分别以我国《食品安全国家标准　食品中农药最大残留限量》(GB 2763—2016)和欧盟食品中农药最大残留限量(以下简称 MRL 中国国家标准和 MRL 欧盟标准)为标准，对侦测出的禁用农药和超标的非禁用农药 IFS_c 单独进行评价；按 IFS_c 大小列表，并找出 IFS_c 值排名前 20 的样本重点关注。

对不同茶叶 i 中每一种侦测出的农药 c 的安全指数进行计算，多个样品时求平均值。按农药种类，计算整个监测时间段内每种农药的 IFS_c，不区分茶叶。

3) 预警风险评估专业程序开发的基本要求

分别以 MRL 中国国家标准和 MRL 欧盟标准，按公式(20-3)逐个计算不同茶叶、不同农药的风险系数，禁用农药和非禁用农药分别列表。

为清楚了解各种农药的预警风险，不分时间，不分茶叶，按禁用农药和非禁用农药分类，分别计算各种侦测出农药全部检测时段内风险系数。由于有 MRL 中国国家标准的农药种类太少，无法计算超标数，非禁用农药的风险系数只以 MRL 欧盟标准为标准，进行计算。

4) 风险程度评价专业应用程序的开发方法

采用 Python 计算机程序设计语言，Python 是一个高层次地结合了解释性、编译性、互动性和面向对象的脚本语言。风险评价专用程序主要功能包括：分别读入每例样品 LC-Q-TOF/MS 和 GC-Q-TOF/MS 农药残留检测数据，根据风险评价工作要求，依次对不同农药、不同食品、不同时间、不同采样点的 IFS_c 值和 R 值分别进行数据计算，筛选出禁用农药、超标农药(分别与 MRL 中国国家标准、MRL 欧盟标准限值进行对比)单独重点分析，再分别对各农药、各茶叶种类分类处理，设计出计算和排序程序，编写计算机代码，最后将生成的膳食暴露风险评估和超标风险评估定量计算结果列入设计好的各个表格中，并定性判断风险对目标的影响程度，直接用文字描述风险发生的高低，如"不可接受"、"可以接受"、"没有影响"、"高度风险"、"中度风险"、"低度风险"。

20.2　GC-Q-TOF/MS 侦测呼和浩特市市售茶叶农药残留膳食暴露风险评估

20.2.1　每例茶叶样品中农药残留安全指数分析

基于 2019 年 2 月的农药残留侦测数据，发现在 40 例样品中侦测出农药 209 频次，计算样品中每种残留农药的安全指数 IFS_c，并分析农药对样品安全的影响程度，结果详见附表二，农药残留对茶叶样品安全的影响程度频次分布情况如图 20-4 所示。

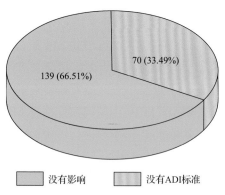

图 20-4　农药残留对茶叶样品安全的影响程度频次分布图

由图 20-4 可以看出，农药残留对样品安全的没有影响的频次为 139，占 66.51%。

部分样品侦测出禁用农药 5 种 47 频次，为了明确残留的禁用农药对样品安全的影响，分析侦测出禁用农药残留的样品安全指数，禁用农药残留对茶叶样品安全的影响程度频次分布情况如图 20-5 所示，农药残留对样品安全没有影响的频次为 47，占 100.00%。

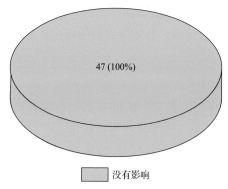

图 20-5　禁用农药对茶叶样品安全影响程度的频次分布图

残留量超过 MRL 欧盟标准的非禁用农药对茶叶样品安全的影响程度频次分布情况如图 20-6 所示。可以看出超过 MRL 欧盟标准的非禁用农药共 99 频次，其中农药没有 ADI 的频次为 59，占 59.6%；农药残留对样品安全没有影响的频次为 40，占 40.4%。表 20-4 为茶叶样品中安全指数排名前 10 的残留超标非禁用农药列表。

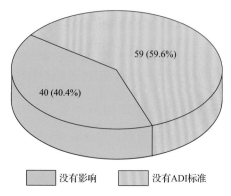

图 20-6　残留超标的非禁用农药对茶叶样品安全的影响程度频次分布图(MRL 欧盟标准)

表 20-4　茶叶样品中安全指数排名前 10 的残留超标非禁用农药列表（MRL 欧盟标准）

序号	样品编号	采样点	基质	农药	含量(mg/kg)	欧盟标准	IFS$_c$	影响程度
1	20190227-150100-USI-GT-01A	*** 超市(*** 购物中心店)	绿茶	唑虫酰胺	1.1332	0.01	1.48×10^{-2}	没有影响
2	20190227-150100-USI-DT-04C	*** 超市(金太店)	黑茶	唑虫酰胺	0.7705	0.01	1.01×10^{-2}	没有影响
3	20190227-150100-USI-FT-07A	*** 超市(新华大街店)	花茶	唑虫酰胺	0.7612	0.01	9.94×10^{-3}	没有影响
4	20190227-150100-USI-OT-06A	*** 超市(兴安店)	乌龙茶	唑虫酰胺	0.7365	0.01	9.62×10^{-3}	没有影响
5	20190227-150100-USI-DT-01D	*** 超市(*** 购物中心店)	黑茶	唑虫酰胺	0.5496	0.01	7.18×10^{-3}	没有影响
6	20190227-150100-USI-OT-06A	*** 超市(兴安店)	乌龙茶	三唑磷	0.069	0.02	5.06×10^{-3}	没有影响
7	20190227-150100-USI-DT-08C	*** 超市(呼和浩特大学西街名都店)	黑茶	唑虫酰胺	0.3873	0.01	4.31×10^{-3}	没有影响
8	20190227-150100-USI-GT-02A	*** 超市(七彩城店)	绿茶	三唑磷	0.0566	0.02	4.21×10^{-3}	没有影响
9	20190227-150100-USI-OT-02A	*** 超市(七彩城店)	乌龙茶	唑虫酰胺	0.3298	0.01	3.94×10^{-3}	没有影响
10	20190227-150100-USI-GT-01A	*** 超市(*** 购物中心店)	绿茶	氯氟氰菊酯	1.0737	0.01	3.91×10^{-3}	没有影响

20.2.2　单种茶叶中农药残留安全指数分析

本次 5 种茶叶侦测 25 种农药，检出频次为 209 次，其中 9 种农药没有 ADI，16 种农药存在 ADI 标准。5 种茶叶按不同种类分别计算侦测出的具有 ADI 标准的各种农药的 IFS$_c$ 值，农药残留对茶叶的安全指数分布图如图 20-7 所示。

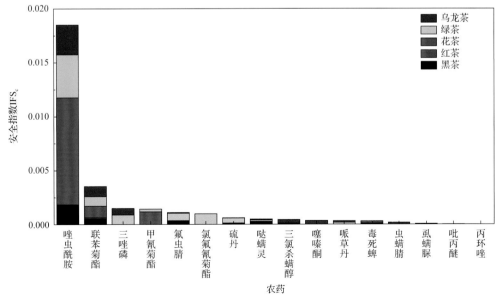

图 20-7　5 种茶叶中 16 种残留农药的安全指数分布图

　　本次侦测中，5 种茶叶和 25 种残留农药(包括没有 ADI)共涉及 61 个分析样本，农药对单种茶叶安全的影响程度分布情况如图 20-8 所示。可以看出，67.12%的样本中农药对茶叶安全没有影响。

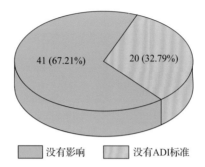

没有影响　　　没有ADI标准

图 20-8　61 个分析样本的影响程度频次分布图

20.2.3　所有茶叶中农药残留安全指数分析

　　计算所有茶叶中 16 种农药的 IFS_c 值，结果如图 20-9 及表 20-5 所示。

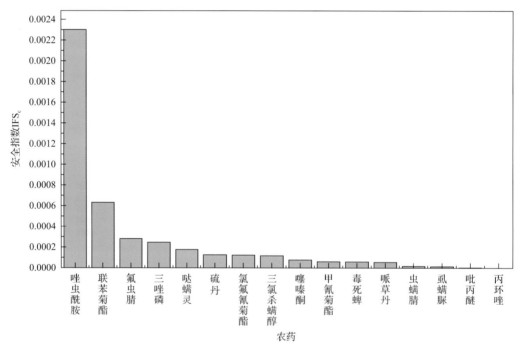

图 20-9　16 种残留农药对茶叶的安全影响程度统计图

　　分析发现，所有农药对茶叶安全的影响均在没有影响和可接受的范围内，说明茶叶中残留的农药不会对茶叶安全造成影响。

表 20-5　茶叶中 16 种农药残留的安全指数表

序号	农药	检出频次	检出率(%)	IFS$_c$	影响程度	序号	农药	检出频次	检出率(%)	IFS$_c$	影响程度
1	唑虫酰胺	23	57.50	2.30×10^{-3}	没有影响	9	三氯杀螨醇	2	5.00	7.69×10^{-5}	没有影响
2	联苯菊酯	39	97.50	6.32×10^{-4}	没有影响	10	噻嗪酮	2	5.00	6.13×10^{-5}	没有影响
3	氟虫腈	7	17.50	2.82×10^{-4}	没有影响	11	甲氰菊酯	5	12.50	6.02×10^{-5}	没有影响
4	三唑磷	2	5.00	2.46×10^{-4}	没有影响	12	毒死蜱	2	5.00	5.44×10^{-5}	没有影响
5	哒螨灵	8	20.00	1.77×10^{-4}	没有影响	13	哌草丹	5	12.50	1.73×10^{-5}	没有影响
6	硫丹	22	55.00	1.26×10^{-4}	没有影响	14	虫螨腈	5	12.50	1.40×10^{-5}	没有影响
7	氯氟氰菊酯	3	7.50	1.23×10^{-4}	没有影响	15	吡丙醚	1	2.50	2.40×10^{-6}	没有影响
8	联苯菊酯	11	27.50	1.17×10^{-4}	没有影响	16	丙环唑	2	5.00	3.78×10^{-7}	没有影响

20.3　GC-Q-TOF/MS 侦测呼和浩特市市售茶叶农药残留预警风险评估

基于呼和浩特市茶叶样品中农药残留 GC-Q-TOF/MS 侦测数据，分析禁用农药的检出率，同时参照中华人民共和国国家标准 GB 2763—2016 和欧盟农药最大残留限量 (MRL)标准分析非禁用农药残留的超标率，并计算农药残留风险系数。分析单种茶叶中农药残留以及所有茶叶中农药残留的风险程度。

20.3.1　单种茶叶中农药残留风险系数分析

20.3.1.1　单种茶叶中禁用农药残留风险系数分析

侦测出的 25 种残留农药中有 5 种为禁用农药，且它们分布在 4 种茶叶中，计算 4 种茶叶中禁用农药的检出率，根据检出率计算风险系数 R，进而分析茶叶中禁用农药的风险程度，结果如图 20-10 与表 20-6 所示。分析发现 5 种禁用农药在 4 种茶叶中的残留处均于高度风险。

20.3.1.2　基于 MRL 中国国家标准的单种茶叶中非禁用农药残留风险系数分析

参照中华人民共和国国家标准 GB 2763—2016 中农药残留限量计算每种茶叶中每种非禁用农药的超标率，进而计算其风险系数，根据风险系数大小判断残留农药的预警风险程度，茶叶中非禁用农药残留风险程度分布情况如图 20-11 所示。

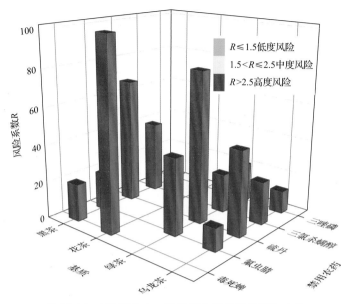

图 20-10　4 种茶叶中 5 种禁用农药残留的风险系数

表 20-6　4 种茶叶中 5 种禁用农药残留的风险系数表

序号	基质	农药	检出频次	检出率(%)	风险系数 R	风险程度
1	乌龙茶	三唑磷	1	0.11	12.21	高度风险
2	乌龙茶	三氯杀螨醇	2	0.22	23.32	高度风险
3	乌龙茶	氟虫腈	1	0.11	12.21	高度风险
4	乌龙茶	硫丹	4	0.44	45.54	高度风险
5	绿茶	三唑磷	1	0.20	21.10	高度风险
6	绿茶	三氯杀螨醇	1	0.20	21.10	高度风险
7	绿茶	氟虫腈	2	0.40	41.10	高度风险
8	绿茶	硫丹	4	0.80	81.10	高度风险
9	花茶	毒死蜱	1	1.00	101.10	高度风险
10	黑茶	三氯杀螨醇	8	0.38	39.20	高度风险
11	黑茶	毒死蜱	4	0.19	20.15	高度风险
12	黑茶	氟虫腈	4	0.19	20.15	高度风险
13	黑茶	硫丹	14	0.67	67.77	高度风险

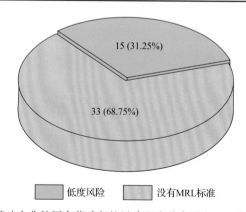

图 20-11　茶叶中非禁用农药残留的风险程度分布图(MRL 中国国家标准)

本次分析中，发现在 5 种茶叶检出 20 种残留非禁用农药，涉及样本 48 个，在 48 个样本中，31.25%处于低度风险，此外发现有 33 个样本没有 MRL 中国国家标准值，无法判断其风险程度，有 MRL 中国国家标准值的 15 个样本涉及 5 种茶叶中的 6 种非禁用农药，其风险系数 R 值如图 20-12 所示。

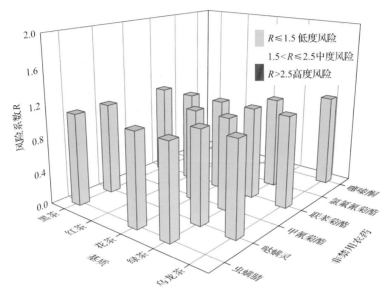

图 20-12　5 种茶叶中 6 种非禁用农药的风险系数分布图（MRL 中国国家标准）

20.3.1.3　基于 MRL 欧盟标准的单种茶叶中非禁用农药残留风险系数分析

参照 MRL 欧盟标准计算每种茶叶中每种非禁用农药的超标率，进而计算其风险系数，根据风险系数大小判断农药残留的预警风险程度，茶叶中非禁用农药残留风险程度分布情况如图 20-13 所示。

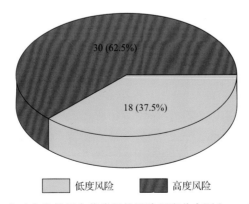

图 20-13　茶叶中非禁用农药残留的风险程度分布图（MRL 欧盟标准）

本次分析中，发现在 5 种茶叶中共侦测出 20 非禁用农药，涉及样本 48 个，其中，62.50%处于高度风险，涉及 5 种茶叶和 14 种农药；37.50%处于低度风险，涉及 5 种茶叶和 8 种农药。单种茶叶中的非禁用农药风险系数分布图如图 20-14 所示。单种茶叶中处于高度风险的非禁用农药风险系数如图 20-15 和表 20-7 所示。

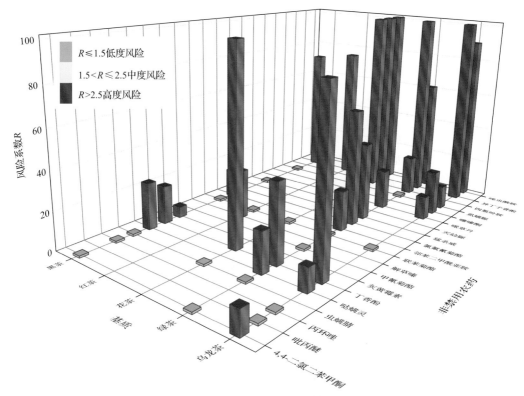

图 20-14　5 种茶叶中 20 种非禁用农药残留的风险系数(MRL 欧盟标准)

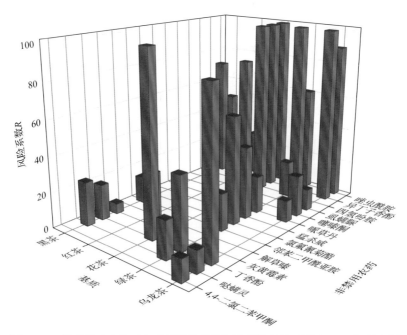

图 20-15　单种茶叶中处于高度风险的非禁用农药的风险系数(MRL 欧盟标准)

表 20-7　单种茶叶中处于高度风险的非禁用农药残留的风险系数表(**MRL** 欧盟标准)

序号	基质	农药	超标频次	超标率 $P(\%)$	风险系数 R
1	乌龙茶	异丁子香酚	9	1.00	101.10
2	绿茶	异丁子香酚	5	1.00	101.10
3	花茶	丁香酚	1	1.00	101.10
4	花茶	唑虫酰胺	1	1.00	101.10
5	花茶	四氢吩胺	1	1.00	101.10
6	花茶	异丁子香酚	1	1.00	101.10
7	乌龙茶	丁香酚	8	0.89	89.99
8	乌龙茶	唑虫酰胺	8	0.89	89.99
9	红茶	异丁子香酚	3	0.75	76.10
10	黑茶	异丁子香酚	15	0.71	72.53
11	绿茶	唑虫酰胺	3	0.60	61.10
12	绿茶	氯氟氰菊酯	3	0.60	61.10
13	黑茶	唑虫酰胺	10	0.48	48.72
14	绿茶	丁香酚	2	0.40	41.10
15	绿茶	猛杀威	2	0.40	41.10
16	红茶	唑虫酰胺	1	0.25	26.10
17	红茶	解草嗪	1	0.25	26.10
18	黑茶	哒螨灵	5	0.24	24.91
19	乌龙茶	噻嗪酮	2	0.22	23.32
20	绿茶	哌草丹	1	0.20	21.10
21	绿茶	哒螨灵	1	0.20	21.10
22	绿茶	四氢吩胺	1	0.20	21.10
23	绿茶	邻苯二甲酰亚胺	1	0.20	21.10
24	黑茶	丁香酚	4	0.19	20.15
25	黑茶	邻苯二甲酰亚胺	3	0.14	15.39
26	乌龙茶	4,4-二氯二苯甲酮	1	0.11	12.21
27	乌龙茶	哌草丹	1	0.11	12.21
28	乌龙茶	哒螨灵	1	0.11	12.21
29	乌龙茶	虱螨脲	1	0.11	12.21
30	黑茶	灰黄霉素	1	0.05	5.86

20.3.2 所有茶叶中农药残留风险系数分析

20.3.2.1 所有茶叶中禁用农药残留风险系数分析

在侦测出的 25 种农药中有 5 种为禁用农药,计算所有茶叶中禁用农药的风险系数,结果如表 20-8 所示。在 5 种禁用农药中,5 种农药残留处于高度风险。

表 20-8　茶叶中 5 种禁用农药的风险系数表

序号	农药	检出频次	检出率(%)	风险系数 R	风险程度
1	硫丹	22	0.55	56.1	高度风险
2	三氯杀螨醇	11	0.275	28.6	高度风险
3	氟虫腈	7	0.175	18.6	高度风险
4	毒死蜱	5	0.125	13.6	高度风险
5	三唑磷	2	0.05	6.1	高度风险

20.3.2.2 所有茶叶中非禁用农药残留风险系数分析

参照 MRL 欧盟标准计算所有茶叶中每种非禁用农药残留的风险系数,如图 20-16 与表 20-9 所示。在侦测出的 20 种非禁用农药中,14 种农药(70.00%)残留处于高度风险,6 种农药(30.00%)残留处于低度风险。

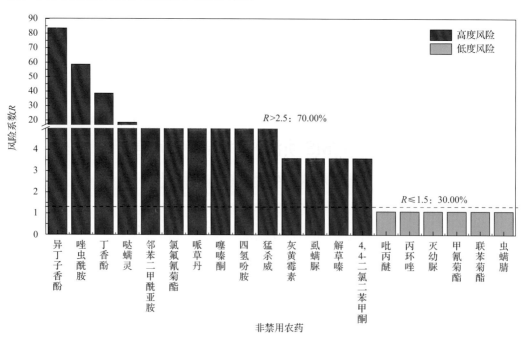

图 20-16　茶叶中 20 种非禁用农药的风险程度统计图

表 20-9　茶叶中 20 种非禁用农药的风险系数表

序号	农药	超标频次	超标率 $P(\%)$	风险系数 R	风险程度
1	异丁子香酚	33	0.83	83.60	高度风险
2	唑虫酰胺	23	0.58	58.60	高度风险
3	丁香酚	15	0.38	38.60	高度风险
4	哒螨灵	7	0.18	18.60	高度风险
5	邻苯二甲酰亚胺	4	0.10	11.10	高度风险
6	氯氟氰菊酯	3	0.08	8.60	高度风险
7	哌草丹	2	0.05	6.10	高度风险
8	噻嗪酮	2	0.05	6.10	高度风险
9	四氢呋胺	2	0.05	6.10	高度风险
10	猛杀威	2	0.05	6.10	高度风险
11	灰黄霉素	1	0.03	3.60	高度风险
12	虱螨脲	1	0.03	3.60	高度风险
13	解草嗪	1	0.03	3.60	高度风险
14	4,4-二氯二苯甲酮	1	0.03	3.60	高度风险
15	吡丙醚	0	0.00	1.10	低度风险
16	丙环唑	0	0.00	1.10	低度风险
17	灭幼脲	0	0.00	1.10	低度风险
18	甲氰菊酯	0	0.00	1.10	低度风险
19	联苯菊酯	0	0.00	1.10	低度风险
20	虫螨腈	0	0.00	1.10	低度风险

20.4　GC-Q-TOF/MS 侦测呼和浩特市市售茶叶农药残留风险评估结论与建议

　　农药残留是影响茶叶安全和质量的主要因素，也是我国食品安全领域备受关注的敏感话题和亟待解决的重大问题之一[15,16]。各种茶叶均存在不同程度的农药残留现象，本研究主要针对呼和浩特市各类茶叶存在的农药残留问题，基于 2019 年 2 月期间对呼和浩特市 40 例茶叶样品中农药残留侦测得出的 209 个侦测结果，分别采用食品安全指数模型和风险系数模型，开展茶叶中农药残留的膳食暴露风险和预警风险评估。茶叶样品取自超市和茶叶专营店，符合大众的膳食来源，风险评价时更具有代表性和可信度。

　　本研究力求通用简单地反映食品安全中的主要问题，且为管理部门和大众容易接受，为政府及相关管理机构建立科学的食品安全信息发布和预警体系提供科学的规律与方法，加强对农药残留的预警和食品安全重大事件的预防，控制食品风险。

20.4.1　呼和浩特市茶叶中农药残留膳食暴露风险评价结论

1)茶叶样品中农药残留安全状态评价结论

采用食品安全指数模型，对 2019 年 2 月期间呼和浩特市茶叶食品农药残留膳食暴露风险进行评价，根据 IFS_c 的计算结果发现，茶叶中农药的 $\overline{IFS}$ 为 0.00027，说明呼和浩特市茶叶总体处于可以接受的安全状态，但部分禁用农药、高残留农药在茶叶中仍有侦测出，导致膳食暴露风险的存在，成为不安全因素。

2)禁用农药膳食暴露风险评价

本次检测发现部分茶叶样品中有禁用农药侦测出，侦测出禁用农药 5 种，侦测出频次为 47，茶叶样品中的禁用农药 IFS_c 计算结果表明，禁用农药残留膳食暴露风险没有影响的频次为 47，占 100.00%。

20.4.2　呼和浩特市茶叶中农药残留预警风险评价结论

1)单种茶叶中禁用农药残留的预警风险评价结论

本次检测过程中，在 4 种茶叶中检测出 5 种禁用农药，禁用农药为：三唑磷、三氯杀螨醇、氟虫腈、硫丹、毒死蜱，茶叶为：乌龙茶、绿茶、花茶、黑茶，茶叶中禁用农药的风险系数分析结果显示，5 种禁用农药在 4 种茶叶中的残留均处于高度风险，说明在单种茶叶中禁用农药的残留会导致较高的预警风险。

2)单种茶叶中非禁用农药残留的预警风险评价结论

以 MRL 中国国家标准为标准，计算茶叶中非禁用农药风险系数情况下，48 个样本中，15 个处于低度风险(31.25%)，33 个样本没有 MRL 中国国家标准(68.75%)。以 MRL 欧盟标准为标准，计算茶叶中非禁用农药风险系数情况下，发现有 30 个处于高度风险(62.5%)，18 个处于低度风险(37.5%)。基于两种 MRL 标准，评价的结果差异显著，可以看出 MRL 欧盟标准比中国国家标准更加严格和完善，过于宽松的 MRL 中国国家标准值能否有效保障人体的健康有待研究。

20.4.3　加强呼和浩特市茶叶食品安全建议

我国食品安全风险评价体系仍不够健全，相关制度不够完善，多年来，由于农药用药次数多、用药量大或用药间隔时间短，产品残留量大，农药残留所造成的食品安全问题日益严峻，给人体健康带来了直接或间接的危害。据估计，美国与农药有关的癌症患者数约占全国癌症患者总数的 50%，中国更高。同样，农药对其他生物也会形成直接杀伤和慢性危害，植物中的农药可经过食物链逐级传递并不断蓄积，对人和动物构成潜在威胁，并影响生态系统。

基于本次农药残留侦测数据的风险评价结果，提出以下几点建议：

1)加快食品安全标准制定步伐

我国食品标准中对农药每日允许最大摄入量 ADI 的数据严重缺乏，在本次评价所涉及的 25 种农药中,仅有 64%的农药具有 ADI 值,而 36%的农药中国尚未规定相应的 ADI 值,亟待完善。

我国食品中农药最大残留限量值的规定严重缺乏,对评估涉及到的不同茶叶中不同农药 61 个 MRL 限值进行统计来看,我国仅制定出 21 个标准,我国标准完整率仅为 34.4%,欧盟的完整率达到 100%(表 20-10)。因此,中国更应加快 MRL 的制定步伐。

表 20-10　我国国家食品标准农药的 ADI、MRL 值与欧盟标准的数量差异

分类		中国 ADI	MRL 中国国家标准	MRL 欧盟标准
标准限值(个)	有	16	21	61
	无	9	40	0
总数(个)		25	61	61
无标准限值比例(%)		36.0	65.6	0

此外,MRL 中国国家标准限值普遍高于欧盟标准限值,这些标准中共有 7 个高于欧盟。过高的 MRL 值难以保障人体健康,建议继续加强对限值基准和标准的科学研究,将农产品中的危险性减少到尽可能低的水平。

2) 加强农药的源头控制和分类监管

在呼和浩特市某些茶叶中仍有禁用农药残留,利用 GC-Q-TOF/MS 技术侦测出 5 种禁用农药,检出频次为 47 次,残留禁用农药均存在较大的膳食暴露风险和预警风险。早已列入黑名单的禁用农药在我国并未真正退出,有些药物由于价格便宜、工艺简单,此类高毒农药一直生产和使用。建议在我国采取严格有效的控制措施,从源头控制禁用农药。

对于非禁用农药,在我国作为"田间地头"最典型单位的县级茶叶产地中,农药残留的检测几乎缺失。建议根据农药的毒性,对高毒、剧毒、中毒农药实现分类管理,减少使用高毒和剧毒高残留农药,进行分类监管。

3) 加强农药生物基准和降解技术研究

市售茶叶中残留农药的品种多、频次高、禁用农药多次检出这一现状,说明了我国的田间土壤和水体因农药长期、频繁、不合理的使用而遭到严重污染。为此,建议中国相关部门出台相关政策,鼓励高校及科研院所积极开展分子生物学、酶学等研究,加强土壤、水体中残留农药的生物修复及降解新技术研究,切实加大农药监管力度,以控制农药的面源污染问题。

综上所述,在本工作基础上,根据茶叶残留危害,可进一步针对其成因提出和采取严格管理、大力推广无公害茶叶种植与生产、健全食品安全控制技术体系、加强茶叶质量检测体系建设和积极推行茶叶质量追溯制度等相应对策。建立和完善食品安全综合评价指数与风险监测预警系统,对食品安全进行实时、全面的监控与分析,为我国的食品安全科学监管与决策提供新的技术支持,可实现各类检验数据的信息化系统管理,降低食品安全事故的发生。

参 考 文 献

[1] 全国人民代表大会常务委员会. 中华人民共和国食品安全法[Z]. 2015-04-24.

[2] 钱永忠, 李耘. 农产品质量安全风险评估: 原理、方法和应用[M]. 北京: 中国标准出版社, 2007.

[3] 高仁君, 陈隆智, 郑明奇, 等. 农药对人体健康影响的风险评估[J]. 农药学学报, 2004, 6(3): 8-14.

[4] 高仁君, 王蔚, 陈隆智, 等. JMPR 农药残留急性膳食摄入量计算方法[J]. 中国农学通报, 2006, 22(4): 101-104.

[5] FAO/WHO Recommendation for the revision of the guidelines for predicting dietary intake of pesticide residues, Report of a FAO/WHO Consultation, 2-6 May 1995, York, United Kingdom.

[6] 李聪, 张艺兵, 李朝伟, 等. 暴露评估在食品安全状态评价中的应用[J]. 检验检疫学刊, 2002, 12(1): 11-12.

[7] Liu Y, Li S, Ni Z, et al. Pesticides in persimmons, jujubes and soil from China: Residue levels, risk assessment and relationship between fruits and soils[J]. Science of the Total Environment, 2016, 542(Pt A): 620-628.

[8] Claeys W L, Schmit J F O, Bragard C, et al. Exposure of several Belgian consumer groups to pesticide residues through fresh fruit and vegetable consumption[J]. Food Control, 2011, 22(3): 508-516.

[9] Quijano L, Yusà V, Font G, et al. Chronic cumulative risk assessment of the exposure to organophosphorus, carbamate and pyrethroid and pyrethrin pesticides through fruit and vegetables consumption in the region of Valencia (Spain)[J]. Food & Chemical Toxicology, 2016, 89: 39-46.

[10] Fang L, Zhang S, Chen Z, et al. Risk assessment of pesticide residues in dietary intake of celery in China[J]. Regulatory Toxicology & Pharmacology, 2015, 73(2): 578-586.

[11] Nuapia Y, Chimuka L, Cukrowska E. Assessment of organochlorine pesticide residues in raw food samples from open markets in two African cities[J]. Chemosphere, 2016, 164: 480-487.

[12] 秦燕, 李辉, 李聪. 危害物的风险系数及其在食品检测中的应用[J]. 检验检疫学刊, 2003, 13(5): 13-14.

[13] 金征宇. 食品安全导论[M]. 北京: 化学工业出版社, 2005.

[14] 中华人民共和国国家卫生和计划生育委员会, 中华人民共和国农业部, 中华人民共和国国家食品药品监督管理总局. GB 2763—2016 食品安全国家标准 食品中农药最大残留限量[S]. 2016.

[15] Chen C, Qian Y Z, Chen Q, et al. Evaluation of pesticide residues in fruits and vegetables from Xiamen, China[J]. Food Control, 2011, 22: 1114-1120.

[16] Lehmann E, Turrero N, Kolia M, et al. Dietary risk assessment of pesticides from vegetables and drinking water in gardening areas in Burkina Faso[J]. Science of the Total Environment, 2017, 601-602: 1208-1216.